F. W. Trebra

Bergbaukunde

1. Band

F. W. Trebra

Bergbaukunde
1. Band

ISBN/EAN: 9783741174582

Hergestellt in Europa, USA, Kanada, Australien, Japan

Cover: Foto ©Klaus-Uwe Gerhardt /pixelio.de

Manufactured and distributed by brebook publishing software
(www.brebook.com)

F. W. Trebra

Bergbaukunde

BERGBAUKUNDE.

Erſter Band.

Leipzig
bey Georg Joachim Goeſ[chen].
1789.

Vorrede.

Mit diefem erften Bande Schriften über Hergbaukunde, wollten wir den erften Verfuch, nach jenem in Szkleno entworfenen Ideale eine Societät der Hergbaukunde zu errichten, fo bald und fo gut vollenden, als die Umftände geftatteten. In ihm finden die eingeladenen Mitglieder, findet das Publikum fchon etwas von dem geleiftet, was als Gegenftand und Zweck der Societät vorgezeichnet ift. Und fchon hieran wird zu erkennen feyn, zu welchem ausgezeichneten Nutzen diefe Verbindung werde auffteigen können, wenn fich erft alle Mitglieder in Thätigkeit werden gefetzt haben. Dafs diefes bis itzt noch nicht habe gefchehen können, wird leicht aus dem weitgreifenden Umfange den das Ganze einnimmt, und aus der grofsen Entfernung zu erkennen feyn, auf welche die Mitglieder fich getrennt finden. Aber eben diefe Entfernung, diefe Vertheilung in alle Weltgegenden, wird auch die gröfsten Vortheile gewähren, wenn ein glücklicher Genius die Betriebfamkeit befördert, die man in den

nach-

nachfolgenden erſtern Bögen, ſo wenig läſtig wie möglich, zu beſtimmen und vorzuzeichnen ſich bemüht hat.

In einem Zeitalter wo man alles Nützliche mit ſo viel Enthuſiasmus auffaſst, wo auch der Bergbau in den Zirkel des allenthalben regen Fleiſses endlich mit eingeſchloſſen zu werden das Glück hat, ſchien es uns eben rechte Zeit zu ſeyn, eine ſolche Verbindung ſeiner Beförderer, Liebhaber, und wirklichen Arbeiter, durch Freundſchaft, Gefälligkeit, und Bekanntſchaft unterſtützt vorzunehmen. Die erſten Schritte ſind auch nicht ohne gute Erfolge geblieben. Mehrere angeſehene Mitglieder haben es ſich angelegen ſeyn laſſen, die Ausführung nach dem erſten Entwurfe kräftigſt zu unterſtützen, und dieſen ſagen wir hier feyerlichen Dank. Durch ihre eingeſchickten Auffätze ermunterten ſie dazu den Verſuch weiter fortzuſetzen, und wir unterziehen uns demſelben gern auch noch in der Folge, da wir ſehen, daſs eine lang vernachläſſigte, von den Antipoden des Lichts ängſtlich verhinderte Aufklärung, auch in den Regionen unter der Oberfläche der Erde wirklich für ſo wichtig geachtet zu werden anfängt, als ſie geachtet zu ſeyn ſchon längſt verdient hätte. Im März 1789.

J. v. Born.
F. W. H. v. Trebra.

Inhalt

Inhalt des erften Bandes.

* 3   9. Ty-

Einla-

EINLADUNGS-SCHREIBEN.

Einladungsfchreiben

der

Societät der Bergbaukunde.

Anerkannt und gefucht, find die grofsen Vortheile des Bergbaues fchon längft, denn er ift die erfte Quelle der Reichthümer. Auch haben die Wiffenfchaften angefangen, ihn den Vorurtheilen fo mancher Art zu entreiffen, und es find der hellen Köpfe fchon viele, die es mit gutem Erfolge unternehmen, ihn nach wohlbefeftigten Grundfätzen zu behandeln. Aber noch arbeitet hierinne, mehrentheils jeder nur an feinem Theile in der Stille; zieht einzeln von feinen gefammleten Kenntniffen Vortheile fo gut er kann; entbehrt den Beyrath anderer, die auf gleichem Wege mit ihm gehen; und theilt auch aus fich, was er kann, andern nicht mit. Dies hält die Fortfchritte in nützlichen Kenntniffen diefes weiten Feldes, allerdings fehr auf, und begünftiget noch immer den Mifsbrauch des Geheimniffes, zur Hülle der Unwiffenheit, und oft wohl gar der Betrügerey. Dafs hierinne ein grofser Mangel beftehe, und dafs der doch noch fehr drückend fey, fahen die unterzeichneten Liebhaber des Bergbaues lebhaft ein, als ihnen die neu wiedergefundenen grofsen Vorteile der Amalgamation, eine glückliche Gelegenheit gegeben hatten, fich in Ungarn zu Glafshütte (oder Szklcno, welches in Schlawackifcher Sprache Glafs heifst,) ohnweit Schemnitz zufammen zu finden. Sie

glaub-

glaubten ihm am beſten dadurch abzuhelfen, wenn ſie ihre Freunde, und zugleich Freunde und Beſchützer des Bergbaues, in ein Ganzes, zu einer *Societät der Bergbaukunde* zuſammen zu verbinden ſuchten. Durch die, ſahen ſie überzeugend, könnten erlangte nützliche Kenntniſſe, am beſten in geſchwinden Umlauf gebracht; der Geheimnißkrämerey im Dienſte der Unwiſſenheit und Betrügerey, könnte das Handwerk beſſer gelegt; dem Widerſtande des wahren Guten kräftiger entgegen gearbeitet; und jeder Vortheil, dem einzelnen Gliede, oder allen bekannt, könnte durch Errichtung einer ſolchen Societät am ſicherſten aufbewahrt werden. Sie entwarfen in nachfolgenden Punkten die Einrichtung der Societät, legen dieſe nun den gewählten Gliedern vor, und erwarten ihren Beytritt, ſo wie nach dieſem, ihre Mithülfe, Gutes aller Art über den Bergbau zu . verbreiten.

Es iſt nur ſehr weniges, worüber man noch auſſer dem Inhalte des Nachfolgenden, oder ſelbſt über ihn, eine mehrere Erklärung nöthig halten könnte, da es eine der erſten Regeln der Societät ſeyn ſoll, durchaus alle *Schreiberey* kurz zu faſſen, um deſto beſſer die *Sachen* bearbeiten zu können. Dies ſey denenjenigen Beruhigung, welche vielleicht ſchon fürchten, daß es, da gedruckt werden ſolle, auf weitläuftige Schreiberey bey der Societät ankommen werde. Sie findet Schreiben und Drucken, des dadurch am beſten zu befördernden geſchwinden Umlaufs, und überall der *Sachen* wegen nöthig, nicht umgekehrt. Sie wünſcht und ſucht blos kurze, doch hinlängliche Beſchreibungen von *Thatſachen die Nutzen bringen können*, und dieſe *in voller Wahrheit*. In dieſen zweyen Eigenſchaften ihrer, der

Welt

Welt zu übergebenden Auffätze, wird die Societät immer
ftreben, ihre erften Unterfcheidungszeichen zu befitzen. —
Politifche und Finanzgeheimniffe, wird fie nicht allein unan-
getaftet laffen, fondern wird ihnen abfichtlich fern bleiben.
Sie wird fogar jenem Geheimniffe nicht zuwider feyn, das
fo oft, als ein allein fchickliches Vehiculum gebraucht werden muß, wirklich grofsen, weit ausgebreitet nützlichen,
aber fehr einfachen, und darum oft verachtet und vernach-
läffigten Alltagsdingen, den Eingang beym blos fuperficiel-
len Beurtheiler zu verfchaffen.

Daß man mit dem erften Schritte gleich, nicht bis
zur ausgezeichneten Vollkommenheit fteigen, und daß von
nur Wenigen nicht alles gefehen werden künne, was zur
Vollkommenheit zu gelangen nöthig ift, davon waren alle,
welche diefe Societät anfingen, fehr wohl überzeugt. Aus
diefer Ueberzeugung ift der letzte Period des nachfolgenden
Auffatzes gefloffen, und es werden alle beytretende Mitglieder auf das feyerlichfte erfucht, durch Vorfchläge zur Verbefferung der Societät, dahin mitzuarbeiten, daß fie nach
und nach, durch *die höchfte Nützlichkeit, die höchfte
Vollkommenheit* erreiche.

Societät der Bergbaukunde

I.

Gegenftand.

1.) Phyfifche Erdbefchreibung. 2.) Mineralogie auf
Chemie gegründet. 3.) Bergbau mit Mafchinenwefen, Poch-
und Wafchwefen. 4.) Markfcheidekunft. 5.) Gefchichte des

Berg-

Bergbaus. 6.) Hüttenwefen und Hüttenfabriken, *a.*) durch das Schmelzen, *b.*) durch das Amalgamiren. Diefes alles vorzüglich praktifch, zur Aufnahme des Bergbaus.

II.

Eigenfchaften

der ordentlichen Mitglieder.

Gelehrte, und *praktifche* Berg- und Hütten-Verftändige.

der aufferordentlichen Mitglieder.

Theoretiker, die die vorbenannten Wiffenfchaften zum praktifchen Nutzen des Bergwefens bearbeiten.

der Ehrenmitglieder.

Liebhaber und Befchützer des Bergbaues, die von den ordentlichen Mitgliedern *als Beförderer vorbenannten Gegenftandes* nützlich erachtet werden, und es thätig find.

III.

Zweck.

Alles was zur Beförderung des Bergbaus im weiteften Verftande dient, aufzufammlen, und zum Beften des Bergbaus allen Mitgliedern mitzutheilen, damit fie es in ihren Gegenden, zum Nutzen der Menfchheit und der Staaten, wo es anwendbar ift, benutzen. Der *Vortheil* fällt in die Augen; weil fo manche, bey verfchiedenen Bergwerken übliche Manipulationen, fogenannte Geheimniffe, entweder einzelner fterblicher Menfchen, oder Handwerksmäfsiger Innungen find.

NB. Hier ift zu erklären, dafs politifche und Finanzgeheimniffe, nicht mitverftanden find.

IV.

IV.
Pflichten und Verbindlichkeiten der Glieder.

a.) Alles einzufenden, was zum Zweck der Societät dient, jeder aus feiner Gegend. *b.*) Lauter richtige Facta und Beobachtungen genau anzuzeigen. *c.*) Auch mifslungene, an fich fonft Verfuche von vortheilhaftem Anfchein einzuberichten. *d.*) Prüfungen der Vorfchläge, und Beurtheilungen der Anfragen, welche die Gefellfchaft aufträgt, von fich zu ftellen. *e.*) Vorläufig zahlt jedes Mitglied jährlich 2 Dukaten an die Direction um Oftern, und fängt beym Eintritte damit an.

V.
Pflicht der Gefellfchaft.

1.) Alles eingefchickte Nützliche öffentlich bekannt zu machen. 2.) Einem jeden einzelnen Mitgliede, das Nachrichten, Rifse, Modelle, Produkte, oder fonft etwas zum Zweck der Societät gehöriges verlangt, auf feine Koften es mitzutheilen. 3.) Vernünftige Anfragen von Gewerken, oder andern Privaten, Bergämtern, Provinzen etc. über Bergwerksgegenftände, durch Sachverftändige aus der Societät, gegen ein billiges, der Societäts-Cafse zufliefsendes Honorarium zu beantworten, und zur Prüfung vorgelegte Vorfchläge zu beurtheilen.

VI.
Die Direction der Societät.

Ift an keinen gewiffen Ort gebunden. Dermalen ift alles nach Zellerfeld am Harz, an die Societät franco einzu-

fenden.

6

fenden. Dort ist das Archiv, wird ein Protocoll über alles
Eingefandte und Abgefandte geführt; dorthin haben fich die
einzelnen Mitglieder zu wenden, wenn fie Riffe, Modelle etc.
gegen Bezahlung haben wollen; dort ist auch die Caffe der
Societät, worinn die jährlichen Abgaben der Glieder, Honoraria des Buchhändlers, und die Honoraria für Anfragen etc.
einfliefsen. Von da aus wird der Druck beforgt, ordentliche
Rechnung, und der nöthige Briefwechfel mit den, in verfchiedenen Ländern wohnenden Directoren geführt.

VII.

Directoren.

Müffen aus den Mitgliedern der erften Claffe feyn,
im Fall in einem Lande gelehrte praktifche Bergleute nicht
ganz mangeln, dermalen find folgende:

1.) Für Preufsen des Herrn Minifters von *Heynitz* Excell.
2.) Für Oefterreich der Herr Hofrath von *Born*.
3.) Für Sachfen der Herr Bergrath von *Charpentier*.
4.) Am Harz der Herr Vice-Berghauptmann von *Trebra*,
   beforgt vor der Hand das Archiv und die Caffe.
5.) In Schweden des Herrn Reichsraths und Präfidentens
   des Bergcollegiums, Grafens von *Bjelke* Excell. (*)
6.) In Dännemark Herr Profeffor *Brünnich*.
7.) In Italien Herr *Arduini*.

8.) In

(*) Der erften Stifter diefer Societät zu weite Entfernong von einander,
war die Gelegenheit gewefen, dafs in dem einzeln gedruckten Einladungsfchreiben, welchen den Mitgliedern zugefchickt worden ift, ein
unrechter Name hier den Platz eingenommen hatte.

8.) In Frankreich Herr Baron von *Dietrich* zu Paris, Commiſſaire du Roi à la viſite des mines etc.

9.) In Engelland Herr *Hawkins*.

10.) In Norwegen Herr Aſſeſſor *Henkel* S.

11.) In Spanien Herr *Angulo*, Director der Bergwerke in Spanien.

12.) In Santa Fé der ältere Herr *d'Elbuyar*.

13.) In Mexico der jüngere Herr *d'Elbuyar*.

14.) In Rußland Herr Collegien-Rath *Pallas*.

VIII.
Beſchäftigung der Directoren.

1.) Mitglieder vorzuſchlagen. 2.) Darauf zu ſehen, daſs der Zweck der Societät in ihren Gegenden erfüllt werde. 3.) Die Anfragen, die ihnen zugeſchickt werden, von ſachkundigen Gliedern ihrer Gegend beantworten zu laſſen. 4.) Im Fall des Abſterbens eines Directors einen neuen zu erwählen. 5.) Von der Mehrheit der Stimmen der Directoren hängt ab, wo das Archiv, und die Caſſe ſeyn ſoll. 6.) In allen wichtigen Gegenſtänden, entſcheidet die Mehrheit der Stimmen, der Glieder der erſten Claſſe.

IX.
Geſetze der Geſellſchaft.

1.) Diejenigen Mitglieder, welche binnen einem Jahre die, ſub IV. angeſetzten Pflichten der Glieder, aus *Nachläſſigkeit* nicht erfüllen, werden aus dem Verzeichniſſe der Glieder ausgelaſſen. 2.) Alle Beantwortungen eingehender

Anfra-

8.

Anfragen etc. werden im Namen der Societät von demjenigen, welcher das Archiv und die Caſſe beſorgt, unterſchrieben. 3.) Auf einzelne Abhandlungen, die in den Schriften gedruckt werden, kann der Verfaſſer nach Willkühr ſeinen Namen ſetzen oder nicht. 4.) Die Abhandlungen der Geſellſchaft werden in deutſcher Sprache gedruckt; können aber in lateiniſcher, franzöſiſcher, engliſcher, wälſcher und deutſcher Sprache geſchrieben, und eingeſandt werden. 5.) Die Gutachten auf eingeſandte Anfragen, werden immer deutſch ausgefertigt. 6.) Dieſer ganze Plan, bleibt auf ein Jahr zum Verſuch, in welchem, einzelne Mitglieder an die Directoren Vorſchläge zu Verbeſſerungen zu melden erſucht, und dieſe nachher die nöthigen Abänderungen darauf treffen werden.

Glaſshütte September 1786.

Ignaz von Born.
F. W. H. von Trebra.
Joh. Jak. Ferber.
Nikolaus Poda.

Anton von Ruprecht.
don Fauſto d'Elhuyar.
I. F. W. von Charpentier.
John Hawkins.
Olaus Henkel.

Erſter

Erſter Nachtrag
über die Einrichtung
der
Societät der Bergbaukunde.

Die gefällige Aufnahme des Einladungsſchreibens, und der
'Beyfall, welcher ſeinem Inhalte von allen Seiten her ertheilt
worden iſt, haben es bewirkt, daſs die Societät der Bergbaukunde, nach der Einrichtung die zu Szkleno in Ungarn
entworfen wurde, nun auch ihren weitern Fortgang hat
nehmen können. Jens Einladungsſchreiben, enthält freylich
über die Einrichtung dieſer Societät noch manches, das eine nähere Erklärung bedarf. In dem erſten Entwurfe dazu,
finden ſich noch Lücken, die ausgefüllt werden müſſen,
auch ſind Abänderungen und genauere Beſtimmungen bey
manchen Gegenſtänden nöthig geworden — So wie vorher
geſehen werden konnte, und unter IX. des Einladungsſchreibens, desgleichen Seite 3. des Fingangs dieſes Schreibens,
zu künftiger ſucceſſiver Vervollkommnung auch ſchon ausgeſetzt wurde. Verſchiedene der eingeladenen Mitglieder, haben dem gemäſs, was man ſich von ihnen erbat, Erinnerungen gemacht, die hierher gehören; die Direktores haben
hierüber verſchiedenes zu zweckmäſsiger Vollendung einander mitgetheilt, und ſind einig darüber worden, ſo daſs
man dahero jetzt im Stande iſt, einige umſtändlichere Erläuterungen über das Beſtehen der Societät, und über neu
hinzukommende Modificationen ihrer Einrichtung, zugleich

B   den

den fämmtlichen Mitgliedern, und dem Publikum vorzule-
gen. Die in Szkleno abgefprochene Grundlage, wird im
Wefentlichen beybehalten, deshalb fo wohl, als um fie auch
im Publikum bekannter zu machen, ift fie in dem voranfte-
henden Einladungsfchreiben hier wieder mit abgedruckt worden, und es follen auf fie fortbauend, nur die, näher zur
Vollkommenheit fchon gethanen, oder noch zu thuenden
Schritte hier angezeigt werden. Solcher Fortfchritte immer
mehrere zu thun, wird auch für die Zukunft noch nöthig
bleiben, und wenn, und wie fie gefchehen, foll fo wie hier,
in den erfcheinenden Schriften der Societät vorangehend,
jedesmal angezeigt werden. Auf diefe Art wird jedes einzelne Mitglied in den Stand gefetzt feyn, das Ganze zu
überfchauen, und was es zu deffen Hefeftigung, oder feiner
gröfsern Vollkommenheit nöthig findet, an die Direktoren
zu bringen. Auch wird fo das Publikum am beften fehen
können, was es von der Societät fich zu verfprechen habe,
und wie Vortheil von ihr erlangt werden könne.

Verfchiedene der eingeladenen Mitglieder, haben nach
dem IX^{ten} Punkte des Einladungsfchreibens, in Verbindung
mit dem IV^{ten} gefürchtet, man werde zu viel läftige, fie in
ihren fchon beftimmten Gefchäften hindernde Arbeiten von
ihnen verlangen. Hierüber ift wohl zuerft nöthig befriedi-
gend näher zu erklären, dafs allgemein, über das Ganze zu-
fammengefafst:

Die Societät der Bergbaukunde nichts weiter fuchen folle, als, über die verfchiedenen Gegenftände des Bergbaues nach feinem ganzen Umfange, nur die *freywilligen* Früchte einer vorzüglichen Liebe zur wahren
Nützlichkeit, zur *Reife zu befördern*, fie *aufzufammlen*,
und zur Benutzung gefchwind zu *vertheilen*.

Dafs

Daſs alles *freywillig* ſeyn ſollte, war als erſter Charakter der Societät, mit dem erſten Gedanken von ihr ſchon beſtimmt. Ihm gemäſs wurden nur Einladungsſchreiben, nicht Diplomen zugeſchickt. Wer auf die Einladung nicht beytreten wollte, durfte das Einladungsſchreiben nur ohne Antwort laſſen, ſo war auch nicht einmal die kleine Mühe nöthig, das *Nein* ſchriftlich zu ſagen. Eben ſo wurde, die Societät auch wieder zu verlaſſen, damit erleichtert, daſs man hierzu, nach dem IXten Punkte des Einladungsſchreibens, nur das Nichterfüllen der ſub IV. angeſetzten Pflichten, für die Glieder hinlänglich, und das Weglaſſen der Namen aus dem Verzeichniſſe, als einziges Kennzeichen des Nichtangehörens, bey der Societät annahm. Da indeſſen der IVte Punkt der Einrichtung der Societät, im Einladungsſchreiben S. 5. *mehrerley* enthält, was den Gliedern zu erfüllen überlaſſen wird; ſo iſt aus dieſem nun genauer zu beſtimmen, was zum *mindeſten* hiervon erfordert werde, das Verbleiben bey der Societät zu begehren ſowohl, als zu erhalten. Dies kann darinne beſtehen, daſs der angeſetzte kleine jährliche Beytrag an 2 Dukaten, zur gehörigen Zeit eingeſchickt, und von dem, was der IVte Punkt als Verbindlichkeit der Glieder weiter enthält, dasjenige mit beygefügt wird, was jedem Mitgliede an ſeinem Theile zu bewirken möglich, und gefällig geweſen iſt — oder ſtatt des letztern, mit wenig Worten nur angezeigt wird, man habe nicht Gelegenheit, und nicht Muſe gehabt, etwas an eigentlichen Arbeiten für die Societät zu vollführen. Um auch noch dies hier angeſetzte *Mindeſte* zu erleichtern, wird ſich, um ſie den Mitgliedern jedesmal vor Oſtern zuzuſchicken, die Societät gedruckter Blätter in nachfolgender Form bedienen:

Blatt

Blatt des Entschlusses.

An des Herrn N. N. u. L w.   Mitgliede der
Societät der Bergbaukunde.

1.) Das Zugeschickte ist, nach dem beygehend zurück er-
folgenden, mit Anmerkungen versehenen Verzeichniffe
A, richtig überkommen.

2.) Ich bin gesonnen, bey der Societät zu bleiben, und
übermache zum Beweis diefes, hier meinen Beytrag
an 2 Dukaten.

3.) Was ich den Zwecken der Societät gemäs bemerkt,
geprüft, oder sonst anzuzeigen habe, enthält die Anlage B.

N. den   17   N.

So wie ein solches Blatt, ein Mitglied von dem Direktor zu dem es gehört, zugeschickt erhält, darf es daffelbe nur mit den wenigen, nach den Umständen beyzusetzen-
den Worten ausfüllen; was unter den Anfätzen unausgefillhrt
geblieben nur ausstreichen; dann eigenhändig unterschreiben;
und nebst dem, was es beyzufügen hat, an den Direktor
zu dem es gehört, frey mit der Post abschicken: so ist alles geschehen, was nöthig war. Wird sechs Monathe lang,
das Zurückschicken des Blattes sammt Zugehör unterlaffen;
so wird dies als ein Zeichen angenommen, dass nicht weiter
gefällig sey, bey der Societät zu bleiben.

Dass jedes der Mitglieder, in jedem Jahre, sehr viele
und intereffante Dinge der Art, wie sie zu den Zwecken der
Societät gehören, aufzubringen werde Gelegenheit und Muse
gnug haben, ist freylich nicht zu erwarten, auch rechnete
man darauf nic. Gleichwohl wäre es doch auch ein Wunder,
wenn von vielen thätigen, in ihren Berufsgeschäften achtsa-
men

men Männern, die alle nach einerley Ziel, mehrere auf verſchiedenen Wegen, und in verſchiedenen Weltgegenden gehen, nicht wenigſtens einigen, ſelbſt beym Vollbringen ihrer Berufsgeſchäfte, manche Vortheile aufſtoſsen ſollten, deren Bekanntmachung nützlich ſeyn könnte. Dies im Laufe der Berufsgeſchäfte aufgefaſste Nützliche, ganz ohne alle ſchriftſtelleriſche Zierde, nur ſo wie Geſchäftsmänner, auch wohl mehrere eifrige Bergleute in ihr Tagebuch zu notiren pflegen; nur von dieſem die Abſchrift; oder nur das daraus ausgezogene Merkwürdigſte, iſt der Societät vollkommen gnugthuend, iſt eben das, was ſie zu erhalten am mehreſten wünſcht und ſucht. Und ſolche bloſse Abſchriften zu beſorgen und einzuſchicken, kann doch wohl ſo groſse Mühe nicht machen. An Sachen für dieſen Zweck, kann es im Laufe eines Jahres auch wohl nicht fehlen. Bemerkungen über den Bau der Felsmaſſen; über die Miſchung, und die Art der gemiſchten Theile der Felsarten — Verſuche auf den verſchiedenen Foſſilienlagerſtätten mit mehr Vortheil als vorhin Baue anzuſtellen; oder nur die Vortheile und Nachtheile bey der einen oder andern Art der gewohnten Baue in jeder Gegend, wo Bergwerke betrieben werden, zuſammen zu zählen — Eben das bey dem Maſchinenweſen — So aus der Geſchichte des Bergbaues, Vergleichungen der gegenwärtigen Behandlungsart gegen die, voriger Zeiten, im Anſtellen der Arbeiter, Austheilen und Beſtimmen der Schichten, und des dafür zu ſetzenden Lohns; Einrichten der Gedinge, Prämien u. dergl. — So über das Hüttenweſen, Vergleichung der verſchiedenen Arten der jetzt gewöhnlichen Arbeiten gegen einander; Vergleichung dieſer mit den Vortheilen des Amalgamirens; Aufzählen der Vortheile des

B 3

einen

einen gegen das andere, und Bemerken, wie endlich das
Vortheilhaftere doch zum allgemeinen Anftellen durchdringt
— oder wie es von irgend einem Dämon, Neid, Gewinn-
fucht, Faulheit u. f. w. doch zurück geworfen wird — Dies
alles find Gegenftände, die praktifche Bergleute alle Tage,
zwifchen ihren Dienftgefchäften unter den Händen haben,
und fie alle geben taufend Gelegenheiten Nützliches zu bemerken, deffen Mittheilung auch andern nützlich werden
kann. Selbft nur kurze Anzeigen von dem, was über eben
hererzählte Gegenftände, an jedem Orte wo Bergwerke betrieben werden, Neues vorgehet; etwan verfucht; nur befonders bearbeitet; eingeführt, oder abgefchafft wird, follen
fehr willkommen feyn, man wünfcht fie zu erhalten, und ift
überzeugt, das weitere Bekanntmachen davon werde feinen
grofsen Nutzen haben. Blofses Bemerken auf Nummern, allenfalls Form der Briefe, wird als Einkleidung für folches,
in jeder Gegend vorkommende Neue, vollkommen hinreichend feyn, und die Direktores werden fchon weiter beforg-
gen, dafs Auszüge daraus für den Druck, die fchickliche
Form erhalten.

Neben diefen flüchtigen Notitzen und Anzeigen, follen
aber auch umftändlichere, und zweckmäfsig ausgearbeitete
Abhandlungen, mit Dank aufgenommen werden. Die Societät
wünfcht ihrer viele zu erhalten. Am Liebften werden fie ihr
feyn, wenn ohne weitfchweifige Zierlichkeiten, in einem Sti-
le, wie ihn der Theoretiker und Praktiker, dem dran liegt
Sachen zu erfahren, gern liefst, wahr und deutlich *Thatfachen* darinne vorgetragen werden, wie fie vorhin gangbar
waren, oder eben erft gangbar wurden. Neben Befchreibung
des, was wirklich ift, *etwas Speculation* mit unter, kann wohl
der

der Abwechslung wegen, und weil dies öft Gelegenheit wird,
auf Materialien zu neuer Behandlung zu ftoßen, mit durchgehen. Ganze Abhandlungen, die blos von Speculationen handeln, verbittet die Societät bey ihren Mitgliedern, die Gegenftände müßten denn von fehr großer Wichtigkeit, und
die Ausarbeitungen in äufferfter Kürze, vielleicht nur in Form
von Anfragen abgefaßt feyn. Und Stoff zu folchen Abhandlungen von wirklichen Thatfachen, wird ein fo fruchtbares
weites Feld, wie der Bergbau ift, auch wohl gnug darbieten, ohne daß man ängftlich darnach fuchen dürfte. Die
Societät wird fich Mühe geben, nach und nach alles, was
als Thatfache in den verfchiedenen Bergwerksgegenden jetzt
gangbar ift, genau befchrieben zu erhalten. So das Verfahren beym Bergbau; beym Auffuchen der Erzpunkte, bey
der Förderniß, Zimmerung, Maurung, beym Gebrauch der
verfchiedenen Mafchinen. Beym Hüttenwefen die verfchiedenen Proceffe die man befolgt, eben fo beym Amalgamiren. Bey letztern befonders, wird man darauf mit Rückficht
nehmen, die Gefchichte feiner weitern Einführung und Vervollkommnung, wenigftens in Bruchftücken zu liefern. Die
Eifenhütten, Farbemühlen, und andere Fabriken, welche in
naher Verbindung mit dem Bergbau ftehen, alle follen nach
und nach genau befchrieben werden, wie fie jetzt beftehen,
wie fie eingerichtet find, und ihre Gefchäfte umgehen. Ohne Vortheil kann es nicht feyn, das genau, wahr und ehrlich
dargeftellt vor fich liegen zu haben, was jetzt beym Bergbau
wirklich fchon umgehet. Schon fehr dankenswerth wird es
feyn, daß das Vortheilhafte der einen Gegend, fo am beften zum Nachahmen in der andern fich darbieten kann. Und
wäre das auch nicht; fo wird doch ein getreues Gemählde
von

von dem, was wirklich fchon gefchiehet, die befte Gelegenheit geben können zu bemerken, wo, wie, und mit welcher Vorficht Verbefferungen anzubringen find, die der Vollkommenheit immer näher führen können.

Aufträge zu eignen, von irgend jemand verlangten Unterfuchungen, Gutachten, oder Anweifungen, werden nur
folchen Mitgliedern angeboten werden, die Erfahrung gnug,
Mufe, und Luft dazu haben, und fie zu übernehmen, freywillig fich entfchliefsen. Es verfteht fich von felbft, dafs
ein Mitglied von dem dergleichen zur Ausführung übernom-
men wird, keine Koften davon haben dürfe, vielmehr wird
jedem überlaffen bleiben, die fchuldige Belohnung für feine
Mühe fich felbft zu beftimmen, und felbft feftzufetzen, ob
etwas, und wie viel hiervon, zu der Caffe der Societät ab-
zugeben ihm anftändig feyn möchte. Allemal wird über einen Auftrag der Art, erft angefragt, und welches die gemachte Bedingung fey, dem zurück gemeldet werden, der
ihn bey der Societät anbrachte.

Das meifte von diefen vorangeführten Befchäftigungen,
wird nur für die ordentlichen Mitglieder, für gelehrte und
praktifche Berg - und Hüttenverftändige feyn, denen überhaupt das, was bis hierher gefagt worden ift, am nächften
liegt, und eigentlich zugehört. Sie in Verbindung mit den
Theoretikern, mit den Mitgliedern der zwoten Claffe zu
bringen, beyde einander dadurch mehr zu nähern, fo wech-
felfeitige Vortheile zwifchen ihnen zu befördern, und den
grofsen Nutzen hiervon über den ganzen Bergbau zu verbreiten, dies liegt nun auch noch mit in dem Zirkel der Zwecke
der Societät. Es find der Fälle fehr viele, bey welchen der
praktifche Berg - und Hüttenmann, ohne den Theoretiker

nun

nun nicht weiter fortkommen kann, wo er von diefem belehrt werden, zu neuen Verfuchen nach der Theorie ermun-
tert, oder von unvortheilhaften Unternehmungen zurück ge-
wiefen; mit neuen Theorien aus feinen vollführten und lange
geprüften Anftalten und Arbeiten verfehen, oder über feine
alten berichtiget werden muß. Bemerkungen über folche
Gegenftände, in der ruhigen Studierftube gemacht, vielleicht
beym Lefen alter oder neuer Schriften, oder nach dem Durch-
denken bekannt gewordener neuer Anlagen; neue Entdeckungen, oder Prüfungen deffen, was fchon längft entdeckt ift,
aus den Werkftätten der Scheidekünftler u. dergl. wird die
Societät mit Dank und grofsem Vergnügen aufnehmen. Sie
find es eigentlich, was fie von ihren aufferordentlichen Mitgliedern erwartet, was fie allenfalls durch Anfragen, wie fie
vorkommende Gelegenheiten veranlaffen möchten, von ihnen
zu erlangen fuchen wird, und fie wird von den vorzüglichern Stücken daraus, in ihren herauszugebenden Schriften
ebenfalls Gebrauch machen. Auszüge aus weitläuftigern Werken, die den Bergbau angehen; nützliche Erläuterungen einzelner Stellen aus folchen Werken, durch Vergleichungen mit
andern, oder durch Gegeneinanderhalten mit der Natur berichtiget — Arbeiten auch diefer Art, wird von ihren ge-
lehrten Mitgliedern, zum Beften ihrer ordentlichen Mitglieder, die Societät ebenfalls fehr gern aufnehmen.

So wenig es beym Bergbau an Gegenftänden fehlt,
nützliche Unterfuchungen anzuftellen, grofse Vortheile hieraus für die Wiffenfchaften, und durch Anwendungen diefer,
für das Glück einzelner Gegenden und ganzer Staaten zu
ziehn; fo fchwer ift es doch auch mehrentheils, diefen Gegenftänden fo nahe zu kommen, als genaue Unterfuchungen

C   derfel-

derselben es erfordern. Der praktifche Bergmann hat zu viel
damit zu thun, feine gewöhnliche Laft, das Rad des herge-
brachten Kunftwerks fortzutreiben; mit dem nur bekannt von
Jugend auf, und dran gewöhnt nun, wird er fern davon gehalten, auf andere Ideen zu kommen; er fcheuet fich fogar,
auf etwas Neues fich einzulaffen, es wird ihm fchwer zu glauben, dafs etwas anderes von mehr Vortheilen bey ihm möglich fey. Bisher war es ja fo manche Jahre herdurch recht,
was er machte, man verfuchte vieles und es kam nichts befferes heraus — Diefe gute Ueberzeugung von feinem einmal
eingerichteten Verfahren, ift ihm fogar oft Grund, vieles unter fich mit Vorfatz zu verheimlichen. Zugleich mit aus
Furcht thut er dies — und gewifs fie ift nicht immer unge-
gründet — man werde ihm nur mehr Laft aufbürden, ohne
größern Nutzen zu verfchaffen, und er thut fo, fehr felten
freywillig Schritte, dem Unterfucher zu vollkommen klarer
Einficht zu verhelfen. Dies bey Gefchäften, die ohnedem
zum größten Theil in ein natürliches Dunkel gehüllt find,
erfchwert jede Hemühung, fie gehörig klar zu fetzen, verhindert fehr oft den Verfuch, fie zweckmäßiger, übereinftim-
mender mit der Natur einzurichten.

Dafs die Societät der Bergbaukunde, durch eine folche
Verbindung der Praktiker und Theoretiker, zum Theil diefes
Hindernifs fchon wegräumen werde, ift freylich wohl zu
hoffen; aber beffer noch, und ganz wird es können überwunden werden, wenn angefehene Liebhaber und Befchützer des
Bergbaues, an den erften Plätzen der Gewalt mit zutreten,
und diefe Hinderniffe wegzuräumen, durch Beyfpiel und Beyhülfe eine Hand mit bieten. Und dies eben ift es, was die
Societät von ihren erbetenen Ehrenmitgliedern wünfcht und
hofft.

hofft. Sie wird es forgfältigft vermeiden, mit allzuviel Begehren zur Laft zu fallen. Blofse Empfehlungen, werden
ihr in den mehreften Fällen fchon hinreichend feyn. Nur
bey den wenigen Gelegenheiten, wo Übel verftandene Be-
forgniffe über die Gefahr, dafs etwan Heimlichkeiten entdeckt werden möchten, die Thür zu nützlichen Unterfuchungen zu verfchliefsen wagen follten, verfpricht fie fich thäti-
ge Unterftützung von ihnen um fo viel gewiffer, da fie durch
ihre Arbeiten fo manche Mittel zu nützlichen Verbefferungen,
ihren Befchützern wieder zurück erwarten läfst. Und wenn
fie das natürliche Dunkel der mehreften Unternehmungen und
Arbeiten des Bergbaues, nur mehr aufhellte; die noch dickere Finfternifs, welche bald entfchloffene, bald nur unwiffen-
de, feine oder grobe Betrüger, in fo vielen Fällen hinzu zu
bringen ftreben, abhielt, zu entftehen verhinderte — wie
viel Vortheile würde nicht fchon hierdurch die Societät den
erften Staatsbedienten eines Landes, den erften Vorgefetzten,
und den nächften Befitzern der Bergwerke in die Hände liefern! —
　　Mit diefer genauern Befchreibung desjenigen, was die
Societät von jeder Claffe ihrer Mitglieder befonders erwartet,
ift aber nicht die Meynung, dafs jeder Claffe dadurch fefte
Grenze gefetzt feyn folle, die nicht überftiegen werden dürfe. Bey weiten dies nicht, es wird vielmehr auch hierinne
vollkommene Freyheit gelaffen. Jeder gebe das, was er geben kann, und zu geben Luft hat; finde in diefen flüchtig
gezeichneten Grenzen der Claffen, nur Hinweifen auf das,
ihm am nächften liegende Feld der Befchäftigungen; nur Beweis, dafs die Societät nichts, feinen gewohnten Befchäftigungen fern liegendes erwarte, und fey geneigt zu den
　　　　　　　C 2　　　　　　　gemein-

gemeinfchaftlichen Zwecken im Ganzen mitzuwirken. Nächſt
diefem Mitwürken zu den vorgefetzten Zwecken des Ganzen,
wie bey jeder fich darbietenden Gelegenheit, jeder kann und
mag, iſt es noch die kleine jährliche Abgabe von zwey Dukaten, und das Zurückfchicken des oben erwähnten Blattes
der Societät, was alle Claſſen der Mitglieder gleich macht,
was von allen zum wenigſten zu leiſten iſt.

Vielleicht möchte man nun auch wiſſen wollen, welchen
Nutzen denn namentlich die Wiſſenfchaften, die Mitglieder,
das Publikum von der Societät zu erwarten haben follen.
Auch hierüber können einige abgeriſſene Linien hingezeichnet
werden.

Mehr *Gewiſsheit* und *Beſtimmtheit*, wird in diefer Einrichtung der Societät der Bergbaukunde, und durch die Arbeiten ihrer Mitglieder, alles Wiſſenfchaftliche unſtreitig am
leichteſten erhalten können, was nur in einiger Verbindung
mit dem Bergbau ſtehet. Und der Bergbau greift in viele
Wiſſenfchaften und Künſte weit ein, kann nur allein durch
fie beſtehen. Durch fo viele Mitglieder, deren Verbindung
in alle Weltgegenden fich ausdehnt, iſt das Vergleichen der
verfchiedenen, vorlängſt gangbaren fowohl, als neu verfuchten Anwendungen der Wiſſenfchaften und Künſte, zu fo manchen Zwecken, möglich nicht allein, fondern leicht auch, am
ficherſten, und wenig koſtbar. Was in Ungarn die wohlge-
ordnete Mechanik wirkt, was fie in Sachfen ausgezeichnet
Nützliches und Schönes aufſtellt, was der Harz von ihr befitzt —— wäre alles das nach den Localumſtänden, mit zugefetzten Vortheilen und Nachtheilen, mit beygefügtem Calcul,
wahr und faſslich befchrieben zum Gegeneinanderhalten dar-
gelegt, wie die Societät diefes zu erlangen trachten wird;

fo

fo könnte hieraus einſt wohl, für alle vorkommende Umſtände, das Vortheilhaftere mit Gewiſsheit ausgefunden werden.
— Iſt jetzt von einem flüchtig durchreiſenden Fremden eine
Gegend mineralogiſch unterſucht, und beſchrieben worden;
fo können Mitglieder welche in dieſer Gegend wohnen, oder
ihr nahe ſind, oder auch dahin reiſen, gelegentlich die nur
erſt einzige Beſchreibung controlliren, oder zwiſchen mehrern die ſich findenden Widerſprüche erläutern, und ſo die
volle Gewiſsheit bald darſtellen — jetzt nennt einer ein Foſſil *Hornſchiefer*, das der andere *hornartigen Porphyr*, und ein
dritter *Porphyrſchiefer* benennt. Die Einrichtung der Societät macht es leicht, aus den verſchiedenen Gegenden, woher
dieſe verſchiedenen Namen der eine, der andere, der dritte
uns aufgeben, das Foſſil ſelbſt zu erhalten was damit angezeigt worden iſt, und nun wird es leicht die Gewiſsheit zu
erkennen, daſs es nur einer und derſelbe Körper ſey, der das
Schickſal hatte, mit drey Namen belaſtet zu werden. In ſolchen Fällen, wenn der unnöthigen, oft manche lächerliche,
den Wiſſenſchaften aber allemal nachtheilige Irrungen hervor-
bringenden Verſchiedenheiten, zu viele entſtehen wollen, wird
es vielleicht durch die Societät auch noch gelingen, nur bey
einerley, und zweckmäſsiger Benennung feſt zu halten, wenn
ſie in ihren Schriften ſich für den Gebrauch nur des einen
Namens entſcheidet, ihre Mitglieder erſucht, deſſen ſich auch
nur allein zu bedienen. Zum wenigſten wird ſie in ſolchen
Fällen, durch die von ihr anzuzeigenden eigentlichen Bedeu-
tungen ſolcher mehrerley Namen, die Irrthümer hindern können, in die man nothwendig verfallen muſs, wenn man ſich
unter den verſchiedenen Benennungen, auch Verſchiedenheit
des Benennten denkt. Nach dieſer Aeuſserung muſs man

C 3   aber

aber nicht erwarten, als werde es fich die Societät unternehmen, mit einer Art herrifchen Zwanges über die Gewiffen, ihre Mitglieder unter einerley Meynung zu beugen, fo den Ton überfchreyend anzugeben, durch Betäubung durchzufetzen. O! das nicht, fie wird jedem feinen Glauben laffen. In folcher heilfamen Toleranz wird fie felbft die, einander widerfprechendften Arbeiten, in ihren Schriften fogar neben einander aufnehmen, fo fern fie nur keine Widerfprüche in fich enthalten. Aber alle Gelegenheiten zu genaufter Unterfuchung der entftandenen Widerfprüche, wird fie auch benutzen, und fo die Wahrheit klar zur Entfcheidung heraus zu bringen fuchen. Wenn dann der Wahrheit die meiften Stimmen, oder gar unanimia beyfallen; fo wird hiermit freylich der fefte Ton angegeben feyn. Und das ift Vortheil den Wiffenfchaften, wobey die Gewiffen keinen Zwang leiden, fo unangefochten und frey bleiben, als die reine Luft auf dem höchften Gebirge. — Jedem fällt es leicht in die Augen, dafs durch die gefellfchaftliche Kette, auch das gefchwinde Verbreiten in alle Gegenden hin fehr leicht, dafs eben hierdurch auch das Reiben mehrerer Köpfe an einander unterhalten, und mehr beförderet werde. Auch dies muſs großen Vortheil den Wiffenfchaften bringen.

Den Mitgliedern kann alles durch die gefellfchaftliche Verbindung erleichtert werden, was fie im Dienfte des Staats; in der Befchäftigung mit Wiffenfchaften; im Dienfte des Bergbaues; felbft auf ihren Berufswegen alfo, für ein Gefchäft zu thun durch Pflicht fich genöthiget finden, das fo weitläuftig, fo verwickelt ift; fo viel Vortheil, fo vielen Schaden; fo viel Ehre, fo viel Schande ihnen bringen kann. Auch der nur bloßen Liebhaberey, die oft zu weit größerer

Leiden-

Leidenfchaft hinreifst, als aller unentbehrlicher Vortheil aufm
Berufswege, wird die Societät Befriedigung verfchaffen.
Jeder kann von dem, was er zu wiffen, was er zu befitzen
wünfcht, durch die Societät bald Auskunft erhalten. Er
darf, will er den vorgezeichneten geraden Weg gehen, nur
an den Direktor zu dem er fich hält, blos in der Form von
Anfrage das gelangen laffen, was er verlangt, diefer wird
entweder fchon wiffen, oder doch bald Erkundigung darüber
einzuziehn im Stande feyn, wo am beften, und um welche
Koften, falls deren dabey find, das begehrte erlangt werden
könne, hierüber wird er dem Anforderer kurze Nachricht
zukommen laffen, und wenn diefe mit beftimmter Erklärung
beantwortet ift, wird das Erfüllen beforgt werden. Auf
folchem Wege ift es allerdings fehr erleichtert, und wenigftens möglich, manche Hülfsmittel zu erlangen, die bisher,
fo nöthig fie einem und dem andern auch immer feyn moch-
ten, doch auf keine Weife, wenigftens nicht ohne Anwendung gröfster Mühe und vieler Koften erlangt werden konnten. Hierhin find vorzüglich zu rechnen, aufgezeichnete
Beobachtungen, Auskunft über Maafse und Gewicht, Zeichnungen, Modelle, Mineralien, bey welchem allem aber,
und vorzüglich bey letztern den Mineralien, hier erklärt
werden muß, daß die Societät Beforgungen davon, nur zur
Beyhülfe für Wiffenfchaften und Künfte, zunächft zum Beften ihrer Mitglieder übernehmen werde, aber ganz und gar
nicht zu dem Zwecke, einen förmlichen Handel damit zu
befördern. Sollten hierauf hinauslaufend Anforderungen gefchehen; fo wird, um auch dabey alle mögliche Befriedigung zu verfchaffen, die Societät folche Leute, wenn fie
deren kennt benennen, die mit fo etwas Handel zu treiben,
ihr

ihr Gefchäft feyn laſſen, und von welchen man am billig-
ften und beſten, Befriedigung erwarten kann. Immer noch
von vielen Vortheilen wird auch dies feyn.

Die nähere Bekanntfchaft, durch die Verbindung in
der Societät erlangt, wird allen durchhin von grofsen Vortheilen feyn, die zu ihr gehören. Der junge Mann, der
noch kein Glück gemacht hat, oder zu einem gröfsern auf-
zufteigen wünfcht, hat hier die fchönfte Gelegenheit, feine
Fähigkeiten, fein Gefchick zu zeigen. Männer die an der
Spitze der Gefchäfte ſtehen, denen oft viel dran liegt, zur
Anwendung für diefe und jene Stelle beym Bergbau, gefchickte Leute zu kennen, erhalten hier in der Societät,
die ficherfte Gelegenheit dazu, ohne irgend einer Unan-
nehmlichkeit fich auszufetzen. Wenn eins aus den Mitgliedern Reifen zu wiffenfchaftlichen Zwecken macht, wie nützlich kann es ihm da nicht werden, mit in der Verbindung
der Societät zu ftehen! Wo es Mitglieder der Societät antrifft, hat es zugleich auch Leute gefunden, die ihm feine
Unterfuchungen werden erleichtern, befördern helfen fogar,
wenigftens mit Anleitungen ihn werden verfehen können,
wie am gefchwindeften und beften fein Zweck zu erreichen
fey. Kennt einer die merkwürdigen Gegenftände der Länder nicht alle, wohin er zu reifen gedenkt, dem können
Verzeichniffe davon, oder Anleitungen nähere Unterrich-
tungen davon zu erhalten zugeftellt werden, wenn er diefes
begehrt. Zuweilen wird diefe und jene Unterfuchung bey
folchen Reifen, den Mitgliedern auch aufgetragen werden
können, die Ausführung derfelben wird ihnen Gelegenheit
feyn, ihre Kenntniffe zu erweitern, und die bekannt gemachten Refultate davon, werden in den Schriften der Societät,
der ganzen Verbindung zu ftatten kommen.

Wird

Wird es nach dem, was von dem Nutzen fchon gefagt worden ift, den die Wiffenfchaften, und den die Glieder der Societät der Bergbaukunde von diefer Verbindung
haben können, auch noch nöthig feyn, des Vortheils befonders zu erwähnen, den das Publikum von diefer Societät
erwarten kann? Diefes geniefst ja faft daffelbe mit, was
die Wiffenfchaften und die Mitglieder geniefsen; da von
dem Vorzüglichern, was die Societät aufbringt, der Druck
von Zeit zu Zeit, Anzeigen entweder, oder umftändlich alles bekannt machen foll. Auch der, dem Publikum allein
zufallende Vortheil, dafs man eine Societät weifs, bey der
man Leute und Sachen für Bergwerkskunde finden kann,
ift fehr grofs, auszeichnend, wäre er gleich auch nur der
einzige — und kein Staat bezahlt für diefe Societät, fie
unterhält fich felbft. Sie ift unpartheyifch durchaus, fucht
nur Wahrheit um fie nützlich mitzutheilen, und hat der
Mitglieder gnug, um in voller Unpartheylichkeit, was man
nur immer will, über ihren Gegenftand unterfuchen zu laffen. — Ueber die zweifelhaften Fälle, die bey den Bergwerksmafchinen in Mexico vorfallen, könnten die Mitglieder in Wien und Ungarn das Urtheil ablaffen, und über das
Anftellen eines Bergbaues am Caucafus, könnten die Mitglieder der Societät am Rhein ihr Gutachten geben. Mufs,
um diefes zuverläffig zu haben, das Locale nothwendig unterfucht werden, kann gar keine genaue Befchreibung gnugthuend an feiner Stelle angenommen werden; fo finden fich
unter einer fo weitläuftigen Verbindung gewifs auch Leute
mit, welche die hierzu zu unternehmenden Reifen nicht
fcheuen. Das Publikum weifs wenigftens eine Societät, wo
es darüber anfragen kann, von der, wenigftens in den
D   mehrern

mehrern Fällen, Befriedigung wird erlangt werden können,
was aulfer ihr vorhin nicht war. Hiervor wird das Publikum ihr wohl geneigt feyn können, und das ilt alles, was
fie von ihm verlangt. —— Man hat mehrmalen über die Einrichtung der Societät, die, wenn gleich nicht fogar gewöhnlich, doch unter
vorliegenden Umftänden, und zum Erreichen des vorgefetzten Zweckes die fchicklichfte ilt, in grofser Bedenklichkeit
gefragt: Wie doch von fo vielen, fo weit auseinander, in
alle Welttheile zerftreuten Mitgliedern, mit Zufammenftim-
mung und Nutzen werde können gearbeitet werden? Recht
gut dies, da Gegenftand und Zwecke, worauf die Arbeiten
gehen follen, allen, auch noch fo weit von einander ent-
fernten Mitgliedern bekannt find. Nach dem Geifte der
Freyheit, der unter der Societät, foll mit Vortheil gewirkt
werden, durchaus berrfchen muß, würde das Auffuchen
und Anwenden der Mittel zu diefen Zwecken zu gelangen,
ohnedem jedem felbft überlaffen bleiben müffen. Mehrere
oder viele, in öftern Zufammenkünften zu nah aneinander
gebracht, würden fich in vielen Fällen nur hindern, in ihren Ideen nur irre machen. Heffer als nahes Zufammenle-
ben, wird es ihre Arbeiten befördern, daß fie eine Einrichtung und Oerter wiffen, woher fie fich allenfalls Raths er-
holen, auch Materialien verfchreiben, und wohin fie ihre
Arbeiten zur Prüfung, und zum weitern Verbreiten abgeben
können. —— Ilt es nicht unter der Kaufmannfchaft von
fehr grofsen Vortheilen, und werden nicht die gröfsten Unternehmungen damit ausgeführt, dafs, oft ohne fich jemals gefehen zu haben, durch blofs kurzes Anverlangen in
fchlicht verfafsten Briefen, in die entferntelten Weltgegenden

den hin, die in Freundfchaft ftehenden Häufer einander unterftützen? Etwas dem ähnliches wünfcht man für den
Bergbau, durch die Societät der Bergbaukunde zu erreichen, und die giebt auch Vortheil um Vortheil, wie die
Kaufmannfchaft. — Durch die Schriften der Societät erfährt jedes Mitglied, was im Ganzen gearbeitet worden ift, auch was in
der Einrichtung der Societät fich vervollkommnt hat. Zu
beyderley trägt jeder das Seinige mit bey, wie an dem
Platze, wo er fich befindet, die Gelegenheit dazu fich darbietet, und es wird hier nochmals jedes der Mitglieder auf
das angelegentlichfte erfucht, vorzüglich alles, was zur
Verbefferung der Einrichtung der Societät jedes für gut
hält, den Direktoren umftändlich bekannt zu machen, und
ficher zu feyn, dafs in der Folge alles wird angewendet
werden, aus der Summe von Räthen die eingekommen
find, die Vollkommenheit der Einrichtung, fo weit es nur
immer möglich ift, zu erhöhen. Wollen, um folche Vorfchläge belfer abzufaffen, oder um fich in den Arbeiten
belfer zu unterftützen, die Mitglieder zuweilen fich ver-
fammlen, die an einem Orte, oder doch nahe beyfammen wohnen, das bleibt völlig ihrem freyen Willen überlaffen.

Dafs zum Geldbeytrage jeden Mitgliedes nicht mehr,
als zwey Dukaten jährlich gefetzt find, ift darum gefchehen, weil man nicht nöthig hielt, einen Zufchnitt auf grofsen Aufwand, oder auf Kapitalienfammlen bey der Societät zu machen. Zu Beftreitung der Unkoften, die nach
gegenwärtigem Plane vorfallen können, hofft man durch
diefen Beytrag hinlänglich verfehen zu feyn. Porto und

Druck

Druck der Schriften der Societät, werden das meifte in
der Ausgabe machen. Es ift wohl nicht unbekannt, daſs
bey lange fchon beftehenden ähnlichen folchen Societäten,
ungleich ftärkere, und oft grofse Summen von den Mitgliedern beygetragen werden, wofür denn aber auch mehr
ausgeführt, angefchafft und unterhalten wird, als die Societät der Bergbaukunde für ihr Ganzes fchicklich und nöthig hält. Wollen Abtheilungen von ihr unter den verfchiedenen Direktoren, in den verfchiedenen Ländern und
Gegenden, zu noch einem freywilligen Beytrag über diefe
zwey Dukaten fich entfchliefsen, und diefen zu manchen
kräftigern Mitteln, die Zwecke der Societät zu befördern,
in ihrer Abtheilung anwenden, das auch, bleibt ihrem eignen Gutfinden völlig überlaffen. Einmal für die Direktion
des Ganzen der Societät, ift zwey Dukaten hinlänglich gehalten worden, und wie man auch diefe verwendet habe,
davon follen kleine fummarifche Jahrsrechnungen über Einnahme und Ausgabe, den Schriften der Societät jedesmal
beygedruckt werden. Die umftändliche Rechnung fammt
Belegen dazu, kann bey jedesmaliger Direktion, zu allen
Zeiten vorgelegt werden. Eben fo foll auch diefen Schriften noch ein Verzeichnifs von dem angefügt werden, was
die Societät von Riffen, Modellen, Kupfern und Mineralien in ihren Befitz bekömmt. So wird jedem Mitgliede
leicht feyn, das Ganze zu überfehen, zu bemerken wo
noch Lücken find, und Mittel aufzufinden, diefe auszu-
füllen.
    Daſs in jedem Jahre, oder anfangs wenigftens in
zwey Jahren, ein Band der Schriften der Societät heraus
komme, wird darum nöthig feyn, weil eben dadurch die
Arbei-

Arbeiten jeden einzelnen Mitgliedes, und fo des Ganzen, allen am beften bekannt werden können. — Man fieht diefe Bände als blofse Abfchriften an, deren erfter und Hauptzweck ift, in die Hände der Mitglieder zu kommen, und diefen zu erzählen, was bey der Societät vorgehet, für die Zwecke ihres Dafeyns gefchehen ift. Nur der Ueberreft der ganzen Auflage diefer Schriften, ift für jedermann zum Kauf beftimmt, um im weitern Verfolge der Zwecke der Societät, auch das Publikum von dem zu belehren, was fie treibt, und hierdurch noch mehr nützlich auf den Bergbau aller Orten zu wirken. Nur Nebenzweck bey letztern wäre es dann noch, die Unkoften der Auflagen diefer Schriften, wenigftens zum Theil wieder beyzubringen, und hierdurch den Mitgliedern die Koften der, für fie gefertigten Abfchriften zu erfparen. — Ob die Bände ftark oder fchwach werden, daran wird man fich nicht kehren, fondern nur darauf fehen, dafs fie Nützliches enthalten, fafslich, und mit Interefle vorgetragen. Ihre Einrichtung wird in der Hauptfache fo geordnet werden können, dafs umftändlichere *Abhandlungen*, und Befchreibungen von vollendeten Beobachtungen die erfte Abtheilung ausmachen; *Auszüge* aus gröfsern Werken, Acten, oder fonft noch ungedruckten Schriften die zweyte, und die dritte endlich *Bemerkungen*, Anzeigen, Notitzen, Anfragen, kurz das Interefantefte aus Briefen, und den Abfchriften der Notaten der Mitglieder. In allen diefen Abtheilungen, können, fo fern es ohne Zwang möglich ift, die Materien fo geordnet werden, wie unter I. des Einladungsfchreibens, Seite 3. und 4. der Gegenftand der Societät zergliedert angegeben worden ift. Auszüge

aus

aus den Rechnungen, den erlangenden Befitzungen der Sol
cietät u. dergl., und was fonft etwan über Veränderungen
bey ihr noch zu fagen nöthig feyn möchte, kann das
Ganze fchliefsen.

Abhandlungen oder Anzeigen, welche richtige wahre Summen von Staats- oder andern Einkünften des Bergbaues eines ganzen Landes, oder nur einer ganzen Provinz, in einem fortlaufenden Zufammenhange enthalten,
woraus man in den Vermögenszuftand eines Landes, oder
einer Provinz, aus dem Bergbau oder Fabriken die zu ihm
gehören fliefsend, eine genaue und richtige Einficht erhalten könnte, die alfo wahre Finanz- und Staatsgeheimniffe
enthielten — wird man entweder in die Schriften der
Societät gar nicht aufnehmen, oder wird doch in ihnen
erft die Zahlen abändern, und den Oertern fremde Namen geben, fo dafs nur der Zuftand der Sache, nicht
des Landes erfehen werden könne, woher fie ift. Letzteres gehört auf keine Weife zu dem Gegenftande der Societät, die den Staaten Nutzen zu bringen fich bemühen
wird, und im mindeften nicht, auch nur auf die entfern-
tefte Weife Gelegenheit zu Nachtheil geben will. Auch
kann über Vollkommenheit oder Unvollkommenheit der
Anftalten, Einrichtungen, und Vorgänge beym Bergbau
und was zu ihm gehört, fehr gut und richtig geurtheilt
werden, ohne über fein Ganzes in wahren reinen Summen die Calculationen vor fich liegen zu haben, oder gar
in das Urtheil mit einzuflechten. Eine gleiche Vorficht
wird die Societät auch über Fabriken, und ihnen ähnliche
Einrichtungen beobachten, wenn fie Privatleuten zuftehen.
Sie wünfcht vorzüglich nur den Gang, die Form guter
Anftal-

Anſtalten und Einrichtungen· in ihren Schriften aufzubehalten, was zu allen Zeiten des Anhaltens abgeben könne, etwas ähnliches wieder zu Werke zu richten, wenn eine bisher beſtandene ſolche Fabrik, Manufactur oder dergleichen eingehen ſollte. Aufbewahren will ſie nur den Fuß der Einrichtungen, und hierzu braucht ſie, bis auf den kleinſten Umſtand herunter, alle Handgriffe, jeden kleinen Vortheil der daraus zu ziehn iſt, und das allemal mit Beyſatz des Geldbetrags, nicht zu wiſſen. Dieſe Vortheile in den Ausführungen, ſind ohnedem ſchwer zu beſchreiben, ſind noch ſchwerer nach jeder, auch noch ſo genauen Beſchreibung vortheilhaft zu treffen, und machen auf alle Fälle nur irre in der Ausführung. Wer ohne eigne Aufmerkſamkeit, Nachdenken, und Verſuche, blos nur nach der Vorſchrift eines andern verfahren will, wird ſehr ſelten zu ſeinem Zwecke gelangen. Dies ſollten auch die eingebildeten Beſitzer von ſogenannten Geheimniſſen überlegen, die ſo ängſtlich karg über ihrem Handwerksvortheile brüten, daß ſie nur gar nicht wagen, einmal davon zu ſprechen. Recht viel, und recht umſtändlich ſollten ſie davon ſprechen, recht klar alles vor die Augen zu mahlen ſuchen, dann würde jeder mittelmäſsige Menſch glauben, er könne es nun auch nachmachen, würde geſchwind dran gehen — und würde fehl gehen, und bald ausbreiten, es ſey mit dem ganzen Vortheile nichts. Ein denkender Kopf findet nur noch mehr Reiz zu forſchen, wo man ihm durch das vorgeſchobene Geheimniß Hinderniſſe ſetzen will, kehrt ſich wenig dran, wenn man ihm manches zurückhält, hilft ſich allenfalls aus ſich ſelbſt. Es iſt im entgegengeſetzten Falle mehrentheils ſo gar viel ſchwerer, etwas

Vortheil-

Vortheilhaftes', das man allgemeiner verbreitet wünfcht, auch durch die allerdeutlichften, umftändlichften Befchreibungen, einem andern bis zur glücklich auszuführenden Anwendung einzudemonftriren — Ganz neue Beyfpiele hierüber, kann man bey der Amalgamation finden — Man thue geheimnißvoll, mache andere dadurch aufmerkfam, reize fie zu eignem Nachdenken und Verfahren, dies wird in mehrern Fällen, ein viel beffer Mittel feyn das Geheimniß unter die Leute zu bringen, als das offenherzige Entdecken, oder gar das Aufdringen, felbft ausgemachter, und grofser Vortheile.

Es giebt aber noch ein anderes Geheimniß, das weniger zu umgehen, und von weit gefährlicherer Art ift. — Die Unvollkommenheit beym Anftellen und Umtreiben des Bergbaues — die will keiner bemerken, öffentlich zur Schau tragen, oder gar abftellen laffen, um fo weniger, wenn etwan felbft das beffere Einkommen, oder die liebe Bequemlichkeit, und der wohlgenährte Stolz, dadurch in Gefahr kommen künnten. Und freylich! zugeftanden muß es werden, zuweilen ift diefe Unvollkommenheit wohl fehr proftituirlich, man müfste wünfchen, fie nie in klarem Lichte zu fehen. Nur ift fie auch fehr lehrreich, gefchickt zu Warnungen an andere Gegenden, an die Welt die nach uns kömmt, wenn man auch darauf Verzicht thun müfste, in der Gegend, wo fie einmal Boden für tiefgehende Wurzeln gefunden hat, durch Hervortragen an das Licht, fie zum Ausrotten reif gnug treiben zu können. Man müfste in folchen Fällen nur die Sache vortragen, fremder Namen fich bedienen — etwan dem Mann ausm Monde, über den Bergbau im Monde Nachricht

richt geben laſſen. — Es wäre hiermit der gute Zweck
zu erreichen, berrſchenden Unvollkommenheiten mit deutlicher Darſtellung ihres Nachtheils beyzukommen, ohne
Perſonen die ſie ſchützten oder veranlaſsten, dadurch in
Verlegenheit, und ſich in die Gefahr zu ſetzen, manchen
Unannehmlichkeiten blos zu ſtehen. Jeder dem ſolche,
nicht eben ſeltne Gegenſtände vorkommen, wird am beſten
überſehen können, welche Maasregel zu befolgen am thun-
lichſten ſeyn möchte, und die jedesmalige Direktion wird
an ihrem Theile, bey jedem Falle der Art, noch nachzu-
bringen ſuchen, was von den Mitgliedern an ihrem Platze
vielleicht nicht zu bemerken ſeyn möchte, ſo daſs alſo
auch die Unvollkommenheit der Perſonen ſicher ſeyn kann,
unentblöſst zu bleiben, wenn gleich die der Sachen angegriffen werden müſste. —

Vorerſt, und ſo lange die Societät in der gegenwärtigen anſehnlichen Zahl der Mitglieder beyſammen bleibt,
ſoll jedem Mitgliede ein Exemplar ihrer Schriften unent-
geltlich zugeſtellt werden, weil man ſo viel mit den eingegangenen Beyträgen überſehen zu können glaubt. Sie
wird die Auflage auf ihre eigne Koſten, ſo baushälteriſch
wie möglich beſorgen, jedoch dieſes unbeſchadet der Äuſ-
ſern Schönheit und Zweckmäſsigkeit. Jede Auflage wird
aus 500 Exemplaren beſtehen, was von dieſen nach dem
Vertheilen an die Mitglieder noch übrig bleibt, wird gegen
30 p. C. Proviſion, einem Buchhändler zum Verkauf in
Commiſſion gegeben werden, und die davon einkommen-
den Gelder, werden der Caſſe zuflieſsen. Sollte dieſe hierdurch, durch die Beyträge noch mehrerer Mitglieder, auch
wohl durch freywillige Abgabe von den Honorarien für
E   ausge-

ausgearbeitete Gutachten, vollführte Unterfuchungen u. dergl.
nach und nach zu beträchtlichen Vorräthen anwachfen; fo
könnten von diefen einft auch Prämien für nützliche Erfin-
dungen; Zufchufs bey nöthigen Unterfuchungen, wenn fie
mit Unkoften verknüpft find; felbft zur Bezahlung mühfa-
mer Ausarbeitungen in die Schriften der Societät, kleine
Summen ausgefetzt werden. — Doch alles dies fey nur in
der Hoffnung erwähnt, dafs die Anzahl der Mitglieder fich
anfehnlich mehren, der Beyfall gegen die Societät und ihre Arbeiten zunehmen, und ihre ganze Anftalt vorzüglich
glücklich gehen werde, worüber nur die Zeit den Aus-
fchlag geben kann.

Abhand-

I.

ABHANDLUNGEN.

I.
Mineralgefchichte der Goldbergwerke

in dem

Vöröfchpataker Gebirge

bey Abrudbanya im Grofsfürftenthume Siebenbürgen

nebft einer Charte,

von

Herrn von Müller

K. K. Guberaialrathe und Oberberg - und Sallinen-Infpectat
su Salatna in Siebenbürgen.

___

1.

Der Bezirk, in welchem in dem Grofsfürftenthume Siebenbürgen edle Klüfte bifsher bekannt find, fo auf Gold, Silber,
Bley, Kupfer, oder Eifen gebauet werden, erftrecket fich
von der weftlichen Landesgrenze von den zwifchen dem
Flufs *Marofch* (Máros) und dem Flufs *Köröfch* (Körös) liegenden Gebirgen gegen Nordoft bifs nach *Thorotzko*, und
von den diefleits der *Marofch* liegenden *Vayda-Hunyader* Gebirgen gegen Nordoftnord wieder bifs nach *Thorotzko*, fo
dafs diefer Bezirk ein Dreyeck bildet, deffen nordweftliche
Seite 11½, die oftfudoftliche 12., und die weftfudweftliche,
oder die gröfte Breite von *Kafonefcht* (Kazoneft) fudoftwerts
nach *Gyalar* bey *Vayda-Hunyad*, 6 teutfche Meilen in gera-

E 3   den

den Linien beträgt. Auffer diefem Hauptbezirke find noch
einige kleinere, nämlich: *Kapnik*, und *Rodnau* an der nördlichen Grenze des Landes; einige Berge, an denen in den Sek-
lerſtühlen Eifen erzeugt wird; und einige alte Bleygruben
bey *Mardſchineny* in den *Kronſtädter*-Gebirgen.

2.

In dem gedachten zufammenhängenden Hauptbezirke,
mitten an deſſen nordweſtlicher Seite, liegt der Markflecken
Abrudbanya. Diefer war unter den römifchen Aurariis daci-
cis der vorzüglichſte. Es iſt auch itzt noch die beträchtlich-
ſte Goldeinlöfung in *Abrudbanya*, welche die gröſten Gold-
gefälle in Siebenbürgen giebt. Noch gegen die Helfte des
fechszehenden Jahrhunderts war diefer Ort das Haupt der
übrigen Bergörter, denen er in Bergwefens Angelegenheiten
Befehle ertheilte, bifs nach der Hand die Umſtände die Einrichtung einer andern Direktion erheifchet haben. Auch der
Name Abrud oder Awrud — denn Baja, oder Banya, bedeutet bey den Wallachen überhaupt ein Bergwerk — fcheinet von auraria herzurühren, und, obwohlen durch die wal-
lachifche Mundart, nach welcher Aur Gold heiſst, verunſtal-
tet, jene Ableitung erhalten zu haben. Zu *Abrudbanya* felbſt,
das iſt: in den ganz nahe anliegenden Bergen, waren von
jeher niemal Bergwerke, fondern es werden folche in dem
eine halbe Meile, und weiter gegen Oſten, und Oſtnordoſt
entlegenen Gebirgen betrieben, und hiezu gehören die *Vöröfchpataker* Berge von denen ich gegenwärtig Nachricht geben will.

3.

Vöröfchpatak ein zu *Abrudbanya* gehöriger, aus vielen
zerſtreuten, meiſt fchlechten Häufern beſtehender Ort, oder
beſſer

beſſer ein, aus vielen Gewerkſchaften beſtehender Bergwerkshandel, iſt von dem Markte *Abrudbanya* oſtnordoſthwerts eine
Stunde weit entlegen. Von den Vöröſchpataker Gebirgen
ziehen ſich zwey Thäler, nämlich: der Hauptgrund *Kurna*
gegen Sudweſt, und der Hauptgrund *Vöröſchpatak* gegen
Weſtnordweſt in das Abrudbanyaer Hauptthal hinab, welches
gegen Norden in das Hauptthal der *Aranyoſch* (Aranyos) aus-
läuft. *Vöröſchpatak* (Vöröspatak) heiſst in der ungariſchen
Sprache *rother Bach*. Dieſer Name mag von dem rothen
Waſſer, welches bey ſtarken, oder anhaltenden Regenwetter
durch den, von einigen Anhöhen hinabgeſchwemmten eiſenſchüſſigen rothen Thon geſärbet wird, dem Thale, und ſo
dem Bergwerkshandel ſelbſt gegeben worden ſeyn, welchen
die Wallachen Roſcha, das heiſst: *der Rothe* nennen. Zwiſchen gedachten Hauptgründen, und auch weiter gegen Suden und Norden, ſind die hier umliegende Gebirge mit noch
mehreren kleinen Thälern, und Sinken, die ſich aber nicht ſo
weit hinauf erſtrecken, von dem Abrudbanyaer Thale aus
zertheilet. Die zween Hauptgebirgszüge, zwiſchen welchen
ſich das Thal *Vöröſchpatak* befindet, und mehrere kleinere
Bergrippen, die ſich mit dieſem vereinigen, ſchlieſsen ſich
gegen Oſten in einen Keſſel zuſammen, deſſen Querrücken
der höchſte in dieſer Gegend iſt, und *Wurſch* (Wurs) genennet wird. Alles dieſes, und was ich von den Vöröſchpataker Gebirgen auf ihre Lage ſich beziehendes weiter ſagen
werde, wird mit Zuhilfnehmung der hier Tab. I. beygefügten,
mit aller geometriſchen Genauigkeit verfaſten Mappe, deutlich
eingeſehen werden können.

4.

Alle Gebirge, welche ſich von dem abrudbanyaer, und
kornaer Thale überhaupt ſanft, aber doch zu einer beträchtlichen

lichen Höhe erheben, als: *Suru Pofchtulul*, (Szuru Poſtuluſ)
Draſcba (Draſa), *Sanoga* (Zanoga), *Fratjaſſa*, *Dragan*, *Kilye*, *Ivanului*, *Rosſcbu* (Roſſu), *Virtop marn*, *Girda* u. ſ. w.
beſtehen aus einer Art Schieſer, welchen ich etwas umſtändlich beſchreiben muß. Dieſe Steinart iſt bald lichter, bald
dunkler aſchenfärbig, meiſt von erdartigem trockenem Anſehen; oft aber zimlich glatt, zuweilen auch fchlüpfrig anzufühlen; wechſelt in der Feſtigkeit ſehr ab, ſo daß ſie ſich
manchmal beynahe mit den Fingern zerreiben, oder mit den
Nägeln des Fingers kratzen läſst, oft aber eine beträchtliche
Härte hat, welche jedoch niemal ſo hoch ſteigt, daß der
Stein nicht mit dem Meſſer ſollte geſchabet werden können.
Der Strich, und das Pulver iſt allzeit aſchenfärbig. Es iſt
weiſſer Glimmer zimlich häufig, und gleichförmig eingemengt, der aber ſo fein iſt, daß er mit dem freyen Auge
kaum unterſchieden werden kann. I'm Glühefeuer bekömmt
der Stein eine, ein wenig in's bräunliche ziehende Farbe, und
wird etwas härter; i'm ſtärkeren Feuer flieſst er zu einer löcherigen grauen Schlacke; die Salpeterſäure treibt keine Luftſäure aus demſelben, auſſer wo ſich weiſſe Kalkſpathadern,
die ihn oft durchkreuzen, darinne befinden. Er liegt in mehr,
oder weniger dicken, oft ſehr dünnen Platten auf einander,
läſst ſich aber ſchwehr, oder gar nicht in kleinere zerſchiefe-
ren, und kömmt überhaupt mit dem Hornſchiefer des Herrn
Wallerius — Corneus fiſſilis, Spec. 170. — überein, auſſer
daß er nicht wie dieſer zu einer ſchwarzen, ſondern zu einer
grauen Schlacke ſchmelzet, ein Umſtand, der, ſo wie die
lichtere Farbe, von einer geringeren Menge beygemiſchten
Eiſens abhängt. Uebrigens macht der beſchriebene Hornſchiefer theils flache, theils unter verſchiedenen Winkeln ge-
neigte

neigte; theils mit dem Gebirgsgehänge gleichlaufende, theils in das Gebirge einfchieffende; und oft auch wellenförmige Lagen aus.

§.

Der Bergkeffel, in welchem fich die Haupt-Gebirge gegen Often zufammenfchlieffen (§. 3.), und hinter welchem fich gegen Norden bifs an den Flufs Aranyofch verfchiedene, ebenfalls aus Hornfchiefer beftehende Gebirgszweige theilen, das Hauptgebirge aber gegen Nordoft an dem Ufer der *Aranyofch* über Offenbanya hinabläuft, beftehet, wie die durch den Hornfchiefer hervorragende Felfen a'm *Wurfch* (Wurs) *Rotundu*, *Hefetjeu* (Hezctyeu) und mehreren anderen Orten zeigen, aus einem, von zwo Steinarten zufammengefetzten Gefteine. Die *eine* derfelben ift dunkelgrau, matten erdartigen Anfehens, wie trockener leberfärbiger Thon, oft mit kleinen eifenfärbigen Fleckchen durchgefchmaucht; fchlägt gegen den Stahl fehr fchwehr Funken; wird von der Salpeterfäure nicht angegriffen; bekömmt in der Glühebitze eine dunklere Farbe; fchmelzt bey etwas ftärkerem Feuer leicht zu einem fchwarzen Glafe; und wird alsdenn vo'm Magnette angezogen. Die *andere* ift graulich weifs; glafig, und dabey gleichfam fchuppig geftreift; läfst fich mit dem Meffer nicht fchaben, fchlägt aber gegen den Stahl auch keine Funken; wird von der Salpeterfäure nicht angegriffen; verändert fich in der Glühehitze nicht, zerfpringt auch nicht; bey lang anhaltender Schmelzhitze vor dem Löthrobre fchmelzt fie endlich zu einer graulichweiffen glafigen Schlacke, wobey fich manchmal an einem Punkte ein phofphorifcher Schein zeigt; leicht hingegen fchmelzt fie mit mildem Laugenfalze. Diefe ift alfo weiffer mit Kiefelerde überladener *Schörl*, der mit

F   wenigem

wenigem Zeolithe vermiſcht iſt. Dieſer Schörl iſt in der erſteren dunkelbraunen Steinart, welche die Baſis des Gemenges iſt, theils in Körnern von unbeſtimmter Figur, theils in
kleinen Parallelepipeden, die ſelten über 2 Linien lang, ſondern meiſt kleiner ſind, ſehr häufig eingemengt, und ſehr feſt
damit verbunden. Der zuſammengeſetzte Stein hat daher das
Anſehen eines röthlichen feſten grobkörnigen Sandſteins, oder
auch eines mit ſehr vielem Feldſpathe vermengten Porphyrs,
iſt aber, genauer betrachtet, eine wahre *Lava*, welches auſ-
ſerdem einige kleine ſchwarzbraune Parallelepipeden beweiſen,
die nebſt dem weiſſen Schörl in der Maſſe des Steins liegen,
und kryſtalliſirte Lava zu ſeyn ſcheinen. An manchen Stellen iſt dieſer Stein mit etwas Kalkerde durchdrungen, die
aber nur als zufällig betrachtet werden kann. Die Lage ſelbſt
der Felſen, welche aus dieſen vulkaniſchen Geſteine beſtehen,
trägt das Kennzeichen eines jemaligen ungeheuren Craters an
ſich. Sie liegen nämlich in zween von einander abſtehenden
Halbzirkeln herum. An dem inneren derenſelben liegen die
Felſen *Laſſ* (Laz); und jene, ſo a'm öſtlichen Gebirgsabfalle
gegen den groſſen Pochwerksteich auf der Mappe mit ✳ bezeichnet ſind; auch der Teichdamm iſt mit ſeinen beyden
Enden an dergleichen Felſen angeſchloſſen; ferner die Felſen
Troaſchelle (Troaſelle); und die Felſen *Korbului* a'm ſudöſtli-
chen Abfalle des Berges *Kirnik.* An dem äuſſeren Halbzirkel, der 300 biſs 500 Klafter von dem inneren abſtehet, liegen die Felſen *Heſſetjeu; Rotundu; Wurſch;* und jene a'm ſudlichen Abfalle des Gebirges *Gergeleu.* Der Durchmeſſer des
inneren Halbzirkels, deſſen Mittelpunkt gerade in das Hauptthal von Vöröſchpatak zu liegen kömmt, beträgt von dem
Felſen *Laſſ,* biſs zu dem Felſen *Korbului* 900. und jener der
ſuſſeren

äufferen von dem Felſen *Heſletjeu* bifs zu dem Felſen *Gergeleu*, welche in gerader Linie von dem Hauptthale ebenfalls gleich weit abſtehen, etwas über 1300 Klafter. In dem Umkreiſe des inneren Halbzirkels treffen die genannten Felſen genau ein, von dem Umkreiſe des äufferen aber, weichen die Felſen *Rotundu* einwärts, und die Felſen *Wurſch* auswärts ungefähr 200 Klafter ab. Auch in einem anderen Halbzirkel, deſſen Mittelpunkt an dem nordöſtlichen Gehänge des *Kirnik*, unweit dem Gründel *Tſchoſchaſch* (Cſoſſas) liegt, laſſen ſich die Felſen *Laß;* jene in der Gegend des grofsen Teichs *;* die Felſen *Troaſchelle; Gergeleu;* und *Korbului* bringen, deren letztere aber von dem genauen Umkreiſe, in welchem die übrigen eintreffen, gegen 200 Klafter einwärts abweichen. Vor Jahrtauſenden mufs dieſer Vulkan zerriſſen, ſeine weſtliche Helfte gänzlich zerſtöret, und die dermalige Gebirge darauf ab- und an das zum Theile ſtehen gebliebene öſtliche Segment angeſetzt worden ſeyn. Ueberhaupt ſind in Siebenbürgen, und beſonders in dem mineraliſchen Bezirke (§. 1.) viele vulkaniſche Berge, von denen ich vielleicht bey einer anderen Gelegenheit Nachricht geben werde. Uebrigens verwittert die Lava zu Vöröſchpatak, wie bekanntermaſſen andere Laven zu einen plaſtiſchen Thon. Es ſind daher verſchiedene Gegenden unweit den gedachten Kuppen mit einem dunkel- oder lichtrothen, mit weiſſen Neſtern vermengten Thon bedeckt, welcher bey anhaltendem Regen das Grundwaſſer roth färbt, und dem Thale den Namen Vöröſchpatak, wie ich ſchon (§. 3.) erwähnt habe, gegeben hat; ſo iſt dieſer Thon zum Beyſpiele in der *Waydoja* unter der Kuppe *Rotundu*, und auf dem *Letch* leberbraun, weiter abwärts auf der *Orlja* aber beynahe roſenfarb. Dieſe Abänderung der Farbe

F 2 rührt

rührt von der mehr oder wenigeren Beymifchung des zu weiffen 'Thon verwitterten Schörls her.

6.

Gegen den keffelförmigen Anfchlufs der Vöröfchpataker Hauptgebirgen (§. 3.) fangen die fich gegen das Hauptthal hinabgehende Abfprünge, und Gehänge an, das Geftein zu verändern, und goldträchtig zu werden. Sie beftehen aus mancherley Gefteinarten, und werden mit folgenden meift wallachifchen Namen genennet: die *Orlja* (Orlya), der *Gyipele* (Gyipcle), der *Lörinz.-* und *Fodor Igren*, die *Waydoja*, die *Letch* (Letgy), der *Tfchofchafch* (Cfoffas), der *Kirnik*, der *Kirnitfchell* (Kirnicfell), die *Boy*, die *Zeiß* (Czeiz), die *Gaur*.

7.

Die *Orlja*, welche auf der Mappe mit dem Buchftabe A. bezeichnet ift, ift der erfte goldträchtige Berg, welchem man in dem Vöröfchpataker Hauptgrunde hinauf aufftöfst. Er macht einen Theil des füdlichen Gehänges des Gebirgszugs *Rofchu* (Roffu), und ift von den zwey Gründeln *Hurtfchilor* (Hurtfilor), und *Orlja* eingefchloffen, über welches letztere die Gefteinart der *Orlja* noch eine Strecke gegen Morgen auf dem *Gyipele* B. überfetzt. Die Lage der *Orlja* von Weften gegen Often beträgt alfo etwas über 200, ihre Breite aber gegen Norden über 500 Klafter nach horizontalen Linien genommen. Die Gefteinart der *Orlja* bifs in eine Tiefe von ungefähr 10 Klaftern, und darüber, beftehet aus gröberen, und feinem Sandfteine. Erfterer ift weifs, aus mürben gleichfam verwitterten Quarzkörnern, und weiffen Glimmer, welcher gleichförmig eingemengt ift, zufammengefetzt, und mit lichtbraunen Eifenocher in verfchiedenen

Streifen,

Streifen, und Bändern durchzogen, welche oft concentrifche
Ringe bilden; er fchlägt wegen feines zu geringen Zufam-
menhangs, und weil der Quarz zum Theile verwittert ift,
gegen den Stahl keine Funken, ift aber doch fo feft, dafs er
fehr gute Baufteine abgiebt, zu denen er leicht bearbeitet
werden kann. Vor dem Löthrohre wird er, auffer dafs die
braunen Streifen eine dunklere Farbe bekommen, nicht verändert; und von der Salpeterfäure nicht angegriffen. Die
zwote Gattung des Sandfteins ift von fo feinem Gewebe,
dafs kein Korn feiner Zufammenfetzung mit dem freyen Auge unterfchieden werden kann. Er ift afchenfarb, und ebenfalls, wie der gröbere, mit rothbraunen Streifen durchzogen.
Manchmal find kleine Gefchiebe von Quarz- und andern Kiefeln eingemengt. Er fcheint ein Uebergang in eine Art von
groben grauen, fehr feften Kiefelhornftein zu feyn, welcher
in Trümmern in diefem Gebirge vorkömmt, und der in Vöröfchpatak von einigen zu Pochfteinen zugerichtet, und als
folche gebraucht wird. Beyde befchriebenen Gattungen des
Sandfteins find mit einander vermengt, ohne nach ihren Abänderungen abgefonderte Schichten auszumachen. Ueberhaupt
aber machen fie ¼ bifs 12 Zoll und mehr mächtige, beynahe
wagrechte Lagen aus, welche bifs in eine Tiefe von mehr
dann 10 Klaftern anhalten.

Im Abfalle gegen den Gründel Orlja kömmt unter dem
Sandfteine der gewöhnliche (§. 4.) befchriebene Hornfchiefer
hervor, auf welchem jener durch die ganze Orlja aufgefetzt
ift, und bey 12 Klafter tief anhält. Unter dem Sandgeftein,
und Hornfchiefer, folgt eine andere Steinart, welche aus
milchfarbem bifs zur Jafpishärte verfteintem Thone befteht,
daher fie auch gegen den Stahl Funken fchlägt. In diefer

F 3   find

find viele kleine abgerundete Kiefelgefchiebe, die oft die
Gröfse einer Hafelnufs überfteigen, und die aus rauchfärbigem fettem, und aus chalcedonartigem Quarz beftehen, auch
find fehr kleine Nieren von bräunlichem Speckfteine eingemengt. Es ift diefes Geftein eigentlich eine Art von, mit
Jafpis zufammengeleimter Kiefel-*Breccie*, oder *Pudding*, und
kümmt in mehreren edlen Bergen zu Vöröfchpatak, nur mit
verfchiedenen Abweichungen, die ich i'm Verfolge befchreiben werde, vor. Ja es ift wahrfcheinlich in einer gewiffen
Tiefe die allgemein zufammenhängende Steinart dererfelben,
welches aber, weil der Bergbau noch nicht viel unter dem
Horizont des Thals gekommen ift, nicht erwiefen werden
kann, fo wenig als feine Mächtigkeit in die Tiefe, und auf
was vor ein ander Geftein es aufgefetzt ift. Es liegt in Bänken von verfchiedener, doch felten eine Klafter überfteigen-
der Dicke, welche oft ganz flach liegen, oft, und gewöhnlicher aber auf etliche und dreyfsig Grade gegen Often den
Gebirgszug in's Kreuz einfchieffen. Diefes Geftein ift manchmal mit dunkelgrauen Quarzadern durchzogen, und mit wenigem kleinwürflichem Eifenkiefs, oder auch mit Gold- und
Silberhältigem Kupferkiefs (*Gilf*) eingefprengt; und wird alsdenn in die Pochwerke gebracht, wo man aus 15 Saum deffelben ein Pifet Pochgold erhält. (*)

§.

Unzehlige fchmale, aber auch bifs auf 2' Schuh mächtige Klüfte durchfetzen nach verfchiedenen Richtungen, und
Neigungswinkeln alle diefe Steinarten, doch halten die vor-
züglich-

(*) Ein Saum beträgt 160 bifs 170 Pfund. 11 ½½ Pifet, machen 1 Wiener
Mark; alfo 1 Pifet == 1 Quintel, und ¼ Denari == 1 ½/₁₇ Quintel == ¼¼ Loth.

züglichſten ihr Streichen gegen Norden. Sie verflächen ſich
nach verſchiedenen Winkeln, und zwar jene an dem weſtlichen Abfalle der *Orlja* gegen Weſten, und jene an deren
öſtlichem Abfalle gegen Oſten, ſo daſs der Rücken des Berges *Orlja* das gemeinſchaftliche Liegende iſt.

Die abendſeitige Klüfte ſind: die *Vuna tare*, *Vuna Agra-
terſcbtjilor*, *Vuna Galbina*, *Vuna de la Rama*, *Vuna Tſchernamz-
kylor*, *Vuna Zeißtilor*, *Vuna Hormului*, *Vuna Huutſcb*, und
Banka Boyerilor; und die morgenſeitigen: die *Vuna Halmaïji*,
Vuna Niagru, und *Vuna Kreytura.* Dieſe ſind die Hauptklüfte der *Orlja.* Die Gangarten derſelben, und der übrigen
Klüfte ſind:

a) grauer beynahe trockener Quarz,

b) grauer Letten,

c) ſchwärzlicher mürber Hornſtein (corneus Wallerii), und

d) oft eine aus vielen kleinen Quarzkieſeln, und Glimmer zuſammengeſetzte grünlich graue Art von Breccia, deren
Grundſtoff ebenfalls Hornſtein iſt, welcher ſich i'm Glühefeuer ſchwarzbraun brennt, und i'm ſtärkeren zu einer eben
ſo gefärbten löcherigen Schlacke ſchmelzt. Auſſer den Kieſelgeſchieben kommen in dieſer Gangart auch groſse Stücke
von dunkel aſchenfarbem Hornſchiefer vor, in welchem zuweilen wieder kleinere ſchwärzere liegen.

In dieſen Klüften iſt gediegenes Gold, Silber, und
goldhältiger Kies, oder der ſogenannte Gilf, und Eiſenkies,
beyde letzteren in ungeformten Körnern, und würflich, erſteres aber in mancherley Geſtalt enthalten. Gilf, und Kies-
körner kommen mehr oder weniger in allen Vöröſchpataker
Klüften, meiſt ganz fein, und ſparſam eingeſprengt, und ſehr
ſelten angehäuft vor. Das Gold iſt gröſtentheils, und in

denen

denen Vöröfchpataker Gangarten überhaupt in fehr kleinen
unfichtlichen Körnern, und Flimmern eingemengt. Die Geftalten, in welchen es, wenn es fichtlich auf, oder in der
Gangart liegt, vorkömmt, werde ich weiter unten, befonders, und ausführlich befchreiben, und hier in der Befchreibung der einzelnen edlen Gebirge nur mit wenigen anmerken,
unter welchen Geftalten das fichtliche Gold in einem jeden
derfelben *vorzüglich* vorzukommen pflege. So ift alfo die
Orlja von dem derben Golde berühmt, welches allda häufiger, als in anderen Gebirgen, und in viel gröfferen Maffen
vorkömmt. In vorigen Zeiten als die Klüfte noch nicht fo
fehr verhaut waren, find manchmal derbe Stücke Gold von
12 bifs 14 Mark fchwehr gebrochen. Noch vor 9 oder 10
Jahren, ift in der Grube des *Aaron Tbodor* auf der *Vuna
Tfchernarzky* in einer kleinen Naturöffnung, ein derbes 11
Mark fchwehres Stück Gold ganz frey liegend, ohne angewachfen zu feyn, gefunden, alsdenn mit einer Axte in Stücke
zerhaut, und fo in die Einlöfung gegeben worden. Zu bedauern ift, dafs von folchen Goldmaffen nicht ein Stück aufbewahret worden, und diejenige mineralogifche Nachricht
nicht mehr wohl zu erhalten ift, welche zu mancher Erklärung dienen künnte. Auffer dem kömmt das Gold in der
Orlja hauptfächlich dendritifch aus keilförmigen Gliedern zufammengefetzt vor. Sowohl von den Klüften in der *Orlja*,
als allen übrigen in den Vöröfchpataker Gebirgen ift zu bemerken, dafs wenn zwo Klüfte nach ihrem Streichen, oder
nach ihrem verflächen Zufammenfchaaren, oder eine auf die
andere auffitzen, oder endlich einander kreuzen, wie alles
diefs bey der Menge dahier nach allen Winkeln ftreichenden,
und fallenden Klüften fehr oft gefchieht, fie fich in der Gegend

gend der Zufammentreffung allezeit namhaft veredlen, und
hier in der Orlja die gedachten beträchtlichen gediegenen
Goldmaſſen gaben. Nicht ſelten bringt eine unbedeutende
Steinablöſung dieſe geſegnete Erſcheinung hervor. Jene flache
Kluft, oder auch Steinablöſung, auf welche eine ſich mehr
neigende auflitzt, wird auf wallachiſch *Staun* (Bank), und
der Winkel des Auflitzens, oder Durchkreuzens *Tſchopaſch*
genannt, mit welch letzterem Namen auch der, in einer ſolchen Gegend veredelte Anbruch ausgedrückt wird.

9.

Die ſtarken Verhaue in der *Orlja*, welche ſich über
der ganzen Oberfläche dieſes Berges in übereinander liegenden Ruinen befinden, und das Anſehen haben, dafs der Berg
von ſeiner vormaligen Höhe durch eine Menge Brüche etwas
verlohren habe, laſſen vermuthen, dafs auf dieſem der Goldbergbau in *Vöröſchpatak* ſeinen Anfang genommen habe. Die
noch i'm Baue ſtehenden, noch mehr aber die Menge der alten verfallenen Gruben, geben einen Beweifs von der edlen
Beſchaffenheit dieſes Berges. Vor der Mitte des gegenwärtigen Jahrhunderts ſtand der Bergbau in demſelben noch i'm
Flore, daher die in der Nähe befindliche Pochwerksſtellen,
auch einen drey- und vierfachen Werth vor anderen hatten.
Gleichwie aber das Waſſer durch den Sandſtein leichter, und
ſtärker als durch andere Gebirgsarten nachſitzet: ſo legte
diefs Hinderniſſe in den Weg, die Tiefe zu bearbeiten; daher, als die Klüfte bifs auf den Horizont des Thals verhaut
waren, fieng der Bergbau an, auf ſolchen dergeſtalt abzunehmen, dafs in allen dermal noch i'm Baue befindlichen
Gruben, nur die von den Alten zurückgelaſſene ärmere Mittel, Bergfeſten, verrollt- und verſtürzte Brüche, welche

G   von

von 10 bifs 12 Saume noch 1 Pifet Gold geben, und älter Mann gewonnen, und benutzet wird. Hingegen wurden in vorigen Zeiten öfters durch ein Paar Arbeiter wöchentlich zu 14 und 16 Mark Gold erzeugt, und die gemeinen Pochgänge fo reich befunden, dafs fie von 6 Saumen 50 bifs 60 Pifet Gold gegeben haben. Auch itzt wird noch in den alten Gruben manchmal alter Mann angetroffen, und ausgefördert, welcher fich gut bezahlet, und zum Beweifs der vormaligen Ergiebigkeit der Klüfte noch von 5 Saum mehr als 1 Pifet Gold giebt. Um den Bergbau in diefem fo edlen Gebirge in die Tiefe niedergehen zu machen, hat das Aerarium auf eigene Koften i'm Jahre 1782 einen Erbftolln angelegt, welcher mit einer Strecke von 540 Klftr. eine angemeffene Tiefe unter die dermalen bekannten tiefften Grubengebäude einbringen, Waffer ableiten, Wetter verfchaffen, und zu feiner Zeit in nämlicher Abficht, noch weiter unter andere edle Gebirge getrieben werden wird.

10.

Von dem Grunde *Orlji* aufwärts gegen Often, beftehet das Gebirge aus dem befchriebenen grauen Hornfchiefer, unter welchem die vulkanifchen Felfen (§. 5.) hervorragen. Vo'm Grunde *Orlji* ift das Gehänge bey 500 Klafter gegen Often zimlich flach, und ohne edle Klüfte; alsdenn fängt daffelbe an, fich unter dem Namen *Igren* C. zu erheben, welchen Namen es bey 200 Klafter weit hinauf behält; weiter aber, bifs an die vulkanifchen Felfen, '*Vajdoja* D. genannt wird. Ihre mit edlen Klüften gefegnete Gegend erftrecket fich an dem Gebirgsgehänge gegen Norden, in horizontaler Linie genommen, nicht viel über 200 Klafter bifs auf den Abfatz *Scbeffure* (Seszure) hinan. Die nordweftliche Helfte des

des *Igren,* wird *Lörinz Igren,* und die fudöftliche *Fodor Igren*
genannt; Beynamen, welche von Hauptgewerken, die in diefem Gebirge den Bergbau betreiben, herrühren, und von denen die Familie *Lörinz Knvulfcb* feit 150 Jahren noch immer
den beträchtlichften Bau in dem *Lörinz Igren* führet. In diefem zufammenhängenden Gebirge, näml.ch dem *Igren,* und
der *Vajdoja,* kümmt der Hornfchiefer, auffer den fchon (§. 4.)
befchriebenen Abarten, auch dunkelgrau; körnig wie feiner
Sandftein; und lichtafchenfarb von fehr feinem Gewebe vor.
Beyde fchmelzen leicht zu einer grünlich grauen Schlacke.
Die letztere diefer Arten ift, nach feinen Lagen gefpalten,
kalkartig, fchlüpfrig anzufühlen, und fpeckartig, nach der
Quere gebrochen aber erdartig anzufeben. I'm Brechen ift
fie etwas zähe. Der weiffe Glimmer ift zwar häufig, aber
fo fein eingemengt, dafs er erft nach der Calcinationshitze
mit dem Vergrüfferungsglafe fichtlich wird. Eine Abweichung
von diefer letzteren Art ift nicht fchlüpfrig; i'm Bruche wie
fäferich; bricht oft beynahe mufchelförmig; ift mit lichteren
fchmalen Lagen durchzogen, nach denen fie fich aber nicht
theilen läfst. Je tiefer man in das Gebirge niederkömmt, defto fefter wird der Hornfchiefer, und geht in fchwarzen
Hornftein — Corneus Wallerii Spec. 169. — über.

. II.
Die Klüfte in dem *Igren,* und der *Vajdoja* durchftreichen
das Geftein nach verfchiedenen Weltgegenden, und verflächen fich nach verfchiedenen Winkeln und Gegenden, doch
halten die mächtigften Klüfte ihr Streichen mehr oder weniger gegen Norden, und ihr Verflächen bald ftehend, bald
mit verfchiedener Neigung meift gegen Often, einige aber
auch gegen Weften. Diefe verfchiedenen Richtungen, und

die vielen öftlichen Klüfte, machen, daſs ſie ſich oft untereinander begegnen, oder von letzteren durchkreuzet werden,
da denn, wie ich ſchon bey der *Orlja* gemeldet habe, die
edlen Tſchopaſche entſtehen. Auf einem ſolchen hat die Lö-
rinziſche Gewerkſchaft i'm *Fodor Igren* auf der ſogenannten
Schachtkluft i'm Jahre 1778 in einer Woche 50 Mark Gold
erzeugt. Auſſer dieſen Tſchopaſchen ſind oft mächtige, und,
wie der Bergmann ſpricht, geſtaltige Klüfte gar nicht bauwürdig; i'm Gegentheile aber werden faule Klüfte, bey der
Zuſchaarung eines unanſehnlichen Klüftchens ſehr reichhältig.
So wird i'm Lörinz, und Fodor Igren unter anderen auch
auf zwoen aus bläulichem thonartigem Schiefer beſtehenden
Klüften gebauet, weil ſelbe, wenn andere Klüfte zuſchaaren,
ſich veredlen. Auch wird beobachtet, daſs die Klüfte hier
überhaupt allemal edler ſind, wenn ſie ſich verflächen, als
wenn ſie vertikal,' oder beynahe vertikal ſtehen. Sie ſind
überhaupt von verſchiedener Mächtigkeit, welche von einigen Linien biſs auf 2 Schuhe ſteigt. Alle nördliche Klüfte
werden von einer gegen Often ſtreichenden, und ſich nach
dem Gebirgsgehänge gegen Suden neigenden grauen Horn-
ſchieferlage, welche einige Schuhe mächtig iſt, abgeſchnitten.
Dieſe Schieferlage ſelbſt iſt auf weiſſes Sandgeſtein, ſo dem
in der Orlja gleich kömmt, und in eben ſolchen Bänken
liegt, aufgeſetzt, welches denn wahrſcheinlich biſs an das
vulkaniſche Geſtein gegen Norden anhält. Die Gangarten,
welche die Klüfte in dem *Igren*, und der *Vajdoja* ausgefüllet
haben, ſind:

A) Eine grünlich graue Art von Breccia, deren Grundſtoff Hornſtein iſt, wie jene in der Orlja (§. 8. d.), nur iſt
ſie hier mit weiſſen, oft wie ausgefreſſenen, Kalkſpathadern
durch-

durchzogen, welche die innliegende Hornfchieferftücke, wenn folche in den Weg kommen, ohne Hindernifs gerade durchfetzen. Wenn derley Adern fich kreuzen, kömmt gewöhnlich fichtliches Gold darinn zum Vorfchein.

в) Ein Gemenge aus Stücken von zerfchiedenem Hornfchiefer, in deren gröfferen oft wieder kleinere eingefchloffen find; grobfchuppigem weiffem Glimmer; vorfchiedenen abgerundeten Kiefelgefchieben, worunter zuweilen auch Jafpisgefchiebe; und aus braunrothen Gefchieben, welche letztere a'm wenigften abgerundet, fondern meift eckigt aber mit der Steinart, in der fie liegen, fo feft verbunden find, als ob fie mit derfelben eine Maffe ausmachten. Diefe braunen Gefchiebe find i'm Bruche matt, fpeckig, oft aber auch mit einigem Glanze verfehen; laffen fich fchaben, und beynahe fchneiden, da denn der Schnitt immer weifs ift; und verhalten fich überhaupt wie Speckftein. Diefe Gangart kömmt hauptfächlich a'm Fufse des *Lörim. Igren* in dem fogenannten *Bolf* vor, und giebt gemeiniglich von 3 Saum 1 Pifet Gold.

c) Eine Art von dunkelgrauem zimlich feinkörnigem Sandfteine, aus weiffem Glimmer, Quarz, Steatit, und kleinen Kiefskörnern, mit grauen Quarzadern durchzogen. Oft find kleine Quarzdrofen in diefer Gangart mit einer gelben Eifenerde angehaucht, welche letztere weiter unten bey dem *Boj*, wo fie häufiger vorkömmt, umftändlicher befchrieben werden wird. Von diefer Gangart erhält man gemeiniglich von ungefähr 8 Saum 1 Pifet Gold.

D) Hornfchiefer.

E) Blaulicher thonartiger Schiefer.

In diefen Gangarten bricht:

a) Obfchon felten, kryftallifirter Quarz in fehr kleinen Drufen, mit welchem offene Riffe bekleidet find.

b) Aus

b) Aus den von den Pochwerken zerſtampften Gängen können ſehr kleine, freylich gröſtentheils ebenfalls zerſtampfte, Eiſengranaten ausgezogen werden. Dieſe, ungeachtet ich dergleichen in einer Vöröſchpataker Gebirgsgeſtein - oder Gangart vor deren Zerſtampfung mit dem Auge noch nicht entdecken konnte, ſind doch i'm Schlieche bey allen Pochwerken oft, obwohlen in geringer Menge, bey jenen der Vajdoja aber a'm gewöhnlichſten, und häufigſten zu finden. Sie werden für ein gutes Anzeigen auf Veredlung gehalten.

c) Eine Art von weiſſen, opacken, und etwas in's gelbliche ziehenden, halbdurchſcheinenden Speckſteine, oder Schmeerſtein (Lardites Wallerii Spec. 186.) welchen vollkommen zu unterſuchen ich noch nicht Zeit hatte. Was ich indeſſen bey ihm beobachtet habe, beſtehet in folgendem: Der weiſſe, opacke hat ein ſpeckiges Gewebe, läſst ſich ſehr leicht ſchaben, bekömmt i'm Feuer Riſſe, und ſcheint etwas ſpröder zu werden; ſchmelzt für ſich nicht, wohl aber mit Borax unter Blaſenaufwerfen, und löſst ſich in der Salpeterſäure ohne Brauſen auf. Der gelbliche halbdurchſcheinende verhält ſich eben ſo, nur läſst er in der Salpeterſäure ein grünliches Ueberbleibſel zurück, welches der metalliſche, wahrſcheinlich kupfrige Stoff iſt, der die in's gelbliche ziehende Farbe verurſa[c]'t. Es läſst ſich aus dieſen Verſuchen ſchon erſehen, daſs dieſer Speckſtein in Anſehung ſeiner Beſtandtheile von dem gemeinen etwas abweiche; vielleicht iſt die Bitterſalzerde bey demſelben nicht mit Luftſäure geſättigt, und mit ebenfalls ungeſäuerter Thonerde verbunden, — ein Gemenge, aus welchem ſich die wahrgenommenen Erſcheinungen erklären laſſen. Dieſer Speckſtein kümmt nur ſparſam vor. Die erſtere Abänderung deſſelben liegt zuweilen in kleinen Neſtern,

Neftern, in körnigem feftem Hornfchiefer; mit der zwoten hingegen, welche noch feltener ift, ift der Hornfchiefer manchmal, wie mit Eyerweifs glänzend durchfcheinend, befchmiert; manchmal aber fitzt fie in kleinen, dem getraulten Chalcedon ähnlichen Körnern auf; zuweilen ift fie pfauenfchweifig, oder blafs violet, und grünlich, wie Opal fpielend; zuweilen ift körniges, und blättliges Gold damit durchfcheinend überzogen.

d) Derber weiffer, oft mit fchwarzbraunen Streifen durchzogener Kalkfpath, in welchem nicht felten fichtliches Gold in kleinen Blättchen häufig eingemengt ift. Oft ift der Hornfchiefer mit Adern von dergleichen Kalkfpath durchzogen, und alsdenn unter die ergiebigften Pochgänge, welche von 6 Saum 1 Pifet Gold geben, gehörig.

e) Weifsgrauer, und braungrauer rhomboidalifcher Kalkfpath in körnigem Hornfchiefer; hauptfächlich i'm *Fodor Igren.*

f) Kryftallifirter Kalkfpath, 1) länglicht, an beyden Seiten dreyflächig zugefpitzt — die Spitze oft mehrfach gegabelt — die Flächen Trapezien, deren anliegende Seiten einander gleich find; die Oberfläche rauh wie mit den kleinften Anfätzen entftehender ähnlicher Kryftallen gefurchet; grau; undurchfichtig; i'm Bruche faft fchuppig, aus milchweiffen, und grauen zufammengewachfenen Lagen zufammengefetzt. Die kleinften derley Kryftallen find einige Linien grofs; die gröften bifs 4 Zoll lang, und 1½ Zoll dick; theils mit einer Endfpitze angewachfen, und mit der anderen aufgerichtet; theils ohne beftimmte Ordnung durch einander liegend. Die Oberfläche wird von der Salpeterfäure, wenn diefe darauf geftrichen wird, zum Beweife der Gegenwart

des

56 *Vöröſchpataker Goldgebirge.*

des in Luftſäure aufgelöſsten Eiſens, braun gefärbt, ſonſt aber wird die ganze Maſſe aufgelöſst, und aus der Auflöſung wird durch Blutlauge Berlinerblau niedergeſchlagen.
Dieſer Kalkſpath ſitzt zuweilen auf der ſandſteinartigen (c) und auf der hornſchieſrigen (D) Gangart unmittelbar; zuweilen auf einer, aus ſehr kleinen Druſen beſtehenden Quarzrinde; oft auf einer druſigen Rinde von Kalkſpath. Manchmal iſt in der Maſſe der Spathkryſtallen ſelbſt, ſichtliches Gold in kleinen Blättchen, oder Härchen eingemengt.

2) Schildförmig — Cryſtallus peltata. Scopoli Cryſtallogr. Nr. 268. — die Schilder in kleine Säulchen auf einander geſetzt; milchweiſs; halb durchſichtig. Die Schilder ſind kaum eine Linie i'm Durchmeſſer breit. Dieſer Kalkſpath iſt meiſt auf dem hier oben beſchriebenen ſechsflächigen angeſchoſſen, welcher oft ganz damit überzogen iſt.

Das gediegene Gold bricht in den Klüften des *Igren* und der *Vajdoja*, wenn es ſichtlich vorkömmt, gewöhnlich angeflogen; blätterig; haarförmig; geſtrickt; moosförmig; dendritiſch; und kryſtalliſirt.

Der ſilber- und goldhaltige Kieſs, oder Gilf, und der Eiſenkieſs kömmt, wie ich ſchon (§. 8.) erinnert habe, in alten Klüften zu Vöröſchpatak, obſchon meiſt ſparſam, eingemengt vor. Erſterer bricht i'm *Igren* häufiger, und vorzüglich in der Grube *St. Andreas* oft in derben Trümmern; iſt i'm Bruche gleichſam ſplittrig, und ſchuppig; und von Farbe grünlichgelb. Manchmal iſt er auch in unregelmäſsigen kleinen Würfeln, und eckigten unformigen, meiſt in einander geſloſſenen Körnern auf druſigem Quarz, oder auf der druſigen Kalkſpathrinde bey dem ſechsflächigen kryſtalliſirten Kalkſpatho aufgeſtreut. I'm Gehalt kömmt der Zentner auf
656

6§6 Loth güldifches Silber, welches in der Mark 80 Denarien (= h.) feines Gold enthält.

I'm *Fodor Igren*, foll vor 16 Jahren ein verkiefster, bey 6 Zoll dicker, vierkantiger Balke, in einer feigeren Tiefe von 5 bifs 6 Klafter, i'm tauben Hornfchiefer, und im weiffen Letten vorgekommen feyn.

12.

In dem *Igren*, und in der *Vajdoja* find die Klüfte in der höheren Gebirgsgegend, und bifs ungefähr 7 Klafter über den Horizont des Thals, groffen Theils fchon verhaut. Es werden aber gleichwohl von den bauenden Gewerken, auch in der verhauten Höhe, meift von alten Bergfeften, Brüchen, und verfetzten Bergen, oft gute Gefälle gemacht. Tiefer hingegen, wird auf unverhauten Klüften ergiebiger Bergbau getrieben.

13.

Von der *Vajdoja* gegen Südfudoft über dem Thäle, liegt das Gebirge *Letch* (Letgy) E, welches gegen Often an die vulkanifche Felfen *Troafibelle* (Troafelle) fich fanft erhebt, und gegen Sudweft von dem Sinken, oder Grundl *Tfchofchafch* (Cfoffas) eingefchloffen wird, da denn ein Stück, oder der Abfall gegen den Winkel, welches das gedachte Gründel, mit dem Hauptthale macht, mit dem fonderlichen Namen *Tfchofchafch* F. genannt wird.

Die Steinarten, und Klüfte des *Letch* find jenen des *Igren*, und der *Vajdoja* durchaus ähnlich. Nur ift der Hornfchiefer i'm *Letch* viel milder, oft beynahe ganz weich, und lettenartig, daher auch der Name *Letch* — nämlich von dem deutfchen Worte Letten, welches die ungarifchen Bergleute in Letch (fo beynahe wird das ungarifche Wort Letgy ausge-

H   fpro-

(prochen) verwandelt haben — bergekommen ift. Der Abfall *Tfchofchafch* beftehet theils aus Hornfchiefer, theils aus Sandfteine, und theils aus den Steinarten, fo fich von dem nahe anliegenden *Kirnik*, welchen ich hernach befchreiben werde, herabziehen. Die Gebirge *Igren*, *Vajdoja* und *Letch* hängen unter dem Thale zufammen, und die fudlichen Klüfte fetzen von jenen in den *Letch* herüber, welcher aber auch auffer diefen, fo wie der *Igren*, und die *Vajdoja* verfchiedene, nach allen Weltgegenden ftreichende Klüfte hat. Hiezu kommen noch viele, welche von dem, gegen Sudwelt angrenzenden Gebirge *Kirnik* hieherftreichen, daher eine groffe Menge von Durchkreuzungen, und Schaarungen, oder fogenannten edlen Tfchopafchen entftehen. Auffer den Gangarten, welche der *Letch*, mit jenen des *Igren*, und der *Vajdoja* gemein hat, bricht in erfterem auch dunkelgrauer Quarz mit eingemengtem körnigem Kiefe, welcher befonders kleine Spaltungen überzieht, die nebft dem mit kleinen Quarzdrufen befetzt find. In diefer fehr feften Gangart, liegen meift verfchiedene kleine Kiefelgefchiebe eingefchloffen. Sie enthält gemeiniglich in 12 Saum 1 Pifet Gold.

Das Gold, wenn es fichtlich ift, kömmt in Letch unter anderen vorzüglich dendritifch, und polyedrifch kryftallifirt vor. In gegenwärtigem Jahre wurde im *Letch* in der Lörinzifchen Grube eine Art Silberfahlerz erbaut. Ich habe den Anbruch felbft noch nicht beleuchten können; fo viel aber an den von felben erhaltenen Stuffen abzunehmen ift, bricht diefes Erz nicht in einer Kluft, fondern zwifchen einer Steinablöfung eines körnigen feften Hornfteins. Indeffen habe ich gefunden, dafs es, wenn es re'n gemacht ift, im Zentner 349 Loth Silber, und diefes 1/20 feines Gold enthalte, und dafs

fich

fich durch den Magnet 71 p. C. Eifen auszlehen laffen. Den
Kupfergehalt, der beträchtlich zu feyn fcheint, und die übrigen Beftandtheile habe ich aus Mangel der Muffe noch nicht
beftimmen können.

14.

Der *Leich* ift wegen den vielen Kreuzungen, und
Schaarungen der Klüften, und daher edlen Tfchopafchen eines der reichften Gebirge in Vöröfchpatak, aber bifs auf den
Horizont des Thals fchon ftark verhaut. Vor ungefähr 25
Jahren ereignete fich ein fo ftarker Grubenbruch, der von einem Gewerken aus Mifsgunft verurfacht worden feyn foll,
dafs nach der Hand beynahe das ganze Gebirg zufammen gegangen ift, wozu auch die geringe Feftigkeit des Gefteins
beygetragen hat. Hiedurch wurde in diefem Gebirge der
Bergbau fält gänzlich gehemmet, und verlaffen, bifs i'm Jahre 1775 die Lörinzifche Gewerkfchaft es unternommen hat,
einen tieferen beträchtlichen Stollen unter dem Namen *St.*
Jofeph i'm feftoren Gefteine — denn auch hier nimmt gegen
die Tiefe die Feftigkeit zu — einzutreiben, welcher bifs
itzt höheron Gruben bereits Wetter gebracht hat, und überhaupt Gelegenheit verfchaffet, dafs der Bergbau i'm *Leich*
wieder belebet wird.

Der Abfall *Tfchofchafch*, oder der Fufs des *Leich*, in
welchem fich ebenfalls eine Menge Klüfte kreuzen, und das
um fo mehr, als er dem *Kirnik* nahe liegt, ift bifs auf den
Horizont des Thals vón dem Tage nieder gänzlich zufammen gehaut. Es wird auch unter diefem aus dem kaiferlichen
Kirniker Erbftollen ein Unterbau getrieben.

15.

Von dem Gründel *Tfchofchafch* erhebt fich gegen Sudweft das Gebirge Kirnik G. Sein Rücken ziehet fich Sudoft-

wärts mit einigem Abfalle gegen die vulkanifche Felfen *Kor-bului*, und macht alsdenn weiter den Schlufs des Hauptgrundes *Korna* aus. Gegen Nordweft geht er in dem Vöröfchpataker Hauptgrund aus. Sein nordöftliches Gehänge ift zimlich fteil, es ift aber durch den erftaunlichen Verhau fo zerbrochen, und verunftaltet, dafs man die erftere Oberfläche gar nicht erkennen, oder nur einigermaffen abnehmen kann. Er ift von dem Horizonte des Vöröfchpataker Thals bifs zu feiner höchften Kuppe beyläufig 150 Klafter hoch; aber auch diefe, fammt dem gröften Theile des Rückens fo zerhaut, und· zerbrochen, dafs fich aus deffen Anfehen, und auf den einzeln aufftehenden abgebrochenen Felfen, welche noch immer von Zeit zu Zeit niederbrechen, fehr deutlich abnehmen läfst, der Berg muffe vormals höher gewefen feyn.

Der fudöftliche Abfall des *Kirniks* hinter dem Felfen *Korbului* beftehet aus dem gewöhnlichen Hornfchiefer, und ift mit einer kleinen Tannenwaldung bewachfen, welche, da fonft in der Nähe von *Vöröfchpatak* keine Waldung ift, und alle dortige Gebirge, auffer einigen Wiefenplätzen, kahl find, nur für die äufferften Nothfälle aufbewahret wird. Von dem Felfen *Korbului* gegen Nordweft bifs auf die Anhöhe, und überhaupt, befteht der Rücken des *Kirniks*, und auch ein Theil feines·nordöftlichen, und befonders des füdweftlichen Gehänges aus feinkörnigem weiffem, und milchfarbenem Sandfteine mit braunrothen Streifen, welcher demjenigen, den ich bey der *Orlja* (§. 7.) befchrieben habe, bifs auf das feinere Gewebe, gleich kömmt. Er liegt ebenfalls, wie jener, in meift horizontalen, aber auch inclinirten Bänken, und Lagen.

Unter diefem Sandfteine, deffen Dicke fich über einige Klafter nicht erftreckt, befteht der *Kirnik* aus folgenden Gefteinarten: ·

a) An

a) An dem fudweftlichen, gegen das Grümdel *Kirmik* abfchieſſenden Gehänge, aus milchfarbenem verfteintem Thon, von mittlerer Härte, jedoch ohne fich fchaben zu laſſen. In der Maſſe dieſes Gefteins find fehr kleine Löcher mit der ftrohgelben Eifenerde ausgefüllt, deren ich fchon bey den Gangarten des *Igren* (§. 11. *c.*) erwähnet habe, und die ich bey dem Gebirge *Boy* umftändlicher befchreiben werde. Dieſe Eifenerde verurfacht, daſs der Stein, wenn er einige Zeit der Luft ausgefetzt ift, feine Farbe ein wenig in's rüthliche ändert. Auſſer dieſen Neftern liegen in dem Thonfteine viele kleine, und gröſſere abgerundete Kiefelgefchiebe, die meift aus rauchfärbigem fettem, und chalcedonartigem Quarz beftehen, und biſs zur Gröſſe einer wälfchen Nuſs fteigen, zerftreut eingemengt, welche fich, weil das Geftein eine geringe Härte hat, leicht herausfchlagen laſſen, da fich alsdenn ihre Abdrücke zeigen. Auch kommen manchmal in dieſer Steinmaſſe einige Blättchen von weiſſem Talke vor. Von der weiſſen Farbe dieſes Gefteins hat das gedachte fudweftliche Gehänge des *Kirmiks* den Namen *Ripa Alba*, welches in der wallachifchen Sprache *weiſſes Ufer* heiſst, erhalten.

b) Die erft befchriebene Steinart (*a*) ift tiefer i'm Gebirge, härter, und dichter, fchlägt, jedoch felten — auſſer den eingemengten Kiefeln — gegen den Stahl Feuer; und füllt in der Farbe manchmal etwas in's grauliche; die einliegenden Kiefelgefchiebe werden häufiger, und es kommen auch mehr kleine weiſſe Talkblättchen zum Vorfchein, welche zuweilen rollig find.

c) Oft fteigt dieſes Geftein (*b*) biſs zur Jafpishärte, ift i'm Gewebe etwas glasartig, fo daſs es in Kiefelhornftein überzugehen fcheint, aber dennoch gegen den Stahl keine

H 3 Funken

Funken fchlägt; und hat, nebft den kleinen Kiefelgefchieben, einige kleine bräunliche Speckfteinnieren eingemengt, von denen ich fchon bey dem *Jgren* (§. 11. *b.*) eine umftändlichere Erwähnung gemacht habe, und welche mit der Steinmaffe gleichfam zufammengefloffen zu feyn fcheinen. Oft fällt es in der Farbe mehr in's blauliche, und hat, nebft den gewöhnlichen Kiefeln, eine Menge von dem bräunlichen Speckfteine eingemengt. Diefe Steinarten (*a. b. c.*) welche Abarten von mehr oder weniger harten, mit vieler verfteinten Thonmaffe zufammengeleimten Kiefelbreccien, oder Thonftein mit in gröfferer, oder kleiner Anzahl einliegenden Kiefeln genennt werden können, machen, indem fie ohne beftimmter Ordnung abwechfeln, das Hauptgeftein des *Kirnik* aus. Sie liegen in mehr oder weniger meift gegen Often inclinirten Bänken, und Lagen.

16.

Eine unzählige Menge von Klüften durchftreichen den *Kirnik* nach allen Weltgegenden, dennoch fetzen die meiften der Steinbänke mehr, oder weniger nach Often, und Weften durch, und fie verflächen fich eben fo verfchiedentlich, und nach allen Winkeln, befonders aber find einige nördliche edle Klüfte unter dem Namen der *Hüdeckftollner* Klüfte in Anfehung ihres Streichens, nach welchem fie durch den *Kirnik* über das Hauptthal bifs in die *Vajdoja* überfetzen, und fich gegen Weften verflächen, berühmt. So viele verfchiedene Klüfte machen daher fehr häufige Kreuzungen, und Schaarungen, und damit edle Tfchopafche.

Die Gangarten diefer Klüfte find:

a) weiffer; blauer; und fchwarzer Letten;

b) weif-

b) weiffer; bläulicher; und Eifenfchüffiger Quarz; und
c) ein aus kleinen zerbrochenen Stücken verfchiedener,
in den hiefigen Gebirgen vorkommender Steinarten zufammengefetztes, mit Thon verhärtetes Gemenge, welches hierlandes überhaupt *Glaucb* genannt wird.

Die Klüfte find felten über einige Zolle, manchmal
kaum eine Linie breit. Doch find die obgedachten *Hilderker*
Klüfte, welche als die Hauptklüfte betrachtet werden können,
von 6 bifs 12 Zoll mächtig. Aber auch das Gebirgsgeftein
neben den Klüften, befonders wenn feine Farbe mehr in das
Blaue oder Braune fällt, und neben den *Tfchopafchen*, ift gemeiniglich an Goldgehalt ergiebig. Auffer dem find oft 2
bifs 3 Schuh mächtige Steinbänke felbft fuhr goldhältig.

A'm nordöftlichen Gehänge des *Kirnits* nicht weit von
dem vulkanifchen Felfen *Korbului*, fand ich in einem, von
feiner Gewerkfchaft genannten *Seckerefchifchen* Stollen, welcher ungefähr 12 Klafter feigere Höhe bifs auf den hier abfallenden Gebirgsrücken über fich hat, und auf einer öftlichen
gegen Norden fich verflächenden Glauchkluft betrieben wird,
in dem gewöhnlichen, mit kleinen Kiefelgefchieben vermengten feften Gebirgsgefteine, verfchiedene runde, und eckige,
gröffere, und kleinere fchwarze Flecken, und dergleichen Löcher, aus welchen die fchwarze Materie, fo weit diefs gefchehen konnte, herausgeftochen war. Bey näherer Beleuchtung
bemerkte ich fogleich, dafs es Stämme, Aefte, und Spalten
von verkohltem Holze feyen, welche hin und her in dem Gebirgsgefteine ohne Ordnung ftecken, manche auch die Kluft
durchfetzen, und feit der Entftehung diefes Gebirges allda begraben liegen. Es find theils vollkommen runde Stämme,
und Aefte, theils Segmente von Stämmen oder Scheiter,
welche

welche letztere jedoch die feltfamften find. An einigen dicke-
ren Stücken von Stämmen, deren Durchmeſſer biß auf 6 Zolle ſteigt, welche ich ſammt einen Theil des Geſteins mit
Schlägel und Eiſen herausarbeiten ließ, fieht man, wie fich
Aeſte davon abtheilen. Die Kohlen find oft, auſſer daß fie
in kleine Stücke zerſprungen find, noch wenig verändert. Sie
färben daher die Hände wie friſche Holzkohlen, und entzün-
den fich, obwohlen etwas ſchwehr, i'm Feuer ohne Rauch;
zum Theil aber find fie ſchon in Erde übergegangen; der
gröſte Theil iſt entweder ganz, oder einigermaſſen durch
Quarzmaterie verſteint, und alsdenn ſehr feſt, feuerſchlagend,
noch immer ſchwarz, aber nicht abfärbend. Die Quarzmaterie iſt in dem halbverſteinten Holze, oft auch in ſchwarzen
Schuppen, oder ſchörlförmigen Nadeln angeſchoſſen, in dem
Gewebe eingemengt. Meiſt haben die noch unverſteinten,
oder nur halbverſteinten Stücke viele Querriſſe, welche mit
weiſſem Quarz ausgefüllet find, der manchmal auch in kleinen offenen Spaltungen in Druſen angeſchoſſen iſt. An den
meiſten dieſer verkohlten Stämme, und Aeſte, find die Jahrszirkel des Holzwachsthums deutlich zu ſehen, und an den
ganz verſteinten überdieſs auch die Haarröhrchen, welche
man bey dem Eichenholze a'm deutlichſten bemerkt; daher
es denn wahrſcheinlich wird, daß fie vo'm Eichenholze find.
Das ſonderbareſte iſt, daß diefe unterirdiſche Holzkohlen
goldhaltig find. Bey einem Verſuche fand ich, daß der Zentner bis 2½ Loth filbriges Gold, und dieſes ½ feines Gold enthält. Der Gehalt ſteigt in jenen Kohlen noch höher, welche
die Kluft durchſetzen. Oft iſt das Gold in ſehr kleinen Flimmern ſichtlich eingemengt. Ja ich habe ein Stück von einem
Aſte erhalten, an welchem einige Jahrszirkel fich mit Gilf,
und

und Gold unterfcheiden. 'Dennoch läfst fich aus diefen Kohlen, wie mir die Gewerken fagten, welche fie *Brandftein* nennen, in ihrer Pochwerksarbeit, wenn fie nicht fehr fefte, das ift: nicht ganz verfteint find, wenig Gold ausbringen, welches auch leicht zu erachten ift, da nämlich die zerftampften nicht verfteinten Kohlen, fammt den feinen anhängenden Goldflimmern auf dem Waffer hinwegfchwimmen. Es wurde daher nicht viel auf die Gewinnung diefes Brandfteins von den Gewerken geachtet. Da derfelbe aber i'm Feuer einen fo guten Gehalt zeiget, jedoch durch die Pochwerke, wenn er auch a'm ergiebigften ift, von 4 bifs 5 Zentner nur. 1 Pifet, das ift ½ Loth ausgebracht werden kann: fo habe ich deffen Verfchmelzung eingeleitet, welche anfonft den, freyes Gold haltenden Gefchicken, aus guten Gründen nicht verftattet wird. Herr *Torbern Bergman* fagt in dem erften Bande feiner phyficalifchen Befchreibung der Erdkugel S. 196. Anmerkung f. „In Siebenbürgen foll Goldbranderz gefunden wer-„den, aber ich habe noch keins dergleichen gefehen.„ Vielleicht ift diefe goldhaltige Holzkohle von jemand für *Brand-erz* gehalten worden.

Das fichtliche Gold kömmt übrigens i'm *Kirnik* gewöhnlich kürnig; blätterich; blechförmig; '— diefs zwar äufferft felten — moosförmig; drathförmig; geftrickt; dendritifch; prismatifch und polyedrifch kryftallifirt vor; oft ift es vo'm Eifenocher durchdrungen, und roftig.

17.

Unter allen *Vöröfchpataker* Gebürgen wird der *Kirnik*, nebft dem *Igren* durch den Bergbau dermal a'm ftärkften bearbeitet. Seine ganze Oberfläche von dem Felfen *Korbului* angefangen gegen Nordweft, befonders aber der Rücken,

I und

und das nordöſtliche Gehänge, ſind, wie ich ſchon erwähnet
habe, ganz zerbrochen, ſo zu ſagen zerfreſſen, und zum
Theil abgetragen, ſo daß man deren erſte Geſtalt nicht mehr
erkennen kann, und der Berg ein ganz ſonderbares Anſehen
hat. Es beweiſet ſich hiedurch, daß der Bergbau hier ſchon
viele Jahrhunderte betrieben worden ſeyn muß. In einer
groſſen Menge von Stöllen werden die Klüfte bearbeitet, deren dieſes Gebirge voll iſt, dennoch ſind ſie noch lange nicht
bis auf den Horizont des Thals verhaut.

I'm Jahre 1746 wurde auf kayſerliche Koſten ein Erbſtolln H. unter dem Namen der *heiligen Dreyfaltigkeit*, einige
Klafter über dem Horizont des Vöröſchpataker Thals, in das
Gebirge *Kirnik* zu treiben angefangen, um höheren Gruben
die Grubenwaſſer abzuleiten, und zu erfahren, ob die Klüfte
in die Tiefe niederſetzen. Nach einiger Zeit wurde um 28
Klafter höher auch ein Wetter- oder Zubauſtollen I. unter
dem Namen *Maria Himmelfarth* getrieben. Mit letzterem wurden in einer Strecke von 180 Klaftern 57, und mit erſterem in
342 Klaftern 60 Klüfte durchfahren. Hiedurch wurde nebſt
Erreichung der erwähnten Hauptabſicht zwar erwieſen, daß
die Klüfte in die Tiefe niederſetzen, aber auch die Erfahrung
gemacht, daß ſie in die Tiefe immer ärmer werden, und
ſich annebſt wegen der mit ſelber zunehmenden Feſtigkeit
des Geſteins, mit viel geringerem Vortheile gewinnen laſſen;
denn in dem geringen Zwiſchenraume von 28 Klaftern, ſind
die Klüfte in ihrem Gehalt ungemein verſchieden, da ſie auf
dem Wetterſtolln mit reichlicher Ausbeute bearbeitet werden,
und namhaft viel ſichtliches Gold enthalten, auf dem Erbſtolln hingegen oft die Bergkoſten nicht bezahlen. Heyde
dieſe Stöllen ſind i'm Jahre 1781 an Privatgewerken überlaſſen worden.

18.

18.

Von der Mitte des Zugs des *Kirnik*, theilet fich von deffen fudweftlichem Gehänge ein Gebirgsrücken mondförmig K. gegen Weften ab, ift etwas niederer, als der *Kirnik*, und wird *Kirnizell* (Kirniczell) oder der *kleine Kirnik*, genannt. Er beftehet aus eben folchen Gefteinarten, wie der *Kirnik*, nur ift fein nordweftliches Gehänge gegen das Gründel *Limpedje*, und das *Konnaer* Thal fchon gemeiner Hornfchiefer, der von *Abrudbanya* her die Gebirge ausmacht, an die es fich auch anfchliefst. Das Verhalten, und die Hefchaffenheit der Klüfte i'm *Kirnizell* ift derjenigen der Klüfte i'm *Kirnik* gleich, und die Kreuzungen der Klüfte i'm erfteren, werden überdiefs durch die von dem anliegenden *Boj* hieher ftreichenden vermehret, daher auch der Bergbau i'm *Kirnizell* ftark betrieben wird, welcher fo wie der *Kirnik* fchon gleichfam zerriffen, und zertreffen ift.

19.

Von dem weftlichen Abfalle des *Kirnizell* erhebt fich ein befonderes Gebirge; von deffen Kuppe L, welche *Boj*, oder ungarifch *Köbanya* genannt wird, fich ein Abfall M. gegen Norden längs dem Gründel *Kirnik* unter dem Namen *Zeiß* (Czeiz), und ein anderer N. gegen Weften, mit dem Namen *Gaur* abtheilet, welcher letztere fich in die hornfchieferigen Vorgebirge verlieret.

Die Steinarten diefes Gebirgs find:

a) Thonartiges, milchweiffes, mit Kiefelgefchieben vermengtes Geftein, oder Breccia, wie ich folches bey dem *Kirnik* (§. 15. c.) befchrieben habe. Es ift in manchen Bänken fo feft, dafs es, nämlich die verfteinte Thonmaffe, a'm Stahl Feuer fchlägt, und der Feile widerfteht. Oft ift es

l 2   mit

mit grauen wie wurmfräfsigen roftigen Quarzadern durchzogen, und alsdenn, wie gute Pochgänge, goldhaltig; welcher
Umftand zwar auch von den Steinarten der übrigen Vöröfchpataker Gebirge zu verftehen ift. Ott ift es mit Gelfkörn-
chen eingefprengt.

  b) Eine Abänderung des vorigen. Schwarzgrau; i'm
Bruche körnig; mit einer Menge von kleinen Kiefelgefchieben, nebft welchen kleine und groffe Stücke von ähnlicher,
aber fchwarzer und lichtbrauner Breccia, und Stücke von
weiffem fchieferigem Glimmer, alles fehr feft untereinander
verbunden, eingemengt liegen. Zuweilen ift diefe Steinart
mit feinem Kiefs eingefprengt, und alsdenn zimlich goldhaltig.

  Diefe Steinarten liegen, wie im Kirnik, in dünnen, und
dicken Bänken nach verfchiedener Richtung, meift aber mit
einer größeren, und geringeren Neigung gegen Often aufeinander.

  An dem öftlichen Gehänge der Kuppe *Boj* ftecken in
dem Gefteine bifs über Zolldicke Nefter, und auseinander
laufende Trümmer von der erhärteten gelblichen Eifenerde,
deren ich fchon bey dem Igren (§. II. c.) und bey'm Kirnik
(§. 15. *a.*) Meldung gemacht habe. Diefe Erde ift ftrohfarb,
oder vielmehr blafsfchwefelgelb; erhärtet, aber ftaubig abfärbend, fo dafs fie bey der Berührung die Finger fogleich
färbet; fie läfst fich aber doch im Waffer nicht zerweichen.
Von der Salpeterfäure wird fie nicht angegriffen. I'm gelin-
den Feuer wird fie anfangs zimmetbraun, alsdenn immer rö-
ther, und fo braunroth, wie die rein ausgelaugte Erde von
ftark geröftetem Eifenvitriole, oder der fogenannte Colco-
thar; bey etwas anhaltendem ftärkerem Feuer, wird fie endlich fchwarzbraun, und alsdenn von dem Magnete angezogen.
Sie

Sie wird durch dieſes Röſten nicht merklich härter, ſondern
bleibt hernach, wie vor, leicht zerreiblich. Sie iſt folglich
wirklicher Eiſenkalk; kömmt in ſeiner natürlichen Farbe demjenigen zimlich gleich, mit dem der in der Luft verwitterte
Eiſenvitriol ſich überzieht, oder den eine Auflöſung deſſelben
i'm Waſſer mit der Zeit fallen läſst; und verhält ſich ſonſt
in allen Verſuchen, die ich bisher damit anſtellen konnte,
wie jener.

Dieſer Eiſenkalk iſt ſehr oft, auch in den übrigen Vöröſchpataker Gebirgen, in dem Gebirgsgeſteine, und in den
Gangarten ſichtlich in kleinen Neſterchen eingemengt, in unſichtlich kleinen Theilen aber faſt überall gegenwärtig. Daher kömmt, daſs die weiſſen meiſten Steinarten in Vöröſchpatak in der Luft, und der Sonnenhitze eine gelbliche, oder
in das röthliche ziehende Farbe bekommen. Das Geſtein a'm
Boj bekömmt in der Verwitterung auch eine grünliche Farbe
auf der der Luft ausgeſetzten Oberfläche, welche letztere
aber wohl die Gegenwart einiger Kupferbeymiſchung zu beweiſen ſcheint. Oft ſind kleine Quarzdruſen von dem gelben Eiſenkalke (§. 11. c.) wie angehaucht. Nicht ſelten ſitzt
derſelbe neben, und auf dem ſichtlichen Golde, da man ihn
denn auf mancher Goldſtuffe bey dem erſten etwas entfern-
ten Anblicke für eine Art blaſſes, und mattes Gold ſelbſt anſehen kann. Ohne Zweifel iſt eben dieſer Eiſenkalk diejenige
gelbe Stauberde, welche der Herr Profeſſor Hacquet auf einer Abrudbanyer, oder Vöröſchpataker Goldſtuffe beobachtet, und in ſeinen mineralogiſchen Rapſodien i'm 4ten Bande
der Schriften der Berliniſchen Geſellſchaft naturforſchender
Freunde S. 22. für Golderde gehalten hat, welcher das hinlängliche Phlogiſton fehlt, um ſich in gediegenes Gold zu
verwandeln. I 3 Der

Der Abfall *Gaur* ift zum Theile mit blauen, rothen, und gelben Letten einige Klafter tief bedeckt, wovon der blaue gewafchen, oder in die Pochwerke gefäumt, und daraus etwas Gold erhalten wird.

20.

Auch diefes Gebirge wird von einer Menge Klüften, nach verfchiedenen Weltgegenden durchftrichen. Die Hauptklüfte ftreichen auch hier gegen Norden, und verflächen fich gegen Often. An dem Anfchluffe des *Kirnizell* an den *Boj*, ift eine, oft mehrere Schuhe mächtige weftliche Hornfchieferkluft, welche fich gegen Suden verflächet. Sie ift an Gold fehr ergiebig, und darum auch in der Höhe faft über das ganze Gebirge ftark verhaut. Die übrigen Gangarten find jenen des Kirniks meift ähnlich; nur bricht hauptfächlich i'm *Boj* noch eine befondere Gangart, nämlich fchwarzgrauer verfteinter fandiger Thon, von keiner beträchtlichen Härte, mit weiffen thonartigen Punkten, und Nieren, hornfchieffrigen Gefchieben, und Gefchieben von verwittertem roftigem Quarz vermengt, und etwas mit Kalk durchdrungen.

Das fichtliche Gold kömmt i'm *Boj*, *Zeiß* und *Gaur* meift moosförmig, und blätterich, prismatifch und polyedrifch kryftallifirt vor.

I'm *Boj* foll, wie man mir berichtet hat, Gold mit gediegenem Kupfer eingebrochen haben.

In dem nördlichen Abfalle des *Gaur* kömmt in einer fchmalen Quarzkluft, zuweilen ein fehr fchmales Schnürl von einer Art von Silberfahlerze vor, welches demjenigen, fo i'm *Letch* (§. 13.) erft kürzlich eingebrochen hat, gleich zu kommen fcheint.

21.

Auf der Gebirgskuppe *Boj*, wo die dahin anſteigende Bergrücken, *Zeiß* und *Gaur* ſammt dem Anſchluſs des tieferen *Kirnizell* zuſammentreffen, machen die vielen Klüfte eine Hauptrammlung und Kreuzung. Auf dieſer iſt ein ungeheuerer Verhau geſchehen, welcher über 10 Klafter hoch, beynahe eben ſo weit, keſſelförmig, und bifs auf den Tag hinauf offen iſt. Es läſst ſich deutlich abnehmen, daſs ſolcher in vorigen Zeiten meiſt mittelſt Feuerſetzen bearbeitet wörden. Von den rings herumſtehenden ungeheuren Felſenwänden, durch welche nur an der nordöſtlichen Seite durch einen eyförmig ausgebrannten Eingang hineinzukommen iſt, hat dieſer Verhau den wallachiſchen Namen *Tſchetatje* (Feſtung) erhalten. Auch ein verſuchter Bergmann muſs ſich über den Anblick entſetzen, wenn er in dieſen Verhau kömmt, welcher noch ſchreckbarer wird, wenn man a'm Rande deſſelben hineinſieht. Es kann auch nicht ohne Schaudern geſehen werden, wie verwegene Bergleute an dieſen Wänden hinglimmen, auf welchen ſich manche nur Fuſstritte, die ſie erſchreiten können, aushauen, um von einem Loche in ein anderes, oder zu einer Kluft zu kommen, die ſie ihrer Arbeit würdig achten.

Ungeachtet die Klüfte i'm *Boj* ergiebig ſind, wird wegen der Feſtigkeit des Geſteins, welche dermal wegen des zu koſtbaren Holzes durch Feuerſetzen nicht überwunden werden kann, hier der Bergbau doch nicht ſtark getrieben. Gleichwohl werden, auſſer den Löchern, in welchen an den Wänden gearbeitet wird, noch einige namhafte Gruben in die Tiefe mit gutem Nutzen niedergetrieben. Das Geſtein ſelbſt iſt ſo goldhaltig, daſs, wenn durch deſſen Feſtigkeit die

Berg-

Berg - und Pochkoſten nicht zu hoch zu ſtehen kämen, es
mit Nutzen gepochet werden könnte; wie denn wirklich her-
eingehende Brüche, oder herabgeſprengtes Geſtein, wenn
ſolche eine Zeitlang der Witterung ausgeſetzt, und dadurch
mürber worden ſind, auf die Pochwerke geſaumet werden.
An dem ſudlichen Gehänge des *Boj* wird von einem
Gewerken Namens *Ficker* eine beträchtliche Grube gebauet,
in welcher deſſen Vater, wie mir verſichert worden, auf der
ſogenannten *Hauerkluſt* durch ſeine Häuer fingerbreit gediegenes Gold gehauet, und einmal in zwoen Wochen 180
Mark erzeugt haben ſoll.

Der nördliche Abfall *Zeiß*, iſt von oben, biß gegen
ſeine Mittelhöhe nieder, von den Alten ſtark verhauet, tiefer aber wird noch geſegneter Bergbau getrieben.

Eben ſo iſt auch der weſtliche Abfall *Gaur* biß zur
Mittelhöhe, von oben nieder gerechnet, ſtark verhaut. Auch
hier iſt gegen das weſtliche Ende dieſes Abfalls ein gräſsli-
cher Verhau zu ſehen, welcher an Gröſſe jenem auf dem *Boj*
nichts nachgiebt, und ebenfalls biß auf den Tag hinauf, aber
auch auf einer ganzen Seite durch ſeine ganze Höhe offen
ſteht. In dieſem Abfalle *Gaur*, wird der Bergbau ſtark betrieben, und es ſoll auf den ſogenannten Tſchopaſchen das
Gold zu 10 biſs 14 Marken eingebrochen haben.

22.

In folgendem Verzeichniſſe werde ich die Geſtalten beſchreiben, unter welchen ich das zu *Vöröfchpatak* vorkommende Gold bisher beobachtet habe; zugleich auch die Gang-
oder Bergart, und das Gebirge des Anbruchs anführen. Aus
beyden letzteren Umſtänden iſt nicht zu folgeren, daſs das
Gold unter einer beſchriebenen Geſtalt nur allein in der *angeführten*

geführten Gang - oder Bergart, oder nicht auch in einem anderen der *Vöröfcbpaiaker* Gebirgen vorkommen follte. Es ift fchon bey der Befchreibung der Gebirge zu erfehen gewefen, dafs das Gold in einer ähnlichen Geftalt in mehreren derfelben einbrecbe, und unter welchen Geftalten es in jedem Gebirge nur *bauptfäcblicb* vorzukommen pflege. Die Beyfpiele, welche ich hier befchreiben werde, befitze ich alle, auffer dreyen (Nro I. 40. und 44.), bey denen ich das Gegentheil erinnern werde, in meiner Sammlung.

Das *gediegene* Gold kömmt in *Vöröfcbpatak* vor:

D e r b.

Aurum nativum folidum in craffioribus fruftulis, vel maffa quadam. Wall. Spec. 402. a.

I.) *Derbes Gold* hat hauptfächlich in der *Orlja* gebrochen.

Eine umftändliche Befchreibung kann ich hievon nicht machen, weil ich weder ein Exemplar eines derben Stücks Gold von Vöröfchpatak in meiner Sammlung befitze, noch auch je eins von daher gefehen habe. Dafs von jenen zu 11. 12. und 14. Mark fchwehren derben Stücken Gold, welche man vor einigen Jahren gewonnen hatte, keins aufbewahrt worden, habe ich bereits oben (§. 8.) gemeldet. Indeffen glaube ich aus den übrigen kleinen Goldmaffen, welche mir bifsher fowohl von *Vöröfcbpatak*, als von anderen Gegenden zu Geßchte gekommen find — ich verftehe Gold, welches auf wirklichen Klüften, und Gängen gebrochen worden ift — einigermaffen urtheilen zu können, dafs jene groffe Goldftücke nicht ganz derbe, und unförmige Klumpen gewefen

K   feyn

feyn mögen, wie fie es nach dem Begriffe von *Derb* — wenigftens nach dem meinigen — hätten feyn follen. Ich wie-
derhole daher, daß es fehr zu bedauern ift, daß keins von
diefen aufferordentlichen Stücken aufbewahrt worden.

Angeflogen.
Aurum nativum fuperficiale.

2.) *Angeflogenes Gold*, liegt wie aufgefchmiert in gleichfam verwafchenen Streifchen, auf afchenfarbem, glattem,
fchlüpfrigem Hornfchiefer, der hin und wieder mit Eifenocher, und Kiefs durchdrungen ift. *Im Fodor und Igren.*

3.) *Angeflogenes Gold*, mit durchfcheinendem milchfarbenem Speckfteine (§. 11.) überzogen, auf grauem unreinem
Quarz. *Im Fodor Igren.*

Wenn das Gold in dünnen Scheibchen (*), oder in
Blättchen (**), oder in einer anderen ausnehmlichen Geftalt
auf einem Steine erfcheinet, kann es nicht mehr angeflogen
genennet werden, fonft müfste beftimmet werden, wie dick
die Blättchen feyn dürfen, um noch angeflogen zu heiffen,
oder alles fichtliche Gold wäre angeflogen zu nennen, da es
nur auf das Zerfchlagen einer Stuffe ankömmt, um das Gold,
das in der Malfe des Steins fteckt, oberflächlich zu machen. Das angeflogene Gold nach meinem Begriffe, ift äufferft feltfam.

Körnig.
Aurum nativum granulare Lapidibus infperfum.
Wall. Sp. 402. *b.*

4) Die Körner find zum Theile fo fein, daß ihre Figur
auch

(*) Cronftedt §. 164. 1. Ueberf. von Brünnich.

(**) Aurum nativum fuperficiale, in tenuioribus lamellis, feu membranis. Wall.
Spec. 402. e.

auch dem gewaffneten Auge entgeht; theils ſind ſie gröber, und dann meiſt platt, uneben, abgerollt. Es iſt in allen Gangarten zu *Vöröſchpatak* eingemengt. Unter dieſem körnigen Golde verſtehe ich nur jenes, welches durch das Pochen, und Schlemmen ausgebracht wird, wodurch ſeine Figur natürlich immer gelitten hat. Allein anderes körniges Gold, das iſt: ſolches, welches jenem körnigen Golde gliche, das aus den Seifenwerken ausgewaſchen wird, in oder auf einer Gang- oder Steinart, habe ich noch nicht geſehen, wenn man nicht etwan die vielſeitigen Körperchen, die kleinen Zacken, und andere ſehr kleine Geſtalten, als *körniges Gold* mit eben ſo wenigem Rechte betrachten will, als man ſehr kleine Quarzdruſen *körnigen Quarz* nennen kann. Das feinſte Gold, welches dem freyen Auge kaum mehr ſichtlich iſt, dasjenige nicht ausgenommen, ſo zuweilen auf den *Fazebayer* Kiefen vorkömmt, erſcheinet vor einem guten Vergröſſerungsglaſe flimmerig, haarförmig, zackig, oder eckigt. Nur an demjenigen Golde, welches in der Geſtalt eines ſpaniſchen Tabacks ohne Glanz, wie der Goldniederſchlag durch Eiſenvitriol aus Königswaſſer, in der Grube Maria Loretto in Fazebay ſehr ſelten vorkömmt, und erſt unlängſt in der Grube Barbara in Füſeſch vorgekommen iſt, kann keine Figur entdecket werden. Es kann aber auch dieſer *Staub* ſo wenig als der gedachte Goldniederſchlag, oder ſo wenig als feiner Haarpuder *körnig* genennet werden. Vermuthlich hat alles Gold, welches in Klüften und Gängen unſichtlich eingeſtreut liegt, das erſtgedachte Staubgold ausgenommen, ſolche Geſtalten, wie jenes, welches gleich auf dem Steine geſehen werden kann, und welches man *Freygold* zu nennen pflegt.

K 2

B l ä t t e r i c h.

Aurum nativum bracteatum. Lithophylac.
Born. I. p. 64.

5.) *Blätteriches Gold* in kleinen, dünnen, dichten Blättchen, ohne beſtimmte Figur, und unordentlich über und neben einander liegend; die Oberflächen matt, und etwas rauh. In einer mürben, aus graulichem Thone, Quarz, und weiſſem Steatit zuſammengeſetzten Gangart. *I'm Kirnik.*

6.) *Blätteriches Gold* in gröſſeren, dünnen, dichten Blättern, ohne beſtimmte Figur; uneben; wie zuſammengepreſſet auf einander liegend; die Oberflächen theils polirt, theils matt. In einer grauen, aus Sand, Steatit, und kleinen Kieſelgeſchieben zuſammengeſetzten Gangart. *I'm Kirnik.*

7.) *Blätteriches Gold* in blechförmigen Blättchen, ohne beſtimmte Figur, deren Umfang, oder Contur aber doch ſich der Figur verſchiedener, neben einander hervorſpringender, unvollkommener Sechsecke nähert. Die Oberflächen polirt, glänzend, mit verſchiedenen kaum erhabenen gleichſeitigen Dreyecken bezeichnet. — Aurum nativum ſolidum bracteatum, lamellis ſuperficie cryſtalliſata, cryſtallis trigonis. Litophylac. Born. I. pag. 65. II. pag. 108. — Oft ſind mehrere Dreyecke übereinander geſetzt, auf welchen ſehr kleine niedere dreyſeitige, meiſt abgeſtumpfte Pyramiden aufſitzen. Zwiſchen roſtigen Quarzdruſen in einer grauen thonartigen, feſten, mit etwas Eiſenocher durchdrungenen, und kieſigen Gangart. *I'm Kirnik.*

An den Rändern einiger Blättchen ſind unregelmäſige alaunförmige, und andere eckige Goldkryſtallen angeſchoſſen, deren eine beſondere unten bey denen Kryſtalliſationen des Goldes beſchrieben werden wird. Auf einem Goldblättchen

chen ift, freylich kaum mit freyem Auge, ein rothes Punkt-
chen zu fehen, welches wie purpurfarbenes Email, fo mit
dem Goldpurpur des Caffius erhalten wird, ausfieht.

8.) *Blätteriches Gold* in Aftermoos ähnlichen, verfchiedentlich eingekerbten, und durchbrochenen dünnen Blättern,
welche oft über zwey Zolle lang, und einen Zoll breit find.
Die Oberflächen find rauh anzufühlen, uneben und zuweilen
mit fehr kleinen wenig erhabenen dreyfeitigen Pyramiden befetzt. Dergleichen Blätter werden von den wallachifchen
Bergleuten Flore de aur, das ift: *Goldblumen* genannt. Sie
pflegen meift in weichen lettichen Klüften, oft ganz los in
oder aufliegend, vorzukommen. *I'm Igren.*

9.) *Blätteriches Gold* der Länge nach in ausgezackte
Streifen zerfchlitzt; die Oberflächen rauh. Ein Theil des
oberen Randes des vor mir habenden Blatts ift Blumenblät-
tern ähnlich geftaltet, welche mit einer Menge in körperlichen Trapezien, und anderen vielfeitigen Figuren kryftallifirtem Gold befetzt, und verwachfen find; auffer denen aber
noch viel mehrere unregelmäfsig vielfeitige zufammengehäu-
fet find. Mit einigen Streifen fitzt es zwifchen dunkelm vier-
feitigem in einander verwachfenem Kiefe, und grauem drufigem Quarz. *I'm Igren.*

10.) *Blätteriches Gold,* die Blätter rings herum in dünne
Streifen zerfchlitzt, die Oberfläche glatt, glänzend, meift
eben. Die Streifen beftehen aus vielen aneinander hängenden
kleinen Pyramiden, deren einige mit den Spitzen ihrer Grund-
flächen, andere mit einer Spitze der Grundfläche an eine Seite der Grundfläche einer anderen Pyramide, und wieder andere verfchobene Pyramiden mit einer Spitze der Grundfläche an die gröfte Seitenfläche einer anderen verfchobenen

K 3 Pyra-

Pyramide zufammengewachfen find. Auffer dem find an einigen Enden diefer Streifchen fünffeitige, mit freyem Auge
fichtbare Blättchen, mit über beyden Flächen erhabenem Rande angewachfen. Dergleichen Blätter pflegen meift in weichen lettichen Klüften, oft ganz los inliegend, das ift: ohne
an einem Steine angewachfen zu feyn, vorzukommen. *I'm
Igren.*

11.) *Blätteriches Gold* aus unregelmäfsig vielfeitigen zu-
fammengefloffenen Körnern, und Prismen. Zwifchen eifenfchüffigem blättrichem Kalkfpath, und kleinen Quarz - und
Gypsfpathdrufen; in einer feften hornfteinartigen Gangart
mit eingemengten Kiefelgefchieben, und Kiefskörnern. *I'm
Zeiß.*

Dratbförmig - Haarförmig.
Aurum filiforme capillare.

12.) *Drathförmiges Gold* in verfchiedentlich gebogenen,
und in einander laufenden zufammengehäuften dünnen Dräthen, welche meift unregelmäfsig vierfeitig find. In grauem
Quarz. *I'm Kirnik.*

13.) *Haarförmiges Gold* mit trockenem ftaubfarbenem
Kalkfpathe befetzt, und mit demfelben verflochten. Auf
fchildförmigem, in Säulchen aufgethürmtem Kalkfpath; in
feinkörnigem Hornfchiefer, mit eingemengten wenigen Kiefskörnern. *I'm Lörintz. Igren.*

14.) *Haarformiges Gold* in feinen Haaren, mit dendriti-
fchem Golde vermengt. In milchfarbenem eifenfchüffigem
Kalkfpathe; in körnigem dunkelafchenfarbenem Hornfchiefer.
I'm Fodor Igren.

Das Eifen in dem Kalkfpathe zeigt fich durch die braune

Farbe

Farbe der Auflöfung deffelben i'n Salpeterfäuren, und noch
mehr durch den blauen Niederfchlag mit der Blutlauge.

15.) *Haarförmiges Gold.* In Adern von kleinblättcrichem,
oder falinifchem Kalkfpath; in grauem körnigem, glimmerichem Sandfteine. *I'm Lörim Igren.*

16.) *Haarförmiges Gold.* In dichtem weiffem Kalkfpathe.
I'm Igren.

17.) *Moosförmiges Gold* in fehr kurzen Härchen; moosförmig; verfilzt; mit eingemengten fchimmerenden Goldblättchen, und kleinen Quarzdrufen. In afchenfarbenem zimlich feftem Hornfchiefer. *I'm Igren.*
Zuweilen ift das moosförmige Gold in einigen Stellen
pfauenfchweifig gefärbt.

18.) *Moosförmiges Gold* wie fehr feines, dem freyen Auge feiner Verwebung nach, kaum deutliches Moos, auf einer
fehr dünnen Lage von lichtbraunem eifenfchüffigem, drufigem
Quarz, über eine groffe Fläche ausgebreitet; mit untermengten Kiefskörnern. In afchenfarbenem körnigem Sandfteine.
I'm Kirnik.

19.) *Moosförmiges Gold;* verfilzt, roftig. Auf einer dunkelbraunen eifenochrigen, dünnen Quarzrinde; in grauem
körnigem, glimmerichem Sandfteine. *I'm Kirnik.*

20.) *Moosförmiges Gold;* verfilzt; in Häufchen angehäuft. Zwifchen weifsen kleinen Quarzdrufen; in einer dunkelgrauen, quarzigen, mit Speckfteineftern, und kleinen
Kiefelgefchieben vermengten Gangart. *I'm Kirnik,* und *i'm
Zeiß.*

21.) *Moosförmiges Gold;* verfilzt, auf einer dunkelbraunen, eifenfchüffigen, drufigen Quarzrinde ausgebreitet. Das
Gold ift in vielen auf einander folgenden Streifen mehr, oder
weniger

weniger eiſenroſtig, ſo daſs eine über 8 Zolle lang, und gegen 4 Zolle breite Fläche, welche mit dieſem moosförmigen Golde überzogen iſt, ein wellenförmig geſtreiftes, oder gebändertes Anſehen hat. In ſchmutzig grauem feinkörnigem Sandſteine. *I'm Kirnik.*.

Dieſe Abänderung von moosförmigem Golde, welche ich aber ſo belehrend, wie das beſchriebene Stück iſt, noch nirgends geſehen habe, iſt gleichſam ein redender Beweis von der Entſtehung des Goldes, von welcher ich bey einer anderen Gelegenheit meine Meynung vortragen werde.

22.) *Moosförmiges Gold* mit dendritiſchem gelbgrünlichem Golde vermengt. Auf mürbem körnigem Quarz; in glattem Hornſchiefer, mit würflichem Kieſs. *I'm Lörinz Igren.*

23.) *Moosförmiges Gold* mit geſtricktem, und polyedriſch kryſtalliſirtem Golde vermengt, und zerſtreut. In einer grauen, feſten ſandſteinartigen Gangart. *I'm Kirnik.*

Z a c k i g.
Aurum nativum dentatum.

24.) *Zackiges Gold* (Cronſtedt §. 164. 2.) In kurzen Zacken kömmt das Gold zu *Vöröſchpatak* allenthalben, kaum jemals aber ohne Kryſtalliſation vor.

D e n d r i t i ſ c h.
Aurum nativum germinans Wall. Sp. 402. e.

25.) *Dendritiſches Gold* aus dünnen, gleichſam etwas breit gedrückten, und zum Theil an einander gewachſenen Dräthen zuſammengeſetzt. Es pflegt in graulettichen Klüften, oft wenig, oder gar nicht angewachſen vorzukommen. *I'm Igren.*

26.)

26.) *Dendritifches fahrenkrautförmiges Gold.* Auf mildem körnigem Quarz; in dunkelm körnigem Hornfchiefer. *I'm Igren.*

27.) *Dendritifches Gold* in verfchiedenen Sträuschen, welche aus unförmigen, unregelmäfsigen Prismen, Keilen, und anderen vielfeitigen, in einander gewachfenen Figuren zufammengefetzt zu feyn fchelnen. Andere find fo in einander gewachfen, dafs fie dem freyen Auge Blättchen vorftellen. In weifsem Kalkfpath; in feinkörnigem, afchenfarbenem Hornfchiefer. *I'm Fodor Igren.*

28.) *Dendritifches Gold* aus kleinen keilförmigen Gliedern zufammengefetzt. Auf einer dünnen Rinde von milchfarbenem, trockenem, körnigem, mürbem Quarz; in feinem, weifsgrauem, mürbem Sandfteine. In der *Orlja.* Und in einer feften, aus grauem erhärtetem Thone mit eingemengten verfchiedenen Kiefelgefchieben, und weifsen Talkblättchen zufammengefetzten Art von Breccia, in welcher der Thonftein das Gluten, und den gröfsten Theil der Maffe ausmacht. *I'm Kirnik.*

29.) *Dendritifches Gold* aus unregelmäfsigen vielfeitigen Körnern zufammengefetzt; ganz mit Eifenocher überzogen, und von folchem gleichfam durchdrungen. In einer feften grauen, aus erhärtetem Thone, und wenigem Quarz zufammengefetzten Gangart. *I'm Kirnik.*

G e ft r i c k t.

Aurum nativum reticulatum.

30.) *Geftricktes Gold.* Es fcheinet aus unförmigen kleinen Prismen zu beftehen, welche auf verfchiedene Art eingedrückt, und eingefchnitten, und an viele durchlaufende lange

L   Rippen

Rippen angewachfen find. An dem Umfange oder Rande mancher Stücke wird man durch das Vergröfferungsglas einige an beyden Enden fchief abgefchärfte 6. und 10 feitige Prismen gewahr. In grauem, und fchwärzlichem, unreinem, mit Glimmer vermengtem Quarz. *I'm Kirnik.*

K r y ſt a l l i ſ i r t.

Aurum nativum cryftallifatum. (Cryftallinum Linn. 151. y.)

B l ä t t e r i c h.

Aurum nativum cryftallifatum lamellofum.

31.) *Kryſtalliſirtes blättriches dreyſeitiges Gold.* Die Seiten find felten über 2 Linien lang, und immer einander gleich.

32.) *Kryſtalliſirtes blättriches dreyſeitiges Gold;* doppelt auf und in einander gefetzt.

33.) *Kryſtalliſirtes blättriches dreyſeitiges Gold;* dreyfach auf und in einander gefetzt, da denn meilt noch eine kleine dreyfeitige Pyramide auffitzt. Die doppelt, und dreyfach auf einander gefetzte Blättchen laffen fich nicht von einander trennen, fondern machen zufammen, und mit dem Golde, auf welchem fie vorkommen, eine ununterbrochene Maffe aus. Sie find nur durch, oft fehr fchwache, wie mit einer Nadel gemachte Riffe, an zwoen, oder allen dreyen Seiten von einander unterfchieden, welche aber, gewöhnlich nur, wenn fie nach dem Lichte gewendet werden, einige Erhöhung zeigen. Hieher gehört das liegende Dreyeck, welches Herr Profeffor Hacquet mit einem doppelten Rand an zween Rändern ganz richtig beobachtet hat (*); und zu der dritten Abänderung gehören vermuthlich

_____
(*) Mineralog. Repfodlen i'm 4ten Bande der Schriften der Berlin. Gef. naturf. Freunde, Seite 11. und Taf. III. Fig. 13.

muthlich auch die vo'm Herrn Hacquet befchriebenen, auf
einander gethürmten Pyramiden. (*)
  Die Abänderungen von dreyfeitigem Golde, kommen,
wenigftens fo viel Ich bifsher gefehen habe, niemal in einzelnen Blättchen, wie der Herr Ritter Wallerius das kryftal-
lifirte Gold befchreibt (**), fondern allzeit auf der Oberfläche des blätterichen Goldes vor. Aber man wird auch kaum
blätteriches Gold fehen, deffen Oberfläche, wenn fie nicht
fonft fehr rauh ift, nicht mit dergleichen dreyfeitigen Figuren, oder wenigftens einigen Spuren von felben befetzt wäre. Herr Brünnich hat alfo ganz richtig bemerket, dafs das
blätteriche Gold auf feiner Oberfläche allzeit kryftallifirt
fey. (***) Alle Kryftallifationen des Goldes find gemeiniglich fo klein, dafs fie nur durch das Vergröfferungsglas deutlich gefehen werden können; die dreyfeitigen, und pyramidalifchen aber find meift mit freyem Auge leicht zu erkennen.
  34) *Kryftallifirtes, blätteriches, vierfeitiges rhombnidalifches
Gold* in kleinen Gruppen beyfammenfitzend, deren einige etwas vergröffert vorgeftellet find. Die Rhombi find mit ihrer Breite zur Länge ungefähr wie 2-5. In ihrer natürlichen
Gröffe überfteigen fie felten die Länge von 2 Linien. Herr
Torbern Bergmann erwähnt in feiner phyficalifchen Befchreibung der Erdkugel (****) eines rautenförmigen Goldes.
Das gegenwärtige fitzt auf afchenfarbem körnigem Hornfchiefer mit polyedrifchem Kiefs. *Im Igren.*

L 2

35.)

(*) A. a. O. S. 11. und Taf. III. Fig. 12.
(**) Aurum nativum cryftallifatum, Cryftallis trigonis fuperficialiter petrae
adfixis. Syftem. mineral. Spec. 401. f.
(***) In der Ueberfetzung Cronftedts Mineralogie §. 164.
(****) Teutfche Ueberfetzung 1. B. S. 195.

35.) *Kryftallifirtes blättriches fünffeitiges Gold* mit einem rings herum über die obere, und untere Fläche hervorragenden Rande.

36.) *Kryftallifirtes blättriches fechsfeitiges Gold.* Dergleichen Blättchen fitzen auf einer aus verfchiedenen unregelmäfsig polyedrifch kryftallifirtem Golde beftehenden Gruppe; meiftens find einige Blättchen fo zufammengewachfen, dafs nur vier Seiten frey, zwo aber völlig unfichtlich find. Die ganze Gruppe fitzt auf grauem drufigem Quarz in einer aus Quarz, und verfchiedenen Kiefelkörnern mit Thon zufammengefetzten breccienartigen Gangart. *I'm Kirnik.*

Pyramidalifch.
Aurum nativum cryftallifatum pyramidale.

37.) *Kryftallifirtes dreyfeitig pyramidalifches Gold*, in fehr kurzen Pyramiden, deren Höhe felten der Länge einer der Grundlinien gleich kömmt, welche letztere immer ein gleichfeitiges Dreyeck bilden.

Eine folche Kryftallifation des Golds hat auch Herr Brünnich (*) Deslisle (**), und Hacquet (***) befchrieben. Herr Torbern Bergmann hat A. a. O. ebenfalls eines pyramidalifchen Golds Erwähnung gethan.

Diefe Kryftallifation ift nebft dem dreyfeitigen blättrichen unter allen Goldkryftallifationen gemeiniglich die deutlichfte, und faft immer, wie jene auf dem blätterichen Golde gegenwärtig.

38.)

(*) A. a. O.
(**) Cryftallographie. Teutfche Ueberfetzung Seite 383. und Taf. VII. Fig. I.
(***) A. a. O. Seite 21. und Taf. III. Fig. 10.

38.) *Kryſtalliſirtes dreyſeitig - pyramidaliſches Gold* mit abgeſtutzter Pyramide. Dieſe Abänderung kömmt eben ſo, wie die vorhergehende und meiſt mit derſelben zugleich auf dem blätterichen Golde vor. Eine ſolche Kryſtalliſation hat auch Herr Profeſſor Hacquet beobachtet. (*)

39.) *Kryſtalliſirtes dreyſeitig - pyramidaliſches Gold* mit verſchobener Pyramide, ſo daſs eine Fläche in ein gleichſchenkliches, und zwo Flächen in ungleichſeitige Dreyecke eingeſchloſſen ſind.

40.) *Kryſtalliſirtes ſechsſeitig - pyramidaliſches Gold.* Dieſe Kryſtalliſation kömmt äuſſerſt ſelten vor, und ich ſelbſt habe ſie auch noch nie geſehen, bin aber davon von jemand verſichert worden, der Glauben verdient, und der ſie in einer Gröſſe von 2 Linien hoch, und 1 Linie breit beobachtet hatte.

Prismatiſch.

Aurum nativum cryſtalliſatum prismaticum.

41.) *Kryſtalliſirtes vierſeitig - prismatiſches Gold*; die beyden Enden gegen einander ſchief abgeſchnitten, oder — alle Flächen zuſammen genommen — ſechsflächig, ſo, daſs zwo anliegende Seitenflächen längere, und zwo derenſelben kürzere Trapezien, die zwo Endflächen aber geſchobene Vierecke bilden.

42.) *Kryſtalliſirtes vierſeitig - prismatiſches Gold*, an einem Ende einfach, an dem anderen doppelt, ſchief abgeſchnitten, oder — alle Flächen zuſammen genommen — zehenflächig, ſo, daſs die zwo gröſsten anliegenden Seitenflächen oblonge

L 3 Fünf-

(*) A. a. O. Taf. III. Fig. 11.

Fünfecke und zwo andere Trapezien bilden, welche an einem
Ende durch ein geſchobenes Viereck, an dem anderen durch
zween abfallende rechtwinkliche Dreyecke, und dann durch
drey geſchobene Vierecke geſchloſſen werden.

43.) *Kryſtalliſirtes achtſeitig - prismatiſches Gold*, mit einer
vierflächigen Endſpitze. Die Prismen ſind meiſt undeutlich,
ſo daſs ſie in unregelmäſsigen Zacken zuſammen gehäuft ſind.
Oft ſind die Seitenflächen, und die Flächen der Endſpitzen
wie eingedrückt, oder eingeſenkt. Die Prismen ſind kaum
über eine Linie lang, und ; einer Linie dick. Auf einer mit
Quarzkieſelgeſchieben, und vielem Kieſe vermengten thonigten erhärteten Gangart. *I'm Zeiſs.*

Sechsflächiges Gold.
Aurum cryſtalliſatum hexaëdrum.

44.) *Kryſtalliſirtes würflicbes Gold.*
Dieſe Kryſtalliſation des Goldes iſt gewiſs unter allen
die ſeltſamſte. Ich habe ſie bisher nur an einer Stuffe von
Igren beobachtet, welche der Siebenbürgiſche Gouverneur
Freyherr von Bruckenthal in ſeiner ſchönen Sammlung von
Goldſtuffen beſitzt. Auch Herr Brünnich (*) erwähnt ei-
nes würflichen Goldes, welches er in Siebenbürgen bekom-
men hat.

45.) *Kryſtalliſirtes Trapezoidiſches Gold* aus zweyen einander entgegen ſtehenden Trapezien, und 4 zwiſchen dieſen
herumlaufenden Parallelogrammen.

Acbtflächiges Gold.
Aurum nativum octoëdrum.

46.) *Kryſtalliſirtes alaunförmiges Gold* mit acht dreyſeiti-
gen

(*) A. a. O.

gen Flächen. Herr Deslisle (*) und Herr Hacquet (**) beſchreiben ebenfalls eine ſolche Goldkryſtalliſation. Auch Herr Torbern Hergman erwähnt A. a. O. eines achtſeitigen Goldes, welches vermuthlich hieher gehört.

47.) *Kryſtalliſirtes alaunförmiges Gold* mit 8 etwas unregelmäſsig rhomboidiſchen Flächen.

Dieſe beyden Kryſtalliſationen liegen, nebſt anderen polyedriſchen, auf einem thonigten Geſteine zerſtreut, und ſind ſo klein, daſs ihre Geſtalt mit freyem Auge nicht erkennet werden kann. Die Stuffe unterliegt dem Zweifel, ob ſie wirklich von Vöröſchpatak iſt.

Zuſammengeſetzt.

Aurum nativum cryſtalliſatum compoſitum.

48.) *Kryſtalliſirtes Gold* in einem körperlichen *Trapezium*, welches in ein *Parallelepiped* zuſammenläuft.

Vielflächig.

Aurum nativum cryſtalliſatum irregulare. (Aurum nativum druſimum Vall. Spec. d. Cronſtedt §. 164 1-3.)

49.) *Vielflächiges Gold*, in unregelmäſsigen vielſeitigen Körnern, deren Flächen aber doch meiſt drey und fünffeitig ſind. Selten überſteigen ſie die Gröſſe eines Hirſekorns; zuweilen ſind ſie kolbenförmig, und überhaupt in verſchiedenen Gruppen zuſammengewachſen. Auf körnigem Hornſchiefer. *Im Letch.*

50.) *Kryſtalliſirtes vielflächiges Gold*, meiſt undeutlich, und unvollkommen prismatiſch auf verſchiedenen Stuffen. Dieſs

(*) A. a. O. Seite 313. und Taf. VI. Fig. 1.
(**) A. a. O. S. 10. Taf. III. Fig. 1. „doppelte achtflächige Pyramide ohne Prisma.„

88   *Vöröfchpataker Goldgebirge.*

Diefs find die hauptfächlichften Geitalten, unter welchen
das gediegene Gold in Vöröfchpatak einzubrechen pflegt. Es
ift aber gar nicht zu zweiflen, dafs es unter noch viel mehreren Arten, und Abarten von Kryftallifationen dort vor-
komme. Nur find die Goldkryftallen felten vollkommen
deutlich, und oft fo klein, dafs zu ihrer ohnedem fchwehren
Beftimmung ein fehr gutes Vergröfferungsglas nöthig ift.

Verlarvtes Gold.
Aurum larvatum. (*)

Das ift folches, fo durch die gemeine Poch - und
Schlemmmanipulation nicht ausgebracht werden kann, aber
doch in feinem vollkommenen metallifchen Zuftande gegenwärtig ift; kömmt in *Vöröfchpatak* vor:

In Silberhältigem Kupferkiefe. Gelf.
Aurum larvatum pyrite. (**)

51.) Der *Gelf* bricht derb und *kryftallifirt* unregelmäfsig
würflich, und in anderen eckigen, unordentlichen, undeutli-
chen, und in einander gefloffenen Körnern zu *Vöröfchpatak*
in den meiften Kluften in kleinen Trümmern eingemengt,
oder eingeftreut, aber in fo geringer Menge, dafs er niemals
die Abficht eines Baues ausmachen kann. Am meiften kömmt
er noch i'm *Igren* vor. Ich habe in dem derben Gelfe aus
der Grube St. Andreas einen göldifchen Silbergehalt von 656
Lothen i'm Zentner, und in der Mark diefes Silbers 80 Denari feines Gold gefunden. Aus eben diefer Grube gab der
Zentner eines Gelflchliechs, aus welchem das Gold in der
Schlemm-

(*) Aurum mineralifatum, nonnullorum.
(**) Aurum mineralifatum pyrite. Linn. 151.

Schlemmmanipulation ausgezogen war, i'm Feuer noch 8
Loth göldiſches Silber, und dieſes in der Mark 128 Denarien, alſo die Helfte, feines Gold. Dieſer Unterſchied des
Gehalts iſt auffallend, und ſcheinet einigermaſſen anzuzeigen,
daſs das Gold, und Silber vielleicht nur mechaniſch in dem
Gelf eingemengt, und in dieſem Falle uneigentlich *verlarvt*
darinn enthalten iſt. Verſuche, welche ich mit einigen, auch
in anderen Gegenden von Siebenbürgen einbrechenden Gold-
und Silberhältigen Kieſen vorhabe, werden mich des eigentlichen belehren. Vielleicht behält Henkel (*) noch immer
recht, daſs Kieſe kein Gold halten.

I'm Silberſablerze.

Aurum larvatum minera argenti cinerea. (**)

52.) Das *Fahlerz* kömmt in *Vöröſchpatak* ſehr ſelten vor.
Es bricht zuweilen im *Letch*, und *Gaur*, wie ich eines ſolchen, welches i'm Zentner 349 Loth göldiſches Silber, und
dieſes in der Mark 7 Denarien feines Gold hält, bereits (§.
13. und 20.) erwähnet habe.

Vererztes Gold.

Das iſt: von dem Schwefel, oder einer Säure, ſo vollkommen aufgelöſstes Gold, daſs es von einem oder dem anderen dieſer vererztenden Mitteln ſeines Brennbaren beraubt
wäre, welcher Umſtand nämlich, zu einer wahren Vererztung
nach der ſehr guten, und in Abſicht auf die Ausbringung der
Metallen ſehr nützlichen Beſtimmung des Herrn Bergraths
und Profeſſors Scopoli (***) erfordert wird, ſo vererztes
Gold

(*) Kieshiſtorie an verſchiedenen Stellen.
(**) Aurum minera argenti cinerea mineralliſatum. Lith. Born. L 61.
(***) Princip. mineralog. §. 169.

M

Gold, fage ich, ift mir noch nicht bekannt. Eine blofse Vermifchung, wenn fie auch fo befchaffen ift, dafs die vermifch-
ten Körper durch mechanifche Handgriffe nicht mehr getren-
net werden können, kann noch nicht *Vererzung* heiffen, fonft
würde alles Gold, welches i'm Silber vorkömmt, oder mittelft Schmelzens mit Silber vermifcht wird, durch Silber vererztes Gold, und alles Silber, welches fich mehr, oder weniger dem gediegenen Golde beygemifcht findet, durch Gold
vererztes Silber, oder, da kein vollkommen reines Gold, d. i.
welches nicht noch etwas von einem anderen Metalle beygemifcht hätte, gefunden wird, wohl gar alles Gold wenigftens
zum Theile vererzt zu nennen feyn. Die Meynung des Herrn
Zimmermanns (*) dafs Golderze entweder gar nicht in der
Welt gefunden, oder doch, welches wahrfcheinlicher feye,
von uns nicht erkennet werden, behält, glaube ich, noch
immer ihren Werth.

*Erklärung einiger Buchftaben und Zahlen, auf der, zu vorfte-
henden Abbandlung gebörigen Charte Tab. I.*

a.) Abrudbanyer Hauptthal.   n.) Felfen Kornetului.
b.) Mühlen.   o.) Gründel Karbonarilor.
c.) Fiskaldorf Abrudfal.   p.) Hobad.
d.) Drafa.   q.) Fratyafza.
e.) Bajcfilor.   r.) Zanoga.
f) Grund Maburlui.   s.) Grund Szelistye.
g.) Hauptgrund Korna.   t.) Dragan.
h.) Grund Bunta.   v) Grund Ivanului.
I.) Szoru Poftului.   w.) Ivanului.
k.) Grund Meztaken.   x.) Kilye.
l) Mefzaken.   y.) Vöröspataker Hauptgrund.
m.) Grund Kornetului.   z.) Grund Predeczel.

                                                     1.' Rof-

(*) In Henkels kl. mineralog. und chymifchen Schriften, Anmerkung zu §. 376.

1.) Roffa.
2.) Virtop.
3.) Mare.
4.) Grund Izvora.
5.) Alte Wafferleitungen.
6.) Vertope.
7.) Zanoga.
8.) Grund Harzulul.
9.) Grund Gaurilor.
10.) Karpin.
11.) Stolnilor.
12.) Hontfi.
13.) Grund Gaurl.
14.) Bradoja.
15.) Grund Limpedye.
16.) Nyikalsre.
17.) Gründel Nyegra.
18.) Piflotaga.
19.) Gründel Muntyele.
20.) Bratefului.
21.) Hezetyeu.
22.) Hebedganilor.
23.) Muntyele.
24.) Gründel Kirailului.
25.) Gründel Kirnik.
26.) Gründel Hurtfilor.
27.) Grund Orli.
28.) Grund Skorafilor.
29.) Gebirg Albi.
30.) Grund Ilie.

31.) Wurfitor.
32.) Grund Kofoa oder Lezpezilor.
33.) Malului.
34.) Bifztri.
35.) Alter Verhau.
36.) Grund Ivanka.
37.) Boinzatu.
38.) Stefanka.
39.) Girda.
40.) Hezetyeu.
41.) Stefanalui.
42.) Rotunda.
43.) Laz.
44.) Garoa.
45.) Seszure.
46.) Gründel Cfor.
47.) Rotundului.
48.) Furilor.
49.) Lupului.
50.) Wurs.
51.) Wurfilor.
52.) Grund Gogotyefi.
53.) St. Sove.
54.) Calkatori.
55.) Pogotyefi.
56.) Troafelle.
57.) Grund Abrudzell.
58.) Gergeleu.
59.) Felfen Korbului.
60.) Fontini.

M 2

II.

II.

Ueber das fchillernde Foffil

vom Harze,

vom Herrn Profeffor *Gmelin* zu Göttingen.

Das fchillernde goldgelbe Mineral, das in der Pafte am
Harze, im lauchgrünen Serpentinftein vorkömmt, und vom
Herrn von Trebra *a.*) zuerft befchrieben ift, ift zwar von
dem nachher in Gefchieben zwifchen Braunfchweig und Wol-
fenbüttel gefundenen wahren Feldfpathe *b.*) verfchieden, zeigt
aber doch auch, vornemlich durch den ftarken fchillernden
Glanz, einige Aehnlichkeit mit dem fchönen Schillerfpathe.
Wirklich wäre das fchon eine Seltenheit, wahren Feldfpath
im Serpentinftein zu finden, denn noch ift, mir wenigftens,
keine Beobachtung davon bekannt; Charpentier *c.*) Werner *d.*)
und Ferber *e.*) haben zwar in dem Sächfifchen, letzterer *f.*)

in

a.) Erfahrungen vom Innern der Gebirge. Br. V. S. 97.

b.) Herr Heyer an Herrn Bergrath Crell, chem. Annal. 1786. B. I. S. 336.

c.) Mineralogifche Geographie der chorfächfifchen Lande 14. S. 175.

d.) In feiner Ausgabe von Cronftedts Verfuche einer Mineralogie, Leipzig bey
Crufius g. Br. 1. Th. I. 1780. S. 187.

e.) Neue Beyträge zur Mineralgefchichte verfchiedener Länder u. f. w. 1. Br. I.
S. 176.

f.) Briefe aus Wälfchland über die natürlichen Merkwürdigkeiten diefes Landes, g. Prag 1773. Br. 19. S. 332. Br. 22. S. 361. Br. 23. S. 363. u. f. w.

in dem Florentinischen, der bey Imprimeta bricht, und im
Genuesischen, Saussure g.) in den Geschieben, die sich von
diesem Gesteine bey Genf finden, Steinmark, Speckstein, As-
best, Amiant, Nierenstein, Talk, Granaten, Topfstein, Glimmer *b.*) Kalkspath, Eisenerz, das der Magnet roh zieht, ihn
auch wohl mit einer Rinde von Eisenkalk überzogen, aber
keiner von ihnen Feldspath darinnen angetroffen. Schon das
machte mich, ich muß es gestehen, mißtrauisch, ob jenes
Schillernde Feldspath wäre. Schillert doch auch der schöne
kärnthnische Muschelmarmor, ob er gleich seiner ganzen Natur nach reiner Kalkstein ist; und hat doch auch der schöne
Avanturinoquarz *i.*) seinen schillernden Glanz nicht Feldspath,
sondern eingesprengten Blättchen von Kies, oder Eisenglim-
mer zu verdanken. Auch spielt unser Mineral, wenn man es
in bestimmter Richtung gegen das Licht hält, nicht sowohl
mit *verschiedenen* Farben, wie der Schillerspath, sondern zeigt
mehr eine *verschiedene* Lebhaftigkeit seines Glanzes, ungefähr
eben so, wie der schattende Bleyglanz.

Zwar ist es blät;ericht, noch mehr, gerade blätterischt;
seine Bruchstücke sind eben und glattspiegelnd, fast eben so,
wie die grobblätterichte Blende von Lautenthal, so, daß ich
dadurch, und durch die gelblichte Guhr die es giebt, wenn es
gerieben wird, bald in Versuchung gerathen wäre, es für eine Blende zu halten, wenn sich meine Vermuthung bey der
Prüfung im Feuer bestätigt hätte; allein es zeigte, weder auf

M 3

glühen-

g.) Reisen durch die Alpen, Leipz. 8. Th. I. 1781. S. 91-98. 154.
h.) Diesen erwähnt zwar Herr Werner so wenig, als den Nierensteins und der
Kalkspathadern, wohl aber in beyden angeführten Arten Herr Ferber.
i.) S. Hrn. Leibarzt Brückmann, und Dr. Bloch, Schriften der Berl. Ges. naturf. Freunde, 1. Th.

glühende Kohlen oder auf ein glühendes Eifen geftreut, die
mindefte Spur einer blauen Schwefelflamme; noch nach dem
Brennen vor dem Löthrohre auf der Kohle, die blendende
Zinkflamme. Sein Glanz ift nicht gemeiner, fondern metallifcher Glanz, den ich gerne mit demjenigen des grünen Kup-
ferkiefes vergleichen möchte. Durchfichtigkeit befitzt es nicht,
auch ift es weich, gefchweige dafs es am Stahle Feuer geben
follte. *k.*) Diefe letztere Eigenfchaft zeigt deutlich, dafs es
weder Kies, mit welchem es doch in Abficht auf die Art des
Glanzes einige Aehnlichkeit hat, ob es gleich vor dem Löthrohre weder fchmelzt noch Schwefelflamme giebt, noch Feldfpath ift; freylich ift auch der Feldfpath, wenn er verwittert, nicht mehr hart, aber Spuren von Verwitterung finden
fich fonft nicht die mindeften in diefer Bergart. Auch verliert der Feldfpath bey diefer Verwitterung feinen Glanz, und
riecht, wenn er angehaucht oder befeuchtet wird, nach Thon.
Beydes trifft bey unferm Mineral nicht zu, der Mangel der
letztern Eigenfchaft unterfcheidet es, fo, wie fchon der me-
tallähnliche Glanz von Hornblende. Nach diefen äuffern Eigenfchaften fchien mir diefes Mineral dem Glimmer zunächft
zu kommen. Freylich war es geradeblättricht und vefter,
als gewöhnlich Glimmer in Bergarten, von welchen er einen
Beftandtheil ausmacht, fo veft mit dem Serpentinftein verbunden, dafs er nur fehr fchwer ganz rein gefchieden werden
konnte. Auch war mir die beftimmte Farbe und Glanz, die
befchat-

---

k.) Auch Herr Superint. Schröter fah im Bayreuthfchen Serpentinftein folche
fchillernde Flecken, die einen Goldglanz hatten, im Gewebe blättricht
waren, vom Scheidewaffer nicht angegriffen wurden, und fich vom Meffer leicht zu weifser Guhr fchaben liefsen. Neue Litterat. und Beytr. zur
Kenntnifs der Naturgefchichte, Leipzig 8. B. IV. 1787. S. 212-234.

beſchattende Lage ſeiner Blättchen bey dem Glimmer noch
nicht vorgekommen, doch erhielt ich kürzlich nicht zu ver-
kennenden Glimmer, der gleiche Farbe und Glanz hatte, nicht
weit von der Gegend, wo unſer Mineral bricht, in derben
ziemlich reinen Stücken. Auch finden ſich unter unſerm Serpentinſtein Stücke, in welchen der eingeſprengte Glimmer
mehr einzeln vorkömmt, und theils nach der Lage ſeiner
Blättchen, theils in der Farbe unſern gewöhnlichen Glimmer-
arten ähnlich iſt, vornemlich glaubte ich, dieſes in ſolchen
wahrzunehmen, die mit Amiantſchnüren durchzogen waren.

Dieſe Schnüre ſchienen mir wirklich in Farbe und Glanz,
mit unſerm Mineral ziemlich nahe übereinzukommen, und ich
konnte mich des Gedankens kaum erwehren, daß vielleicht
dergleichen Stoff, von den übrigen Beſtandtheilen des Ser-
pentinſteins abgeſchieden, durch eine mehr oder minder vollkommene Kriſtallenbildung, das einemal jene Amiantſchnü-
re, das anderemal dieſe glänzende Blättchen darſtelle.

Um mehr Gewiſsheit über dieſes Mineral zu erlangen,
verſuchte ich die chemiſche Zerlegung, deren Erfolg ich hier
vorlege. Ich werde den gröſsten Theil meines Zwecks erreicht haben, wenn ich dadurch zur Wiederholung und Vervielfältigung dieſer Prüfung aufmuntere, denn nichts iſt bey
der unendlichen Mannigfaltigkeit der Natur in dem Verhältniſs der Beſtandtheile, aus welchen auch die Mineralien zuſammengeſetzt ſind, von jeher einer gründlichern Kenntniſs
derſelbigen nachtheiliger geweſen; nichts hat mehr Verwirrung in die Wiſſenſchaft gebracht, als daſs man auf einzelne,
oft mit kleinen Stücken und Gewichten angeſtellte Verſuche
zu viel gebaut hat. Bey jeder dergleichen Prüfung ſollten
eine, oder mehrere Gegenproben des gleichen Minerals, aus
derſel-

derselbigen, und aus andern Gegenden angestellt, und aus ihrer Vergleichung erst das Resultat gezogen werden, ehe man ihm seine Stelle im System anweiset. Meine Prüfung ist also nur ein solcher einzelner Beytrag, und von dieser Seite, wünschte ich, daß ihn Kenner beurtheilen mögen.

Ich streute etwas von dem Mineral, nachdem es klein gestoßen war, auf glühende Kohlen; einen andern Theil auf einen glühenden eisernen Löffel, den ich noch eine Zeitlang über Kohlen glühend erhielt; es stieg kein Rauch auf, noch zeigte sich auch nur eine entfernte, Spur von Fluß oder von einem besondern Leuchten oder Flamme. Auch vor dem Löthrohre floß weder das rohe, noch das gebrannte Mineral für sich im Löffel, oder auf der Kohle, auch gab es keinen Schein und Flamme von sich. Mit Borax floß es ohne Aufwallen, roh und gebrannt, zu einer nach dem Erkalten etwas trüben Glasperle, die sich aus einer matten grünlicht bläulichten Farbe, ein wenig in die schwärzliche zog. Weder vor, noch nach dem Brennen, noch nachdem ich es, vor dem Löthrohre auf der Kohle gebrannt hatte, wirkte der Magnet darauf.

Ich ließ ein Loth des Minerals recht klein stoßen, und mit 3 Loth gereinigter Pottasche zusammenreiben. Ich hatte nehmlich auf ein halbes Pfund gewöhnlicher Pottasche, ein Pfund kaltes Wasser gegossen, ließ es in der Kälte einige Stunden lang darüber stehen, goß es nun ab, seihte es durch, kochte es in einem reinen glasirten irrdenen Gefäße so weit ein, bis es ganz trocken war, und rieb es nun zart. So vermischte ich die Pottasche mit dem Mineral, und brachte sie in einem reinen hessischen Tiegel damit ins Feuer, worinn sie nach und nach glühte. So bald sie zu schmelzen anfieng, nahm ich den Tiegel aus dem Feuer, und ließ ihn erkalten.

Was

Was darinne zurückblieb, war fchwarzgrau; ich nahm es heraus, und fchwenkte den Tiegel nach und nach ganz mit abgezogenem Waffer aus, kochte alles zufammen mit folchem Waffer, und gab davon fo oft, und fo viel auf, dafs es zuletzt weder Farbe noch Gefchmack davon annahm; ich feihte die Feuchtigkeit durch Löfchpapier, fie hatte eine Feuerfarbe; nun gofs ich Kochfalzgeilt auf, fie. braufste damit auf, wurde aber doch, auch nachdem diefes Aufgielsen fchon einigemal wiederholt war, noch nicht trübe, doch wurde fie es in der Folge, als ich damit anbielt; fie hatte dabey einen widrigen Geruch, der etwas von dem Geruch der Schwefelleber, oder Flufsfpathluft hatte, und liefs nach und nach, dem Anfchein nach, viele braune Flocken fallen, die aber doch, nachdem fie gänzlich ausgefülst und getrocknet waren, dem Gewicht nach nur zwölf Grane betrugen, und fo veft an dem Papier klebten, dafs ich fie durchaus nicht loskratzen und befonders unterfuchen konnte. Ich warf etwas davon mit dem Papier auf glühende Kohlen, es fing keine Flamme, fchwoll aber auf und flofs, und verbrannte zu einer fpröden Kohle, aus welcher der Magnet einige Theilchen anzog. Sollten vielleicht diefe Flocken das brennbare Wefen *l.*) feyn, das das Laugenfalz, wenn es mit Glimmer oder Talk gefchmolzen wird, ausziehen, und wenn die Lauge, die man daraus bereitet, mit einer Säure vermifcht wird, zu Boden fallen laffen foll? Dafs fie kein reines brennbares Wefen waren, zeigt ihr Verhalten im Feuer, und waren fie das nicht, womit war es gebunden?

Oder

l.) Herr Geheimerf. R. Gerhard Beytr. zur Chemie und Gefchichte des Mineralreichs 1. Berlin. I. 1773. S. 361.

N

Oder follte, da der bey der Füllung auffteigende Geruch etwas vom Geruch der Flufsfpathfäure hatte, diefe vielleicht auch im Bodenfatze gewefen feyn? Dafs man fie im Feldfpathe gefunden hat, ift bekannt. *m.*)

Ich gofs daher, um davon gewifs zu werden, auf einen Antheil meines klein geftofsenen Minerals, recht ftarkes braunes Vitriolöhl; es rauchte zwar etwas, aber fonft konnte ich durch den Geruch nichts wahrnehmen, was mich von der Entwicklung der Flufsfpathfäure hätte verfichern können; ich liefs es einige Tage lang darüber ftehen, aber weder Bodenfatz noch Glas waren verändert; auch wurde die Vitriolfäure, nachdem ich fie klar abgegoffen hatte, durch Pottafchenlauge, welche ich nach und nach bis zur gänzlichen Sättigung einträpfelte, nicht im geringften trübe.

So löfete alfo die ftärkfte Mineralfäure vom rohen Mineral nichts auf.

Anders wirkte der rauchende Kochfalzgeift auf das, was von diefem Mineral nach dem Schmelzen mit Laugenfalz, und Auslaugen des letztern übrig geblieben war; von meinem Verfuche, worzu ich ein Loth des Minerals genommen hatte, betrug es über 3½ Quentchen. Ich gofs drey Loth Salzgeift auf; er braufste heftig damit auf, erhitzte fich ftark, und nahm faft im Augenblicke eine grünlicht gelbe Farbe, zugleich aber das Anfehen und die Dicke einer Gallerte an; ich gofs abgezogenes Waffer zu, und fetzte es damit einige Tage lang in gelinde, zuweilen kochende Hitze; gofs nun den Geift mit dem, was er nicht aufgelöfet hatte, zum Durchfeihen auf Löfchpapier, und, nachdem er durchgelaufen

m.) S. Hrn. Oberk. Wiegleb, bey Hrn. Bergr. Crell, chem. Annal. 1785. B. 1. S. 396. 404. 531. 532.

fen war, auf das, was liegen blieb, fo lange und fo oft immer wieder frifches abgezogenes Waſſer, bis diefes eben fo gefchmack - und farbenlos durchlief, als es aufgegoſſen worden war: diefes Waſſer gofs ich alles zu dem Geilte, der zuerſt durchgelaufen war.

Ich wog den Rückſtand, nachdem er fo ausgeſüſst und getrocknet war; fein Gewicht betrug kaum etwas über ein halbes Loth; ich gofs noch einmal ein Loth von dem gleichen Salzgeiſte auf, und wieder etwas abgezogenes Waſſer nach, und ſtellte ihn wieder einen Tag lang damit in die Wärme, er hatte ſich wieder, doch nicht fo ſtark, als das erſtemal, gefärbt; ich warf ihn wieder mit dem unaufgelöfeten Rückſtande zum Durchſeihen auf Löfchpapier, und füſste ihn auf gleiche Weife, und mit gleicher Sorgfalt aus; er wog nach dem Trocknen funfzehn Grane weniger, als ein halbes Loth, und war Kiefelerde.

Den Salzgeiſt gofs ich nach dem Durchſeihen mit dem zum Ausfüſsen gebrauchten Waſſer zu dem andern, und nun tröpfelte ich in alle diefe gefammelte Flüſſigkeit die Lauge von Berlinerblau ein; ich hatte fie nach Struve's *n.*) Vorfchrift bereitet und abgedampft, und von diefem trockenen Blutlaugenfalze ein halbes Loth in abgezogenem Waſſer aufgelöſt. Da ich zu gewifs war o.), dafs auch diefe Lauge noch etwas Berlinerblau hielt, und nicht ganz gewifs, ob mein Salzgeilt davon frey wäre, gofs ich auf die durchgefeihte Auflöfung von achthalb Granen jenes Blutlaugenfalzes in abgezogenem Waſſer, ein halbes Quentchen meines Salzgeiſtes, und erhielt daraus ̅1̅0̅ Gran Berlinerblau.

N 2 . Ich

n.) Memoires de la Societé de Lanſhane, 1. S. 138.
o.) S. Weſtrumb bey Herrn Bergr. Crell, chemifch. Annalen 1716. 1. S. 195. u. f.

Ich tröpfelte alfo meine Auflöfung von Blutlaugenfalz
nach und nach ein, da ich aber vermuthen mufste, dafs noch
nicht alle Eifentheilchen niedergefchlagen wären, fo löfete
ich noch ein halbes Quentchen Blutlaugenfalz in abgezogenem Waffer auf, und tröpfelte es auch nach und nach ein,
fo, dafs nun alle Eifentheilchen zu Boden gefchlagen fchienen, und die Feuchtigkeit, nachdem fich alles Berlinerblau
zu Boden gefetzt hatte, ganz ohne Farbe war. Nun gofs ich
fie ab; einen Theil davon aber warf ich mit dem Bodenfatze
zum Durchfeihen auf Druckpapier; fo lief die Feuchtigkeit
klar und ohne Farbe durch; das Blau blieb auf dem Papier
liegen.   Ich gofs noch mehrmalen abgezogenes Waffer nach,
trocknete das Papier mit dem, was darauf lag, und kratzte
es ab, glühte das Blau in einem reinen Tiegel fo lang, bis
es der Magnet zog, und erhielt fo etwan 73 Gran Eifen, fo
dafs fich nach Abzug deffen, was der Salzgeift und das Blutlaugenfalz fchon für fich enthalten, die Menge des Eifens
wenigftens auf 53 Grane annehmen läfst.
    Die Feuchtigkeit, welche ich vom Berlinerblau abge-
goffen, und durch Durchfeihen gefchieden hatte, kochte ich
fo weit, dafs nur noch der dritte Theil übrig war, ein, und
gofs nun Vitriolöhl tropfenweis zu; es machte nicht die geringfte Veränderung in Farbe und Klarheit; ich fchlofs daraus,
dafs weder Kalk- noch Schwererde in der Flüffigkeit war.
    Nun gofs ich reine Pottafchenlauge bis zum Sättigungs-
punkte zu, fie wurde trüb; ich liefs fie ftehen, und verfuchte es nach einiger Zeit noch einmal, fie machte nun keine
Veränderung mehr; es fiel nach und nach ein ftarker Satz
nieder; ich warf alles zufammen zum Durchfeihen auf Druckpapier, und die durchfinternde Feuchtigkeit immer wieder
darauf

darauf zurück, bis sie endlich ganz klar durchlief; wosch den Satz etlichemal mit reinem abgezogenem Waſſer aus, und trocknete ihn, er wog nur zehn Grane über ein Quentchen, und brannte sich vor dem Löthrohre loser; ich warf einen Theil davon in Salpetersäure, und suchte diese damit zu sättigen, sie wurde davon klebricht, wie eine Gallerte; ich verdünnte sie mit abgezogenem Waſſer und seihte sie durch, dämpfte sie ab, und setzte sie nun ruhig an einen kühlen Ort. Ein Theil schoß in nadelförmige Kriſtallen an, ein anderer blieb flüſſig, und als ich ihn wieder und bis zur Trockenheit einkochte, und wieder an die Luft setzte, zerfloſs er, und nahm das Ansehen einer Gallerte an; auch schmeckte die Flüſſigkeit herb, doch hatte sie einen bitterlichen Nebengeschmack.

Es sey mir also vergönnt, daraus zu folgern, daſs dieſe Erde aus Bitter - und Alaunerde gemengt war, doch so, daſs die letztere mehr Antheil daran hatte. Vielleicht kam die erſte nur vom Serpentinſtein, in welchem der Glimmer eingesprengt war, und wovon er nicht ganz gereinigt werden konnte.

So erhielt ich also aus einem Loth dieses schillernden Körpers:

Kieselerde	-	-	-	-	-	1 Quentch. 45 Gran
Eisen	-	-	-	-	- -	- 57 -
Alaunerde	-	-	-	-	-	- 43 -
Bittererde	-	-	-	-	-	- 27 -
Von dem Stoff, den das Laugenſalz durch Schmelzen aufgelöſt hatte, und auf Zugieſsen der Säure fahren lieſs						- 12 -

4 - - -

III.
Ueber die Okern von Berry
in Frankreich.

Durch den Herrn Baron von Dietrich,
Secretaire des Suices, Commissaire du Roi à la Visite des Mines etc.

Es ift eine Okergrube zu *Berry*, welche Herr *le Monnier* im Jahre 1744 unterfucht hat. Ein vitriolifches Waffer fchwitzte an allen Seiten aus, und machte an der Sohle der Grube einen fehr befchwerlichen Regen. Er beobachtete, dafs das Gebirge aus abwechfelnden Oker- und Sandlagen beftand. (*) M. *Guettard* hat ein Okerwerk unterfucht, in einer Heide der Pfarrey von *Bitry*, zwifchen *St. Amand*, *St. Verain* und *Argenon*, Oerter, die nur wenig entfernt von *Doujy* in *Nivernois* find. Die in diefer Heide gegrabenen Löcher, um den Oker heraus zu holen, haben höchftens 30 Fufs Tiefe, bey 6 bis 8 in der Breite; fie bilden ein langes Viereck. Drey Hänke verfchiedener Erdarten gehen dem Oker voran. Zuerft ein erdiger Sand, dann ein afchgrauer, oder blauer, ins fchwarze fich ziehender Thon, und endlich ein andrer rother Thon, der ins Violette fällt. Zwifchen diefer letztern Lage Thon, und dem Oker, hat M. *Guettard* eine Lage von
einer

(*) Memoires de l'academie, année 1744. pag. 47, biftor.

einer Art gelben, oder braungelblichten Sandſteine gefunden.
Die zu unterſt liegende Bank von Oker, iſt die beträchtlich-
ſte von allen, ſie nimmt zum wenigſten den dritten Theil
der ganzen Höhe des Lochs ein, und ruht auf dem Sande,
welcher hier die Grundlage macht. Die Arbeiter brechen
dieſen Sand nie durch, ſie begnügen ſich, darinnen zwey
oder drey Kammern auszugraben, unmittelbar unterm Oker.
Um den Oker zu gewinnen, durchbrechen die Arbeiter die
verſchiedenen Thonbänke, und die des Okers, indem ſie ſolche mit hülzernen zugeſpitzten Keilen, die mehr als einen
Schuh lang ſind, ſpalten. Die Okerſtücke, welche man ſorgfältig vom Thon abſondert, werden ſodann in Kaſten von
viereckcten Balken gebracht, welche drey bis vier Fuſs lang,
und ſo zuſammengefügt ſind, daſs die Luft frey durchſtrei-
chen kann.

M. Guettard bemerkt, daſs es auf dem Okerwerke zu
Bitry keinen rothen Oker gebe, wie man ſonſt wohl habe
vermuthen können, und daſs der rothe Oker nichts anders
ſey, als der gelbe Oker, wenn er eine Art von Calcination
erlitten habe. (*) Dieſe Calcination geſchiehet in einem ähnlichen Ofen, wie beym Ziegelbrennen gewöhnlich iſt. Man
kann das genauere dieſer Arbeit in Herrn *Guettards* Memoiren
Seite 56. der Sammlung der Akademie vom Jahr 1762 finden.
Er ſpricht auch von dem Okerwerke zu *St. George* auf der
Wieſe in *Berry*. Er ſagt, daſs die geöfneten Löcher auf einem kleinen Hügel, 50 bis 60 Fuſs Tiefe hätten, auf 4 und
5 Fuſs Breite; daſs die Okerbank nicht mehr als 8 bis 9 Zoll
Dicke habe, ſich aber horizontal weit ausbreite; und daſs
ſich

(*) Damit hat er aber nicht behaupten wollen, daſs es überhaupt gar keinen
natürlichen rothen Oker gebe, ſondern nur nicht an dieſem Orte.

fich unmittelbar unterm Oker, ein feiner glänzender Sand finde, den man in der Höhe eines Menfchen durchbreche, um
leere Räume zu machen, und den Oker überm Kopfe wegzunehmen. Noch fetzt er hinzu, dafs diefer Oker milde fey
in der Grube, und dafs man ihn leicht mit dem Grabfcheite
gewinne. Er erwähnt auch noch des Okerwerks von *Tannai* zu
Brie. Er bemerkt, dafs der Oker in einer urbaren Erde hier
ausgerichtet fey; dafs die Okerbank, 8 bis 9 Zoll, und mannichmal einen Fufs dick, fich wenigftens in einer Tiefe von
20 Fufs finde, und auf einem grünlichten Sande auffltze, den
man nicht durchgehe. *M. Guettard* giebt hierauf eine lange
und gelehrte Abhandlung, über die Kennzeichen des wahren
Okers.

Ich habe das Okerwerk zu *St. George* befucht, es gehört dem Grafen *Riffardo*, und die Herren *Sabardin* und *Bef-
fon*, Einwohner zu *Vierzon*, find Pächter davon. Im Jahr
1785 war diefes Bergwerk durch 3 Gruben bearbeitet, jede
hatte einen Steiger, und 3, manchmal auch 5 Arbeiter; man
gab ihnen Geleucht, Oehl und Gezähe. Der Steiger bekam 20
Sols täglich, die andern Arbeiter 12. Die erfte Bank, die
bis 44 und manchmal 50 Fufs Dicke hat, ift ein Gemenge
von gröberm oder feinerm Sand und Erde. Unmittelbar hierauf befindet fich ein gelblichter Sandfelfen, 4 bis 5 Fufs dick.
Man durchfinket in der Folge eine zwey Fufs dicke Lage von
fefter Erde, oder grau und gelben Thon, welcher das Dach
des Okers bildet, von dem er noch durch 5 kleine, fehr dünne Schnüre Sand abgefondert ift. Die Okerbank hat 15 bis
16 Zoll Dicke, man mufs aber 5 bis 6 Zoll Erde davon weg-
nehmen, welche man jetzt mit einer Curette davon abfondert.

Diefes

Diefes Werkzeug ift 8 Zoll lang, 18 Linien breit am Heft, und
hat eine Schneide von ohngefähr 3½ Zoll. Alle obere Lagen
neigen fich von Mittag gegen Mitternacht, und die Okerbank
folgt diefer Neigung, die an einigen Orten beträchtlich ift.
Zum Beyfpiel bey der mittelften Grube, wovon die Länge 60
Fuß ausmacht, ift der Abfall 4 Fuß. Diefe mittlere Arbeit ift
in 300 Schritt Weite von jeder der beyden andern angelegt.
Auf folgende Art ftellt man die Arbeit an: Wenn man einen
Schacht niedergebracht hat, öffnet man eine Strecke, der man
den Namen *Große · Gaffe* giebt. Ift man auf eine gewiffe Weite
damit fortgekommen, fo fängt man zwey Auslängen zur Rechten, und zwey zur Linken an. Diefe find anfangs querfchlägig,
machen in der Folge aber einen Haken, und kommen fortlau-
fend in eine parallele Richtung mit der Strecke, bis an die Linie ihrer Oeffnung zurück, da man dann die Strecke weiter
treibt. Ift man bis auf einen gewiffen Punkt fortgekommen, fo
bricht man an beyden Seiten eine eben fo breite Querftrecke,
nur nicht fo lang, als die grofse Gaffe, die man folchergeftalt im rechten Winkel durchfchneidet. Von diefer Querftrecke legt man neue 4 Auslängen zu beyden Seiten an. Auch
diefe find anfangs querfchlägig, wie die, deren eben erwähnt
ift. Wie jene, machen auch diefe einen Haken, und laufen in
paralleler Richtung mit der Querftrecke, bis dahin, wo felbige
fich endigt.
   Man greift im Verfolg die Hauptftrecke wieder an, die
man ftets verfolgt. Man macht von derfelben abwechfelnd
Querftrecken und Auslängen, in der Ordnung, wie wir eben
bemerkt haben. Allein hiebey mufs noch erinnert werden, dafs
man forgfältig dahin fehen mufs, zwifchen jedem Auslängen
folche Maffen ftehen zu laffen, welche man dem drauf liegen-

den

den Drucke zur Unterſtützung angemeſſen hält, und daß man
jedesmal einen Schacht abſinkt, wenn eine neue Querſtrecke
angelegt wird. Jede in der Okerbank ausgebauete Kammer,
oder Weite, wird durch kleine, auf hölzernen Unterlagen ru-
hende Pfoſten unterſtützt. Die Werkzeuge, deren ſich die Arbeiter bedienen, ſind:
ein kleines Grabſcheit, ohngefähr 18 Zoll lang. Um die La-
ge von Sand zu durchbrechen, räumt man zuerſt das Erdreich
mit dieſem Grabſcheite hinweg. Ein ſcharfſchneidiges Oker-
grabſcheit, 3½ Zoll breit, lang 8 Zoll bis an das Heft, mit
ohngefähr 10 Zoll langem Beſchlage über den Griff, welchen
man im Mittel einer Maſſe von ohngefähr 2½ Quadratzollen
befeſtigt. Ein Meiſel, mit welchem man den Oker in Vierecke trennt; endlich ein Grubenlicht, und ein Laufkarrn, um
den Oker nach den Schächten zu ſchaffen.

Der weiſse Sand dient, die Kammern oder Weiten auszu-
füllen. Man verläſst die Gruben nicht, als bis die Waſſer, oder
das Einſtürzen, oder die böſen Wetter dazu nöthigen, oder
auch bis das gewonnene Gebirge allzuweit entfernt von den
Schächten iſt. Man rechnet, daſs jede Grube 300 Fäſſer oder
Tonnen, von 650 Pfund Gewicht, oder 700 mit dem Holze
aufbringe. Man kann die Gruben vermehren, wie man es will,
zwiſchen *Goges* und *Bancriere*, von Mittag nach Mitternacht,
und von Morgen nach Abend, ohngefähr 400 Schritte gegen
Abend des Dorfs *St. Gorrge*. Die Tonne Oker wird verkauft
um 28 Livres, der braunrothe um 30 Livres; und um dieſen
letztern Preiſs wird er nach Breſt geliefert.

IV.

IV.

Befchreibung der Anlage, und des gegenwärtigen Zuftandes der Wafferleitungen des obern Burg-ftädter Zuges, befonders benutzt von den zwey wichtigften Gruben DOROTHEA und CAROLINA zu Clausthal.

Vom Herrn *G. A. Stelzner*,

Oberbergmeifter zu Clausthal. (*)

───────────

Gradweis zunehmende Laft, die vorzüglich bey dem Berg-bau fo häufig vorkömmt, erfodert, dafs auch die Kraft fie zu überwinden, gradweis vermehret werde. Es beweift diefes

O 2   fchon

(*) Es wird wohl nicht leicht bey Bergwerken ein fo kleines Plätzchen, als Tab. II. abbildet, auf dem hohen Punkte eines, mit Gängen und Erzen gefegneten Gebirges fo gefchickt, und diesmal mit fo wohl angebrachter Kargheit, in Anfehung der Auffchlagwaffer auf Mafchinen benutzt, als eben diefe vorgeftellte Gegend. Geld nicht allein, auch Fleifs und Gefchicklich-keit hat es nun freylich wohl erfordert, auf fo hohen Punkten, ohne einen Flufs zur Hülfe zu haben, nur aus Quellen, der Waffer gnug zufammen zu bringen. Aber diefer Zweck ift doch erreicht, mit grofsen Vortheil-len erreicht, und auf eine folche Art, die wohl Mufter zur Nachahmung feyn kann. Die Befchreibung aller hierzu gehörigen Anlagen, wie fie hier folgt, konnte allerdings der Mann am beften geben, welcher feit dem Jah-re 1763. durch feine Vorfchläge fowohl, als durch Anwendung der zweck-dienlichften Mittel in der Ausführung, zuletzt noch die Hand angelegt hat, das nützliche Werk vervollkommnend zu vollenden.

v. Tr.

fchon der auch abwechfelnde Gebrauch der Menfchen, der
Thiere, und des Waffers bey dem Bergbau ganz deutlich.
Mancherley, oft mit vielen Schwierigkeiten verbundene Ver-
änderungen, fallen deshalb oft bey dem Bergbau vor, und
es kann auch bey uns der obere Burgltädter Zug, oder der
Bau der beyden Gruben *Dorotbea* und *Carolina*, die unter den
Bergwerken zu Clausthal aufm höchften Punkte liegen, ein
fehr lehrreiches Beyfpiel davon geben.

Die Grube *Dorotbea T.* auf Tab. II., welche Nro 6.
Quartal Luciae 1707. mit Forttreibung eines Orts in der Teufe des 19 Lachterftollns, Erze getroffen hatte, fing Nro 8.
Quartal Crucis 1709. an, ihren Schacht abzufinken, und con-
tinuirte denfelben mit Menfchen am Hafpel bis 28 Lachter
tief. So wie fich die Laft bey zunehmender Tiele vermehrte, mufste am Lohne zugelegt, und auch mehr Mannfchaft
gegeben werden; da aber endlich die Laft zu fchwer wurde,
und die Arbeit im Gefenke nicht gefodert werden konnte,
ward 1711. ein Pferdegaipel angelegt. Mit Menfchen ging es
langfam und befchwerlich, mit Pferden aber auch nicht viel
gefchwinder, und noch koftbarer, welches daher rühret, dafs
den Pferden, wenn fie einmal da find, das Lohn gegeben werden mufs, ob fie auch gleich nicht immer arbeiten, fondern
wegen nicht feltener Vorfälle im Schachte, und am umgehenden Zeuge ftille ftehen. Es war nun fchon immer drauf gedacht worden, dem obern Zuge mit Waffer zu helfen, und
mancherley commiffarifche Unterfuchung deshalb angeftellt
worden, befonders war 1717. viel in diefem Fache gethan,
doch aber ward es erft Nro 6. Quartal Crucis 1724. fo weit
gebracht, dafs vor die *Dorotbea* ein Kehrrad angelegt werden
konnte. Es mufs damals wobl nicht thunlich gewefen feyn,
folches

folches anders, als in einer 210 Lachter langen Entfernung
vom Schachte, gegen Norden, bey *Y*, mit doppelten Geftängen anzubringen, und die Waffer vom Jägersblecker Teiche *K*, welcher 1718. Nro 4 Quartal Crucis aufzutragen beliebt ift, vermittelft eines Grabens *M.* bis vor den mittlern
Pfauenteich *R*, und über deffen Damm in 230 Lachter langen Halbgerennen, auf Böcken bis an das Kehrrad zu führen, zu deffen Behuf auch ein Damm durch die Ecke des
Spiegels in diefen Pfauenteich *K*, hat geftürzt werden müffen. Durch diefe Stangenkunft wurde nicht allein die Fördernifs bewirkt, fondern es wurden auch die Grundwaffer der
Grube *Dorothea*, und vermittelft eines Gefchlepps, welches
an die Treibekunft angehängt war, auch noch die von der
Carolina U, welche ihren Schacht Nro 4. Quartal Crucis
1713. angefangen hatte, mit herauf gehoben. Beydes zugleich konnte freylich nicht lange beftehen, und mufsten die
mehrefte Zeit noch immer Pferde mit gebraucht werden.
Dies veranlafste, dafs für die *Carolina* auf eine Wafferkunft
gedacht wurde, welche 1726. gegen Often bey *V.* mit einem
kurzen Feldgeftänge angelegt ward, und zu diefer brauchte
man die Waffer aus dem Grünhirfchler Teiche *L*, doch aber
nur aufs halbe Rad, weil er damals noch nicht Höhe gnug
hatte. Das Gebirge (*) diefer Grube wurde aber noch immer mit Pferden heraus gebracht. Von 1713. bis 1717. ehe
der Pferdegaipel erbauet worden, gefchahe es noch mit Menfchen, wie zuerft auch bey der *Dorothea*. Nur erft Nro 4.
Quartal Crucis 1730. ward gut gehalten, auch vor diefe Gru-

O 3   be

(*) Gebirge. Hiermit bezeichnet der Bergmann oft alles, was er aus feiner Grube an den Tag fchaffen mufs, nicht die tauben Berge allein, fondern auch das Erz mit.

be *Carolina* ein Kehrrad anzulegen, deffen Erbauung man Nro
6. Quartal Crucis 1731. vornahm. Auch auf dem nemlichen
Fall bey *Y*. ward es vorgerichtet, deffen vorhin bey der
Dorothea erwähnet ift, mit fogar 376 Lachter langen doppelten Geftängen, die durch drey rechte Winkel arbeiten muſsten, welches aber der *Dorothea* keine Hülfe zugleich mit
fchaffte. Auch konnten beyde Kehrräder, die nunmehro auf
einen Fall lagen, nur bey reichlichem Waffer umgehen, und
fehlte es bald dem einen, bald dem andern. Ob auch gleich
für die *Dorothea* eine befondere Wafferkunft bey *W*. gebauet
ward, der die Waffer von den Kunften des 1726. eingeftell-
ten Haus Herzberger Zuges, vom obern Spiegel des Haus
Herzberger Teichs, und nachher 1734. die Waffer vom Sperberheyer Damm aus dem langen Graben C. zu Hülfe kamen;
fo war zwar diefer Kunft dadurch geholfen, und fehlt ihr
auch jetzt felten, weil fie auf den dritten Fall angelegt ift;
die Kehrräder aber ftunden öfters ftille, und befonders betraf
diefes die *Carolina*, deren Wafferkunft auf dem obern Falle
lag, dem damals, aus dem noch nicht erhöheten Hirfchler Teiche *L*. oft die Waffer mangelten. So bald nun die zum Heben der Waffer befonders erbauete Kunft nicht gehen konnte, wurde das Kreuz im Gaipel an die Geftänge, welche vom
Kehrrade betrieben wurden, gehängt. Die Waffer zu heben,
und zugleich das Gebirge mit heraus zu holen, ging damals
zufammen nicht mehr an, fondern es mufsten Pferde zu Hülfe genommen werden. Vom Sperberheyer Damm (*) waren
die Waffer (und find auch jetzt) nicht fo hoch zu bringen,
als der zweyte oder gar der erfte Fall es erforderte, ob auch
gleich

(*) Siehe Calvörs Befchreibung des Mafchinenwefens auf dem Oberharze, I.
Theil, 2 Cap. jte Abtheilung, und deren 2te Unterabtheilung, S. 154.

gleich die, noch einmal fo hoch zu fchätzenden Koften zu
Erhöhung diefes Dammes verwendet werden wollten. Denn
es müfsten auch die fämmtlichen Graben über, und die Waf-
ferläufe (*) unter der Erde fo viel höher kommen, wodurch
viele Quellen unerreichet bleiben würden.

Den Kehrrädern, denen es auch noch öfters fehlete, fo
dafs ftatt deren, Pferde noch mit gebraucht werden mufsten,
war indeffen während der Zeit durch ein Mittel geholfen worden, welches hier bemerkt zu werden vorzüglich verdienet.
Da den obern Fällen mehr Wafferzugänge verfchafft
werden follten, fo kam es zunächft auch darauf an, die Waffer, welche fich in der Gegend des Schwarzenbergs, des
Tränkbergs, und verfchiedener Einhänge vor dem Bruchber-
ge fammlen, und aus dem Teiche *B*. durch den 400 Lachter
langen Wafferlauf *A*, in den fogenannten langen Graben C,
welcher die Waffer vom Sperberheyer Damm herführet, bisher auf den dritten Fall gezogen wurden, fo hoch zu behalten, dafs fie auf den zweyten Fall gebraucht werden könnten. Man fand diefes möglich, und um es ins Werk zu richten, fank man Nro 4. Quart. Crucis 1719. den kleinen Schacht
b. bis in die Sohle des Wafferlaufs *A*. (**) vollends nieder,
machte

(*) **Wafferlauf** wird ein, unter der Oberfläche der Erde liegender Canal genannt, der an der einen Seite des Gebirges hinein, an der andern wieder
hinausgehet, alfo zwey Mundlöcher, oder horizontale Eingänge von der Obes-
fläche der Erde hinein hat. Eine **Röfche** hingegen ift ein eben folcher,
unter der Oberfläche der Erde liegender Canal, der nur hinein, nicht aber
auf der andern Seite auch wieder herausgehet, alfo nur ein Mundloch hat.

(**) Diefer kleine Schacht b. war von einem vorhin hier betriebenen Eifenfteina-
Bergbau, fo wie der Wafferlauf A. übrig, man benutzte alfo beyde nun zur
Wafferleitung, fonft würde man, wäre er nicht fchon da gewefen, den kleinen Schacht b, da der Schacht a. diefelben Dienfte hätte leiften können, nicht
nöthig gehabt, auch wohl den Wafferlauf A. regelmäßiger getrieben haben.

machte diefen mit einem Orte *d.* auf den Wafferlauf *A.* durchfchlägig, fo wie mit einer Rüfche *c*, auf den Graben *E*¹, und
fetzte einen Damm in den Wafferlauf *A*, vor dem Striegel im
Schachte *a*, durch welchen die Waffer auf den dritten Fall in
den Graben *C.* gezogen wurden, fo dafs die Waffer im Schachte *b.* in die Höhe fteigen, und vermittelft des Grabens *E*¹,
und Wafferlaufs *F*, nach den Teich *K.* geführt werden konnten, aus welchem fie, ftatt vorhin auf den dritten Fall, nun
gleich auf den zweyten Fall, auf welchen die Kehrräder angelegt waren, mit genutzt werden konnten. Dies half fchon
etwas. Aber die zunehmende Laft, bey continuirendem Ab-
teufen der Schächte, erfoderte immer mehr Hülfe, und befonders litt die Grube *Carolina*, deren Kunft in der Gegend,
wo jetzo das Kehrrad angebracht ift, bey *V.* einen Fall höher lag, und blos den Teich *L*, jedoch nur ½ Lachter hoch,
zum Gebrauch hatte. Ob gleich diefer Teich *L.* 1738. auch
um ¼ Lachter erhöhet ward, fo reichten die Waffer doch felten hin. Es wurden auch zu befferer Anfüllung verfchiedene
Quellen (von den Jägersplätzen und der Gläfernen Brücke)
herzugeführet, und weil dadurch der Teich ehe angefüllt werden konnte, fo wurde 1755. abermals eine Auftragung feines
Dammes von ¼ Lachter Höhe vorgenommen. Allein die Waffer reichten zu einem beftändigen Umgange der Kehrräder doch
nicht hin, und es mufsten öfters noch Pferde mit eingefpannt
werden, welches oft ganze Vierteljahre daurete. Die Koft-
barkeit diefer Pferdetreiberey läfst fich leicht aus einer Vergleichung ihrer Ausgaben, gegen die des Treibens mit Waffer abnehmen. Ein Treiben, oder 40 Tonnen (deren eine fechs
Braunfchweigfche Himbten, oder 7 Cubikfufs 519 Zoll hält)
mit Waffer, nach Proportion der Tiefe, koftet 3. 4. 5. oder 6

Marien-

Marien - Grofcben zu Tage zu treiben, mit Pferden fo viel *Marien - Gülden.* (*) Und diefe Mehrheit der Ausgabe fleigt noch höher, wenn wegen hoher Fruchtpreife (**) Futterzulagen gegeben werden müffen. Wie beträchtlich nun aber auch diefer Unterfchied ift, fo ift der Nachtheil doch noch weit gröiser, der durch die Verfäumnifs, welche beym Pferdetreiben oft verurfachet wird, entftehet. Wenn im Schachte etwas vorgehet, welches befonders bey vielen Holzhängen (***) nicht felten ift; fo müffen die Pferde drauf warten, und ob gleich nicht viel Gebirge zu Tage kömmt, doch fo bezahlt werden, als käme alles wie es feyn foll heraus, und leidet die Grube überhaupt bey folchen Ümftänden, weil es nicht möglich ift, die Erze regelmäfsig zu gewinnen, wenn alles voll liegt, und nichts zu Tage kommen kann.

Ein Auszug von den Jahren 1758. 59. und 60. zeigte, dafs die *Carolina* allein, ohne Zurechnung aller Nebenumftände, 5856 Gülden blos für Pferde bezahlet hatte, und die *Dorothea* war von gleichem Schaden betroffen. Dafs diefe Ausgaben bey mehrerer Tiefe der Gruben noch ftärker werden müfsten, war wohl fehr richtig, und es war alfo äufserft dringend, auf Mittel zu denken, die grofsen Koften, wo nicht gänzlich zu heben, doch zu vermindern.

Die

(*) Ein Mariengülden beftehet aus 20 Mariengrofcben.

(**) Das Fuhrlohn, oder überhaupt der Verdienft mit Pferden, ift durchgehends auf 20 Gr. als ein fefter gewiffes Tägliches am Harze gefetzt, das nach einem beftimmten Preife der Futterfrüchte regulirt ift, und nie überfchritten wird. Steigen die Futterfrüchte über diefen feft angenommenen Preifs, dann wird eine, auch feft beftimmte Futterzulage noch obenein gegeben.

(***) Holz welches zur Zimmerung, und an den Künften innerhalb der Grube nöthig ift, wird an ftarken Seilen, mit Mafchinen eingelaffen (gehänget.)

P

Die leichten Mittel hatten unfere Vorfahren nicht ver-
fäumt. Alle nahe Quellen hatten fie genutzt, und die Waffer
dem 'Teiche *L*, welcher den obern Fall ausmacht, zugeführet; auch hatten fie verfchiedene vorliegende Rückens fchon
durchgehauen, und Waffer dadurch unter der Erde hergeleitet. Alles aber reichte doch nicht hin, dem obern Falle auf
beſtändig Waffer, und dadurch die Mafchine auf die er gieng,
im Umgange zu erhalten.

Die Umſtände des 'Teichs *L*. erfoderten noch ein mehreres. Es war weiter nichts übrig, als fich hinter höhern Gebirgen umzufehen, in wie ferne noch Waffer für das Werk
zu finden feyn möchten, und wurden dahero die angrenzenden Berge und 'Thäler des 'Teichs *B*. obferviret. Es fanden
fich hier auch einige fchöne Quellen, die, ohne genutzt zu
werden, in die Soefe (*) giengen, und man konnte nicht zweifeln, daſs fie dahin zu bringen feyn würden, wohin man fie
wünfchte, nur waren es noch zu wenige dazu, um anzura-
then, einen 16 Lachter hohen Berg, mit einem Stolln oder
Wafferlaufe von 451 Lachtern Länge, und mit wenigſtens drey
abzufinkenden Lichtlöchern (**) durchzuhauen. Bey öfterer
und weitläuftiger Obfervation der Gegend (es gefchah im dick-
ſtehenden Holze, war alfo fehr mühfam dem Obfervirenden)
fand man, daſs die Waffer, welche dem 'Teiche *B*. zufloffen,
auch mit dahin zu bringen waren, wo der eben gedachte,
nachher ausgeführte Wafferlauf *G*. feinen Anfang nehmen follte, fie wurden aber fodann dem Teiche *B*, deffen Spiegel 56
Zoll tiefer lag, als die höchſte Dämmung des Teichs *L*, und
alfo

(*) Die Charte vom Harz iſt hierüber nachzufehen.

(**) Schächte, die von der Oberfläche der Erde uuch einen Stolln, einer Rüfthe,
oder wie hier, einen Wafferlauf niedergehen, werden Lichtlöcher genannt.

alfo dem zweyten Falle entzogen. Da war nun kein anderer Weg mehr übrig, als den Teich *B.* gedachte 56 Zoll zu erhöhen, ihn dadurch mit dem Teiche *L.* in gleichen Spiegel zu fetzen, und dann mit diefem zu verbinden; doch kam es hierbey noch mit auf die Hauptfache an, ob die fchon vorhandenen Graben, welche dem Teiche *B.* die Waffer zuführten, auch fo viel Fall hatten, dafs die Waffer der Auftragung ohngeachtet, dennoch in den Teich zu bringen wären. Dies beftätigte nun fchon das Augenmaafs, die Möglichkeit fand fich auch bey näherer Unterfuchung, und war daher von diefer Seite alles gewonnen, dem Teiche *L.* zu helfen. Noch kam es drauf an, wie es möchte eingerichtet werden, dafs die Waffer, wenn der Teich *L.* voll wäre, nicht fehl giengen, und die Teiche alfo, die fie bisher gefüllt hatten, folche nicht entbehren dürften, fo dafs diefe, wenn ihnen alle Waffer abgefchnitten wurden, künftig nicht leer blieben, weil die Grabentouren nach den zu erhöhenden Teich *B.* vorgerichtet werden mufsten. Dies machte noch einiges Bedenken, doch wurde die Refolution kurz gefafst, den Wafferlauf *G.* vermittelft eines föhlig zu führenden Hauptgrabens *I*, mit dem Teich *B.* in Verbindung zu fetzen. Es machte diefes vielen Anftofs, gieng aber doch an, und es gefchah die Anlage folgendergeftalt:

1.) Der Wafferlauf *G.* (im Herbft 1763. fiong man ihn an) wurde fo tief zu führen beliebt, dafs feine Förfte mit dem höchften Punkte des Spiegels des Teichs *L*, und des Teichs *B*, gleiche Höhe haben follte.

2.) Die Widerwage (*) *H*, in welcher alle Waffer diefer

P 2

(*) Widerwagen find kleine Teiche, blofse Sümpfe, die meift nur zu einem kleinen Sammelplatze der Waffer dienen, die weiter geführt werden follen.

fer Gegend zufammenkommen, wurde ebenfalls fo vorgerichtet, dafs ihr Spiegel mit gedachten beyden Teichen gleiche
Höhe hat.

3.) Der Teich *B.* wurde 56 Zoll hoch aufgetragen, wodurch deffen Spiegel in feinem höchften Punkte, die Höhe
des Spiegels vom Teiche *L.* ebenfalls bekam.

4.) Der kleine Schacht *b.* mufste demnach auch fo viel
erhöhet werden, als der, 56 Zoll hoch aufgetragene Teich
B. gedämmt werden konnte. Und nun hatte der neue Wafferlauf *G,* die Widerwage *H,* der Graben *I,* der Teich *B,*
und der kleine Schacht *b,* wenn alles voll war, die Höhe des
höchften Spiegels im Teiche *L,* und ftunden fowohl die Waffer über der Erde, in den Teichen *L.* und *B,* und in der Widerwage *H,* auch Graben *I.* — als unter der Erde, in dem Wafferlaufe *G,* und kleinem Schachte *b,* vollkommen wagerecht,
nur im Wafferlaufe *A.* ftunden fie tiefer, konnten aber in der
Höhe von 56 Zoll nieder, vom obern Spiegel der Teiche *L.*
und *B.* fo hoch als für den zweyten Fall nöthig war, vermittelft eben diefes kleinen Schachts *b.* gebracht werden. Um die
Waffer möglichft nutzbar, dem obern Falle von einem Ende
L. zum andern *B.* zu führen, wurde die Sohle des Grabens *I.*
drey Spann, oder 30 Zoll tief unter den Spiegeln der Teiche
L. und *B.* angenommen, völlig horizontal geführt, und diefer Graben wurde 1765. verfertiget. Nach Vollendung der Arbeit, und des Durchfchlags mit dem Wafferlaufe *G,* welcher
Nro 12. Quartal Remin. 1767. erfolgte, zeigte fich, dafs der
Plan nach den beliebten Vorfchlägen völlig zutraf, und es
konnten nun die Waffer für den obern Fall vom Teich *L,*
durch die Widerwage *H,* und den Graben *I,* nach den Teich
B, oder wenn erfterer nicht voll ift, auch umgekehrt von *B.*
nach

nach *L*, dann aber, wenn beyde Teiche für den obern Fall
voll find, durch den Wafferlauf *A*, vermittelft des kleinen
Schachts *b*, wenn dafelbft das in dem vorgeftofsenen Damme
angebrachte Gefchütz gezogen wird, fo wie das überflüffige
Waffer aus dem Teiche *L,* der Widerwage *H*, und dem Teiche *B*, nach den Teich *K*, durch die Rufche *c*, den Graben
E, und Wafferlauf *F*, auf den zweyten Fall geführt werden.
Ift der Teich *K.* voll, fo können auch die Teiche *S.* und *R.*
für den dritten und vierten Fall, vermittelft des Grabens *M.*
angefüllt werden.

Die Waffer können durch diefe Vorrichtung in alle Weltgegenden hingefchlagen werden, nemlich aus dem Grünhirfchler Teiche *L*, durch den Wafferlauf *G*, nach Süden in die
Widerwage *H*; von da durch den Graben *I.* nach Often, in
den Teich *B.* — und diefe Tour wieder zurück, wenn es nöthig ift, in den Teich *L*; von *B.* durch den Wafferlauf *A.*
nach Norden; von dem kleinen Schachte *b*, und Graben *E*,
nebft dem Wafferlauf *F*, in den Teich *K.* nach Welten; und
von dem Teiche *K.* wieder herum nach Süden auf die Kehrräder, oder in die Teiche *R.* und *S*, durch den Graben *M*,
fo dafs durch diefe Vorrichtung fechs Teiche angefüllt werden können, weil auch der obere, oder alte Pfauenteich *Q*,
den Ueberfall aus dem Teiche *L*, wenn es nöthig ift, erhält.
Wird die Fluth zu ftark, und die Teiche find voll, fo kann
der Ueberflufs aus dem Teich *L*, durch eine vorgerichtete
Aus- oder Freyfluth, in der Widerwage *H*, durch den Wafferlauf *G.* weg, und in die Soefe gehen.

Eine gleiche Vorrichtung ift auch mit dem Teiche *B.*
gemacht, und hat der Zug auch hierbey keine Befchwerde
von überflüffigen Tagewaffern zu beforgen, da überdies auch

P 3   noch

noch die, aus dem Teiche *K.* gehende Freyfluth, ins Polfter-
thal (*) gegen Mitternacht hin, weggefcblagen werden kann.
Alles angeführte war verfertiget, wie der vorhin erwähnte Durchfchlag des Wafferlaufs *G,* nach den Teich *L.*
erfolgte, und konnten alle Waffer, die in der Gegend zufam-
mengebracht waren, fogleich ihren Lauf dahin nehmen, wozu auch noch die Quellen *P.* mit hergeführet waren.

Unter währender Zeit wurde auch die grofse Veränderung, mit Verlegung der Kehrräder der Gruben *Dorothea* und
Carolina, nebft Verlegung auch der Wafferkunft von letzterer
Grube vorgenommen, und wurde Nro 5. Quart. Luciae 1763.
beliebt, den Anfang damit zu machen, dergeftalt, dafs die
Kehrräder nahe an die Schächte kamen. Das *Caroliner* Kehrrad, welches auf dem zweyten Falle lag, wurde auf den erften Fall gelegt, die Wafferkunft kam aber vom erften Falle,
mit dem *Dorotheer* Kehrrade auf dem zweyten Fall, und letzteres nahe an dem Schachte der *Dorothea* zu liegen.

Dahero wurde der Schleiftrog (**) und die Rüfche, behuf des *Caroliner* Kehrrads, und der Schleiftrog behuf der
Wafferkunft eben diefer Grube nebft der Rüfche zugleich belegt, das alte Kehrrad blieb aber fo lange im Umgange, bis
alles fertig war. Die neue Wafferkunft wurde Nro 12. Quartal Crucis 1765. los gelaffen, aber das neue Treibwerk gieng
erft Nro 5. Quartal Luciae an, und die vorhin befchriebenen
langen Künfte, die überdem durch drey rechte Winkel arbeiten mufsten, und Gefluder, nebft Stegen und Bücken, giengen

(*) Die Charte vom Harz ift hierzu nachzufehen.

(**) Schleiftrog wird am Harze d'e untere Helfte des Behältnißes genannt,
worinne das Rad umgebet, da das Ganze diefes Behältnißen, obere und untere Helfte zufammen, die Radftube genannt wird.

gen ab. Auf die Folge würde es mit den langen Künften ohnedem ganz und gar nicht beftanden haben, weil nicht felten
aus Mangel der Auffchlagewaffer, die Treibkunft die Dienfte
der Wafferkunft mit thun mufste, daher denn fo lange das
Treiben mit Pferden gieng. Zuletzt brachten diefe Künfte,
wenn fie die Waffer heben follten, durch die vielen Winkel,
und die Länge der Geftänge, kaum 12 Zoll Hub nach den
Schacht, und diefes allein fchon machte die Veränderung nothwendig. Wie viel Anftofs auch diefes anfangs gehabt hatte,
fo wurde doch Nro 7. Quartal Trinitatis 1766. gut gefunden,
auch der *Dorothea* lange Treibekünfte abgehen zu laffen, und
wurde mit dem Schleiftroge nebft der Rüfche der Anfang gemacht, das alte Kehrrad blieb aber im Umgange, bis Nro 11.
Remin. 1767. mit dem neuen Kehrrad zu treiben angefangen
wurde.

Die vorigen koftbaren langen Künfte und Gebäude giengen ab, und jetzt kennt man ihre Stelle kaum mehr. Die
Wafferfälle blieben diefelbigen, und wurden die Waffer nur
andere Wege geführet.

Diefe Veränderung der Künfte, und vorgedachte Wafferleitung, hatten ihren guten Nutzen, und diefef gewann
dadurch noch mehr, dafs, weil man bemerkte, dafs der Zuflufs in den Teich *L* gnüglich war, um in kurzer Zeit keinen
Mangel ausgefetzt zu feyn, auch der, bey Verlegung der
Kunft- und Kehrräder gefundene viele überflüffige Fall, in den
Grabentouren dazu benutzt wurde, mit dem Striegel-Geren-
ne (*) des Teichs *L*, für den obern Fall noch 30 Zoll nieder

(*) Das Striegelgerenn, ift eine im Teichdamme verdeckt liegende hölzerne Rinne aus ganzen Bäumen gehauen, durch welches die Waffer des Teichs
können abgelaffen werden.

der zu rücken, fo dafs alfo die Dämmung auf den obern Fall, ftatt 1764 nur I Lachter I Achtel, mit der 1765. gefchehenen ⅓ Lachter hohen Aufrtagung des Teichdammes, I Lachter ⅓ Höhe ausmacht. Die letzte Aufrtagung gefchahe nicht blos der mehreren Waffer halber, fondern auch dazu mit, zu verhindern, dafs die Wellen des Waffers, wenn der Teich zu hoch angefpannt werden müfste, nicht auf den Damm fchlagen könnten. Und weil nach erfolgtem Durchfchlage des Wafferlaufs *G*, der Teich *L*. mehr voll wurde, und bey der öfteren Aufrtagung deffelben die Beftürzung nicht verftärkt worden war, fo wurde zu feiner mehreren Haltbarkeit 1767. auch gut gefunden, feinen Damm ein halb Lachter dick, in der ganzen Länge, von Grund auf, an der auswendigen Seite zu beftürzen.

Durch eben erzählte Anlagen, bekamen die Gruben des obern Burgftädter Zuges gute Hülfe, und Nro 10. Quartal Luciae 1776. wurde noch eine beträchtliche Quelle von einer andern Seite dem zweyten Falle, vermittelft eines Grabens zugeführet, dafs man alfo von der Zeit an, da die vorhin befchriebene Wafferleitung gemacht worden war, bis 1780. keine Hülfe'mit Pferden nöthig hatte. Die nachher eingefallenen trockenen Jahre aber, und die mehrere Laft bey zunehmender Tiefe der Schächte, machten doch endlich wieder nothwendig, für den Hirfchler Teich *L*. das äufferfte noch zu beforgen. Man wufste nun fchon, dafs der Graben *E'*, der die Waffer in den Teich *K*, zum Behuf des zweyten Falles zuführete, weiter hinaufwärts gegen Norden und Often, noch fo viel Fall übrig hatte, dafs er mit dem Spiegel des Teichs *B*, und alfo auch des Teichs *L*. in Verbindung gefetzt werden konnte, daher Nro 1. Quartal Crucis 1785. beliebt wurde,

wurde, gedachten Graben E¹, fo viel höher zu führen, daſs
die Waſſer aus demfelben, mit in den Wafferlauf *A*, und von
da nach den Teichen *B*. und *L.* kommen könnten. Diefes
wurde durch eine Rüfche *D*. von 16 Lachter Länge, und einem neuen Stück Graben *E²*, ausgeführt. Der Graben be-
hielt, nachdem ihm das übrige genommen war, auf hundert
Ruthen Länge noch zwey Zoll Fall.

In der Zeit, da man mit Verfertigung des Grabens befchäftiget war, fand fich, jedoch in groſser Entfernung, noch
eine Quelle, im fogenannten Kauzthale, die auch mit in den
Graben gebracht werden konnte. Diefe mit herzuführen,
wurde Nro 4. Quartal Crucis 1785. beliebt. Die Tour iſt
zwar 1260 Ruthen, oder 3024 Lachter lang, fie zeigte aber,
da fie 1786. fertig war, ebenfalls auch ihren guten Nutzen.
Hierdurch wurde bewirkt, daſs der Hirfchler Teich *L.* jetzt
immer am erften voll wird, da er vorhin felten voll wurde,
oder der letzte war, ohngeachtet ihm auch der Ueberfall aus
dem kleinen Teiche *T.* mit zuflofs. Ob auch gleich die Waſ-
fer hierdurch dem zweyten Falle entzogen find, fo kommen
fie doch vom erften Falle, nur durch einen andern Weg,
wieder zu Nutz, und gehen, wenn die obern Teiche voll find,
auch denen, die den zweyten Fall ausmachen, nicht fehl.

Da aber wahrgenommen wurde, daſs der obere Fall
öfters, wenn es dem zweyten Falle fehlet, ftärker als auf
das *Caroliner* Kehrrad nöthig iſt, gezogen werden muſste,
wodurch dem obern Falle vieles ohne Nutzen weggieng; fo
iſt ein Mittel gefuchet worden, auch dem zweyten Falle wieder zu helfen, welches darinnen gefunden iſt, einen Waſſer-
lauf *N*, der Nro 10. Quartal Reminifcere 1785. beliebt iſt,
unter dem Graben *M.* weg, nach den Punkt *O*, welches ein

Q   Stück

Stück des Grabens *M.* ift, zu treiben. In diefem wurde fo
viel Fall beygebracht, daß der Teich *K*, ftatt daß er jetzt
zwey Lachter hoch auf den zweyten Fall giebt, und das übrige einfchließende Waffer der dritte Fall erhält, künftig 5½
Lachter hoch auf den zweyten Fall geben kann, das eben fo
gut ift, als wenn auf den zweyten Fall ein neuer Teich angelegt wäre. Es find in der Gegend felbft auch folche Quellen
befindlich, welche dem Teiche *K.* zu tief liegen, und dem
dritten Falle zufloffen, diefe können durch den Wafferlauf *N.*
zu einer beträchtlichen Hülfe auch auf den zweyten Fall gebracht werden. Der dritte Fall verlieret fie zwar, er bekommt
fie aber vom zweyten Falle, wo fie erft gebraucht werden,
wieder, und der dritte Fall hat auch die mehrefte Zeit vom
Sperberheyer Damm fo viel Waffer im langen Graben *C.* als
er tragen kann, und müßten diefe Quellen bey Fluthzeiten,
ohnedem ungenutzt in die Thäler fehl gefchlagen werden.

Dem obern Fall ift alfo fchon jetzt geholfen, indem die,
im obigen bemerkten neuen Hülfsmittel fchon ausgeführt find.
Dem zweyten Falle wird geholfen, wenn der, jetzt noch in
Arbeit ftehende Wafferlauf *N.* durchgebracht ift. Der dritte
Fall hat den Sperberheyer Damm, und braucht vorerft kei-
ne weitere Hülfe. —

Aus der Menge Pferdegaipel, die abgegangen find, läßt
fich leicht einfehen, welche grofse Vortheile aus diefen, wenn
gleich in ihrer Anlage auch koftbaren Vorrichtungen, dem
Bergwerke zugeführet find. Ohngeachtet der ftets zunehmenden Laft — uhd obgleich jetzt mit Tonnen, deren eine
Sorte 1½ mal, die zweyte gar 2 mal fo grofs ift, als die, Seite 112. angegebenen vorigen, getrieben wird — bey den immer tiefer werdenden Gruben, ift, ftatt daß vorhin 15 Pferdegaipel

degaipel öfters im Gebrauch waren, jetzt nur felten einer,
und nur höchftens zwey Tage der Woche nöthig, 11 davon
find ganz weggeriffen, weil man fie nie wieder brauchen wird.
Clausthal den 7ten Februar 1788.

Erklärung der Buchftaben auf Tab. II.
Grundrifs.

A. Der Pölftertzerger Wafferlauf.

B. Der Huththaler Teich, dämmt to allem 5 Lachter hoch, giebt 1) durch den
Graben *I.* allen Zuflufs, und von feinem Spiegel ⅛ Lachter, oder 30 Zoll
Höhe, nach dem Teich *L.* auf den *erften Fall.* 2) Dann durch den Waf-
ferlauf *A.* 36 Zoll Höhe feines Wafferftandes, oder fo viel felo Damm neu
aufgetragen worden ift. In den Graben *E¹*, und durch den Wafferlauf *F.*
In den Jägersblecker Teich *K.* auf den *zweyten Fall;* endlich 3) noch durch
den Wafferlauf *A.* das übrige, oder 4 Lachter ⅞, 4 Zoll, in den langen
Graben *C.* auf den *dritten Fall.*

C. Der lange Graben, führt die Waffer vom fogenannten Sperberbeyer Damm
her, dem fie durch Gräben zugeleitet find, die weit hinan, durch die ganze Communionforft bis in den Rothenbach, dem kleinen Brocken gegenüber
geben. Er gebet auf den *dritten Fall;* von diefem auf alle Kehr- Kupfl-
Poch- und Hüttenräder, die weiter unten liegen.

D. Die Rüfchen, mittelft welchen die Waffer aus dem Graben *E⁰* in den Wafferlauf *A.* oder nach Gelegenheit auch umgekehrt aus dem Wafferlaufe *A.*
in den Graben *E¹*, fo nach der Rüfche *F.* und durch diefe in den Teich *K.*
geführt werden.

E. Der fogenannte Tränkgraben, beftehet aus zwey verfchiedenen Sohlen, der
einen *E⁰*, welche auf den *erften Fall* gebet, und neuerlich geführt worden
ift, der zweyten *E¹*, welche auf den *zweyten Fall* gebt, und vorhin fchon
im Gebrauche war. Von ihm können die Waffer durch die Rüfche *D.* in
den Wafferlauf *A.* und fo auf den *erften Fall* gebracht werden; denn,
wenn für den erften Fall alles gehörig gefüllt ift, durch den Schacht *a*

Q 2 nach

nach wieder in den Graben *E'*, und Wasserlauf *F*, zum Teiche *K*, auf den zweyten Fall.

F. Wasserlauf aus dem Tränkgraben *E'*, in den Jägerableeker Teich *K.*

G. Der Huththaler Wasserlauf.

H. Die sogenannte Widerwage (ein kleiner Teich) in der die Waßer sich sammlen.

I. Graben von der Widerwage *H*, nach den Huththaler Teich *B*, ist ½ Lachter, oder 30 Zoll tief, und wagrecht, so daß darinne die Waßer von *H.* nach *B*, und auch umgekehrt von *B.* nach *H.* können geführt werden.

K. Der Jägerableeker Teich, dämmt in allem 6½ Lachter hoch, giebt davon jetzt noch die obern 2 Lachter auf den zweyten Fall, das übrige, oder 4½ Lachter auf den dritten Fall.

L. Der Grünhirschler Teich, dämmt 3½ Lachter hoch, giebt 1½ Lachter auf den ersten Fall, 3½ Lachter auf den zweyten.

M. Der Graben auf den zweyten Fall.

N. Der neue Wasserlauf, welcher statt den Graben *M.* jetzt, die Waßer künftig aus dem Jägerableeker Teiche *K.* auf den zweyten Fall den Künsten zuführen wird.

O. Graben nach, und aus dem Wasserlaufe *N.*

P. Quellwaßer der Widerwage *H.* zugeführt.

Q. Der obere Pfauenteich, dämmt 4 Lachter hoch, giebt ½ Lachter auf den zweyten Fall, 1½ auf den dritten.

R. Der mittlere oder große Pfauenteich, dämmt 3 Lachter hoch, giebt davon 2½ Lachter auf den dritten Fall, wozu der lange Graben *C.* die Waßer vom Sperberbeyer Damm mit zuführt.

S. Der untere Pfauenteich.

T. Schacht, Kehrrad und Pferdegöpel der Grube *Dorothea.*

U. Schacht, Kehrrad und Pferdegöpel der Grube *Caroline.*

V. Vormalige Waßerkunst der Grube *Caroline*, ist als nunmehro abgegangen, nur mit Punkten angezeigt.

W. Waßerkunst der Grube *Dorothea* auf den dritten Fall angelegt.

X. Jetzige Waßerkunst der Grube *Caroline*, auf den zweyten Fall angelegt.

Y. Vormalige Kehrräder der Gruben *Dorothea* und *Caroline.*

Z. Die

K. Die Rösche, in welcher die Aufschlagwasser vom Kehrrade der Grube Caroline wieder abfallen.

a. Der Striegelschacht, durch welchen der Huththaler Teich B. ganz abgelassen werden kann.

b. Der kleine Schacht, in welchem vorhin die Wasser aus dem Huththaler Teiche bis zum zweyten Falle steigen mußten.

c. Rösche aus dem kleinen Schachte b. nach dem Tränkgraben E'.

d. Ort aus dem kleinen Schachte b. nach dem Polsterberger Wasserlauf A.

Durchschnitt.

Dieser ist in den Höhen nach demselben Maaßstabe wohl, wornach der Grundriß gemacht worden ist, construirt, jedoch sind verdreyfacht die Maaße genommen. In den Längen ist der Maaßstab völlig so wie im Grundriße gebraucht worden. Alle Buchstaben der Gegenstände, welche aus dem Grundriße auf das Profil fallen, bezeichnen das nemliche auch im Profile.

I. Erster Fall (oder oberes Gefälle), auf diesem ist einzig nur das Kehrrad der Grube Caroline, ein Rad von 16 Fuß Höhe erbauet; der Graben, welcher die Aufschlagwasser herzuführt, hat gar keinen Einfall, die Abzugsrösche hat nur 6 Zoll Abfall. Auf diesen ersten Fall giebt den Wasser der Grünhirschler Teich L. mit 1½ Lachter Höhe seines Spiegels, mit ⅞ Lachter, oder 30 Zoll Höhe die Widerwage K, der Graben I, und der Huththaler Teich B.

II. Der zweyte Fall, auf diesen sind zwey Räder, das Dorotheer Kehrrad mit im Gebäude T. 26 Fuß, das Caroliner Kunstrad J. 27½ Fuß hoch, ohne Einfall, nur mit 6 Zoll Abfall erbauet. Er erhält seine Wasser, für ein Rad, den Abfall von dem Kehrrade der Grube Carolina, dann für das zweyte Rad, und auch Zuschuß für das erste noch mit, wenn etwan vom Kehrrade der Grube Carolina noch nicht gnug käme, 16 Zoll Höhe des Spiegels vom Huththaler Teiche B, 3 Lachter Höhe vom Jägersblecker Teiche K, 3½ Lachter vom Hirschler Teiche L, ¼ Lachter vom obern Pfauentelche Q, nebst noch einigen mehrern Zuflügen aus noch andern Teichen.

Q 3

III.

III. Der dritte Fall betreibt 2 Räder, jeden von 21 Fuß Höhe, worunter das wichtigere der Grube *Dorothea* Kunftrad *W.* ift. Auf diefen Fall fehlt ale Waffer, denn auf ihn gehn außer den Sperberheyerdammwaßern im langen Graben *C,* noch 4 Lachter vom Huththaler Teiche *B,* 4 Lachter vom Hegersbleeker Teiche *K* und 3 Lachter vom mittlern, oder großen Pfauenteiche *R,* nebſt 3½ Lachter vom obern, oder alten Pfauenteiche *Q.*

Das vorzüglichſt Merkwürdige diefer Wafferleitungen iſt 1) daß in dem Wafferleufe *G.* die Waffer fowohl von *L* nach *H,* als umgekehrt auch von *H.* nach *L.* geführt werden können, fo wie ebenfalls auch im Graben *I,* von *H.* nach *B,* und von *B.* nach *H.* 2) daß im Schachte *a.* (nach dem Durchfchnittsriße genommen) die Waffer der Grabern *K'*, nach den Wafferlauf *A.* hineingenommen, und nach den Teich *B.* geführt werden können, wo fie, find nur Wafferzugänge gnug dazu vorhanden, auch wieder bis zum Punkte der Oberfläche des Teichs, der mit *A'* in gleicher Sohle liegt, ſteigen müßen, ohngeachtet der Wafferlauf *A.* viel tiefer liegt als jene Sohle. Hier iſt diefer Wafferlauf in Felfen ausgehauen, wirklich eben fo gebracht, wie man jede Röhrfarth zu brauchen gewohnt iſt, die Waffer drinne fallen, und auch auf den vorigen Punkt woher fie fielen, wieder ſteigen zu laßen.

V.

V.

Beobachtung der Magnetnadel
am Harze.

Um das Beobachten der Magnetnadel, deren Gebrauch bey
dem Bergbau so nothwendig ist, nach Möglichkeit zu erleichtern und sicher zu setzen, ward die Mittagslinie an einem dazu bestimmten Orte zu Zellerfeld, auf feste Punkte gebracht.
Zwey Granitstücken von der Gattung der Gießsteine, wie
diese auf der Communion - Meffingshütte, aus den Blöchen
des Okerstroms zum Gebrauch ausgewählt werden, jedes ein
Parallelepipedum 4 Fuß hoch, in der Oberfläche 11 Zoll breit,
1 Fuß 3-Zoll lang, wurden in einer Entfernung von 19 Fuß
(alles Calenberger Maas) im Lichten zwischen sich, so in Linie gestellt, als ohngefähr die Mittagslinie fallen mußte. Da
der Boden, auf welchen diese Steine gestellt wurden, etwas
abhängt, so ist der eine nach Mittag stehende 2 Fuß hoch,
der andere nach Mitternacht hin stehende, nur 8½ Zoll hoch,
über die Erde hervorragend zu stehen gekommen, und so ist
die Oberfläche beyder in genaue Horizontale gebracht worden. Um ihnen sichern Grund zu machen, wurde das Loch
zu jeden so tief gegraben, bis man auf festen Felsen kam,
dann wurde auf diesen mit lauter gleichen, die volle Größe
der erforderlichen Unterlage besitzenden festen Steinen, bis

zu

zu folcher Höhe aufgemauert, als nöthig war, von dem Granitftücke über die Erde gnug noch herausragen zu behalten. Auf die Oberfläche jedes diefer Granitftücke, wurde eine mefſingene Platte, 3 Zoll breit, und etwan ½ Zoll dick, durch Einhauen, Eingiefsen mit Bley, und Einfchrauben, hinlänglich befeftiget, und auf die wurde die gefundene Mittagslinie aufgeriffen. Um fie zu finden, wurde auf einem, genau horizontal vor das eine Granitftück geftellten Tifche, mittelft eines perpendikular eingefchlagenen 8 Zoll hohen Stifts, von des Morgens 6 Uhr an, bis Abends 6 Uhr, auf 29 gefchlagenen Halbzirkeln der Schatten beobachtet, und aus den, auf diefen Halbzirkeln bemerkten Schattenpunkten, ward die Linie gezogen. Jetzt können die Markfcheiders auf der Oberfläche des einen oder des andern diefer Steine, mit ihrem *Setz*-Compaffe — oder wenn fie wollen, an einem Faden der, von dem einen diefer Steine bis zum andern, auf die darauf gezogene Linie gehalten wird, auch mit dem *Hänge-*Compaffe — die Abweichung der Magnetnadel fuchen. Um die Zerftöhrung der Witterung abzuhalten, werden hölzerne Verfchläge über die Granitftücke geftellt, die übrigens, äufferlich hinlänglich gefichert, im Freyen ftehen. Alles zu eben befchriebenen Vorrichtungen Nöthige, war auf öffentliche Koften beygefchaft worden, und diejenigen, welche das Markfcheiden beym Bergbau zu verrichten haben, erhielten die Anweifung, Sonnabends jeder Woche, namentlich des Vormittags um 9 Uhr, das Verhalten der Nadel an diefer, auf fefte Punkte gebrachten Mittagslinie officialiter zu unterfuchen, und bey verrichteten Markfcheiderzügen, auf den, davon gefertigten Riffen, ihre Abweichung mit Beyfatz der Zeit, wenn die Beobachtung gefchehen, jedesmal befonders anzumerken.

merken. Diesem ist nun 5 Jahre lang nachgegangen worden, die Beobachtungen, in diefer Zeit angeftellt, find aufgefchrieben, und aus ihnen ift der nachfolgende Auszug vom Herrn Spürer gefertiget, der bisher beym Bergbau zu Zellerfeld das Markfcheiden verrichtet hat. Er felbft machte die, zum Aufziehen der Mittagslinie nöthige Obfervation, feine Beobachtungen der Nadel an der aufgezogenen Mittagslinie find es allein, woraus er den Auszug gemacht hat, und er hat fich nur immer eines und deffelben Compaffes bey den Beobachtungen bedient, der eben das Inftrument ift, womit er feine Markfcheiderzüge verrichtet. Da nicht allgemein die Eintheilungen des Compaffes, wie ihn der Markfcheider gebraucht, bekannt find; fo ift in jeder Rubrik auch nach Graden, jedoch blos nach Reduction diefes, die Abweichung angegeben worden. Aus allen hierüber weiter unten entworfenen dreyen Rubriken fieht man fo viel, dafs die nun fchon lange daurende Abweichung der Magnetnadel gegen Abend, wenigftens nicht weiter fortrücke, fondern ehe gegen Morgen wieder zurück zu gehen anfange. Die Fortfetzung der Beobachtungen durch mehrere Jahre, wird über diefe Aenderung in der Abweichung der Magnetnadel mit mehr Gewifsheit beftimmen. Noch mufs beygebracht werden, dafs die Eintheilung der Achtel unfers bergmännifchen Compaffes, von den Markfcheidern blos mit dem Auge verrichtet wird, und fie haben für diefe Eintheilung die Ausdrücke: etwas reichlich (e. r.), reichlich (r.), reichlich reichlich (r. r.), fehr fcharf (f. fch.), fcharf (fch.) u. f. f. angenommen, fo, dafs alfo in ihren Operationen das 8tel der Compafsftunden, noch befonders in 24 Theile am Harze getheilt wird. — Das fey fehr unzuverläffig, leite zu grofsen Irrthümern, werden manche, die hiermit nicht bekannt find, vielleicht urtheilen.

R

Aber

Aber das ift doch nicht, wie fo manche hundert Erfolge, feit fo vielen Jahren fchon bewiefen haben. Die neueften dies beweifenden Erfolge, giebt der tiefe Georg-Stolln, auf dem fehr viele Oerter und Gegenörter, durch den Markfcheider mit Ausübung diefer Art einzutheilen angegeben, dann betrieben, und viele fchon durchfchlägig gemacht worden find, ohne grofse nachtheilige Fehler begangen gefunden zu haben. Ein fcharfes, in diefer Eintheilungs-Gewohnheit geübtes Auge, begeht keine beträchtliche Fehler in der Operation, und fallen deren ja unbeträchtliche vor, wie es bey der Eingefchränktheit der menfchlichen Sinne nicht anders feyn kann, fo kommen denn doch, da in den Markfcheiderzügen der Compafs-Beobachtungen nothwendig febr viele feyn müffen, diefer kleinen Eintheilungsfehler auch fo viele, und hinlänglich gnug von den, einander entgegen gefetzten Arten vor, dafs einer den andern — wie in andern menfchlichen Sinnesfehlern auch gefchieht — in den Summen des Ganzen gnüglich compenfiren kann. Das Factum, das im Ganzen wenig gefehlt wird, ift richtig, und fo nur, wie eben erwähnt worden, kann es erklärt werden. Andere und ficherere Eintheilung, ift aufm Markfcheider-Compaffe nicht möglich, da fein getheilter Zirkel, des Mitfichttragens, und Anhängens wegen an die ausgefpannte Schnur, nicht viel über zwey Zoll im Durchmeffer haben darf.

v. Tr.

Die Obfervation um die Mittagslinie aufzuziehen, ward gemacht den 20ften Junius 1782. und es war an diefem Tage in Zellerfeld die Abweichung S. 2. fch., oder (nach Reduction)

18

18 Grad 30 Min. 57 Sec. weftlich. Hiernach ift die Mittagslinie in Zellerfeld aufgezogen worden. An dem nemlichen
Tage hatte diefelbe Obfervation der Herr Markfcheider Länge in Clausthal angeftellt; diefer fand mit feinem Compaß
die Abweichung S. I. 1½ r. oder 18 Grad 30 Min. — Sec.
weftlich. Seitdem hat fich die Abweichung folgendergeftalt
verhalten.

Jahr.	Stärkfte Abwei-chung.					Mindefte Abwei-chung.					Mehrefte Abwei-chung.					Wie viel mal im Jahre.
	St.	tel.	Gr.	M.	Se.	St.	tel.	Gr.	M.	Se.	St.	tel.	Gr.	M.	Se.	
1783	1	2¼	19	13	6	1	2 C.f.	18	30	57	1	2 e.f.	18	40	19	4
1784	1	2¼	19	13	6	1	2 e.f	18	40	19	1	2 r.r.	18	59	3	3
1785	1	2¼C	19	3	44	1	2 e.C	18	40	19	1	2 r.	18	54	22	6
1786	1	2 e.r.	18	49	41	1	2 C C	18	30	57	1	2 C	18	35	38	11
1787	1	2 e.C	18	40	19	1	2.f.C	18	30	57	1	2 C.	18	35	38	8

Nordlichter, Erdbeben, ftarke Gewitter, ungewöhn-
lich ftarke Sturmwinde u. dgl. können eine merkliche tägliche
Abweichung der Magnetnadel verurfachen, wie aus Erfahrungen fchon bekannt ift. Nach meinen mehrmalen angeftellten
Beobachtungen ift vorzüglich bey ftarken Nordlichtern, die
Magnetnadel in einer beftändig zitternden Bewegung, und ihre Abweichung ift bald mehr weftlich, bald öftlich wieder
zurückfchlagend, oft fehr merklich gewefen.

Nach einigen Bemerkungen bey der angeftellten Beobachtung der Magnetnadel an der Mittagslinie in den Jahren
1782 und 1783., wollte es das Anfehen gewinnen, als ob
auch die Veränderung der Witterung, und gewöhnliche, nur

R 2   etwas

(*) Der Beobachter war in den Jahren 1783. 84. und 85. oft abwefend, feiner
Beobachtungen waren alfo weniger.

etwas ſtarke Winde, eine ſtärkere Abweichung der Magnetnadel bewürken könnten, allein die ſpätern, in den Jahren
1784. - 1787. gemachten Beobachtungen, wollen dieſes nicht
beſtätigen. So viel ergiebt ſich aber aus den Beobachtungen
von 1782. - 1787. mit vieler Wahrſcheinlichkeit, daſs die Abweichung der Magnetnadel keinen gleichförmigen Gang nimmt,
oft mehrere Wochen lang, bis auf Kleinigkeiten ſich völlig
gleich bleibt, oft aber täglich, ja ſtündlich ſich verändert,
und eine Abweichung bald mehr öſtlich, bald weſtlich wieder zurück anzeigt. So wie denn auch faſt täglich, die Abweichung der Magnetnadel des Vormittags anders, als des
Nachmittags iſt, und oft ſehr merklich wird.

Folgende Vergleichung habe ich mit des Herrn Profeſſors *Lichtenberg*, in 360 Grade getheilten Compaſs, und meinem Grubencompaſs angeſtellt.

1788.	Mit des Herrn Prof. Lichtenberg Compaſs in 360 Grade getheilt			Mit meinem Gruben-Compaſs					Beſchaffenheit der Witterung.
	nach der Linke Gr. Mi.	nach der Linie Gr. Mi.	Weh-Ge-grad.	in Stunden getheilt St. Ach.	Weſt-Geg.	in Grade reducirt Gr. Min.	Weh-Geg.		
D. 14. May Vorm. 9 U.	18 38	18 41	Weſtl.	1 2 ſ.	Se.	18 35½	Weſtl.		trüb u. wölkl. m. NOſtw.
Nchm. 3 U.	18 38	18 41	-	1 2 ſ	-	18 35½	-		. . . .
D. 15. May Nchm. 4 U.	18 38	18 41	-	1 2 ſ	-	18 35½	-		Regen, Nebel a. NOſtw.
D. 16. May Vorm. 8 U.	18 33	18 36	-	1 1½ rr	-	18 30½	-		
Nchm. 3 U.	18 33	18 3C	-	1 1½ rr	-	18 30½	-		Sonnenſchein a. Oſtw.
D. 17. May Vorm. 9 U.	18 33	18 36	-	1 1½ rr	-	18 30½	-		

F. H. *Spörer.*

Die

Die ungemeine Uebereinſtimmung der, mit zwey ſo ſehr verſchiedenen Inſtrumenten angeſtellten Beobachtungen, beweiſt gewiſs Herrn Spörers groſse Bekanntſchaft mit dieſen Dingen mehr als hinreichend. Da der Unterſchied zwiſchen beyden auch bey der täglichen Veränderung immer derſelbe bleibt, nemlich immer 5⅓ Min. beträgt, ſo liegt der Grund davon gewiſs in einem der Inſtrumente, oder in beyden zuſammen, welches bey einem ſolchen Werkzeug, wo auſſer den Fehlern, die die Künſtler bey getheilten Inſtrumenten überhaupt begehen können, noch die Beſtimmung der Lage der magnetiſchen Axe der Nadel, gegen die Axe ihrer Figur, und das punctum ſuſpenſionis eigne Schwierigkeiten hat, gar nicht zu verwundern iſt, zumal da der Unterſchied überhaupt eine Kleinigkeit iſt. Ob die angegebene Abweichung von 18° u. ſ w. die eigentliche ſey, läſst ſich nicht beurtheilen, weil dieſes eine genaue Kenntniſs der Lage der Linie vorausſetzt, von der man anrechnet, ich meyne der dortigen Mittagslinie. Hrn. Spörers hierbey gezeigte Einſicht läſst aber auch da keinen Zweifel übrig, und am Ende kömmt auch hierauf nicht viel an, dem Bergmann wenigſtens nicht. Hier in Güttingen hat unſer geſchickter Herr Magiſter Seyffer die Abweichung zu Anfange des Julius dieſes Jahres aus 7 beobachteten Azimuthen = 19° 56′ 51″ gefunden. Die Beobachtungen ſind ſämmtlich mit meinem Inſtrumente angeſtellt, deſſen ſich Herr Spörer auch in Zellerfeld bedient hat. Göttingen den 28. Auguſt 1788.

G. C. Lichtenberg.
Prof. der Philoſ.

R 3   VI.

VI.

Fragment

von dem Zuſtande der Bergwerke in Kärnten im 16ten Jahrhundert.

Von

Herrn Carl von Ployer,

K. K. Gubernial-Rath zu Innſprugg in Tyrol.

Der Bergbau florirte vor einigen Jahrhunderten in Kärnten nicht minder als in Tyrol. Es erweiſen dieſes nicht allein die alten Schriften und Documente, ſondern auch die erſtaunliche Menge alter verfallner Stölln und Halden, die man in allen Gebirgen und Gräben, beſonders in Oberkärnten antrifft. Die unſelige Religions-Revolution, und das zu Ende des 16ten Jahrhunderts hierauf erfolgte Emigrations-Patent, machten demſelben mit einemmale ein Ende, und brachten dem Lande einen unerſetzlichen Schaden. Nur das Bleybergwerk zu Bleyberg bey Villach, und das Eiſenbergwerk zu Hüttenberg wurden noch fortgetrieben. Die Gold- und Silberbergwerke hingegen in Oberkärnten — worunter die beträchtlichſten der groſse Gold- und Silberbau in Groſs-

kirch-

kirchheim und Steinfeld, und der Silber- und Kupferbau in
Obervellach waren — verfielen im 17ten Jahrhunderte nach
und nach; fo, dafs von den ergiebigften Berggebäuden zu
Steinfeld, nemlich von der Goldzeche in Lengholz, dermalen nicht einmal der Name und die Gegend mehr recht bekannt ift.

Es ift zu bedauren, dafs fo wenig zufammenhängende Schriften uns übrig geblieben find, um eine vollftändige
Gefchichte von dem alten Kärntnerifchen Bergbau liefern zu
können, und beklagt fich dieferhalben fchon zu Ende des
16ten Jahrhunderts der Oberftbergmeifter *Hannß Huebmayr*,
(aus deffen hinterlaffenen Schriften ich das meifte entnom-
men) dafs die Akten feines Vorgängers *Georg Singer*, faft
alle in Verluft gerathen feyen.

Indeffen dienen die Fragmente diefer alten Urkunden
doch, den damaligen Zuftand der Bergwerke, in Verhältnifs zu den, dermaliger Zeiten zu beurtheilen; ihren Flor,
und die Urfachen ihres Verfalls zu erfehen; und den Bauluftigen neuen Muth einzuflöfsen, Werker wiederum empor
zu bringen, die nicht die Abnahme ihrer Ergiebigkeit, fondern der Fanatismus jener Zeiten vernichtete.

Montaniftifche Aemter.

Im 15ten und 16ten Jahrhunderte war für die gefamm-
ten Inneröfterreichifchen Bergwerke, ein Oberftbergmeifter-
Amt zu Obervellach in Oberkärnten aufgeftellt; vermuthlich weil in Oberkärnten die beträchtlichften Bergwerke von
Inneröfterreich waren. Unter diefen ftunden alle Bergwerke von Steyermark, Kärnten, und Krain, und diefe 3 Her-
zogthümer waren in 15 Berggerichts-Diftricte eingetheilt.
Nemlich:

In

In Kärnten,

zu Grofskirchheim, Steinfeld, Vellach, Spittall, Gmündt, Villach, Friefsach.

Das Berggericht Bleyberg, nebſt dem Berggericht Tarvis und Wolfsberg waren Bambergiſch, und ſind erſt nach den Kauf der Bambergiſchen Güter in dieſem Jahrhundert Kayſerlich geworden; das Berggericht Hüttenberg aber, wie noch dermalen, Salzburgiſch. Sodann hatten noch die Freyherrn und dermalige Grafen von *Dietrirbſtein*, die Grafen *Wittmann*, und die Grafen von *Ortenburg*, dermalige Fürſten von *Portia*, ihre eigene Berggerichte auf ihren Gütern, und zogen die Frohn von den, auf ihren Gütern erzeugten Mineralien, welches Privilegium Graf *Wittmann* noch dermalen genieſst.

In Steyrmark,

zu Zeyring, Rottenman, Eiſenärzt, Zukenhut, Schladming.

In Krain,

in Oberkrain, Unterkrain und Cilli, Idria.

So wie die Bergwerke ab - und zunahmen, wurden auch die Berggerichte abgeändert, oder auch ganz reducirt, gleichwie Anno 1620. das Berggericht zu Zeyring und Rottenman aufgehoben, und mit dem Eiſenärzter Berggericht vereiniget wurde.

Die Berggerichte waren die erſte Montaniſtiſche Inſtanz, das Oberſtbergmeiſteramt das Appellatorium, und das Reviſorium die Inneröſterreichiſche Hofkammer in Grätz.

Ueberdieſs beſtund in Schladming ein Wechſelamt, welches alle Montaniſtiſche Aemter mit Geld verſorgte, und zu Klagenfurt und Grätz zwey Münzämter, deren erſteres

den

den Kärntnerifchen Landftänden eigenthümlich gehörte, nach
der Hand nach St. Veit übertragen, und zu Anfang diefes
Jahrhunderts endlich gar aufgehoben wurde.

Perfonal - Beflellung.

Das Oberftbergmcifteramt beftunde aus einem Oberft-
bergmcifter, Gegenhandler, Fröhner, Probirer, und Einfah-
rcr. Der Oberftbergmeifter hatte 551 Guld. 33 Kreuz. 1 Pf.
der Einfahrer 100 Guld., der Probirer 50 Guld. Befoldung.

Die Berggerichte beftanden aus einem Bergrichter, der
an manchen Orten zugleich Waldmeifter war, einem Schllner,
Fröhner, Berggcrichtsfchreiber, Gefchwornen, und Frohn-
bothen. Zu Ende des 16ten Jahrhunderts war der Perfonal-
und Befoldungsftatus in den Berggerichten Grofskirchheim
und Steinfeld folgender:

In *Grofskirchheim Anno* 1593.

Bergrichter und Waldmeifter - - -	110 Gulden
Gefchworner · - · - · -	5 ·
Berggerichtsfchreiber und Gefchworner ·	23 ·
Frohnboth - - - - -	24 ·

In *Steinfeld Anno* 1597.

Bergrichter - - - - -	100 Gulden
Schllner 48 G. für Waldmeifterdienft 10 G.	
für Gefchwornenamt 8 G. zufammen -	66 ·
Fröhner und Gefchworner - - -	16 ·
Berggerichtsfchreiber und Gefchworner -	25 ·
Gefchworner - - - - - -	8 ·
Frohnboth - - - - - -	24 ·

Hey Perfonal-Anftellungen fahe man zur felben Zeit
mehr auf praktifche als theoretifche Kenntnifs: denn Anno
1579.

1579. den 7ten Jenner ift der *Friderich Mulner* zum Bergrichter in Schladming vorgefchlagen worden, mit dem Beyfatz aber, dafs weil er weder des Lefens noch des Schreibens kundig wäre, ihm ein gefchickter Berggerichtsfchreiber
zugegeben werden möchte. Auch weiters bey Erzehlung der
Religions-Revolution wird ein Bergrichter in Grofskirchheim
vorkommen, der ebenfalls des Lefens und Schreibens unkun-
dig war. Demungeachtet ift diefes nicht von dem ganzen
Perfonale zu verftehen: denn Anno 1581. den 6ten May, er-
liefsen die Kärntnerifchen Landftände, als fie im Begrif waren, den neuern Theil der Stadt Klagenfurt und ihrer Fe-
ftungswerker zu erbauen, ein Erfuchfchreiben an den Oberftbergmeifter *Hannß Huebmayr* um den Steinfeldifchen Berg-
fchüner *Ambroß Haintz*, damit er, wie fie fich ausdrücken,
den *Seiger auf den Plätzen, Gäffen, und Gräben* angebe. Diefer Seiger ift auch in wenig Städten beffer als in Klagenfurt
angelegt, und die Stadt hat alfo den wefentlichften Theil
ihrer Schönheit und Bequemlichkeit einem Montaniftifchen
Individuo zu danken. Die Schriften des Oberftbergmeifters
Hannß Huebmayr, und die noch übrigen Fragmente feiner
Amtsprotocolle, find ein fchätzbares Ueberbleibfel jener Zeiten, und zeigen durchgehends einen Verfaller von tiefer Einficht und Kenntniß, befonders aber kann fein Bericht und
Vorfchlag, den er den 15ten Merz 1578. an die Inneröfterreichifche Hofkammer, wegen nutzbarerer und erträglicherer
Betreibung des Klieniger Goldbergwerks in Laventhall machte, und den ich feiner Weitläufigkeit halber nicht anführ-
ren kann, zum Bewcis feiner theoretifch und praktifchen
Wiffenfchaft, und zum Mufter für alle heutige Bergleute
dienen.

Die

Die Kärntnerifchen Bergleute überhaupt fcheinen im
16ᵗᵉⁿ Jahrhunderte fchon aufgeklärter gewefen zu feyn, als
die dermaligen Harzgebirger und Sachfen, die nach *von Tre-*
bras fchönem Werke *vom Innern der Gebirge*, noch heut zu
Tage fo abergläubifch auf Wünfchelruthen und Ruthengänger find. Der Brief den dieferhalben der Oberftbergmeifter
Hannß Hachmayr den 20ᵗᵉⁿ Junii 1580. an den Erzherzog
fchrieb, ift fo merkwürdig, dafs er ganz angeführt zu werden verdient.

„Euer Fürftl. Durchlaucht haben mir von dato den
„13ᵗᵉⁿ nächft verwichenen Monaths May aus Laxenburg
„durch fchriftlichen Befehl gnädig auferlegt, derfelben eine
„folche Bergverftändige Perfohn, die fonderlich in Gebürg
„aller Gelegenheit zu Erfind- und Auffchlagung neuer Erzt-
„gruben, es fey mit der Ruthen oder fonften, wohl erfah-
„ren, auf das fürderlichfte namhaft zu machen, welcher
„Euer Fürftl. Durchlaucht Befehl mir gleichwohl erft den
„11ᵗᵉⁿ difs fchwebenden Monaths eingehändiget ift worden;
„deme ich unterthänigft gehorfamft alsbald nachgefetzt,
„und wiewohl derjenigen Bergleuthe, fo mit der Ruthen
„die Gänge zu fuchen genugfam Erfahrenheit hätten, alhie
„diefser Euer Fürftl. Durchlaucht Erblanden wenig zu fin-
„den find, hab ich dennoch derfselben gnädigen Verordnung
„nach zwo Perfsohnen, als nemlich *Vincenz Koppaun* im
„Berggericht Steinfeld, und *Georgen Schmidtmann* im Berg-
„gericht Villach, beyde Aerztknappen, welche meines ge-
„horfsamen Erachtens zu Erfind- und Erfchlüffrung ftreichen-
„der Gänge in Gebürgen durch andere Bergmännifche Mit-
„tel vor anderen gute Erfahrenheit haben, ausgeforfcht,
„und hab aus diefsen gehorfsamften Bedenken Euer Fürftl.

S 2 „Durch-

„Durchlaucht bemeldte 2 Perſſohnen unterthänig namhaft ma-
„chen ſollen, damit auf den Fall, wenn, und auf was Or-
„ten Euer Fürſtl. Durchlaucht deren einen bedörffen, und
„der eine nicht gleich vorhanden, dennoch der andere zu
„derſelben gefälligen Nothdurft dahin verordnet werden
„möchte.„

Man ſieht hieraus deutlich, daſs die Auffuchung der
Gänge durch Wünfchelruthen, ſchon damals unter einſichti-
gen Bergleuten in Verachtung war.

Von den Gruben.

Aus der gröſseren Menge der Berggerichte in Kärnten, in Anfehung Steyrmark und Krains, iſt deutlich zu
ſchliefsen, daſs auch der Bergbau dort ſtärker betrieben wurde, als in den übrigen zweyen Ländern. Der beträchtlich-
ſte Bau auf Silber und Gold, wurde in Groſskirchheim und
Steinfeld geführt. Schon im Jahr 1446. wurde zu Groſskirchheim am Kloben, Quettall, Goldzech, Ochſslinzech,
Hüttenfuſs, Pilatus-See, Moderek, Göfsnitz, Grafsleuthen,
Mitlleuten, und Luden gebaut, und Anno 1541. baten die
Kirchbergiſchen Gebrüder um Freyung von 171 Grüben,
unter welchen auch Grüben auf der Goldzech und Wafchgang befindlich waren, wovon auf erítere annoch von Seiten des Aerarii gebaut wird, letzterer aber erſt kürzlich
aufgelaſſen worden iſt.

Wenn nun die einzigen Kirchbergiſchen Gebrüder ſo
viele Grüben in einem Jahr freyen konnten, ſo kann man
ſich leicht vorſtellen, wie ausgebreitet der Bergbau in denſelben Berggerichtsdiſtrikt geweſen ſeyn müſſe. Die groſsen,
gut gebauten, und inwendig mit vielen Wappen bemahlte

Häuſer

Häufer von Großkirchheim, das in den üdeften und unfruchtbarften Winkel Kärntens liegt, zeigen, daß anfehnliche Gewerken entweder felbft alldort gewohnt, oder ihre Berghandels- und Verwefshäufer alldort gehabt haben müffen, fo wie es gleichfalls eine alte, nicht unwahrfcheinliche Sage in Kärnten ift, daß der Ort Sachfsenburg von einer Kolonie Sachfsen erbaut worden fey, die aus Bergbauluft nach Kärnten gezogen.

Die Gruben des Steinfelder Berggerichts befanden fich in Graagraben, Gropnitz, Goldzech im Lengholz, Syflitz, Drafsnitz, und Müdrizbach. Da mehrere Steinfeldifche Akten als Grofskirchheimifche vorhanden, fo bin ich im Stande, die Nahmen der, im Jahre 1551. auf Silber und Gold in Bau geftandenen Gruben und Gewerkfchaften im Steinfelder Berggericht mit Nahmen herzufetzen.

Im Graagraben auf Silber.

St. Peter und Jobft.   St. Johann.
Silberftern.   St. Urban und Barbara.
Narrenbau und St. Anna.   St. Jofeph.

In der Gropnitz auf Silber.

Erbftolln und St. Helena.   Unfser Frauen in der Schön-
St. Andre.   eben.
St. Johann.   Fundgruben in der Dräfsnitz.

Auf Kupfer, Silber und Gold.

St. Kriftoph.   Die Kufferin.
Die Kollerin.   St. Wolfgang.
            St. Ifsak.

Auf der Goldzech im Lengholz auf Gold.

St. Kriftoph.   St. Johann.
St. Nicolaus.   St. Vinzenz.

S 3   Das

Das Glück.	Unser Frauen.
St. Eva.	St. Katharina.
	St. Andre.

In der Syflitz auf Gold.

St. Jacob.	Die 3 Brüder.
St. Regina.	St. Andre.
St. Maria Magdalena.	Die Hofnung.
St. Urban.	St. Margareth.
St. Pangratz.	Die Wallnerin.
St. Wolfgang.	Die Högerin.
St. Johann.	Unser Frauen.
St. Valentin.	St. Daniel.
St. Leonhard.	St. Sebaftian.
	St. Johann.

Der Bergbau zu Obervellach war ebenfalls beträchtlich: Im Klienigberg in Laventhall bey St. Leonhard befan-
de fich ein reiches Goldbergwerk. Hin und wieder im Lande, wurde von einzelnen Gewerkfchaften auf Silber und Gold
gebaut. Die zwey grofsen Bley - und Eifenbergwerke zu
Bleyberg und Hüttenberg, find nebft den Fürftl. Guggi-
fchen Eifenbau am Geifsberg die einzigen, die feit den vorigen Jahrhunderten annoch im beftändigen Bau erhalten werden, und noch dermalen den ganzen Reichthum des Landes
ausmachen.

V o n   d e r   E r z e u g n i f s.

Um von der Erzeugnifs urtheilen zu können, hab ich
beyliegende Tabelle verfafst, die ich aus den alten Frohnbüchern, fo viel ich deren vorgefunden, ausgezogen habe.

EXaus den alten Frohnbüchern, was vom Jahr 1528. bis 1631, bey dem Berggericht Steinfeld an Brandgold und Brandsilber im Wechsel, oder in die Einlösung gebracht worden.

Jahr.	Brand-Gold Mk.	Lt.	Brand-Silber Mk.	Lt.	Jahr.	Brand-Gold Mk.	Lt.	Brand-Silber Mk.	Lt.	Jahr.	Brand-gold Mk.	Lt.	Brand-Silber Mk.	Lt.
1528			1007	11	1582	0	0	0	0	1617	-	1	-	5
1529			599	8	1583	234	11	659	14	1618	0	0	0	0
1530			774	12	1584	217	3	480	7	1619	0	0	0	0
1531			0	0	1585	246	10	306	-	1620	-	9	2	4
1532			0	0	1586	260	14	160	2	1621	-	14	3	4
1533			323	2	1587	141	-	302	-	1622	-	-	-	-
1534			474	8	1588	71	-	169	-	1626	3	-	8	3
1535			490	9	1589	65	5	131	11	1628	-	3	-	13
1536			345	10	1590	76	8	183	12	1631	3	6	-	11
1537			368	7	1591	37	11	113	15					
1538			412	-	1592	-	-	846	-		Im Berggericht Groß-kirchheim.			
1539			474	-	1593	10	2	43	7					
1540			268	6	1594	0	0	0	0	1578	96	9	890	8
1541			188	4	1595	10	15	27	3	1579	54	2	801	15
1542			111	15	1596	13	13	29	13	1580	0	0	0	0
1543			56	11	1597	12	2	46	7	1581	90	-	118	9
1544			131	7	1598					1582	302	10	538	9
1545	141	4	103	8	bis	0	0	0	0	1583	137	6	313	6
1546	0	0	0	0	1601					1584	0	0	0	0
1547	278	-	413	9	1602	9	2	26	9	1585	73	1	595	11
1548	302	11	840	2	1603	6	5	6	7	1586	16	1	51	1
1549	0	0	0	0	1604					1587	4	7	104	1
1550	202	11	1460	7	bis	0	0	0	0	1588	0	0	0	0
1551	212	12	918	12	1608					1589	11	1	101	6
1552					1609	12	12	4	14	1590	14	9	78	13
bis	0	0	0	0	1610	9	-	1	4	1591	8	11	48	4
1576					1611	12	4	8	14	1592	11	3	79	-
1577	257	5	469	8	1612	6	9	1	8	1596	1	10	4	-
1578	304	3	757	10	1613	3	11	5	5	1598	3	1	7	11
1579	198	2	433	6	1614	0	0	0	0	1600	1	3	9	13
1580	232	8	655	8	1615	1	3	2	7	1601	1	9	39	9
1581	315	8	597	8	1616	3	3	-	10	1602	5	9	87	13

Anmerk. Die kleinen Ziffern bedeuten halbjährige Erzeugniß, weil nur halbjährige Rechnungen vorfündig waren, die andern halbjährigen mangeln.

Man kann hieraus deutlich erfehen, dafs in dem Berggericht Steinfeld, die Erzeugnifs an Gold und Silber bis zu
Ende des 16ten Jahrhunderts fehr anfehnlich gewefen, und da
die Urfach des Verfalls allgemein war, wie wir weiter unten
vernehmen werden, fo ift ganz wahrfcheinlich, dafs mit den
Steinfelder Bergwerken zu gleicher Zeit auch alle übrige in
Verfall geriethen. Wer jemals die Lage der Grofskirchheimer
Goldbergwerke, befonders in der Goldzech und Wafchgang
gefehen, die in den höchften, faft unerfteiglichen Eifsgebir-
gen betrieben wurden, der mufs bey dem erften Anblicke ge-
ftehen, dafs diefe Bergwerke ohnmöglich eine Ausbeute ab-
werfen können, wenn die Erzeugnifs nicht fehr beträchtlich
ift: und dennoch find fie vor Alters mit vielem Vortheil, wie
es noch einige wenige Ueberbleibfel von Rechnungen weifsen,
betrieben worden, und es befunden fich noch hin und wieder
in verfchiedenen Kabinetten, einige fehr fchöne Stuffen von
gediegenen Gold, die an Schönheit den Siebenbürgifchen
nicht weichen, und von der ehmaligen reichen Ausbeut der
Werker Beweife geben. Die gröfsten Gefälle müffen auch je-
derzelt von dorther gekommen feyn, wie man aus zwey Schreiben von den Oberftbergmeifter *Hanyß Huebmayr* an den Erzherzog abnehmen kann, in deren erfteren vom 21ften Merz
1583. er fich entfchuldiget, dafs er die anverlangte 1000 Gld.
auf den Ofter-Linzer-Markt fchwerlich, wegen Mangel des
Gelds, weil die Putzifchen und Kirchbergifchen Frohnabga-
ben zu Grofskirchheim aufhören, febicken könne, wolle aber
fehen, Mittel zu machen. Ein gleiches thut er auch im zweyten Schreiben vom letzten Merz 1584. wo er fagt: „dafs er
„die von ihm anverlangten 1000 Gld. auf künftigen Linzer
„Markt in das Hofpfennigamt nicht liefern könne, indem er

„kein

„kein vorräthiges Geld in der Caſſa habe, und die Current-
„Ausgaben nothwendiger Weiſe beſtritten werden müſſen,
„auch die Frohngefälle ſich dermahlen, beſonders in Grofs-
„kirchheim, woher ſonſt die meiſten einfloſſen, nunmehr an-
„ſehnlich vermindern, zudem hätte er erſt kürzlich, wie be-
„kannt, 500 Guld. Zubuſs für das Landsfürſtl. halbe Neuntel
„beym Goldbergwerk in der Klienig in Laventhall bezahlen,
„und erſt kürzlich 598 Guld. 4 Sch. 11 Pf. zu Erkauffung 1200
„Ellen Leinwand nach Hof ſenden müſſen."

Dafs dieſe Bergwerke auch noch im 17**ten** Jahrhundert
ſogar in Auslanden in groſsen Ruf geſtanden ſeyn müſſen,
und ſich fremde darum beworben haben, zeiget das folgende
Reſcript vom Jahr 1611. in welchem die Inneröſterreichiſche
Hofkammer dem damaligen Oberſtbergmeiſter *Lucaß Sitzinger* eröffnet: „dafs Se. Fürſtl. Durchlaucht Erzherzog *Ferdi-
„nand* zu Oeſterreich ſeine Vorſtellung wegen Erkauffung
„der Putziſchen Berganteille in der Goldzech und Ladelnig
„ſebr gnädig aufgenohmen, und einen Gefallen getragen,
„dafs, da der Khurfürſt von Kölln ſeinen Kammerprobirer
„*Daviden Hörman* in Oberkärnten Bergwerke zu erkauffen
„geſandt, der dann mit gedachten Putziſchen zu handeln
„nicht allein einen Anfang gemacht, ſondern auch ſich be-
„reits ſoweit eingelaſſen, und verglichen habe, dafs ſie Pu-
„tziſchen in den Kauf einzugehen ſich erklärt, er dießerwe-
„gen dem Fürſtl. Hoflager zugereiſt, um der Sachen Be-
„ſchaffenheit mit mehreren zu berichten. Weil dann einem
„ausländiſchen Potentaten ein ſolches volkomliches Bergwerk
„unter ſich bringen zu laſſen etwas bedenklich, ſo wolle Se.
„Fürſtl. Durchlaucht Ihren Inneröſterreichiſchen Kammer-
„Rath Hrn. *Georgen Wagen* zu Wagenſperg, wie auch den

T   „Kärnt-

„Kärntnerifchen Lands-Vicedom Herrn *Hartman Zinnßl*, mit
„Zuziehung *Mathias Klingseifsen* Bergrichter an der Zeyring,
„und *Sigmund Kogler* Bergrichter in Grofskirchheim, nebſt
„ihn Oberltbergmeiſtern als Kommiffarien ernennen, die die
„Putzifchen Antheille und Grüben befahren, die Erzt probi-
„ren, auch mit den Putzifchen und deroßelben Kreditoren
„fub Ratificacione traktiren, Handlung pflegen, und vor end-
„lichen Schluſs Sr. Fürſtl. Durcblaucht ihre ausführliche Re-
„lation famt räthlichen Gutachten zufördern follen.„

Ein Sohn des *Melcbior Putz*, gleiches Namens mit dem
Vater, langte Anno 1607. um das Münzmeiſteramt zu Klagenfurt an, welches er auch erhielt, und verfaſste zu Erpro-
bung ihrer Verdienſte um den Hergbau einen tabellarifchen
Erzeugniſs-Ausweifs, vermöge welchen *Melcbior Putz* der al-
te und feine Söhne vom Jahr 1549. bis 1604. folglich in 54
Jahren zu Grofskirchheim, Vellach, und Bleyberg 2356 Mrk.
— Lt. an Gold, 24133 Mrk. 8 Lt. an Silber, 1973 Centn. 36
Pf. Kupfer, und 17076 Centn. 68 Pf. Bley erzeugten, worunter 2237 Mrk. Gold, und 18180 Mrk. Silber von Grofskirchheim, das übrige von Vellach ware. Bey dem noch fo
kleinen Einlöfungspreifs der damaligen Zeiten, betrug diefes
Gefäll doch immer eine Summa von mehr als einer halben
Million. Vermöge diefer Tabelle waren die beften Erzeug-
nifsjahre von 1552. bis 1590.

Von dem zur felben Zeit fehr beträchtlichen Goldbergwerk im Klienig zu St. Leonhard in Laventhall, wurde Anno
1560. 1561. und 1562. folglich in 3 Jahren 692 Mrk. Gold,
und 739 Mrk. Silber in die Einlöfung geliefert, welches immer, auch nach dem damaligen geringen Einlöfungswerth,
doch wenigſtens eine Summa von 100000 Gulden betrüge.

Vermöge

Vermöge einem Gutachten, so der Oberstbergmeister *Hannß Huebmayr* den 16ten Nov. 1580. abgegeben, dafs der Erzherzog die Münze zu Klagenfurt, die vormals den Landständen gehörte, pro Aerario übernehmen sollte, wird unter anderen erwähnt, dafs vermöge dem damaligen Stande der Bergwerke, jährlich 700 Mrk. Gold, und 2000 Mrk. Silber in die Münze geliefert werden.

Im Graagraben und in der Gropnitz im Steinfelder Berggerichtsdistrikt, wurden Silberglaserze Centnerweifs erzeugt. Glaserze find dermalen so seltne Anbrüche, dafs man die wenigen Stücke die vorkommen, nicht verschmelzt, sondern für Mineralien-Kabinetter aufbehält. Da aber deren Benennung von unsern alten Vorfahren herrühret, und diese vermuthlich keinen andern Begriff wie wir, die wir diese Benennung von ihnen erbten, damit verbunden haben; diese Gattung auch wahrscheinlicherweise ein reicheres Erz, als die übrigen Silbererze bedeuten mufste, weil hievon die Frohn nach dem Centner, und nicht wie von den übrigen nach dem Kübel genommen wurde: so kann man sich leicht eine Vorstellung von dem Reichthume der Anbrüche in jenen Gruben machen. Um aber die Menge der eingebrochenen Glaserze deutlich zu erweisen, will ich einige Extrakte aus den alten Frohnbüchern von verschiedenen Jahren, wie sie mir ohngefähr in die Hand gekommen, von Wort zu Wort hier beyfügen, und da untereinstens die Golderze mit einkommen, so kann man auch zugleich die Erzeugnifs und Menge der in jenen Zeiten in der Goldzech, im Lengholz, und Syflitzberg erbauten Golderze ersehen.

Im Jahr 1547.

„Summa der *Kiefs*- und *Glaserze* sammt den Schliech

„so

„ſo nach dem Centn. bey den Grúben in der Graa und der-
„ſelben umliegenden Bergwerken abgetheilt worden, kommt
„556 Centn. 65 Pf., haben auf ganze Frohn geſchüttet 55
„Centn. 66½ Pfund.

　„Sodann folgen die Grúben der Goldbrúchgänge, ſo
„nach dem Kúbel ſind abgetheilt worden, und die
„Frohn geſchüttet haben.

　„Goldzech in Lengholz hat in Summa Brúch getheilt
„34394⅔ Kúbel, und klein 21057⅔ Kúbel, Summa Brúch und
„klein 55452 Kúbel. Syflitzer Grúben haben auch in Summa
„abgetheilt 8307 Kúbel, klein 8750 Kúbel, Summa Brúch
„und klein 17057 Kúbel.

　„Summa Summarum beyder Bergwerke Goldzech in
„Lengholz und Syflitzberg haben getheilt Brúch 42701⅔ Kú-
„bel, mehr klein 29807⅓ Kúbel, Summa beyder Poſten Brúch
„und klein 72509 Kúbel, haben auf ganze Frohn geſchüttet
„7251⅓ Kúbel.„

Im Jahr 1550.

　„Summa der *Glaſſerze* ſo nach dem Centner von hie
„vorangezeigten Grúben, aus der Graa, Gropnitz, und der-
„ſelben umliegenden Grúben abgetheilt worden, thun 508
„Centn. 70 Pf., die haben auf ganze Frohn geſchüttet 50
„Centn. 87 Pf.

　„Summa der Kieſerze ſo nach dem Centner von hie
„vorangezeigten Grúben in der Dräſenitz abgetheilt worden,
„thun 10306 Centn. 15 Pf., die haben auf ganze Frohn ge-
„ſchüttet 1030 Centn. 61½ Pf.

　„Goldzech in Lengholz die hat in Summa Brúch ge-
„theilt 27010 Kúbel und klein 15880 Kúbel, Summa Brúch
„und klein 42890 Kúbel.

„Syflitzer

„Syflitzer Grüben haben in Summa getheilt Brüch
„24281 Kübel, und klein 26014 Kübel, Summa 50295 Kübel.
„Summa Summarum der Goldbrüchgäng fo von der Gold-
„zech und den Syflitzberg das Jahr abgetheilt worden, thut
„der Brüch 51291 Kübel, mehr klein 41894 Kübel, Summa
„beyder Poften thun 93185 Kübel, die haben auf ganze
„Frohn gefchüttet 9318½ Kübel.„
In diefen und folgenden Jahren find die Kiefserze nicht
mehr unter die Glafserze gemifcht, fondern befonders
angefetzt worden.

Im Jahr 1551.

„Summa der *Glafserze* fo bey vorangezeigten Grüben
„in der Graa abgetheilt worden, thut 533 Centn. 55 Pf. da-
„von ift zu Frohn gefallen 53 Centn. 35½ Pf. Summa der
„Kiefserze, fo nach dem Centner in der Dräfsnitz abgetheilt
„worden, thut 11072 Centn. 55 Pf., davon Frohn gefallen
„1107 Centn. 55½ Pf.

„Summa aller Goldbrüchgäng, fo auf der Goldzech
„und Syflitzberg nach dem Kübel abgetheilt worden, thut
„Brüch 45760 Kübel, mehr klein 38180 Kübel, thun beyde
„Poften 83940 Kübel, davon ift ganze Frohn gefallen 8394
„Kübel.„

Im Jahr 1580.

„Summa der *Glafserze* fo bey vorangezeigten Grüben
„in der Graa abgetheilt worden, thut 1060 Centn. 95 Pf. da-
„von die Frohn mit 106 Centn. 9½ Pf.

„Summa aller Goldbrüchgäng, fo nach dem Kübel ab-
„getheilt worden, thun zufammen 53340 Kübel, davon ift
„ganze Frohn gefallen 5334 Kübel.„

Wer

Wer follte nun bey Erblickung einer fo grofen Erzeugnifs von Gold und feltnen Silbererzen nicht den patrioti-
fchen Wunfch wagen, dafs der Kayferl. Hof einige Grüben
diefer nicht verhauten, fondern der Religion halber verlaffe-
nen Werker, wie ich weiter unten zeigen werde, wiederum
erheben, und dadurch andere Bauluftige aneifern möchte,
diefe Gebäude neuerdings zu belehnen, und zu ihren und des
Vaterlands Vortheil zu betreiben!

Von Frohn und Wechfel.

Von Kiefs- und Glaferzen wurde der 10te Centn. und
von Goldbrüchgängen der 10te Kübel, wie oben gefehen, als
Frohn in natura abgeliefert. Daher war bey jedem Berggericht ein eigner Fröhner, der die Frohnerze von den Gewerken übernahm, eigne Rechnung darüber führte, und die Erze nach Obervellach an das Oberftbergmeifteramt überfandte,
wo fie auf einer eigenen hierzu erbauten Frohnfchmelzhütten
verfchmolzen wurden.

In den damaligen Zeiten waren aber die Gewerken in
fo lange Frohnfrey, bis fie nicht 3000 Kübel Goldgänge oder
200 Centner Stuflerz erbaut hatten, und von denjenigen Erzen, die nicht über 1 Loth an Silber hielten, wurde ebenfalls
keine Frohn genommen.

Im Jahr 1583. mufs man aber angefangen haben, die
Frohnbefreyung nach den Jahren zu geben; denn ich finde
eine Vorftellung des Oberftbergmeifters *Hannfs Huebmayr*
vom 5ten Oct. 1583. vermöge welcher er der Jnneröfterreichi-
fchen Hofkammer einrathet, dafs fie die Frohnbefreyung nicht
nach den Jahren, fondern nach dem alten Gebrauche, nach
der Menge der Kübel geben folle; indem fchon die eingeführte

führte Gewohnheit fey, dafs einer neuerhebten Gruben, von
Erbauung des Erz an, 100 Centn. Stuff, von Goldbrüchgängen aber 3000 Kübel Frohnfrey gelaſſen werden.
Diefe Methode war fehr fchicklich, die Berghauenden
zu begünftigen, und die Hauluſt zu befördern.
Wechfelgeld hingegen von den einzuliefernden er-
fchmolznen Gold - und Silberblicken wurde von der Mark
Gold bis 1551. 2 Guld. und von der Mark Silber 20 Kreuz bezahlt. Auf Anlagen der Obervellacher und Grofskirchheimer
Gewerken aber wurde den 27ten Auguft 1551. durch ein Refcript des Römifchen Königs *Ferdinands* refolvirt und zugeftanden, dafs von jeder Mark Gold ftatt vorhinnigen 2 Gld.
künftig nur 1 Gld. Wechfel bezahlt, von den Bruchgängen
und Halden der Silbererze aber, die 1 Loth und darunter
halten, keine Frohn, von denen aber, die über das Loth halten, wie fonft die gewöhnliche Frohn nach dem Kübel gegeben werden foll.

Wenn man nun bedenkt, dafs bey der oben erzählten
Erzeugnifs von Glaſerzen und Goldbrüchgängen, die anfänglich von jeder Gewerkfchaft frohnfrey erzeugten 3000 Kübel,
und die minder 1 Loth haltigen Erze nicht mit darunter begriffen find, fo mufs der Erzhau gewifs fehr ergiebig, und
die Erzeugnifs gewifs fehr beträchtlich gewefen feyn.

Man hat auch Erze nach dem Gehalt in die Einlöfung
genommen. Denn im Jahr 1578. den 20ten Nov. fchrieb der
Oberftbergmeifter an den *Wolfgang Griemwald* Bergrichter zu
Steinfeld, dafs der Gewerk *Abraham Zott* feine Erze alle in
die Einlöfung geben wolle, wenn ihm durch die Lande für
das Loth Silber 5 Schilling bezahlt würde. Nachdem aber
der Einlöfungspreifs dergeſtalt regulirt wäre, dafs er nach
dem

dem gröfseren oder kleineren Halt auch fteige und falle, fo
wollte er es dem Gutachten des Bergrichters überlaffen, ob
diefer Antrag dem Aerario vortheilhaft oder fchädlich wäre.
Einlöfungstariffen nach dem verfchiedenen Halt müffen
alfo fchon in vorigen Zeiten gewöhnlich gewefen feyn.

Uebrigens wurde felbesmal nach dem oben angeführten
Gutachten des Oberftbergmeifters vom 16ten Nov. 1580. die
Mark Gold im Münzamt um 132 Guld. und die Mark Silber
um 12 Guld. eingelöfst.

Von Hüttrauch und Zinkvitriol.

Hüttrauch ift in vorigen Zeiten aufferordentlich ftark
nach Salzburg, und von dort weiters in das Römifche Reich
verführt worden. Es wurden eine Menge Ausfuhrs-Bewilli-
gungen hierüber ertheilt; ich habe aber nicht finden können,
zu welchem Gebrauch er in fremden Landen gedient haben
foll. Da die Oberkärntnerifchen Goldkiefse, und die Steyr-
markifchen kobaldifchen Silbererze und Kupferkiefse fehr ar-
fenikalifch find, fo mufs er vermuthlich des Arfeniks wegen
zu Färbereyen und Glasfabriken gebraucht worden feyn.

In Raibl, wo nebft dem Bleye, auf welches vorzeiten
die Herzüge von Bayern bauten, und welcher Bau noch
heutiges Tags der Fürftenbau genennt wird, auch Galmey
bricht, der dermalen in die Meffingsfabriken abgeliefert wird,
wurde auch von denen Bürgern des unweit davon entlegenen
Markt Tarvis, eine unglaubliche Menge Zinkvitriol erzeugt.
Den 25ften Nov. 1580. berichtet der Oberftbergmeifter *Hannß
Huebmayr* an die Inneröfterreichifche Kammer nach Grätz:
„dafs er vermöge aufgetragenen Befehl die Streittigkeit zwi-
„fchen den Tarvififchen Vitriolgewerken und ihres Verfchleif-
„fers

„fers *Paul Wlancm*, von dem fie eine anfehnliche Summa
„zu fordern hatten, beylegte, wobey er erinnert, dafs, da
„dem Landsfürften von diefsem Raiblifchen Zinkvitriol we-
„der Auffchlag noch anderer Nutzen zufliefset, ihm diefses
„Urfsach gegeben habe, die Privilegien der Gewerken zu
„unterfucben. Man habe ihm fodann ein Privilegium von
„Kayfer *Fridericb* löbl. Gedenkens vorgezeigt, welches fie
„Gewerken aber von den nachfolgenden Regenten niemals
„renoviren laffen. Er machet dahero den Vorfchlag, dafs
„zum Nutzen der Fürftl. Kammer füglich auf jeden Centner
„Zinkvitriol, der aus dem Land geführt wird, 5 Kreuz. auf-
„gefchlagen, und diefser Betrag von demjenigen, der ihn auf-
„fer Land führt, bezahlt werden foll, welches feines Erach-
„tens den Gewerken und den Verfchleiffern nicht unbefchwer-
„lich fallen wird. Wobey er zeiget, dafs, da jährlich bey
„800 Meiller oder 8000 Centner Raiblifchen Zinkvitriol von
„den Tarvifer Gewerken erzeugt werden, dadurch der Fürftl.
„Kammer ein jährlicher Nutzen von 666 Guld. 40 Kreuz. zu-
„fliefsen würde.„

Schon lange wird alldort kein Zinkvitriol mehr erzeugt,
obwohlen er hin und wieder auf den Halden und andern Orten von felbften kryftallifirt anfchiefst. Da aber mit dem
Raibler Bleyerz Zinklebererz bricht, fo könnte man meines
Erachtens noch zur Zeit die Erze nach dem Röften auslaugen, die Lauge abdünften, und den Vitriol, wie zu Goslar
im Rammelsberge gewöhnlich, anfchiefsen laffen, und an-
durch eine beträchtliche Menge Vitriol gewinnen.

Von dem Bergwerk in der Zeyring.

Da diefes Bergwerk in Steyrmark liegt, fo gehört es
zwar nicht in meinem Plan; allein der Ruf, den es fich vor

U   Alters

Alters erworben, und die Verbindung, worinn es mit dem
Kärntnerifchen Oberftbergmeilleramt ftunde, verdienen doch
allerdings einer Erwähnung, die vielleicht mit der Zeit nützlich werden kann.

Es ift eine alte Sage unter den Bergleuten, daß die'es
Bergwerk fehr alt, und vor einigen hundert Jahren durch
Waller fammt den Arbeitern ertränkt worden fey, wodurch
in einem Tage 1400 Weiber zu Wittwen geworden. Auch
in den Lotterifchen Landkarten von Steyrmark findet man
folgende Anmerkung bey Zeyring: *olim ditiſſmae argentifodi-*
nae, quae tutem ante annos 468 fubito aqua impletae, et 1400
uxores orbatae. Allein diefe Traditionen fchienen mir alle
von zu geringer Authenticität zu feyn. Endlich war ich fo
glücklich, einem Original-Bericht von dem Oberftbergmeifter
Hannß Huebmayr zu finden, der vielleicht das ältefte fchrift-
liche Zeugniß von diefer Begebenheit ift, und der wegen feiner Ausführlichkeit, und der gründlichen Kenntniß diefes
Mannes die meifte Glaubwürdigkeit verdient.

Bey Gelegenheit da *Mathias Krienzer* Zeyringer Gewerk
um 7 jährige Frohnbefreyung anlangte, fchrieb bemeldter
Oberftbergmeifter *Hannß Huebmayr* unterm 9ten Junii 1579. unter anderen folgendes an die Hofkammer:

„Nun halt fichs mit diefsen Bergwerk alfso; nachdem
„ich noch im Julli nächft verfchienen Jahrs unter anderen
„auch dieß Bergwerk zur Zeyring befahren, deffelben Gele-
„genheit, mit was Nutz und Fürträglichkeit daffelbe vor Jah-
„ren gebaut, und aus was Urfsachen das zu folcher Erliegung
„gerathen, auch durch was Mittel (da anderft bergmännifche
„und tröftliche Urfsachen befunden) wiederum erhöbt möch-
„te werden, bey den älteften der Innwohner deffelben, bey-
„neben

„neben genohmenen Augenſchein alles Fleiß erkundiget. He-
„findet ſich eiſtlich, daſs diſs Bergwerk auch vor 200 Jah-
„ren in groſsen baulichen ſonder Zweifel auch nutzlichen We-
„ſen geweſt iſt, wie dann ſolches nicht allein ihre habende
„alte Privilegien und Bericht, ſondern auch die alten ver-
„wachſsenen Halden und Stöln bey den Herg ſowohl als dem
„Schmelzwerk ausweiſsen, alſo daſs auch die bauenden Ge-
„werken der Orten ſo hoh befreyt geweſsen ſind, daſs ſie
„ihre eigne erbaute Silber ſelbſt zu vermünzen die Zulaſſung
„gehabt haben ſollen, wie dann noch heutiges Tags derſsel-
„ben Pfenning, ſo man die Zeyringer Pfenning nennen thut,
„hin und wieder zu finden ſind, und ſolt ſich bey dieſsen
„Bergwerk ein anſchnliche Mannſchaft allein von Hergleuthen
„mit Arbeit erhalten haben. Es ſoll aber dieſses Bergwerk
„nicht aus Mangel Erzt, ſondern dieſser Urſachen zu Erlie-
„gung und Fall gekommen ſeyn. Nachdem dem Augenſchein
„nach vermuthlich iſt, daſs dieſse Zechen etwas in ein zimli-
„che Teuff unter ſich gebracht ſeynd, daraus dann die mei-
„ſten Erzt gehaut ſeynd worden, ſoll ein Haller in den Tag-
„gehängen in ſeiner Arbeit unverſsehens ein grofs Zechen-
„oder Taggehäng Waſſer verſchrotten haben, welches den
„tiefſten Orten, da ohne Zweifel die meiſte Arbeit geweſt,
„zugefallen, die Arbeiter in Frohnörtern und Strecken alſo
„übereilt, daſs deren faſt in einer viertel Stund ob den 1400
„Mann ertrunken und verdorben, darunter dann auch, wie
„glaublich, das Bergwerk ertränkt ſeyn ſoll, und weil etwan
„derſelben Zeit die Waſſerkunſt und andere Vörtl zu Wie-
„dergewältigung dergleichen erlegnen Gebäuden nicht üblich;
„noch an Tag gebracht worden ſeynd, iſt ſolches Bergwerk
„bisher in Erliegung geblieben.„

U 2   Wenn

Wenn auch die Anzahl der 1400 verunglückten Arbeiter jedem vernünftigen Bergmann ein bischen zu übertrieben scheinen muß, so stimmen doch alle alte Nachrichten mit diesem Bericht in soweit überein, daß 1tens dieses Bergwerk vor Zeiten sehr reich gewesen, 2tens bey Ertränkung desselben mit Wasser, die Bergleute ihren Tod gefunden haben. Da nun dieses Bergwerk seit seiner Ertränkung nie mehr zu gewältigen versucht worden, Privatgewerken aber, die nach der Hand alldort bauten, eine so kostbare Gewältigung zu unternehmen nicht im Stande waren, und vermuthlich in Taggehängen Erze auf suchten, die wahrscheinlicherweise nur in der Tiefe zu finden sind, so erfordert es die Fürsorg des Landsfürstens, die Wässer, wenn es immer thunlich ist, auf Aerarialkosten ausheben, und das Werk ferners zum Vortheil des Staats und seiner Kammer Nutzen betreiben zu lassen.

Von dem Bergwerk in Klienig
im Lauentball.

Auch dieses Bergwerk verdient die Rücksicht des Landesfürsten. Wir haben oben gesehen, daß in 3 Jahren, nemlich von 1560. bis 1563., 692 Mark Gold, und 739 Mark Silber, folglich beynahe zur Hälfte Gold, und zur Hälfte Silber erzeugt worden. Ein so reiches Werk lohnt wohl der Mühe, daß der Staat noch einige Unkosten daran wage, und es kann nicht alle Hofnung verlohren seyn, weil wissentlich die Teufe noch unverhaut ist. Schon der Oberstbergmeister *Hannß Huebmayr* beklagt sich in einem Bericht vom 15ten Merz 1578, daß dieses Werk ungeacht seiner reichen Anbrüche durch den Unverstand und Nachläßigkeit der Vorsteher, und durch besonders unwirthschaftliches Verfahren dennoch
in

in Schulden gerathen; macht fodann Vorfchläge zur wirth-
fchaftlicheren Behandlung der Erze, und Anftellung verft n-
diger Beamten; und rathet fogar dem Erzherzog ein, dafs er
zu feinem bereits befitzenden ⅋ Neuntel Grubenantheil, noch
⅋ Neuntel von den Retardattheilen übernehmen möchte, indem er verfichert, dafs noch unverhautes und unerfchrotenes
Gebirg vorhanden, und bey fo reichen Anbrüchen und wirth-
fchaftlicherer Beforgung, diefer Bau viele hundert Jahr grofsen Nutzen fchaffen könne.

Den 25ᵗᵉⁿ May 1583. berichtet der nemliche Oberftbergmeifter wiederum an die Hofkammer, dafs die Gewerken des Goldbergwerks auf dem Klienig in Laventhall bey
St. Leonhard gezwungen wären, zu Beftreitung ihres Baues,
und zu Tilgung der Verlaggelder, die fie den Winter hindurch verbrauchten, auf 1 Neuntel Grubentheil 1000 Gulden
von der Kärntnerifchen Landfchaft aufzunehmen, und da der
Erzherzog Se. Fürftl. Durchlaucht ebenfalls mit einem halben
Neuntel verantheilt find, fo follen alfo auch 500 Guld. bezahlt werden, welche er inzwifchen von dem Landsvizdom-
amt oder den Mauthgefällen zu Tarvis vorzuftrecken bittet,
weil beym Oberftbergmeifteramt dermalen nicht fo viel Geld
vorräthig fey; verfichert aber, dafs fo viel Erzanbrüche wären, dafs innerhalb längftens 4 Wochen, wenigftens 14000
Guld. an Gold und Silber erzeugt werden könne, den Sommer über aber wohl ein mehreres zu verhoffen wäre. Die
Unkoften, fagt er, wären auf den Fürftenbau, um Wetter
und Fördernifs zu verfchaffen, angewendet worden.

Aus diefem 2ᵗᵉⁿ Bericht fcheint nicht, dafs fich der
Hof entfchloffen habe, das eingerathne halbe Neuntel aus den
Retardattheilen zu übernehmen, und es ift auch wahrfchein-

lich,

lich, daß weder gefchickte Beamte aufgenommen, noch eine wirthfchaftlichere Einrichtung getroffen worden. Seit diefem ift, fo viel man weiß, das Werk unbearbeitet geblieben. Der Fürftenbau, von dem eben die Rede war, der Wetter und Fördernifs verfchaffen follte, ilt zu hoch eingetrieben worden, und verfteigert fich fo fehr, daß er die Schächte nicht unterteufte. Wenn alfo durch Treibung eines Zubauftollns von einer anderen Seite die Schächte unterteuft werden könnten, fo würde man wahrfcheinlicherweife die von den Alten in der Teufe hinterlaffenen reichen Anbrüche antreffen, und die Grube durch Mafchinen vor künftiger Ertränkung fichern können. Die ungemein vortheilhafte Lage diefes Werks, die hinlängliche Holzerfordernifs, und der Ueberfluß an Auffchlagwaffern würde diefes Unternehmen rechtfertigen, und laffen an einer ficheren Ausbeute kaum zweifeln.

Von dem Religionszuftand im XVI. Jahrbundert.

Hey Luthers Reformation ergriff beynahe ganz Kärnten und Steyrmark — die Windifchen Ortfchaften ausgenommen — deffelben Parchey. Befonders aber waren die Bergleute, als Leute von freyerer Denkungsart, deffelben Lehre zugethan. Zur felben Zeit war in Klagenfurt ein evangelifches Minifterium aufgeftellt, von welchem alle Paftores, die zur Seelforge ausgefetzt worden wollten, fich prüfen laffen mufsten. Allein da theologifche Zweifel und Difputen die Mütter aller Sekten find, fo fchliche fich auch damals mit Luthers Lehre unvermerkt die aufgewärmte Mannichacifche, oder neuerlich fogenannte Flaccianifche Sekte ein, welcher nicht allein Layen fondern auch Prediger anhiengen.

Den

Den 9ten Dec. 1578. fchrieb der Oberftbergmeifter an *Hannß Preimiger* Bergrichter zu Schladming, wie daſs die Steyrifchen Stände auf feine Dienftentlaffung dringen, weil er der Mannichaeifchen Lehre zugethan fey, vermöge dem Prukerifchen Landtag aber alle diefe Sekten nicht zugelaffen werden, auffer der Augfpurgifchen Konfeffion, als der wahren reinen chriftlichen Lehre. Woraus erbellet, daſs auch der Oberftbergmeifter evangelifch gewefen feyn müffe.

Kurz vorher am 5ten Dec. 1578. fragte fich der Bergrichter zu Steinfeld *Wolfgang Grienwald* bey dem Oberftbergmeifter an, ob fie ihren bereits fchon unter dem vorigen Oberftbergmeifter *Georg Singer* aufgenommenen Predicanten, auf Befehl der ehrfamen Landfchaft dem Prukerifchen Landtag zufolge nach Klagenfurt zum Examen fchicken follen? Worauf der Oberftbergmeifter Tags darauf den 6ten Dec. 1578. der ganzen Gemeinde zu Steinfeld zur Antwort gab, daſs fie ihren Predicanten zum Examen nach Klagenfurt ftellen follen, befonders damit man wiffe, ob er nicht der Mannichaeifchen oder Flaccianifchen Lehre zugethan fey, durch welchen dermalen fo ftark einreiffenden Irrthum viele gute Gemüther verführt würden.

Am 6ten Junii 1581. klagen die N. N. Gewerken, Verwefer, und Diener, auch eine ganze Bergwerks-Gefellfchaft, verordneter Ausfchuſs und Brudermeifter, auch eine ganze Gemeinde in Steinfeld — wie es in der Unterfchrift lautet — dem Oberftbergmeifter ihre Noth, daſs bey dem Examen in Klagenfurt ihr Predicant *Veit Reinprecht*, der fchon 15 Jahr ihr Seelforger war, wegen einigen Punkten, die verderbte Natur und Erbfünd betreffend, irriger Lehre halber arreftirt worden.

Es

Es scheint, daſs dieſer der nemliche Predicant geweſen, von dem oben die Rede war, und deſſen Stellung an das Miniſterium 3 Jahr von der Gemeinde verzögert wurde. Selber Zeit muſs aber dieſer Irrthum ſchon ſehr ſtark eingeriſſen haben, und die meiſten Lehrer damit angeſteckt geweſen ſeyn. Denn am 24ᵗᵉⁿ Julii 1583. wundert ſich der Oberſtbergmeiſter in einem Schreiben an das Berggericht Steinfeld neuerdings, daſs ein Predicant von der Flacciani-ſchen Sekte nach gethanen 3 Probpredigten von einigen Stein-felder Gewerken aufgenommen werden wolle, ihm aber nach den 3 Predigten von dem Landrichter die Kirchen verſperrt worden. Er rathet daher, daſs der Predicant der Ordnung gemäſs dem Klagenfurter Miniſterio zur Examinirung vorge-ſtellt würde, wo alsdann er Oberſtbergmeiſter gerne dazu helfen wolle, daſs der Predicant nach dem Verlangen der Steinfelder dort angeſtellt würde.

Dieſer Predicant muſs aber nach der Hand würklich der Mannichaeiſchen Sekte ſchuldig erkannt worden ſeyn, weil der Oberſtbergmeiſter unterm 13ᵗᵉⁿ Sept. 1583. hierauf einen Originalbefehl der Kärntneriſchen Landshauptmann-ſchaft an die Steinfelder ſandte, worinn die Abſchaffung des Flaccianiſchen Predigers und dieſes einreiſſenden Irrthums ent-halten war, zugleich aber den Steinfeldern einen Predicanten mit Namen *Ioannes Laurentius*, der vorhin zu Mauten und am Kreyzberg geweſen, und gute Atteſtata von dem Mini-ſterio zu Klagenfurt vorzuweiſen habe, empfahl, weil ſie dermalen keinen hätten.

So wie die Gährung zunahm, wuchſe auch der Haſs zwiſchen beyderſeitigen Religionsverwandten, daſs ſie auch in gleichgültigen Dingen alle Gemeinſchaft mitſamen zu ver-meiden

meiden fuchten. Denn als den 24ᵗᵉⁿ Nov. 1583. der Befehl
an alle Berggerichte ergieng, daß fie künftighin fich nach
dem neuen Gregorianifchen Kalender halten, und ihre Rechnungen darnach einrichten follen, überredete fie ihr Predicant, diefen Befehl, den er vermuthlich für einen Befehl des
Pabftes hielt, nicht anzunehmen, fondern bey dem alten Kalender zu verbleiben; worauf fich der Oberftbergmeifter den
9ᵗᵉⁿ Merz 1584 gegen die Steinfelder befchwerte, daß ihr
Predicant ihnen einrathe, fich nach dem alten und nicht nach
dem neuen Kalender zu halten, und vermöge erftern die
Oftern zu celebriren — mit dem befcheidenen Beyfatz —
daß diefes kein Befehl des Pabftes, fondern des Landsfür-
ftens, folglich eine weltliche Verordnung fey, und durch dergleichen leere Zänkereyen die Kirche weder erbaut, vielwe-
niger in Ruh erhalten würde. Befehle ihnen alfo Gehorfam.

Die Gewerken und Gemeinden fcheinen aber nicht immer mit ihren Predigern zufrieden gewefen zu feyn, und es
liefen verfchiedene Klagen ein, die theils ihre Civilhandlun-
gen, theils die Lehre der Religion betrafen. Unter andern
fiel mir die Rechtfertigung des Paftors in Steinfeld *Jofeph
Pangelius* auf, die er den 1ᶜᵗᵉⁿ Julii 1566. über eine von den
Gewerken *Gendorf* wider ihn geführte Klage an das Oberftbergmeifteramt gelangen ließ, und woraus die abergläubi-
fchen Meynungen felber Zeiten kennbar werden. In diefer
Rechtfertigung macht der Paftor dem Oberftbergmeifter —
vermuthlich *pro Captatione Benevolentiae* — den Antrag, er
möchte ihm die Stund und Tag feines jüngft gebohrnen
Söhnleins erinnern, fo wollt er demfelben mittelft Gottes
Hülfe zu Erzeigung feiner geringen Dienfte die Nativitaet
ftellen.

X

Die

Die katholifche Geiftlichkeit fahe indeffen keineswegea
gelaffen zu, fondern fuchte ihre vorigen Rechte zu behaupten, und der Verbreitung diefer neuen Lehre, mit allen Kräf-
ten Einhalt zu thun. In diefer Abficht beklagte fich den 20.
Oct. 1579. *Hannß Jacob* Erzbifchof zu Salzburg gegen Erzherzog *Karl*, daß *Melchior Putz* Gewerk zu Grofskirchheim
einen Predicanten aufgeftellt, und der dortige Bergrichter
Sebaftian Berger, der, wie es heifst, von Schladming gekommen, und weder lefen noch fchreiben könne, diefen Predicanten befchütze, und den Bergleuten und andcren, die mit
dem Bergwerk zu thun haben, auferlegt, daß fie fich der
katholifchen Lehre und Pfarre enthalten, dafür aber in des
Putzens neues Predighaus und zu den Sektifchen Predicanten
gehen follen; worauf der Erzherzog *Karl* den 10ten Nov. des
nemlichen Jahrs dem *Kriftoph Goldauf* Erzprieftern zu Gmündt,
Hannßen Huebmayr Obriften-Bergmeiftern, und N. Beamten
der Ortenburgifchen Aemter in Grofskirchheim befahl, die
Sache gemeinfchaftlich zu unterfuchen und ihren Bericht hierüber zu erftatten.

Emigrations - Gefchichte der Evangelifchen Bergleute.

Durch die kräftige Mitwürkung des *Georgius Stobaeus*
damaligen Bifchofen zu Lavant, der die bekannte Epiftel *de
referandis funditus Haereticorum Reliquiis* an den Erzherzog
fchrieb, und den feine Panegyriften *in extirpandis Haereticis
adjutorem fideliffimum Ferdinandi*, und *premendae fine mora
Reformationis auctorem* nannten, der aber allem Anfchein
nach mehr heiligen Eifer als politifche Einfichten befaß, ge-
lang es endlich der katholifchen Geiftlichkeit, den Hof dahin

zu

zu vermögen, daß die Prukerifchen Landtagsverträge aufgehoben wurden, und zu Anfang des 160c^{ten} Jahrs ein Edikt erfchien, vermöge welchen allen Evangelifchgefinnten, welche fich nicht binnen 3 Monatsfrift katholifch erklärten, und bey ihrem ordentlichen Pfarrer die Sacramenten empfiengen, das Land zu räumen anbefohlen wurde.

Die Steinfelder fchienen die erften gewefen zu feyn, die diefem Befehl zufolge das Land verliefsen; denn den 2ten Junii 1600 refignirten alle Heamte zu Steinfeld ihre Dienfte, weil fie fich nicht entfchliefsen konnten, die Evangelifche Religion zu verlaffen. Mit welcher Höflichkeit und Anftand fie aber dieß thaten, ift aus nachfolgender fchriftlichen Refignation zu entnehmen, die fie dem damaligen Obriften-Bergmeifter *Hannfen Huebmayr* einfandten.

„*Fürftl. Durchlaucht Erzherzogen Ferdinands zu Oefterreich etc.*

„*Rath und Obrifter Bergmeifter*,

„Edler und Vefter, Gebietender Herr, Euer Veft und „Herrlichkeit feynd unfere gehorfame Dienft jedes Ge- „bühr nach zu voran. Auf verwichenen 2ten Tags May diß „160cten Jahrs durch Euer Veft uns der Bergrichterlichen Of- „ficieren am Steinfeld fürgehaltenen höchftgedachter Fürftl. „Durchlaucht Befehl, wegen Bekehrung unferer habenden „Religion zu erklären, damals wir uns alsbald nicht wohl er- „klären mögen, fondern bey Euer Veft ein Monath lang Ter- „min gnädig erlangt, deffen wir uns gehorfamlich bedankt, „und hienebens auch mehr Höchftgedachter Fürftl. Durch- „laucht und Euer Veft unterthänigen Fleiß bedanken, dafa „man uns fo lang in den Aemtern zu dienen gewürdiget hat. „Demnach, gebietender Herr Oberftbergmeifter, obwohl „wir die Officier gehoft hätten (dieweil nicht ander Urfa-

X 2 „chen)

„chen) das Jahr hinum uns die Amtsdienſte zu verrichten
„auszuſtehn laſſen, doch ſolle Ihro Fürſtl. Durchlaucht Be-
„fehl hierinnen unverfochten von uns unterthänigſt nicht
„widerſtrebt werden, mit ſolcher unſer der Officieren haubt-
„ſächlichen Erklärung, weilen wir anvor und bishero in
„Fürſtl. Amtsdienſten unter der Augſpurgiſchen Konſeſſion
„zuthan und eraltend worden, nunmehr mit guten Gewiſſen
„davon nicht weichen mögen, ſo wir aber, wie gemeldet,
„bis zu des Jahrs Ausgang, die Amtsſtellen zu erſitzen, gnä-
„digſte Bewilligung hätten, wir uns deſſen gehorſamſt un-
„terthänigſt zu bedanken, im Fall aber das nit, ſo ſeynd
„wir der Amtsſtellen abzutreten ganz gehorſamlich bedacht.
„Dagegen wir die Officiern tröſtlicher Hofnung mit unter-
„thäniger Groſsdiemüthiger Bitt und Anlangen an Höchſtge-
„dachte Fürſtl. Durchlaucht, die werden gnädigſt bedenken,
„unſerer ausſtändigen Amtsbeſoldungen von dieſen halben
„1600ten Jahr vermög Berggerichts Amtsreitungen, deren
„Beſoldungen wir allbereit Bäken und Mezgern um fürge-
„ſtreckte Nothdurften zu befriedigen ſchuldig ſind, uns gnä-
„digſt zu verordnen, beynebens aus den Oberſtbergmeiſter-
„Amt ſchriftlichen Abſchied der Amtsſtellen uns zu ertheil-
„len. Hierauf thuen Euer Veſt und Herrlichkeit wir unter-
„ſchriebene Beamte uns mit gebührlicher Reverenz unterthä-
„niges Fleiſs befehlen. Steinfeld den 2ten Junii 1600.
　„ *Euer Veſt und Herrlichkeit*
　Blaſi Erlbek　　Hannſs Waldner　Wollg. Prandtner　Jac. Kronn*better
Bergrichter daſelbſt.　Bergſchüner.　Berggerichtsſchreiber.　Frühowr.

Dieſer *Blaſi Erlbek* war vorhin Bergrichter in der Ga-
ſtein im Salzburgiſchen, wurde aber im Jahr 1584 der Evangeliſchen Religion halber aus dem Land und vom Dienſt vertrieben,

trieben, hingegen noch felbes Jahr als Bergrichter in Stein,
feld aufgenommen.

Auf diefe Refignation erhielt der Bergrichter nachfolgenden Abfchied und Pafsport vom Oberftbergmeifter, der
fowohl den Verdienften des Erftern als auch der Befcheiden-
beit des Letztern zur Ehre gereicht.

„Ich *Hannß Huebmayr* Fürftl. Durchlaucht Erzherzog
„*Ferdinanden* zu Oefterreich Rath und durch derfselben Sr.
„Fürftl. Durchl. Erbfürftenthumen und Landen Oberfterberg-
„meifter Bekenne hiemit von Amts- und Obrikeitswegen,
„dafs anheut untergefsetzten dato gegenwärtiger *Blafsi Erlbek*
„Salzburger Bisttums gebürtig, welcher in das 17ᵗᵉ Jahr in
„mein Bergmeifter-Amts-Verwaltung Bergrichter geweft, für
„mich kommen, und fich auf ein ofties Dekret von Hocher-
„meldter Fürftl. Durchlaucht den 6ᵗᵉⁿ Marti des verloffenen
„160ᵗᵉⁿ Jahrs ausgegangen, auf des mehr Hochermeldten
„Fürftl. Durchlaucht unfsers gnädigften Herrn und Lands-
„fürften fürgenohmenen Religions-Reformation, fo viel er-
„klärt, dieweillen er von feiner vor 55 Jahren einmal erkan-
„ten und bekanten Religion Augfpurgifcber Konfeffion mit
„reinen unverfsehrten Gewiffen nicht abweichen könne, wä-
„re er alfso Vorhabens, das fürgehaltene Urlaub in unter-
„thänigen Gehorfsam demüthiglich anzunehmen, und deme
„zu gehorfsamen, bate mich obbemeldten *Hannß Huebmayr*
„Obriften Bergmeifter derohalben gehorfsams Fleifs ihme
„derowegen feines Abfcheidens halber Glaubwürdigen Schein
„und Pafsport mitzutheillen, welches ich ihme aller Gebühr
„und Billigkeit nach nicht verweigern oder abfchlagen kön-
„nen, und dieweil mir dann anders nichts bewuft, fondern
„dafs fich angeregter *Blafsi Erlbek* gewefter Bergrichter in

X 3   „feiner

„ feiner Amts - Verwaltung, wie einem ehrlichen, redlichen
„ Bergmann wohlanſteht, aufrecht, frömlich, und wohl ver-
„ halten, auch mir als Obriſtenbergmeiſter an Sach der Fürſtl.
„ Durchlaucht alles feines in das 17te Jahr Einnehmen und Aus-
„ gebens aufrichtige und redliche Reitung gethan; Nur allein
„ daſs er der Römiſchen Katholiſchen Kirchen nicht anhängig,
„ derowegen iſt er feines habenden Amts bemüſſiget worden;
„ aber nichts deſtoweniger iſt an jedermänniglich, was Eh-
„ ren, Würden, Stands, oder Wefsen die feyn mögen, mein
„ dienſt - und freundliche Bitr, die wollen allen dem, fo hier-
„ innen mit Wabrheitgrund verfaſt, feſten Glauben fetzen,
„ Ihme *Blaſli Erlbeken* famt feiner Hauſsfrauen *Katharina*, fo
„ oft es ihnen vonnöthen feyn wird, wegen ihrer beyder
„ Wohlverhaltung und ehrlichen Herkommens halber allen gu-
„ ten Vorſchub und angenehme Beförderung erzeigen und er-
„ weiſsen, auch dieſelben wiederum zu begehren, unter euch
„ unterkommen, und fie dieſer meiner Bitt empfindlich in
„ der Thatt genieſsen laſſen; das will ich in dergleichen auch
„ mehreren Fällen gern hinwiederum verkompenſiren und be-
„ ſchulden.　Mit Urkund diſs hab ich mehr angeregter *Hannſs*
„ *Huebmayr* Obriſter Bergmeiſter mein angebohrn Innſiegel
„ hieran gehangen, mich felbſt auch darzu mit eigner Hand
„ unterfchrieben.„

　　Den 14ten Sept. 1600. ergienge von den Reformations-
Kommiſſarien des Erzherzogs *Ferdinand* neuerdings an alle
Evangeliſche, und befonders an den damaligen beträchtlichen
Gewerken *Georg Krieglſtein* der Befehl, daſs er fich innerhalb
3 Monathen bey feinem ordentlichen Pfarrer und fürgefetzten
Seelforger mit der Beicht und Kommunion gewiſs und un-
fehlbar einſtelle, im widrigen aller ihrer Fürſtl. Durchlaucht
Landen

Landen nach verftrichenen Termin bey Strafe Leib und Guts
neben unfehlbarer Hinterlaffung des zehenten Pfennigs räumen,
und fich keineswegs darinn mehr betreten laffen folle.

Diefer Befehl mufs nach der Hand verfchärft worden
feyn, weil in einem Schreiben ohne dato, wie man aber aus
dem Inhalt vermuthen kann, einige Monathe fpäter, nemlich
zu Ausgang des vorgefchriebenen Termins, die Gewerken *Lo-
rem Pfleuter*, *Peter Trebeßniger* zu Weisbriach, *Georg Rank*
von Radnig, und andre Möderndorfer von Weisbriach den
Bergrichter *Urban Sauer* zu Steinfeld um feine Fürfprache
bey dem Oberftbergmeifter erfuchten, dafs er ihnen bey den
Landsfürftl. Kommiffarien, die ihnen bey Verlierung Haab
und Guts, Leib und Lebens, innerhalb 14 Tagen auffer Lands
zu ziehen befohlen, einen längeren Termin erwürken möchte,
damit fie, wie fie fagen, nur den fchweren Winter mit ihren
Weibern und kleinen Kindern nicht auf das weite Feld dürften.

Zu Ende Octobris 1600. — alfo vermuthlich zur nemlichen Zeit, als den Gewerken obiger Befehl zugefchickt wurde — kamen die Religions-Kommiffarien perfönlich mit
Kriegsvolk nach Klagenfurt, wurden aber vermöge einem
Schreiben des *Hannß Ammanus* an den Oberftbergmeifter
Hannß Huebnayr de dato 3ter Nov. 1600. von den Klagen-
furtern nicht eingelaffen, und waren dahero gezwungen auf
dem Saalfeld zu kampiren, und von dannen fich wiederum
nach St. Veit zurück zu ziehen.

„Mit den Bifchof von Leibnitz — fo lauten die eig-
„nen Worte des *Hannß Ammanus* — wollten die Innwohner
„wohl fprechen, wenn er ohne Kriegsvolk käme, und ihnen
„den Befehl des Landsfürften zu wiffen machte; allein er
„kam nicht. Sodann ift die ganze Gemeinde vorgefodert
„worden,

„worden, die sich einmüthig eydlich erklärt, von der Augs-
„purgischen Konfeſſion nicht abzuweichen, auch mit Verluſt
„Leib, Leben, Gut und Blut, und weil der Biſchof nicht
„käm, ſo zeigten ſie dieſen Bekenntniſs dem Landshaubtman
„und Landsvizdom an.„

Natürlicherweiſe ſuchten die Gewerken, welche ihren
erträglichen Bergbau, ihre beſeſſenen Güter, worunter die
Schlöſſer Pregrad, Pizlſtetten, Kirchcimegg und mehrere waren, und ihre bequeme Wohnungen, wovon noch die ſchönen Häuſer von Steinfeld, Vellach, und Großkirchheim Ueberbleibſel ſind, nicht gerne verlieſsen, dieſen Emigrations-
befehl entweder gänzlich hinterſtellig zu machen, oder ihren
Abzug wenigſtens ſo lang zu verzögern als möglich war,
welches ſie auch durch Preſente und gute Freunde am Hof
in ſo weit erwürkten, daſs der endliche Abzug der Evangeliſchen erſt zu Lichtmeſſen Anno 1604 erfolgte, wie aus
nachfolgenden 2 Schreiben des *Hannß Putz*, der ſich damals
bey der Landesſtelle in Grätz aufhielt, und des 3ten Schreibens des *Melchior Putz*, des erſteren Bruder, von ſeinem
Schloſs Pregrad datirt, zu entnehmen iſt.

Erſtes Schreiben. de dato Grätz den 16. Dec. 1603. von
Hannß Putz an ſeinen Bruder Melchior Putz.

„Der Gewerken Sachen hab ich meinen zuvorgethanen
„Schreiben gemäſs ſelbſt geantwortet, welches mein Schrei-
„ben du ungezweifelt empfangen haben wirſt, darauf mir .
„aber bisher kein Antwort iſt zukomen. Seither ifts auf den
„Weeg. erledigt worden, daſs man ihnen einen Termin bis
„auf Lichtmeſſen ertheilt. *Dieſelbe Erledigung hat ein
„Steinfeldiſcher Bott den 15ten diſs alhier ohne mein Vorwiſ-
„fen gehebt und weggetragen, weiſs demnach nicht, obs
„die

„die Steinfelder den anderen kommuniciren, oder aber bloß
„ihnen felbſt appliciren wollen. Damit ſie aber auch darum
„wiſſen tragen, bitte ich dich, du wolleſt ſie es aviſiren,
„mit mehreren Vermelden, weil ich nicht ſobald von hier
„verreiſsen werde, daſs ich mich um Verlängerung des Ter-
„mins zwar gern bemühen wolle, und zu erlangen mich ge-
„tröſte, daſs ſie mir defswegen nur ihre Meynung fchreiben,
„neben Einfchluſs des erfolgten Decrets. Ich habe aber dem
„Hrn. Kanzler eine Verehrung zugeſsagt, damit ich nicht zu
„Schanden werde, ſollen ſie etwas zuſammenfchiefsen, daſs
„man ihme Herrn präfsentiren möge, ſo würde der andere
„Termin defto eh, und auf längere Zeit bewilliget. Für
„mein Perſsohn begehr ich nichts, nur daſs dem Hrn. Vice-
„kanzler gehalten werde, welches mit 50 Gulden verricht
„könte werden. Bitte nochmahlen, du wölleſt dir ſelbſt die-
„ſse Sachen angelegen ſeyn laſſen, und ſonderlich, weil du
„mirs ſelbſt durch Schreiben ſo hoch komendirt, und anjetzt
„wieder ermant haſt.„

Zweytes Schreiben de dato Grätz zu Weynachten 1603.
von Hannſs Putz, an wen iſt unbekannt.

„Des Herrn Schreiben von 12ten Dec. hab ich empfan-
„gen, erinnere dem Herrn darauf in Eyll, daſs der Bot von
„Steinfeld, welcher, wie ich dem Herrn in meinen nächſten
„Schreiben berichtet, mit einen, wegen der Gewerken, Ver-
„weſser etc. an den 3 Berggerichten Steinfeld, Vellach und
„Grofskirchheim des Herrn Vettern gleichlautenden Supplici-
„ren anher zu Ihro Fürſtl. Durchlaucht gefchickt, den Be-
„ſcheid erlangt, und ſolchen zu Steinfeld getragen hat; ſol-
„chemnach würdet ſich der Herr Vetter um denſselben all-
„dort anzumelden wiſſen. Wie mich eine vertraute Perſsohn
Y „berich-

„berichtet, foll der Befcheid diefses Innhalts feyn: Ihro
„Fürftl. Durchl. wolten den Supplicanten bewilligen, noch
„auf nächft Liechtmeſs im Land zu verbleiben; nach Verftrei-
„chung folcher Zeit follen fie fich zu der Römifch Katholi-
„fchen Religion weifsen laffen, oder aber alſsobald aus den
„Land begeben, und den zehenten Pfennig ohne einigen
„Nachlaſs erlegen; weiſs alfo der Zeit bey der Regierung
„nichts ferner zu follicitiren.

Dritter Brief de dato Preprad den 2. Jenner 1604. von Mel-
  chior Putz an Georg Ortner Gewerken und Burger
  zu Obervellach.

„Ehrenvefter, fürnehmer, befsonders lieber Freund
„*Ortner*, euch find meine bereitwillige Dienfte famt Wün-
„fchung eines glückreichen neuen Jahrs und Milderung aller
„hoch und grofsen Obliegen wölle der gütige Gott euch und
„allen den feinigen verleihen. Amen.

„Ich hab euch zwar mit der Zeitung diefse Feürtage
„nicht betrieben mögen, ungeacht mir gleich in letzten Ta-
„gen der erfte Bot komen, der andere Bot aber von *Mel-*
„*chior Scbachner*, dabey die Antwort klarer ift, komt mir
„hernach. Wiewohl ich nun übel auf geweft, bin ich doch
„mit harter Bemühung zum Herrn *Burggrafen* wiederum ge-
„ritten, mit allen Sachen nothdürftig fürkomen, der be-
„richtet mich deffen: Ibro Fürftl. Durchlaucht haben fich
„auf der Herrn Landftänd eifrigen Abgefsandtenfchrift, und
„mündlichen Anbringens lauter erklärt, er wolle noch vor
„den nächften angehenden Landtag fich eigentlichen refsol- -
„viren, welfen fich doch jeder zu verfehen habe, wie denn
„alsbald die Schriften gen Rom gefsandt follen worden feyn.
„Diefser Antwort erwarte man täglichen, weil der Landtag
„auf

„auf den 2(ᵗᵉⁿ Januari nächſt angehen ſolle. So dann nun
„dieſer der Bergleuth Zuſtand nicht allein die Bergwerks-
„Verwandten, ſondern die ganze Landsfreyheit und Wohl-
„fahrt antreffe, auch im widrigen alles zu Boden gehen
„möchte, halte er für ein ſonderes rathſames Mittel, alle
„Mitverwandte komen mit einer ausführlichen Schrift ein,
„bringen ihr Noth nochmahlen für, und bitten Ibro Fürſtl.
„Durchlaucht zu mehrerer Gnad zu bewegen; es möchte vil-
„leicht milder werden; dafs aber die Steinfelder alſo fort-
„gefahren ſind, allein, mit den Termin, deſſen hat er ſich
„hoch gewundert, und entſsetzt, dennoch voriges Mittel
„gerathen; hätte man beſſern Rath pflegt, wäre es anderſt
„gangen.

„Demnach Bruder *Hamſt* rathet, mit einer Ehrung von
„50 Guld. fürzugehen, ſtehet es bey den Herrn ſamentlich,
„ich vermeine, es thätens allerdings 40 Guld., doch wiſſen
„ſie dem zu thuen. Daneben vermeine ich, ob man im Land-
„tag mit einer gehorſamen begründten Schrift einkäme, da-
„neben die Ungleichheit mit dem Suppliciren vermeldet, und
„um noch mehrere Vermitlung häte. Ob man aber in die-
„ſem Mittel, und alsbald wiederum um längeren Termin
„bey Hof anhalten ſolle, das ſteht bey den Herrn und Mit-
„verwandten Bedenken. Die erſte Schrift hats alles verſal-
„zen. Bishero hab ich das meinige than, und mehreres nicht
„thuen können. Vetter *Krieglſtein* hat um das erſt Supplici-
„ren nichts gewuſt, hab ihm den Beſcheid dieſer Tagen bey
„eigenen ſeinen Boten geſchrieben.

„Meine Ausgaben vernehmt ihr hiemit, und wellen
„ich keinen gewiſſen Boten gehabt, hab ich dieſsen eigenen
„ſenden müſſen, und weiter nichts erſparen mögen. Gott

Y 2   „gebe,

„gebe, daſs ihr euch eines guten Mitl entſchlieſt, an einen
„langen Termin zweifle ich nicht, aber darmit ilt der Sa-
„chen nicht geholfen. Ich vernime, die Herrn Kommiſſa-
„rien, die jetzund zu Venedig ſind, werden immerzu milder.
„Die Brief hab ich bisher noch mit guten Trinkgel-
„dern bin und wieder bracht, und kann noch ſeyn, wenn
„man mirs zuſsendet, allein langſam gehts zu, ich will das
„meinige gern thuen. Nächſten 12ten diſs gehen die Lands-
„haubtmanſchaftlichen Verhören an, den 26ten der Landtag,
„den 12ten Februari die Hoftheidung. In dieſsen allen wer-
„de ich mich auch ſorglich finden müſſen laſſen, aber mit
„wenigen Nutz.„

Verfall der Kärntneriſcben Bergwerke.

Bey dieſem Landtage wurde alſo nicht allein das Schickſal der Evangeliſchen, ſondern auch des ganzen Lands ent-
ſchieden. Die Zeit des Abzugs wurde ohne aller Nachſicht
feſtgeſetzt, und die Evangeliſchen, worunter die Bergleute
faſt alle waren, muſsten entweder freywillig das Land räumen, oder ſie wurden mit Gewalt daraus vertrieben. Der
Bergbau blieb dahero ohne Arbeiter, die Gruben verfielen,
neue Hauluſtige und Bergverſtändige waren nicht vorhanden,
der gröſste Geldeinfluſs uud die Hewerbſamkeit des Lands
verſiegte, und die Provinz wurde entvölkert. Die Toleranz,
die 200 Jahr ſpäter unter der dermaligen weiſen Regierung
Joſephs eingeführt worden, würde damals die gröſste Wohl-
that für Kärnten geweſen ſeyn, und für den Staat die vor-
theilhafteſten Würkungen hervorgebracht haben; gleichwie im
Gegentheil die Intoleranz dem Land eine unheilbare Wunde
verſetzte, und vielen Ortſchaften und Diſtrikten die gänzli-
che Nahrung entzoge.   Zu

Zu dieser Zeit nahm alfo der Bergbau und die Erzeugnifs der Silber - und Goldbergwerke ein Ende. Der vorne angeführte Extract aus den alten Frohnbüchern von Steinfeld erweifst diefes deutlich, indem im Jahr 1617. nur 1 Lt. Gold und 5 Lt. Silber im ganzen Berggericht erzeugt worden. Allein man wird aus diefem Extract auch gewahr, dafs die Erzeugnifs fchon im Jahr 1588. abzunehmen anfieng. Denn da fchon damals der Hof die Abficht hatte, die Evangelifchen aus dem Land zu vertreiben, welche Abficht den Gewerken durch ihre viele Freunde und Anhänger, deren fich felbft einige bey Hof befanden, nicht verborgen bleiben konnte, fo haben fie wahrfcheinlicherweife mit Einlieferung des Gold und Silbers rückgehalten, und nicht mehrers in die Einlöfung gegeben, als fie zu Bearbeitung der noch vorräthigen Erzfttrafsen — denn auf Hofnungsgebäude war in einem folchen Zeitpunkt nicht mehr zu gedenken — nöthig hatten; das übrige aber fchickten fie vermuthlich ihren vertrauten Freunden in natura auffer Land, damit fie bey unfehlbar vorzufehenden und fich gewifs einsmals ereignenden Emigrationsfall an den Orten, wohin fie zu reifen gedachten, fchon einen Zehrpfennig anträfen, wovon fie das Abfahrtgeld zu zahlen erfparten.

Diefe Abnahm der Erzeugnifs an Gold und Silber, die fich bey der Einlieferung in das Münzamt zeigte, ift den Landftänden, denen das Münzamt zugehörte, fchon Anno 1595. aufgefallen, und verdächtig vorgekommen. Sie vernahmen hierüber ihren damaligen Münzmeifter zu Klagenfurt *Kafpar Sitzinger*, der fodann unterm 6ten Merz 1595. weitere . Auskunft vom Oberftbergmeifter verlangte, wie aus nachfolgendem Schreiben erhellet.

Y 3 „Edler,

„Edler, Vefter, fonders günftiger lieber Herr Bergmei-
„fter, demfselben find meine beflüffen willige Dienft ungefpar-
„tes Fleifs jederzeit zu voran.   Nachdem fich nun in jüngft
„verwichenen 94ften Jahr in gethanen Münzraittungen durch
„meiner gnädigen Herrn felbs Kollationirung und Ueberfse-
„hung befunden, dafs in dero Münzamt des verfchünen Jahrs
„gar wenig Gold und Silber von den Gewerken und anderen
„Bergwerksgenoffen fey abgeliefert und verkauft worden,
„welches ihnen als meinen gnädigen Herrn verwunderlich
„fürkumen.   Hierauf fie mir folches, woher es komen möcht,
„und was die Urfachen wären, angezeigt.   Wann dann mei-
„ne gnädige Herrn deffen ein eigentliche Wiffenfchaft begeh-
„ren: hab demnach ich folches um des Herrn fchriftlichen
„Bericht und Befchaffenheit der Bergwerk hiemit bey diefser
„guten Gelegenheit guter und freundlicher Meynung zuzu-
„fchreiben nicht unterlaffen follen. Und fey der Herr von
„mir treylich gegrieft, nebens auch uns allen dem Schutz des
„Allmächtigen befehlend.„

Es ift Schade, dafs die hierüber gegebene Auskunft des
Oberftbergmeifters, die die Sache deutlich aufgeklärt haben
würde, nicht vorfündig ift.
Durch die feit 1595. merklich abgenommene Einlieferung an Gold und Silber verminderte fich auch der Einflufs
in die Oberftbergämtliche Kaffa, und verurfachte in felber
einen Mangel an baarem Geld, der von anderen Aerarialkaf-
fen erfetzt werden mufste. Daher von der Inneröfterreichifchen Hofkammer an den Oberftbergmeifter *Hannfs Huebnayr*
den 17ten Nov. 1603. der Befehl ergieng, dafs, da die Berg-
workserträgnifs zu Bezahlung der Beamten nicht hinreiche,
fondern einige Jahr her jedesmal noch bey 2000 Guld. von
der

der Kammer zugefchoffen werden müffen, er hiemit die Sache in Erwägung nehmen folle, ob nicht einige Beamte zu verringeren, oder einige Berggerichte ganz zu reduciren wären. Anno 1615. hierauf, machte der nachfolgende Oberftbergmeifter *Auguflin Schüttbacher* felbft einen Vorfchlag zu Verminderung der Beamten wegen Unzulänglichkeit der Kaffa, und fchon von 1590. bis 1600. baten die Steinfeldifchen Beamten immer um Bezahlung ihres Befoldungs-Ausftands, der ihnen entweder aus Mangel an baarem Gelde nicht verabfolgt werden konnte, oder vielleicht auch aus Religionsbafs zurückbehalten wurde; obwohlen es immer die höchfte Billigkeit gewefen wäre, denjenigen zuvörderft ihren Befoldungsausftand hinauszuzahlen, welche der Religion wegen ihres Dienftes entfetzt wurden, und ihr künftiges Brod in fremden Landen zu fuchen gezwungen waren, folglich ohne Geld nicht emigriren konnten. Auf diefe Art follicitirte der *Bonifacius Scharlinger* Berggerichtsfchreiber in Grofskirchheim, der ebenfalls der Religion halber feines Dienftes verluftig wurde, unabläffig bey der Innerüfterreichifchen Hofkammer um Ausfolglaffung feines feit 1598. bis 1604., als der Zeit feiner Emigration, ausftändigen Befoldung und Liefergelder zu 246 Gld. damit er, wie er fagt, feinem Weib und Kindern, die bereits das Land verlaffen, und grofse Noth leiden, nachreifen, und ihnen beyfpringen könne. Allein die Sache verzögerte fich mit Berichtabforderungen und dergleichen bis 1607., und da die weiteren Akten mangeln, fo ift es ungewifs, ob ihm feine Forderung, die für einen Menfchen, der nur 23 Gld. Jahrsbefoldung hatte, gewifs beträchtlich war, bezahlt worden fey.

Das ift alfo das traurige Ende der Kärntnerifchen Gold- und Silberbergwerke, die, wenn man zur felben Zeit eben fo
tolerant

tolerant und aufgeklärt, wie zu Ende unfers dermaligen Jahrhunderts, gedacht hätte, vermuthlich noch heut zu Tage in
ihrem beften Flor feyn, dem Lande inzwifchen aufferordentliche Reichthümer verfchafft, und die Bevölkerung und den
: Ackerbau anfehnlich vermehrt haben würden.

Aber nun ftehen 3 anfehnliche Marktflecken, als Steinfeld, Vellach, und Dellach in Grofskirchheim, die ihre Exi-
ftenz blofs den Bergwerken zu danken haben, und deren maf-
five Häufer den Reichthum und Wohlftand ihrer ehemaligen
Eigenthümer anzeigen, an Innwohnern leer; die Thäler in
denen fie liegen, und ihre Bewohner, die ihren hauptfächli-
chen Verdienft von Bergwerken zogen, find auffer Nahrungs-
und Kontributionsftand gefetzt; die Gruben aus Mangel der
bauluftigen Gewerken und Arbeiter verfallen; die Induftrie
gehemmt; der Ackerbau vermindert; und alles diefes find
traurige Folgen des unfeligen Fanatifmus und Intoleranz, die
dem Herzogthum Kärnten eine Wunde verfetzten, die noch
heut zu Tage blutet, und die nur die weife Fürficht des
Landesfürften allein zu heilen vermag.

Ich ziehe nun aus diefer Gefchichte folgende

R e f u l t a t e:

1.) Da der Kärntnerifche Bergbau unwiederleglich,
wie aus der Gefchichte erhellet, durch Emigration der Bergleute, und nicht durch Verhauung der Gänge ein End genommen, fo müffen die Gänge noch edel und in manchen
Gruben noch Erz vor Ort anzutreffen feyn, welches um fo
wahrfcheinlicher ift, weil die Gewerken durch den Emigra-
tionsbefehl übereilt worden, und folglich vor ihrer Auswan-
derung die anftehenden Erze nicht ganz verhauen konnten,

sondern

fondern vielmehr die Gruben bey den beften Anbrüchen verlaffen mufsten, nach der Hand aber niemand mehr diefe Gruben bearbeitete, wie aus oben angeführter Tabelle von Steinfeld erhellet. Diefe Erzeugnifstabelle, die ich mir aus Neugierde aus
den alten berggerichtlichen Rechnungen verfafste, um die Erzeugnifs unferer Vorfahren an Silber und Gold zu erfehen,
hat mir Veranlaffung gegeben, den Urfachen nachzufpüren,
die den Verfall der Bergwerke fo plötzlich nach fich gezogen, indem es mir unwahrfcheinlich vorkam, dafs fich die
Erze zu gleicher Zeit bey allen Gruben ausgefchnitten, und
die Anbrüche fich in einem Jahr bey allen Werkern verlohren
haben follen; und da kamen mir von ungefähr bey Durchfu-
chung der alten Akten einige Religionsfchriften in die Hände, die die ganze Sache — wie ich bereits befchrieben —
vollkommen aufklärten.

2.) Diefe alten, aller Wahrfcheinlichkeit nach in dem
hofnungsvolleften Stand hinterlaffenen Bergwerke, diefe Quellen des Reichthums, die zum gröfsten Schaden des Lands
fchon feit 200 Jahren verfiegten, könnten leichtlich wiederum durch die gütige Fürforge des Monarchens eröffnet werden. Eine jährliche Bewilligung von 8000 Gulden würde
hinlänglich feyn, einige von den alten Grüben zu gewältigen, und die von den Alten hinterlaffene Anbrüche, und
Klüft und Gänge zu unterfuchen. Sind nun diefe aller Wahrfcheinlichkeit nach bauwürdig, fo werden fich fogleich Liebhaber genug finden, die den fernem Bau, befonders bey der
dermaligen eingeführten Amalgamations - Manipulation mit
Freuden unternehmen, und das Aerarium wird alsdann das
auf Unterfuchung ausgelegte Geld durch die Frohn, Einlö-
Z fung,

fung, und Amalgamations Nutzen mit grofsem Wucher wiederum hereinbringen. Gefetzt aber, daſs die Hofnung fehl
fchlüge, und die Gänge — was doch gar nicht zu vermuthen iſt — unbauwürdig befunden würden, ſo gienge dieſes
Geld doch für den Staat nicht ohne Nutzen verlohren, ſondern es würde in dieſen öden Gegenden, wo die Innwohner
ohnehin feit dem Verfall des Bergbaues von keinem anderen
Verdienſt, als von der Viehzucht leben, eine dem Staate vortheilhafte Circulation des Gelds verurſacht, die Induſtrie auf-
gemuntert, und der Wohlſtand befördert. Das Heyſpiel *Kol-
berts*, der in einer auſſer Kontributionsſtand geſetzten Provinz ein Gebäude aufführen liefs, und die Innwohner dadurch
wiederum in die Zahlungs-Vermögenheit verſetzte, erweiſst
dieſes handgreiflich. Hr. Hofrath *Delius* fagt in ſeiner Herg-
kammeralwiſſenfchaft im 3ten Kapitel §. 39. „Wenn der Lands-
„herr jährlich etwas auf die Befchürffung frifcher Gebirge,
„und auf die Entdeckung neuer Erzgänge verwendet, ſo
„wird der Bergbau nicht wenig befördert. Denn wenn es
„ſich durch dieſe Befchürffung veroffenbahrt, daſs in einem
„Gebirge Erzgänge vorhanden, und durch das Schürffen
„entdeckt worden find, ſo fehlt es in einem Lande, wo an-
„derſt das Genie der Nation ſich zum Bergbau neiget, an
„einer Menge Gewerken nicht, die daſelbſt muthen, und
„durch Anlegung neuer Bergwerke ihr Heil verfuchen; und
„wenn nur einige Gruben in Flor kommen, ſo wird der
„durch das Schürffen gemachte Aufwand aus den Zehend-
„und anderen Bergwerkseinkünften reichlich hereingebracht.„
     Wenn es nun vortheilhaft iſt, auf Schürfen eine jährli-
che Summa zu verwenden, ſo muſs es natürlicherweife noch
vortheilhafter ſeyn, eine jährliche Summa zu Erbebung alter

Berg-

Berggebäude auszuſetzen, die nach Zeugniſs vorſündiger au-
thentiſcher Documenten nicht wegen verhauten Gängen oder
Mangel der Erze, ſondern der Religion halber und wahr-
ſcheinlicherweiſe im beſten Zuſtand verlaſſen worden.

3.) Die vorzüglichſten Werker, die neuerdings wiederum erhebt zu werden verdienen, und vor Alters die meiſte Ausbeut lieferten, ſind, die alten Werker in Groſskirchheim, deren eine groſse Menge waren, das Goldbergwerk im
Klienig in Laventhall, und in den Steinfelder Diſtrikt, die
Goldzech im Lengholz, die Syflitz, und das Silberbergwerk
im Graagraben. Auf die erſteren könnte jährlich für jedes
2000 Gulden, auf die Steinfelder Werker aber 4000 Gulden
verwendet werden. Ich glaube feſtiglich, daſs in einigen
Jahren, beſonders bey dermaligem Amalgamations-Proceſs
ſich eine ungemein vortheilhafte Ausſicht für den Kärntneriſchen Bergbau eröffnen wird; und zudeme iſt für den Staat
eine dergleichen jährliche Summa eine Kleinigkeit, um eine
ganze Provinz dadurch in Wohlſtand zu verſetzen.

4.) Obwohlen in den alten Schriften die Namen derjenigen Grüben die die meiſte Erzeugniſs lieferten, angemerkt
ſind, ſo iſt doch nicht ihre Lage beſchrieben, daſs man ſie
heutiges Tags wieder finden, und von den anderen unbe-
trächtlichern Grüben unterſcheiden könnte. Wäre hingegen
ihre Lage ſo gut, wie ihr Name in den alten Akten aufge-
zeichnet, ſo dürfte man nur in jedwedem Diſtrikt eine von
denjenigen Grüben gewältigen, die die meiſte Erzeugniſs geliefert, weil man verſichert wäre, daſs dort der Gang am
edelſten anzutreffen ſey. Es kommt daher dermalen, da uns
dieſe deutliche Beſchreibung mangelt, auf die Beurtheilung
der Gebirgslage, und auf eine glückliche Wahl an, daſs man

bey

bey der erften Unterfuchung fogleich die befte Grube treffe.
Diefes hat mich auf den Gedanken gebracht, dafs es fehr
gut wäre, wenn allen Gewerken befohlen würde, fobald fie
mit dem Stolln die Dammerde durchgebrochen, den Namen
der Gruben in das fefte Geftein einhauen zu laffen, damit,
wenn durch Unglücksfälle, oder fich ereignende Landespla-
gen, der Bergbau verlaffen werden follte, die Nachkommenfchaft fogleich aus den Namen erkenne, welche Gruben ver-
mögе Befchreibung die Bauwürdigfte fey, folglich nicht nöthig habe, jeden Stolln bis zum Feldort, fondern nur bis
auf das fefte Geftein zu gewältigen; wodurch denen künftigen Hauluftigen ein beträchtlicher Unkoften erfpart, und die
Begierde mehrere alte Gebäude zu erheben, angereizt würde.

5.) Es käme auf einen Verfuch an, ob aus dem Raiblifchen Bleyerz, womit eine Menge Zinklebererz und Blende
bricht, wenn es gelinde nach Hammelsberger Art geröftet,
und fodann ausgelaugt würde, fich nicht Zinkvitriol erzeugen liefse, ohne dafs die Erze dadurch an ihrem Bleyhalt etwas verlöhren, fondern vielmehr, wie es fcheint, leichter
und mit geringern Kallo zu fchmelzen feyn würden, wenn
fie vom Zink befreyt wären, der, da er fichtbar, wie es die
grünliche Flamme zeigt, in den Flammofen verbrennt, jederzeit etwas von dem Bleyhalt mit fich nimmt. Da nun
der Centner Zinkvitriol beyläufig um 30 Gulden verkauft
wird, fo könnte aus deffen Erzeugung der Kammer ein beträchtlicher Nutzen zufliefsen.

Wahrfcheinlicherweife wurde auch vorzeiten nicht alles Zinkerz zu Zinkvitriol benutzt, fondern vieler Gallmey
auf die Meffingfabrik nach Mellbruken geliefert. Indem man
in einer alten Rechnung von 1614. findet, dafs der Meffing-
handel

handel auf der Mellbruken für die in der Frohnhütten gelegenen Kupfer zu Obervellach Hüttenzinnfs bezahlen mufste; woraus erhellet, dafs diefe Meffingfabrik fchon im 16ten Jahrhundert exiltirt haben müffe.

6.) Endlich ilt es fehr glaublich, dafs fich alle Evangelifche Bergleute, deren bey dem damaligen floriffanten Stand der Kärntnerifchen Bergwerke eine grofse Anzahl gewefen feyn müffen, in die Ungarifchen Bergltädte geflüchtet haben, weil bekanntlich die Vergröfserung und ftärkere Betreibung des Schemnitzer Bergwerks erft von 1600. herrührt, und vielleicht würde man alldort in den Schriften derfelben Zeiten zum gröfseren Beweis diefer Gefchichte ihre Namen, und die Veranlaffung finden, warum fie fich dahin begeben.

VII.

Ueber das ehemalige

Goldbergwerk zu Steinheide,

auf dem Thüringer Walde,

aus

Archivsnachrichten,

von

Herrn Cbr. G. Voigt,

Hof- und Regierungsrathe auch geheimen Archivarius
zu Weimar.

Steinheide, ein altes Bergſtädtchen des Thüringer Waldge-
birgs, in das Obergericht des Sachſen-Meinungiſchen Amts
Neuſtadt mit Sonneberg gehörig, ſoll ſchon vor dem funf-
zehnten Jahrhunderte Goldbergwerke gehabt haben. Was man
aber hiervon weiſs, beruhet mehr auf Tradition, als auf ſichern Urkunden. Von dem auf Gold daſelbſt getriebenen
Bergbau der folgenden Zeiten ſind neuerlich ſo viele Nachrichten, als an dem Orte ſelbſt zu erlangen geweſen, aufge-
ſammelt und öffentlich bekannt gemacht worden. (*) Zwar
ſuchten

(*) (Keſsler von Sprengseyſen) Topographie des Herzogl. Meinun-
gischen Antheils an dem Herzogthum Koburg, mit einer geo-
graphiſchen Charte dieſes Landes. Sonneberg 1784. 4. S. 10. 117. f.

fuchten unfere Vorfahren in manchem Gebirge nach Gold,
wo fich bey zugenommenen Kenntniffen kaum davon träumen
läfst. Noch legen die Namen *Goldlauter*, *Goldsthal*, *Goldbach*,
Goldeck, *Goldbaufen*, *Goldfchau* Goldberg etc. bey uns davon
Zeugnifs ab. Mit *Steinbeide* verhielt es fich indeffen doch
wohl anders. So wenig man auch itzt dort auf gründliche
Spuren einer edlen Bauwürdigkeit des Gebirgs gelangen kann,
fo wahr ift es doch, dafs man dafelbft bey den ehemaligen
Bauen Gold ausbrachte. In der angeführten *Topographie* wird
aus einem alten Bergrechnungs-Extracte bezeuget, dafs noch
in den Jahren 1576. bis 1580. von einer einzigen Ausbeutezeche, *die Güte Gottes am Peterswalde* genannt, 150 Mark Gold
gewonnen worden. Nicht fo klar und überzeugend ift es,
was diefelbe *Topographie* an den angeführten Stellen von dem
Jahr 1672. und von 1723. an Nachrichten über die Goldhaltigkeit dortiger Erze liefert. Hätte es mit djefen gerühmten
reichen Anzeigen feine unbezweifelte Richtigkeit gehabt, fo
liefs es fich kaum begreifen, warum die Landesherrfchaften
gar keine Anftalt getroffen, gar keinen Verfuch unternommen haben follten, ein, feiner Lage nach in allem Betracht
dazu qualificirtes Bergwerk wieder anzugreifen.

Immer ift es zwar leichter, befonders wenn rechtgläubige Ruthengänger zu Hülfe genommen werden, auf fchöne
Goldgänge in der Dunkelheit unaufgefchloffener Gebirgsteufe
hinzuzeigen, als darauf wirkliche Anbrüche zu machen. Gleichwohl ift der Glaube an das, was man wünfcht und verlangt,
überaus leicht. Daher kommt es wohl auch, dafs man felbft
in unfern Tagen, fich mit der zu verhoffenden Benutzung
der Saamentheilchen der edlen Metalle zu künftlicher Hervorbringung

bringung des Goldes (*) bey Muth erhalten läßt, wenn die
eigenfinnigen Gebirge ihre goldnen Schätze vorenthalten.

Ich komme zu meinem Zweck, über den vormals
fchwunghaft betriebenen, nun verfchwundenen *Steinbeider
Goldbergbau* einiges, und zwar aus Landesarchiven beyzubringen, was noch nicht öffentlich bekannt ift. Wichtig werden
meine Nachrichten nicht feyn, aber hoffentlich doch für
Kenner nicht ganz unerheblich. Wenn es nie eine verlorne
Arbeit ift, was an wahrer Gefchichte menfchlicher Bemühungen aufgeftellt wird; fo wird fie es auch gewifs nicht feyn,
wo jene Bemühungen auf Erforfchung der gebirgifchen Natur angelegt wurden.

Die Nachrichten, die ich vor mir habe, gehen von
1482. bis 1570. Herzog *Wilhelm III.* von Sachfen, der Tap-
fere genannt, verlieh kurz vor feinem Ableben im Jahr 1482.
Ulrich Fifchermünden und feinen Mitgewerken, das Steinheider Bergwerk.   Diefer Bau mufste wohl von Statten gehen,
weil Churfürft *Friedrich* der Weife, und Herzog *Johann* von
Sachfen, 1509. eine Begnadigung, Freyheit und Ordnung des
Goldbergwerks auf der Steinheide ausgehn laffen.   Es waren
auch dort in diefer ganzen Periode ordentliche Bergmeifter
angeftellt.   *Wolf Creuching* war es bis 1506.   Ihm folgte
Thomas Bartbil, nach diefem war es 1525. *Hanns Wolf*, und
1536. *Burkard Beck*; ferner 1542. *Michael Hofmann*, 1544.
Albrecht Steinsdorfer, und 1568. *Hanns Köler.*   Herzog *Johann* intereffirte fich befonders für diefes Werk; er fchrieb
feinem Herrn Bruder, dem Churfürften *Friedrich*, 1521. umftändlich darüber, und meldete ihm, wie er felbft aus dem
Steinheider Erze Gold herausgebracht habe.   Alfo war auch
diefer

(*) Semlerl epift. de variis phaenomenis quibusdam mineralibus. Hal. 1714. 4.

diefer Fürft ein Freund der Metallurgie, wie fein Enkel, H. *Johann Friedrich* der Mittlere, der aus feinem 28 jährigen Gefängniffe mit gefchickten Chemikern und Metallurgen fleißig Briefe wechfelte. (*)
Als 1529. der Churfürftl. Landbergmeifter, *Erhard Thyerl*, Auftrag erhielt, „des Zuftandes gemeiner Bergwer-„ke im Churfürftenthum zu Sachfen wahrzunehmen,, berichtete er über Steinheide folgendes: „Uf der Steinheide, das „Goldbergwerk belangend, habe ich einen Zimmermann all. „hier von Schneeberg mit dahin genommen, und ihm das „naffe Puchwerk zu fertigen verdingt; darzu hat der Schöf- „fer und Köftner zu Coburg den Forftmeilter von *Birkich*, „neben mich verordnet, folch Gedinge mit den Zimmerleu-„ten aufs nächfte zu machen; das denn alfo am nächften „Montag gefchehen ift, und hoffe, es würde kürzlich gang- „haftig werden, und alsdann ift, ob Gott will, zu hoffen, „man werde von nachfolgenden Zechen, *da man etwa fchon* „*Gold gebauen*, wiederum Gold machen. Als nemlich auf „meines gnädigften Herrn Seite, von unfrer lieben Frauen „Schiff, unfrer lieben Frauen in der Sonne, Sanct Sophia, „und andern Zechen mehr auf dem Rittersberg, item die „Bauernzeche, und St. Niclas im wüften Adorf. Auf der „Schaumbergifchen Seite: Reiche St. Anna. In diefer Zeche „foll das Gold ftriemicht ftehen, und foll verzimmert feyn, „habe aber, nachdem der Schacht wandelbar gewefen, nicht „können befahren. Item die heil. drey Könige, item St. „Gertraud, allda etwan ein grofs Gefchrey gewefen, *und itzt* „*nochmals fchön Gold gebauen wird.*,,

Diefe

(*) Hans Coburgifche Hiftorie. II. B. S. 189.

A 2

Diefe guten Hoffnungen müffen nicht ganz unerfüllt geblieben feyn, weil in eben demfelben Jahre 1529. der Schöffer zu Coburg Befehl erhielt, das Loth abgelieferten Goldes den Steinheidifchen Gewerken mit fünf Meifsn. Gülden zu bezahlen. Diefer Preifs wurde 1530. bis 6 Mfl. erhöhet, in der Folgezeit aber auf 5 Mfl. 5 Gr. 8 Pf. feftgefetzt. Man liefs nunmehr eigene Rechnungen über den Landesfürftl. Ankauf des Steinheider Goldes führen. Ich finde, dafs zu dem Ende in den Jahren 1535. 1540. 1548. die Landesobrigkeit wiederholt verordnete, dafs zu Steinheide immerfort die Summe von 500 Mfl. zur Goldbezahlung an die Gewerken, in Bereitfchaft gehalten werden mufste. Man hatte auch eigene Goldzehendner zu Steinheide beftellt; 1534. war es *Wolf Hofman*, und 1565. *Juachim von Weidenbach*. Sollte man bey dergleichen Anftalten und Zeugniffen, noch an der ehemaligen Goldergiebigkeit zu Steinheide zweifeln können? Noch einen andern Beweis davon enthält ein Bericht *Nicol Schufenbauers* vom Jahr 1541. Diefer hatte von dem Churfürften Auftrag erhalten, „der Bergwerke der Orte Landes zu Franken und „Thüringen Befinden anzuzeigen,„ welches er wegen Steinheide folgendermafsen that: „die Steinheide belangend, der „tiefe Stolln der grofsen Gefellfchaft wird aufs förderlichfte „getrieben, und ift zu verhoffen, fo er in die Tiefe kommt, „dafs man etwas Trefliches ausrichten wird. Die Bergko„ftung und fo auf das Kunfthaufs gegangen, ift 44 Güld. 16 „Gr. 11 Pf. laut gethaner Rechnung, und ift gemacht diefes „Quartal Crucis im Kunfthaufse vor 11 Güld. 8 Gr. Gold, „und ift noch in Vorrath 116 Güld. 3 Gr. Was aber auf den „andern Zechen und Gebäuden vor Gold gemacht, werden „Ew. Chur- und Fürftl. Gnaden von dem Zehendner zu Co-
„burg

„burg Bericht empfahen.„ Daſs auch dieſes Bergwerk lange vorher von gutem Ertrage, oder wenigſtens von hüffli-
chen Ausſichten war, läſst ſich auch daraus ſchlieſsen, daſs
das Geſchlecht der Herren *von Schaumberg*, Ganerben zum
Rauenſtein auf dem Thüringerwalde, die in jenen Gegenden
ſehr anſehnliche Beſitzungen hatten, (*) wegen ihrer Theil-
nahme an dem Steinheider Werk, wider das Chur- und Fürſtliche Haus Sachſen 1506. auf dem Reichstage zu Coſtnitz Be-
ſchwerden anbrachten. Churtrier erhielt 1509. in der Sache
Auftrag; auch intercedirten 1517. die Biſchöfe zu Bamberg
und Würzburg für die von Schaumberg; bis endlich 1525.
die ganze Streitigkeit durch einen Vertrag, zwiſchen ihnen
und dem hohen Hauſe Sachſen gehoben wurde. Graf *Albrecht*
von Mansfeld war Obman bey dieſem Vertrage.

In dieſer Periode hatten auch viele Fürſtliche und Gräf-
liche Perſonen an dem Steinheider Werke Bergtheile acqui-
rirt, womit es ſich alſo wohl etwa der Mühe lohnen mochte.
Darunter befand ſich 1533. Herzog *Philipp* von Braunſchweig,
Landgraf *Philipp* von Heſſen, Marggraf *Georg* von Brandenburg, Graf *Siegmund* von Gleichen. Auch nahmen Churfürſt
Johann Friedrich und Herzog *Heinrich* von Sachſen 1540. eigene Zechen auf; ſo wie Herzog *Johann Ernſt* von Sachſen
im Jahr 1542. Eine Menge Aufſtände, Rechnungen, Irrungen, und andere Berghandlungen kommen von dieſer Periode vor; zum ſichern Beweis eines ſchwunghaften Betriebes
dieſes Werks.

Ob nun wohl die ältern Bergwerksacten, ſich ſelten
über die Natur des Gebirgs und Beſchaffenheit der Producte

A 3 2 verbrei-

(*) Dieſes adliche Geſchlecht hatte Cardinäle und Biſchöfe unter ſich. Hüns
Coburgiſche Hiſtorie. 1 B. S. 101.

verbreiten, fo erhellet doch bey *Steinbeide* fo viel ganz deutlich, daß die Baue vornemlich auf goldhaltigen Quarzgängen
geführt wurden. Noch itzt kann man in dem Thonfchiefer
jener Gebirgsgegend mächtige Quarzgänge, aber leider ohne
die mindefte Spur einiger Hältigkeit, wahrnehmen. Die Vorfahren haben aber auch, wenn man aus den gehabten Hütten-
gebäuden fchliefsen darf, und aus der Befchaffenheit einiger
alten Halden, dort auf Kiefen gebauet.

Alfo war es wohl vorerft die Hauptforge bey dem
Steinheider Werke, den Quarz, worinn man das Gold fichtlich eingefprengt finden mochte, mit Vortheil aufzubereiten.
Wieviel diefe Aufbereitung, die man in der Folge ohne Zweifel auch auf wirkliche, oder vermeintliche Goldkiefe erftreck-
te, Schwierigkeit erregt, Bemühung verurfacht, Verfuche
hervorgebracht habe, das wird fich fogleich bis zum Ueberfluß abnehmen laffen.

> Schon 1507. trug der Bergvoigt zu Steinheide, *Hans
von der Weide*, darauf an, daß die Landesherrfchaft nach Ungarn fchreiben möge, um von dort zwey Bergverftändige
herbeyzuziehen, die ein Mühlwerk auf ihre Art, (vermuthlich eine Quickmühle), imgleichen ein tüchtiges Wafchwerk
vorzurichten, auch die Schlieche zu fchmelzen wüften. Die
Veranlaffung hierzu fcheint ein, fchon 1506. erftatteter Bericht des Hergmeifters, *Thomas Bartbel*, gegeben zu haben,
welcher anzeigt, daß fich die Erze auf der Steinheide zum
Wafchen zwar ganz wohl im Gold erzeigten, zum *Anquicken*
aber fich unter der Hand verlören.

Was es mich freuete, als ich auf das freundliche Wort
Anquicken —— ftiefs, kann ich nicht befchreiben. Ich glaubte zwar wohl, daß hier, wenigftens bey dem goldhaltigen
                                                      Quarze,

Quarze, womit man ſich vornemlich beſchäftigte, nieht vom
Anquicken der *Erze* die Rede ſeyn möge; ich wuſste auch,
daſs dieſes die Spanier viel ſpäter erfunden, und erſt 1566.
und 1574 in Mexico und Peru eingeführt haben. (*) Nur
das *in die Augen fallende* gediegene Gold, anfänglich bey den
Goldwäſchen, und in der Folge auch in Anſehung der ge-
pochten goldhaltigen Gangarten, brachte man auf eigenen
Quickmühlen, die *Agricola* genau beſchreibt, zu jener Zeit
durch die Amalgamation nach eben den Grundſätzen zu gut,
die ſchon *Vitruv* und *Plinius* gekannt hatten. Sollte man aber
nicht einigen Anlaſs zu der Muthmaſsung haben, daſs man
ehemals in Steinheide mit der Amalgamation noch etwas weiter gegangen, da man dort nach Anzeige der alleweile noch
vorhandenen alten Halden im *Theurer Grund*, den die *Grum-
pen* bewäſſert, auch auf Kieſen bauete, und wie aus folgendem erhellet, eine Menge Verſuche anſtellte, deren das bloſse
Anquicken des ſichtbar gediegenen Waſchgoldes, und des in
den Quarz eingeſprengten Goldgehalts, als eine vormals
ſchon hinlänglich bekannte Operation, ſchwerlich bedurft haben möchte?

Man ſchrieb 1506. auch nach Salzburg, daſs einige, der
dortigen Aufbereitung des Goldes kundige Hergverſtändige,
nach Steinheide abgeordnet werden möchten. Der Erzbi-
ſchof erklärte ſich bereitwillig; von dem Erfolge ſchweigen
meine Nachrichten. Aber 1525. fand ſich *Hans Unger*, nebſt
einer Geſellſchaft aus Kremnitz in Steinheide ein, und trug
darauf an, daſs eine Goldmühle mit zwey Steinen, 14 Puch-
ſtempeln, und zwey Rädern erbauet werden möge. Der Bau

A a 3   mag

(*) Dillon Reiſe durch Spanien, 2ter Theil, S. 20. Ulloa Nachr. von
America, 2. Th. S. 217. 249.

mag vor fich gegangen feyn, weil *Nicol* von Ende 1530. eine Rechnung über Haukolten neuer Puchwerke zu Steinheide ablegte. Eben diefer *Nicol* von Ende und *Paul Schmidt*,
(*Zehndner* zu Schneeberg, ein auf dem Sächfifchen Erzgebirge damals fehr wichtiger Mann, der fich aber fchlechterdings
woigerte, felbft nach Steinheide zu kommen), ftellten 1533.
ein Hedenken von fich, über die *neue Kunft* zu Steinheide
das Queckfilber, welches im Feuer weggehen folle, zu erhalten. Zu gleicher Zeit gefchahen von *Wolf Kunen*, und
Cafpar Uberlein aus Leidenburg Vorfchläge, das Steinheider
Golderz mit mehrerm Nutz, als bisher zu gut zu machen.
Sie fchlugen vor: „die Golderze zu *röften*, damit dem ange-
„fchmauchten Golde kein Schade zugefügt werde;„ fie wollten auch den eifenhaften Goldfchliech nützlicher aufbereiten.
Die Fürftliche Landesherrfchaft liefs fich mit ihnen ein; aber
auf welchen Fufs, davon fchweigen abermals meine Nachrichten. So erftattete auch damals der Münzmeifter, *Andreas Funk*, fein Gutachten darüber, wie das Gold zu Steinheide zu erhalten, und der gemeine und aufbereitete Goldfchliech zu gut zu bringen fey.

Bey dem allen fand man doch für gut; 1534 an Marggraf *Georg* von Brandenburg zu fchreiben, um einige Gold-
wäfcher nach Steinheide zu bekommen, die der *faft kunftrei-
chen, bebenden und zuträglichen Arbeit* kundig wären, der man
fich zu Goldkronach zu Aufbereitung der Goldquarze bedienen folle. In eben diefem Jahre meldete fich auch *Matthes
Flamberger* mit Vorfchlägen und Mitteln einen Goldgang und
Goldfchatz bey Steinheide zu gut zu bringen. Man pflog
mit ihm Unterhandlung, bis *Andreas Schulz* aus Magdeburg,
und *Siegmund Treibenreif* von Kempten, fich mit neuen Vorfchlägen

fchlägen angaben, die Quarze auf der Steinheide mit einer
befondern Art von Mühlwerk, imgleichen *durch Laugen und
Beitzen* aufzubereiten, und zehnmal mehr Gold als zuvor,
herauszubringen. Nun handelte man mit diefen Männern;
Treibenreif kam felbft zu Steinheide an, und trieb feine Künft-
lerey, (wie fich die alten Nachrichten ausdrücken). Im folgenden Jahre 1535. proponirte *Michael Sturz*, wie er die Arbeiten der Steinheider Goldquarze viel nützlicher vorzunehmen verftehe, und wie er das Erz in der *Sicherung* befunden
habe. Man liefs auch mit diefer Art von Arbeit Verfuche
machen.

Der Ruf des Steinheider Werkes mufste doch ziemlich
ausgebreitet feyn, da fich fo manche Bergverftändige eine
Befchäftigung daraus machten, und Hoffnung darauf fetzten,
zu Steinheide, wo nicht Gold auszubringen, doch — welches zu verdienen. Sie traten aber immer ganz bald wieder
vom Schauplatze ab, bis im Jahr 1536. *Hans Meierhofer*,
Pfalzgräflicher Bergvoigt erfchien, und mehrere Jahre hindurch ausdauerte.

Diefer Mann follte „auf Unterricht eines Venedifchen
„Künftlers einer Kunft berichtet feyn, durch welche er fähig
„wäre, die Steinheider Erze mit Vortheil zu bearbeiten.„ Man
verfchrieb ihn daher 1536. nach Steinheide, wo er Unterfuchungen anftellte und Vorfchläge that, über die Mittel „wie
„die *Erze* mit Queckfilber und *andern Zufätzen* zu verfu-
„chen und zu unterfcheiden wären; wie das Gold von dem
„Queckfilber, wenn diefes nach dem Einquicken ausgetrock-
„net, ohne Verbrennung zu bringen wäre, durch eine mit
„der Hand zu arbeitende Verquickung und Auswafchung;
„wie die Verquickung der gemahlenen Erze in der Menge
„vorge-

„vorgenommen werden könne; wie fie auf mancherley Art,
„geröftet umjl ungeröjtet, trocken und nafs, gepocht und ge-
„mahfen, *ohne und mit Beitze*, zu verfuchen wären." Ja diefer Mann wollte „die ausgewafchenen Schlieche auf eine be-
„fondere Art hinftürzen, dafs das Queckfilber was darin-
„nen bliebe, wieder wirken, und das Erz aufs neue gold-
„reich machen folle." Was diefen Punkt betrifft, fo hätte
der Ehrenmann freylich wohl beffer gethan, fein Queckfilber
rein herauszubringen, als auf eine Gold-*Erzeugung* damit zu
fpeculiren.

Nach vielen Unterhandlungen fchlofs man mit diefem
Meierhofer ab; er erhielt Landesfürftliche Beftallung, und feine Kunft wurde von 1536. bis 1546. zum *Theil* (wie es ausdrücklich heifst), zu Steinheide ins Werk gerichtet. Was
diefer Mann zu verfuchen proponirte, gleicht doch in der
That fo fehr dem Anquicken der *Erze*, (nicht blos des im
Quarz fichtbar gediegenen Goldes), dafs man in Verfuchung
geräth, zu glauben, man habe in Deutfchland noch eher als
die Spanier hierauf, wo nicht mit Fortgang gearbeitet, doch
Gedanken gehabt, und Verfuche darüber angeftellt. Wozu
fonft die *andern Zufätze?* das *Laugen* und *Beitzen?* Warum
fo viel von *neuer Kunft?* — von *Pochen und Röften der Erze?*

Mit Begierde nahm ich die Steinheider Bergrechnungen
auf die Jahre 1540. bis 1542. und 1545. zur Hand. Ich hielt
es für einen eigenen Glücksfall, dafs gerade auf diefe Jahre,
diefe Rechnungen felbft vorhanden waren, da von der grofsen Anzahl der übrigen, mir zur Zeit nur die Rubriken vorgekommen find. Ich hoffte, weil diefe Jahre in die Meier-
hoferifche Amalgamations-Verwaltung einfallen, durch diefe
Rechnungen verfchiedene Auffchlüffe über die Anquickungs-
Methode

Methode zu erhalten. Meine Erwartungen blieben aber unerfüllt; ich fand nur folgendes.

Die Einnahme jener Jahrsrechnungen beſtehet in Pochzinſen für die, von den gewerkſchaftlichen Zechen auf die Landesfürſtlichen obern und untern Pochwerke abgelieferten Erze. Für einen Tag Pochen wurde 1 Gr. 8 Pf. bezahlt. Von 1540 bis 1542. wurde 94 Tage gepocht, und 1545. Quaſimodog. bis Maurit. 33 Tage. Ich ſetze die Namen der damals betriebenen Steinheider Grubengebäude her. Es waren drey Stollen, der Fürſtenſtollen, der heil. drey Königsund der Stollen unſerer lieben Frauen Schiff, imgleichen zu der reichen St. Anna. Ferner die Zechen S. Sebald, Güldner Knauf, Güldner Bern, S. Catharina, Güldner Kamm, Neuer Gang, Eilftauſend Jungfrauen, Sonntag, Pernitz, Gottesgabe, St. Wolfgang, St. Johannes und kleine Gängla. Jch fand Ausgaben für Muffel, Treibſcherben, und Kohlen, das Gold zuſammen zu ſchmelzen; Baukoſten, für die Pochwerke und Planherde, und für den Fürſtenſtolln; ingleichen Beſoldung des *Meierhofers*, jährlich 100 Mfl. und ein Hofkleid; Bezahlung des von den Zechen abgelieferten Goldes, und zwar das Loth Erfurtiſchen Gewichts, die Mark zu 23 Karat, um 5 Mfl. 5 Gr. 8 Pf. In der Rechnung 1540. bis 1542. die *Michael Hofmann*, Bergmeiſter, dem Churfürſten ablegte, war vor 527 Mfl. 7 Gr. 1 Pf. und von Quaſimodog. bis Mauritil 1545. wo der Ertrag halb dem Churfürſt *Johann Friedrich*, und ſeinem Bruder dem Herzoge *Johann Ernſt*, und halb dem Herzoge *Moriz* zu Sachſen berechnet wurde, vor 59 Mfl. 8 Gr. Gold erkauft worden, welches, wenn es die ganze Erzeugniſs wäre, nicht viel ſagen wollte. Allein die Gruben auf der Schaumbergiſchen Seite, ſind wahrſcheinlich ſo

wenig

wenig hierunter begriffen, als diejenigen, welche die Landesherrſchaft ſelbſt bauete. Vom Queckſilbereinkauf, oder etwa von Salz, oder *andern Zuthaten etc.* fand ich nichts in Ausgabe. Es kann aber auch ſeyn, daſs die Schmelz - und Amalgamations-Koſten von jeder Zeche ſelbſt beſtritten, und nur die Pochzinſen und der Goldkauf, zur Landesherrſchaftlichen Berechnung gezogen worden; wenigſtens kommt im Jahr 1563. vor, daſs *Ilgen Wegner* aus Bucholz, Bergmeiſter zu Saalfeld, wegen des Queckſilber-Ankaufes für Steinheide, an die Landesherrſchaft berichtet hat. Auch verſchrieb 1565. der Bergmeiſter zu Steinheide, einen Centner und etliche Pfunde Queckſilbers. Wie es aber auch um die Meierhoferiſche Methode beſchaffen ſeyn mögen, ſo iſt ſo viel gewiſs, daſs 1563. die Rede nicht mehr davon geweſen ſeyn könne. Denn in dieſem Jahre empfahl *Matbias von Wallmod* zu Coburg, der Landesherrſchaft einen Künſtler, der das Gold aus den Steinheider Erzen ohne ſonderlichen Abgang, und mit geringen Koſten herausbringen könne. Er ſtellte anheim, ob man nicht dieſen, und noch einen andern Künſtler dieſer Art, welchen der Graf *Friedrich* von Oettingen bey ſich habe, nach Steinheide verſchreiben laſſen wolle. Daſs dieſes geſchehen, findet ſich nicht. Ueberhaupt muſs Steinheide damals gelegen haben, weil der Bergmeiſter *Ilgen Wegner* zu Saalfeld, zu Beſichtigung des Pfälziſchen Goldbergwerkes zu Alberreuth 1565. einige Steinheider Officianten vorſchlug, unter dem Anführen: „weil ſie zur Zeit uf der Steinheide „im Dienſt nicht könnten gebraucht werden. „ Pfalzgraf *Reichart*, Herzog in Bayern, der um Abſendung dieſer Männer bat, war ein groſser Bergverſtändiger, und bauete ſelbſt in Steinheide mit.

Bald

Bald aber trat ein ganz anderer Held zu Steinheide auf, und mit diefem haben es meine Nachrichten zuletzt zu thun. *Valtin Rommel* war der Mann, ein *Schneider* aus Vach. — *Ultimum occupat fcabies* — mag es da wohl in vollem Verftande heifsen. *Wilhelm von Stein* zum Altenfteine, (der zu jener Zeit in die traurigen Grumbachifchen Händel verflochten war, und 1567. den Kopf darüber verlor) verbürgte fich für diefes Schneiders vortheilhafte Aufbereitung der Golderze zu Steinheide. Sie wurde daher veranftaltet; man errichtete dazu eine eigene neue Schmelzhütte 1564. befage der darüber geführten Baurechnungen. *Rommel* fetzte feine Kunft mit fchlechtem Glücke fort. Wegen feiner Verzögerungen, vergeblicher Behelfe und Ausflüchte, wurde er auf Befehl des Herzogs *Johann Wilhelm*, 1566. zu Gefängnifs angenommen. Er wurde gütlich und peinlich befragt, (vermuthlich über feine vorfetzliche Betrügerey), und endlich verurphedet. Zu eben der Zeit hatte man zu Würzburg verfchiedene dergleichen fogenannte Künftler eingezogen und beftraft, die man auch wegen des Schneiders *Rommel* abgehört hatte. Man fiehet hieraus, dafs der Mangel an mineralogifchen und metallurgifchen Kenntniffen Anlafs gab, dergleichen Betrügereyen damals zu einer Art von Speculation zu machen. Die für *Rommeln* erbauete Schmelzhütte wurde 1568. an *Kilian Hofmann* aus Schleufingen, zu einer Papiermühle für 600 Mfl. verkauft. Man liefs, nach *Rommels* Abgang, Bedenken und Rathfchläge erftatten, „wie dem Steinheider Werke, das „*Rommels* Künfte wegen, einige Zeit unangebauet liegen ge- „blieben, wieder aufzuhelfen feyn möge,„ Indeffen wurde doch im Jahre 1569. auch die Steinheider Schmelzhütte in der *Grünpen*, zu einem Eifenhammer umgefchaffen.

B b 2   Mit

Goldbergwerk zu Steinheide.

Mit dieser Rommelischen Katastrophe schließen sich aber meine Nachrichten. Jedem Leser wird es auffallen, daß ich sie so kurz und generell faßte; daß ich nicht von dem Inhalt der Bedenken, Aufstände, Unterhandlungen und Vorschläge, nicht von der Verfahrungsart bey dem Aufbereiten, nicht von der Beschaffenheit der Berg- und Tagegebäude, nicht von dem Erfolge der mannichfaltigen Versuche etc. etc. etwas Specielles erzählt habe. Mich drückt dieser Defect gewiß noch stärker, als den Leser; ich konnte aber nicht mehr geben als ich hatte. Vielleicht hätte ich gleich anfangs sagen sollen, daß meine Nachrichten blos auf einem Verzeichniß von alten Bergwerksacten beruhen, welches auf Befehl derer Herzoge von Sachsen, nach Abtheilung der Thüringischen und Fränkischen Linien dererselben, im Jahr 1572. zusammengetragen wurde. Die Rubriken der Steinheider Sachen nehmen 33 Blätter ein. Von dieser grofsen Menge Actenstücke, ist mir aber zur Zeit keins vor die Augen gekommen, als jene Berichte von 1529. und 1541.; ingleichen die Rechnungen von 1540. bis 1542. und 1545. wovon ich einen Auszug geliefert habe. Ich gebe nicht alle Hoffnung auf, noch etwas mehreres aufzufinden. Waren schon die blofsen Rubriken so ergiebig, was würden nicht die Acten selbst gewähren können!

Steinheide gelangte 1572. an die Fränkische Linie der Herzoge von Sachsen, unter deren Regierung geschah es also, daß 1576. bis 1583. nach Anführen der allegirten Topographie, aus den dortigen Werken 150 Mark Gold gewonnen worden. Die Belege hierzu müßten eigentlich in den Archiven zu Coburg anzutreffen seyn. Nach Abgang der Fränkischen Linie, oder der Fürstlichen Söhne des unglücklichen

lichen Herzogs *Johann Friedrich* des Mittlern, fiel Steinheide dem Fürſtlichen Hauſe Sachſen Altenburg zu, und nach
deſſen Ausſterben 1672. an Sachſen Gotha. Herzog *Ernſt*
von Sachſen Gotha, ließ damals ſogleich die verfallenen
Steinheider Werke unterſuchen, der Bericht hiervon (*)
bezeugt, an wie vielen Orten der verbrochenen Stollen, auf
den Halden, und in dem Gewäſſer, man Gold entdeckt habe. Der Gebrauch der Ruthe, und der unterbliebene Verfolg dieſer Entdeckungen, macht ſie einigermaſsen zweifelhaft, wie ich ſchon oben geäuſsert habe. Das gilt auch
wohl bey dem Zeugniſs des Herrn *Georg. Siegfried Trier* v.
J. 1723., welcher „in fünf aufgemachten Gruben, überall
„goldartige Quarze vor Ort anſtehend getroſſen haben will,
„wo zuweilen ziemlich grobſichtiges Gold eingebrochen ha-
„ben ſoll,, (**) Vermutblich iſt es Schwefelkies geweſen.
   In dem vorigen Jahre 1787. war bey Steinheide von
den alten Bauen nichts zu bemerken, als der in neuern Zeiten wieder aufgemachte Stollen, *die heil. drey Könige* genannt, von welchem 1540. bis 1545. Gold geliefert wurde.
Er iſt mit einigen Flügelorten auf einem in Thonſchiefer-Ge-
birg ſtreichenden Gange getrieben worden, der aus reinem
Quarz beſtehet, und nur kleine Druschen von rothen ab-
färbenden Eiſenglimmer ſehen läſſt. Daſs man auf der alten
Halde im *Theurer Grund* noch Schwefelkieſe findet, die
man noch itzt dort zu Ehren der alten Goldbaue, wo nicht
für goldhältig, doch für golderzeugend hält, iſt ſchon er-
B b 3   wähnt

(*) Topographie etc. S. 36. der Beylagen.

(**) Ebendaſelbſt. S. 38.

wähnt worden. (*) Aber das ift auch alles, was man von
Spuren und Producten der ehemaligen dortigen Gruben itzt
noch wahrnimmt. Eine genauere mineralogifche Befchreibung des dortigen Gebirges, wird des eheften von einem
Kenner öffentlich bekannt gemacht werden.
Unbemerkt kann ich nicht laffen, dafs man in dem
Zeitraume von 1530. bis 1567. fich überhaupt in Sachfen
fehr bemühete, vaterländifches Gold zu erzielen. Nach Archivsnachrichten betrieb man zu jener Zeit Goldwäfchen in
der Elbe zwifchen Torgau und Wittenberg bis Belgern und
Pretfch, in der Mulda von Coldiz gegen Grimma und Wur-
zen hin, in der Saale zu Jena, Burgau, Leuchtenburg und
Roda, in dem Waffer die Weida genannt, von der Stadt
Weida bis an die Steinmühle, imgleichen bey Hofersgrün
und Falkenftein. Dafs man grofsen politifchen Glauben auf
unterirrdifche Schätze der Gebirge legte, beweifen auch die
betrügerifchen Engel - Anzeigen, womit der leichtgläubige
Herzog *Johann Friedrich* der Mittlere, von dem fameufen
Grumbach, der einen jungen Hauer darauf abgerichtet hatte,
gemisbraucht wurde. Sie hatten Beziehung auf Bergwerke,
welche die Engelein mit einem gewiffen Termin aufgehen
zu laffen verhiefsen. In den Fragen, die man ihnen vorlegte,

(*) Diefer Glaube geht fo weit, dafs ein gewiffer praktifcher Arzt dortiger
Gegend, bis itzt noch vorglebt, er könne aus diefem Kies an Gold 60
bis 70 Ducaten pro Centner ausbringen. Es erbietet fich, diefe Kunft
gegen Zuficherung einer kleinen Penfion Jedermann zu lehren. Zur Ufurpirung des Goldes, fagt er, müffe man einen filbernen Hamen haben, um die goldnen Fifche zu
fangen. In gewiffem Verftande mag der Mann immer Recht haben.

legte, deutete man auf die Bergwerke zu Heubach und Brei-
tenbach. (*) Ich denke immer, der Herzog *Johann Friedrich*
oder feine fchlimmen Rathgeber, würden noch viel eher
bey den Engelein nach *Steinheide*, worauf man zu jener Zeit
die goldenften Hoffnungen fetzte, gefragt haben, wenn nicht
Steinheide in demjenigen Theile der Fürftlichen Lande gelegen gewefen wäre, welcher dem Herzoge *Johann Wilhelm*
bey der, mit feinem Bruder Herzog *Johann Friedrich* dem
Mittlern eingegangenen Mutfchierung, oder umwechfelnden
Regierung der beyderfeitigen Landesantheile, zugefallen war.

(*) G r u n e r' s Nachrichten zur Gefchlchte Johann Friedrichs des Mittlern,
Herzogs zu Sachfen. S. 67. 69. 150.

VIII.

VIII.

Ueber die Queckfilbererzeugung

und

den Zinoberbergbau

zu Horzowitz im Beraunerkreife in Böhmen,

von

Herrn Rofenbaum.

Von dem Grubenbau.

Das Gebirge kann nach H. *Bergmanns* Eintheilung unter die dritte Klaffe, oder unter die höhern Flötzgebirge gezählet werden; feine Seigerhöhe beträgt nicht über hundert Lachter. An der Oberfläche deffelben findet fich trockener Quarz in unordentlich angehäuften Stücken, die an manchen Orten die Gröfse eines halben Kubiklachters haben, und nur fehr wenig an den Ecken abgeftofsen find. Die Erklärung ihrer Entftehung macht keine Schwierigkeit, da die, auf den Rücken der Berge entblöfsten Steinbrüche, und allenthalben hervorragenden Felfen, aus dem nemlichen Quarz beftehen, von deren fchroffen Wänden noch immer dergleichen Bruchftücke herabrollen, und die Natur in ihrer Wirkung fehen laffen. So wie fich das Gebirge bis zu einer Höhe erhebet,

die

die mit jener des Erzgebirges verglichen werden kann, weil
Klima und Gewächſe übereinſtimmen, ſo gehet der Quarz in
eine grobe Kieſelbreccia über, womit dieſe ganzen beträchtlichen Gegenden in noch gröſsere Stücken überdeckt, und
die Thäler ausgefüllt zu ſeyn ſcheinen, ohne daſs man dieſer
Breccia mit dem Quarz einen gleichen Urſprung, mit gleicher
Gewiſsheit zugeſtehen kann; denn ich habe bisher weder an
den vielen entblöſsten Felſen — die eben auch, nur aus etwas gröbern Quarze beſtehen — noch in dem Innern dieſes
höhern Gebirges etwas ähnliches entdecken können, da es
aus einem gleichförmigen gelblichtweiſsen Thonſchiefer, und
einigen Geſchieben von ſchlechten Eiſenſtein zuſammengeſetzt, und in einer mehrern Tiefe als von dreyſsig Lachtern
nirgends durchſunken iſt. — Auch der Quarz des tiefern
Gebirges, kommt in deſſen abwechſelnden Flötzen nirgends
vor, und es ſcheint, daſs er ſich nur an manchen Stellen
zwiſchen, und über dem angeſchwemmten Flötzgebirge erhe-
be, obſchon er auch ſelbſt mit den übrigen Flötzen gleich-
förmige Lagen hat, die aber — wie ſchon geſagt — aus
Quarz beſtehen, da jene in nachfolgender Ordnung abwechſeln. Gleich unter dem eben beſchriebenen ſeltſamen Ueber-
zuge, deſſen Zwiſchenräume meiſtens die beſte Dammerde,
öfters aber auch grober und feiner Sand ausfüllt, kommt eine hohe Lage Laim mit untermengtem Schotter; dann ſchwar-
zer, wenig erhärteter Thonſchiefer, mit eingeſtreuten Glim-
merblättchen; dann ein grauer ſehr feſter Schiefer mit Quarzkörnern; nach dieſem ein eiſenhältiger mürber Schiefer; zer-
reiblicher brauner Eiſenocher mit eingemengter weiſser Thonerde; eine mit Speckſteindrüſen vermengte Thonart, die in
drey verſchiedenen Schichten kaum merklich von einander

C c · unter-

unterfchieden find; dann folgt wieder eine Lage grauer fefter Schiefer; endlich ein grünlichter nicht fo felter Schiefer,
welcher das Dach des nachfolgenden Eifenfteinflötzes, auch
die Sohle deffelben, oder den fogenannten Schram ausmachet.
Alle diefe Flötze haben ein, mit dem Gehäng des Gebirges
widerfinnifches Verflächen, von 10 bis 12°. Unter diefen laffen fich keine weitere Lagen unterfcheiden. Das Gebirge wird
gleichförmig, und die langfam verwitternde weifsgraue Steinart, gehört zu der Art der Thonmergel.

Gedachtes Eifenfteinflötz nun, durchfetzen viele, nach
verfchiedenen Weltgegenden, gröfstentheils aber dem Gehäng
des Gebirges nach, ftreichende Zinoberklüfte, die nicht über
fünf Lachter, und am öfteften nur ein oder zwey Lachter,
bisweilen gar nur zwey bis vier Schube, über und unter das
Eifenflötz, allemal feiger hinausfetzen. Ihre Mächtigkeit geht
felten über einen Schuh, und ihre Gangart ift gewöhnlich
Schwerfpath, öfters in verfchobenen Würfeln und Scheiben,
undurchfichtig und durchfichtig mit eingefchloffenem Zinober,
der ihnen eine helle rofenrothe Farbe mittheilt, bisweilen unförmig mit eingefprengtem Zinober, oder mit Dendriden von
Zinober; Kies mit eingefprengtem Zinober verfchieden cryftallifirt und gefurcht. Der Zinober pflegt fich in dem Eifenflötze felbft, nur mit Spuren zu verrathen; derber Kies ift
nicht felten ein Vorbothe deffelben; aber über dem Eifenflötze
erreicht er auch öfters die Mächtigkeit von einem, bis fechs
Zoll, ift dann fehr fchön, dicht, oder kleinfchuppicht, oft
fitzt er nefterweife in Eifenocher eingehüllt, und enthält fünf
und fiebenzig bis achtzig Pfund Queckfilber im Centner. Aber
er gehet felten höher als zwey Lachter, wird von den darüber liegenden Flötzen zugleich mit dem Gange abgefchnitten,
und

und unter dem Eiſenflötz hält er ſelten tiefer, als zwey oder
drey Schuh an. —— Hieraus iſt leicht abzunehmen, daſs die
Entdeckung dieſer Zinoberklüfte, gewiſs durch die ältere Bearbeitung des Eiſenſteins geſchehen ſeyn muſs, und daſs hiedurch der Zinoberbau nicht wenig hätte begünſtiget, und erleichtert werden können, wenn man gleich anfangs den natürlichen Vortheil davon zu benutzen gewuſst hätte. Es iſt
gewiſs eine nicht geringe Gabe der Natur, zwey ſo wichtige
Quellen des Reichthums, als das Queckſilber, und das Eiſen
in hieſigen holzreichen Gegenden iſt, ſo vortheilbaft vereiu-
bart zu ſehen!

Vor nicht langer Zeit muſs dieſer Bergbau auf Zinober
noch ziemlich ſtark betrieben worden ſeyn; denn was von
dem Verhau auf Zinober theils noch zugangbar, gröſstentheils
aber gänzlich verfallen, und nicht über eines Menſchen Alter
iſt, (*) iſt ſchon beträchtlich, und die Erträgniſs davon in
den letztern 30 Jahren, betrug gegen vierzigtauſend Gulden.
Aber da die Aufſicht hierüber nur Leuten, die entweder vom
Bergbau keine Kenntniſs hatten, oder auch ſich aus Bequemlichkeit nicht viel darum bekümmerten, anvertrauet war; ſo
widerfuhr dieſem Bergbau das nemliche, was noch heut zu
Tage vielen der umliegenden ergiebigſten Eiſenbergwerken
geſchieht, daſs nemlich des unordentlichen, und mit keiner
Rückſicht auf die Zukunft ſchlecht, oder gar nicht unterhal-
tenen Baues wegen, den Nachkömmlingen nichts als Merkmale der Verwüſtung, und auch nicht die unbedeutendſte
Nachricht hinterlaſſen wird. Durch die letztern Jahre war
auch alles, was an Zinober hier erzeugt worden, mehr dem
Zufall, als wirklichen mit Grund angeſtellten Verſuchen zuzu-
C c 2
ſchrei-

(*) Aeltere Nachrichten mangeln gänzlich.

fchreiben, fo wie durch die Bearbeitung des Eifenfteins einige Klüfte entblöfst worden find, und es werden vielleicht
noch mehrere Jahre erforderlich feyn, bis man durch die gegenwärtigen Verfuche das Verhalten diefer Klüfte näher bemerken, und hiedurch in den Stand gefetzt feyn wird, den
Zinoberbau mehr und mehr zu erweitern, befonders wenn
man die Vortheile, welche hiebey das Eifenfteinflötz gewährt,
belfer als es fonft gefchehen, zu vereinbaren fuchen wird. —

Von der Queckfilbererzeugung.

Das grobe Stufwerk, wie es aus der Grube kömmt,
wird in ganz reinen Zinober gefchieden, von welchem wieder der reinfte Theil als Farbzinober, für Maler und Apotheker ausgehalten wird. Das übrige Stuffenwerk, worinn der
Zinober mehr und weniger eingefprengt ift, und woraus ohne Nachtheil der folgenden Scheidung mit dem Hammer,
kein reiner Zinober mehr abgefondert werden kann, wird fogleich in gröfsere und kleinere Graupen — je nachdem der
Zinober in gröfsern oder kleinern Theilen mehr oder weniger in der Stuffe enthalten ift — zerfchlagen. Es kömmt auf
diefen wohl beobachteten Handgriff fo viel an, dafs ich hiebey nicht nur das, in diefem Fall fonft übliche Trockenpo-
chen mit Vortheil befeitige, fondern auch die Ausfchläge fo
unhältig, den Setzfchliech hingegen fo reichhältig erhalte,
dafs ich dadurch aller weitern Behandlung durchs nalfe Pochen und Schlemmen überhoben bin. Wiederholte Verfuche
haben mir diefen Erfolg von einer, blos durch Menfchenhän-
de bewirkten Erzfcheidung beftätiget, der vielleicht manchem Bergmann unwahrfcheinlich vorkommen dürfte. Das
auf diefe Art mit vieler Vorficht zerkleinerte Erz, wird mittelft

telſt dreyer Siebe in Groberz - Mittlerz - und Feinerz - Graupen, durch die bekannte Siebſetzarbeit vollkommen gereiniget, und dieſes ſowohl, als das grobe Stuffwerk zu einem groben Pulver, welches noch durch das feine Sieb geſchlagen wird, zerſtoßen. Alſo vorbereitet kommt der Zinober zum Queckſilberbrennen.

Hierzu hatte man ſich ehedem eiſerner gegoſſener Retorten bedient, deren jede ihren beſondern Windofen hatte, das Ganze aber ſtellte einen, der Scheidewaſſerbrennerey ähnlichen Galerenoſen vor. Man kann ſich leicht vorſtellen, welchen Beſchwerlichkeiten eine ſolche Vorrichtung ausgeſetzt ſeyn mußte. Jede Retorte faßte nur zwölf Pfund Zinober, und dies nur damals, wenn er ſehr reich, folglich ſchwer war. Die Erzeugung des Queckſilbers mußte alſo auch bey einer Galere von vier und zwanzig Retorten, nur ſehr langſam von ſtatten gehen; und der Verluſt des Queckſilbers bey heyden Oeffnungen der Retorten, konnte ohngeachtet der ſorgfältigſten Auswahl der Kütte, nicht anders als beträchtlich ſeyn, denn die Retorte fodert — wenn alles gut ausgebrannt, und übertrieben werden ſoll — durchaus rothe Glühhitze. Schon die traurigen Folgen der Queckſilberdämpfe für die Geſundheit der Arbeiter, die, faſt immer mit der Verküttung beſchäftigt, beſonders leiden mußten, ſind für ſich allein abſchreckend gnug, um eine mit ſo viel Hinderniſſen verbundene Methode zu verlaſſen.

Meine Vorrichtung, die ich ſtatt jener gewählet habe, iſt eine Diſtillation nach unten, und man wird aus dem folgenden beurtheilen können, in wie weit dadurch allen den vorigen Beſchwerlichkeiten ausgewichen worden ſeye. Sie beſtehet aus folgenden Stücken, die von gutem garem Roheiſen

C c 3

eifen gegoffen worden find: A. — *erfte Figur* — ift ein 32
Zoll hoher, und 11 Zoll im Durchmeffer haltender Cylinder,
oben mit einem ftarken Ring verfehen, und deffen Metalldicke
einen halben Zoll beträgt. H. — *zweyte Figur* — ein 7 F.
Schuh langer, 27 Zoll breiter, und 7 Zoll hoher Wafferbehälter, an deffen einer Seite zwey Löcher — eines *a.* gleich
am Boden des Gefäfses, das andere *b.* aber um vier Zoll höher — angebracht find, um in dem erften einen hölzernen
Zapfen, und in dem zweyten eine hölzerne Pipe befeftigen
zu können. C. — *dritte Figur* — ift ein dem obern Theile eines Kelchs ähnliches, 12 Zoll hohes, und 10 Zoll brei-
tes Gefäfs, wozu D. — *vierte Figur* — das, befonders aus
gefchmiedetem Eifen verfertigte Fufsgeftelle abgiebt, welches oben mit einem Kranz, und unten mit einem Kreuz
verfehen ift, den Kelch gut faffen, und ohne zu wanken
tragen muß. Kelch und Fufsgeftell zufammen, muß alfo um
einen Zoll kürzer als der Cylinder, und mit einem Wort
fo befchaffen und gebaut feyn, dafs der Cylinder über beydes bequem hinabgelaffen werden könne. Die übrigen Ge-
räthfchaften bedürfen keiner befondern Befchreibung, da ihre Nothwendigkeit die Arbeit jedem an die Hand giebt, und
es wäre überflüffig von den übrigen Eigenfchaften einer che-
mifchen Werkftatt etwas zu fagen, die man in vielen che-
mifchen Schriften befchrieben findet, und hier als nothwen-.
dig vorausgefetzt werden. Die Anwendung des eben befchriebenen Geräths ift folgende. Unter einem Rauchfang,
Fig. 5. mit feinem Mantel verfehen, ift der Wafferbehälter
H. alfo angebracht, dafs er 10 Zoll vom Boden erhöhet, auf
zween kleinen Vorfprungmauern wagerecht auffitze, und von
dreyen Seiten mit Feuermauern eingefchloffen feye. Fig. 6.

im

im Grundriſſe. Dieſe Feuermauern haben in einer Höhe von 15 Zollen von dem Boden des Waſſerbehälters, noch einen andern Abſatz, der nur drey Zoll breit ſeyn darf, und eiſernen Blättern a. d. e. f. g. Fig. 6. zur Unterlage dienet, welche an der Vorderſeite nur auf einer eiſernen Stange aufliegen, und in der Mitte zirkelrunde Ausſchnitte von der Gröſse der Cylinder haben. Wenn nun dieſe Platten alſo gelegt ſind, daſs ſie genau an einander paſſen, und mit ihren Oeffnungen gerade über dem Waſſerbehälter liegen, ſo werden die Füſse D. Fig. 7. mit ihrem Gefäſse C. durch dieſe Oeffnungen in den Waſſerbehälter geſetzt, mit der Vorſicht, daſs jedes Gefäſs mit ſeinem Fuſs mittelſt einer Lehre, oder eines Senkels in gleichweiter Entfernung vom Umkreis der Oeffnung zu ſtehen komme. Alsdenn wird der Zinober mit ſeinem Zerlegungsmittel in die Kelche eingetragen, oben mit dem letztern allein, einen halben Zoll hoch bedeckt, und endlich werden die Cylinder mittelſt eines Hebels darüber hinunter gelaſſen. An der Vorderſeite vertreten zween eiſerne Platten E und F. Fig. 5. die Stelle der Feuermauer, die unten kleine Ausſchnitte haben, welche ſtatt des Luftzuges, oder zur Ausräumung der Aſche dienen. Dieſe Platten werden noch inwendig mit Ziegeln belegt, um das Glühendwerden derſelben zu verblüten. Alsdenn wird zur Feuerung geſchritten, die anfangs ſehr langſam gehen muſs, damit die Cylinder ſich nach und nach erwärmen, und nicht ſpringen. Zu gleicher Zeit wird in den eiſernen Waſſerbehälter, aus einem andern nahen Waſſerbehältniſs ſo viel Waſſer gelaſſen, bis die Cylinder mit ihren Mündungen wenigſtens drey Zoll tief unter Waſſer ſtehen, oder das Waſſer die Höhe der Pipe b. erreicht hat; der Zufluſs aber ſodann nur ſo ſtark gelaſſen, als erfordert wird,

um

um die Ausdünftung zu erfetzen, und die Sudhitze zu verhindern, zu welchem Ende auch die Ableitung des erwärmten Waffers durch die erwähnte Pipe gefcheben mufs. ——

Zur Zerlegung des Zinobers bediene ich mich des Eifenhammerfchlags, den eine einzige Nagelfabrik von 12 Perfonen, oder eine eben fo ftark befetzte Löffelfchmiede für fünf Cylinders hinlänglich zu liefern im Stande ift. Ich ziehe davon doppelten Vortheil; denn er koftet hier nichts, als die Mühe ihn zu fammlen, und ich gewinne dabey an Zeit, Koften und Kohlen. Denn da ich die Verhältnifs der eigenthümlichen Schwere des Hammerfchlags zum gebrennten Kalk wie 20 gefunden habe, fo ift klar, dafs bey dem erftern beynahe die Hälfte des Raums gewonnen werde, wenn man annimmt, dafs von beyden gleiche Theile gleiche Wirkung thun; ob es mir gleich bey verfchiedenen Verfuchen gefchienen hat, dafs der Kalk keine fo vollkommene Zerlegung bewirke, wie der Hammerfchlag. Ein Drittel deffelben ift bey dem reichften Zinober immer hinlänglich, bey ärmern kann er bis auf ein Viertel vermindert werden; doch ift allzeit fichrer, etwas zu viel als zu wenig zu nehmen, wenn man fich nicht andern unangenehmen Ereigniffen ausfetzen will. Befonders mufs hiebey die vorhin erwähnte Bedeckung des eingefetzten Gemenges mit blofsem Hammerfchlag beobachtet werden, ohne welcher Vorficht von der Oberfläche viel Zinober unzerlegt bis in das Waffer hinabgetrieben wird. Eigentlich aber läfst fich kein gewiffes Verhältnifs zwifchen den Hammerfchlag und Zinober beftimmen, da es hiebey allemal auf den Antheil des Schwefels im Zinober, und der Menge des darinn vorkommenden Schwefelkiefes ankömmt. Vorläufige Verfuche müffen alfo jedesmal vorgehen, wenn man eine neue Partie Zinober zu brennen anfängt.

Nun

Nun auch etwas von einigen Erſcheinungen, die bey
dieſer Arbeit vorkommen. So wie das von oben angezün-
dete Feuer die Gefäſse zu erwärmen beginnt, wird die in
ſelben eingeſchloſſene gemeine Luft anfänglich in Blaſen,
aber gleich darauf heftiger mit Getöſe ausgetrieben. —
Dies dauert nicht lange, und gleich bey zunehmender Hitze,
wenn die Zerlegung des Zinobers geſchiehet, bricht die aus
dieſer Zerlegung, und zum Theil auch aus jener des neuent-
ſtandenen Schwefelkieſes, erzeugte entzündbare Luft mit
gröſserer Exploſion hervor, welches bis zu Ende der Arbeit,
nur nach und nach immer ſchwächer, anhält. Mir iſt es einigemal gelungen, dieſe Luft mittelſt Holzſpähnen zu entzün-
den, aber die aus dem Waſſerbehältniſs aufſteigende heiſse
Waſſerdämpfe, und vermuthlich auch die mehr und mehr
phlogiſtiſirte Luft, haben die Entzündung gröſstentheils verhindert; auch die vitriolſauern, nach Schwefelleber ſtinkende
Dämpfe, welche mit der Luft zugleich hervorbrechen, können dieſe Wirkung mit hervorgebracht haben. Es iſt übrigens hier der Ort nicht, von den beſondern Eigenſchaften
dieſer Luftart mehreres zu ſagen, nur ſo viel iſt noch nöthig anzuführen, daſs das Ende der Entwicklung derſelben,
für kein Zeichen der vollendeten Arbeit angeſehen werden
könne, wie ich ſelbſt zu vermuthen Urſach hatte; man würde viel Kohlen vergeblich verbrennen, da viel eher die Arbeit zu Ende, und kein Queckſilber mehr übergeht. Nur
ſchwächer und langſamer wird das Getöſe dieſer Luft, ſo
daſs ich 5 oder 8 Secunden zwiſchen jedem Schlage bey 5
Cylindern zählen konnte. Doch gebe ich auch dies für kein
ſicheres Zeichen aus, ſondern nur für ein Mittel, mittelſt
zwey oder drey Verſuchen mit einem einzigen Cylinder, die

D d

wahre

wahre Dauer des Feuers zu beftimmen. Bey einem Cylinder, ilt auch alles Getöfse nicht fo heftig, und ein fühlbares Ohr kann das Zifchen der heifsen Queckfilbertröpfen, wenn fie ins Waffer fallen, genau bemerken, denn die Queckfilberdämpfe werden von den untern kühlen Wänden der Cylinder zum Theil angezogen, und in Tropfen verfammlet. Je reicher der Zinober ift, defto längere Zeit braucht er zur Zerlegung. So hab ich bey den hiefigen reichen Zinobergattungen eine Brennung von zwey und einen halben Centner Zinober — oder auf drey Centner wenn er ärmer war — meiftens in dreyfsig bis fechs und dreyfsig Stunden vollendet, wobey wenigftens vier Stunden mit Aushebung der Cylinders, Abzapfung des Queckfilbers, und der neuen Befchickung zugebracht worden find. Das Feuer muß während der Arbeit fo viel möglich gleich geführt werden. Es kann, — wenn es auf einmal zu viel Luft bekommt, und zu heftig um fich greift, fo, dafs durch die Heftigkeit der hervorbrechenden entzündbaren Luft das Waffer mit in die Höhe geworfen, und Queckfilberfchliech dabey verfprützt wird — am leichteften mit Kohlenftaub und Löfch gedämpft werden, welches nebft der Erfparung an Kohlen, die umfonft verbrennen würden, da es hier nicht fowohl auf die Stärke, als die Dauer des Feuergrades ankömmt, noch den Vortheil bringt, dafs die Cylinder damit bedeckt, vor dem Zutritt der Luft gefchützt, und die Verkalkung verhindert werde. Blos durch diefe Vorficht läfst fich das Befchlagen diefer Gefäße mit einer Kütte wenigftens von aufsen entbehren; inwendig aber, und befonders wo die öftere Beyfchaffung derfelben eine zu beträchtliche Auslage feyn würde, wird die Befchlagung immer unentbehrlich feyn. Die Dauer diefer Gefäße

fafse kann ich noch nicht beftimmen, da bis itzt nur 44
Brennungen darinn vorgenommen find, und noch keins beträchtlich abgenutzt worden ift. ——
Wenn es Zeit ift, die Feuerung einzuftellen, wird das
Feuer noch einmal ftark mit Lölch bedeckt, damit die Verkühlung nur nach und nach gefchehe. Das Waller, welches
zur Verkühlung dient, läfst man einige Stunden länger laufen, aber fobald die Cylinder hinlänglich verkühlt find, muß
es ganz eingeftellt werden; denn die äufsere Luft drückt
— wie leicht voraus zu fehen ift — das Waller in die Höhe, und wird der Zuflufs nicht eingeftellt, fo fteigt folches
bis in die Kelche, ergreift den Rückftand, und verurfacht
zweyerley Ungemach. Das erfte ift, wenn die Cylinder
ausgehoben werden, und die äufsere Luft mit Gewalt In fel-
be hineinftrömt, ftürzt das Waller aus ihnen in den Trog
binab, der öfters überläuft, und das Waller reifst allemal eine Menge des feinften Queckfilberfchliechs mit fich fort.
Ehe ich des zweyten Unfalls erwähne, mufs ich eine Anmerkung zuvor anführen, die den Rückftand felbft betrifft.
Diefer beftehet gröfstentheils aus einem grauen Pulver,
und, nach dem Maafs des zugefetzten Hammerfchlags, aus
Schwefelkies, der bisweilen in Kügelchen zufammen gefchmolzen ift, bisweilen aber die Geftalt der, unter dem
Hammerfchlag befindlichen gröbern Stückchen Eifen behält.
Ift der Rückftand gut ausgebrennt, fo zerfällt er beym Aus-
leeren der Kelche ganz von fich felbft; ift er es aber nicht,
und noch unzerlegter Zinober darinn, welches allemal in der
Mitte gegen den Boden zu gefchiehet, wohin, als dem ent-
fernteften Punkte, das Feuer am fpäteften wirkt, fo bleibt
der unzerlegte hältige Theil in einer zufammengedrückten

D d 2

Kugel

Kugel beyſammen, welche deſto hältiger iſt, je feſter ſie zuſammenhängt. Dieſer Umſtand bringt alſo den, für dieſen ganzen Prozeſs nicht geringen Vortheil mit ſich, daſs — wenn gleich in der Führung des Feuers ein Fehler unterloffen iſt — man die, bis ein und zwey Pfund hältigen Rückſtände, bey einer behutſamen Ausleerung oder Umſtürzung der Kelche, von dem unhältigen ohne die geringſte Mühe abſondern kann. Dieſes Vortheils nun wird man beraubt, wenn das Waſſer auf die vorerwähnte Art in den Kelch tritt, und den Rückſtand erweicht. .

Ich habe zuvor des Vorzugs gedacht, den ich dem Hammerſchlage vor dem Kalk, als den, im Groſsen allgemein angenommenen Zerlegungsmittel einräume. Ich muſs aber auch den Nachtheil berühren, der dadurch entſteben kann, wenn man das Ganze nicht mit gehöriger Genauigkeit betreibt, um einem Einwurf zu begegnen, der mir ſchon gemacht worden iſt, auch noch gemacht werden könnte, und nicht ohne Grund iſt. — Fallen die Rückſtände zwey oder dreypfündig aus, ſo werden die Unkoſten ſchwerlich bezahlt, wenn man ſie noch einmal überbrennen wollte; die Verwaſchung würde alſo das beſte Mittel ſeyn, dieſe Rückſtände zu benützen. Aber da der Unterſchied der eigenthümlichen Schwere des Eiſens oder der aus dieſem entſtandenen Schwefelkieſe, und des Zinobers zu gering iſt, ſo läſst ſich ſchwerlich eine vortheilhafte Abſonderung in dieſem Wege zu erhalten hoffen. Der Kalk würde alſo in dieſem Falle unſtreitig beſſere Dienſte thun. Dagegen läſst ſich nun freylich nichts ſagen, auſſer man wollte den flüchtigen Gedanken verfolgen, die Rückſtände auf Vitriol zu benutzen, wie es vielleicht bey einem groſsen Werke thunlich und nützlich ſeyn dürfte,

dürfte, wo ſich ſodann die ausgelaugte Eiſenerde leichter
verwaſchen lieſse. Dies können fernere Verſuche ausmachen;
inzwiſchen kann ich verſichern, daſs, wenn die Verhältniſs
zwiſchen Hammerſchlag und Zinober gut getroffen, und überhaupt alles gut beobachtet wird, die Rückſtände ganz unhältig ausfallen müſſen. Ich verlaſſe mich hierinn auf meine
wiederholten, und mit möglichſter Genauigkeit gemachten
Verſuche, die alle darinn übereinſtimmen, daſs — wenn der
Rückſtand ganz zerfällt — im Hals der Retorte bey der Probe deſſelben weiter nichts, als ein Anflug von Queckſilber
zu bemerken ſeye, der weder geſammlet, noch abgewogen
werden kann. Ich nahm nie weniger als ſechs Probircent-
ner zur Probe, und trieb dabey das Feuer mittelſt guter glä-
ſerner Retorten ſo weit, bis der Rückſtand durch und durch
roth glühte, und nach einer Viertelſtunde die Retorte zu
ſchmelzen anfieng, wo ſodann beym Abſprengen der Retorte, kein Geruch zu ſpüren war. Sind die oben erwähnte Kugeln der Rückſtände, von einem ſolchen Zuſammenhange,
daſs ſie beym Aufheben in der Hand zerfallen, ſo iſt ſchon
ein Pfund Queckſilber im Centner; dies, und weil man anderer Geſchäfte wegen denen Arbeitern nicht genug nachſe-
hen kann, verurſacht, daſs die Rückſtände im Durchſchnitt
gröſstentheils auf 10 Loth im Centner kommen, welches
meines Erachtens immer nicht viel iſt, und wie ich ſicher
hoffe, noch ganz vermieden werden wird. —

Das Queckſilber erſcheint bey dieſer Brennungsart nicht
ganz in laufender Geſtalt, ſondern der dritte Theil ungefähr,
liegt als ein fetter zarter Schlamm unter den Cylindern, welcher ſammt dem Queckſilber und Waſſer mit Bürſten zuſammen gekehrt, und in einen eiſernen Waſchkeſſel abgezapft

wird;

wird; darinn bleibt alles 24 Stunden ſtehen, und wird nur
bisweilen untereinander gerührt. Dieſe Zeit hindurch ziehet
das laufende Queckſilber noch einen groſsen Theil des Schlie-
ches an ſich, indem öfters — wenn ſich alles nach dem
Umrühren wieder geſetzt hat — friſches Waſſer zugegoſſen
wird. Sodann wird das Waſſer abgeſchöpft, das Queckſilber
durch eine Pipe heraus gelaſſen, der noch übrige Schliech
aber auf ein von drey Seiten aufgebogenes Blech geſtürzt.
Ich habe verſchiedene Mittel verſucht, dem, in dieſem Schliech
häufig noch enthaltenen Queckſilber ſeine Flüſſigkeit zu geben, aber keines hat mich kürzer und leichter zum Zweck
geführt, als die Trocknung; dadurch, und wenn der Schliech
unter der Trocknung mit einem eiſernen Spatel öfters hin
und her geſtrichen wird, verwandelt ſich beynahe der ganze
Schliech vollends in Queckſilber, bis auf einen geringen
Theil, deſſen Vereinigung durch fremde Beymiſchungen noch
verhindert, und darum geſammlet wird, um ihn noch einmal
zu überbrennen. Er beſteht gemeiniglich aus 33 Theilen
Queckſilber, 16 Zinober, und 3 Theilen Todtenkopf, aus
welchen durch die Diſtillation weiter nichts abzuſcheiden iſt.
Das übrige von 100 iſt Waſſer und nur brenzlichtes Oehl,
worinn keine Merkmale einer Säure zu finden ſind. Es verdient aber doch noch genauer unterſucht zu werden, ob dieſe Fettigkeit, die dem Queckſilber ſo ſehr anhängt, und
Künſtlern, beſonders aber denen Barometermachern beſchwer-
lich iſt, nicht der Vitriolſäure zuzuſchreiben ſeye, welches
um ſo wahrſcheinlicher iſt, als das Queckſilber auf dieſe Art
erzeugt, viel reiner iſt, als ich jenes von Idria gefunden habe. Es beſitzt einen höhern metalliſchen und blitzenden Glanz,
und iſt überhaupt weit lebhafter als jenes. Der beſtändige

Zu-

Zu- und Abfluſs der Waſſer verdünnet die, aus dem Schwefel ſich erzeugende Säure zu ſehr, als daſs ſie ſich an das, in Dämpfen niederfallende Queckſilber eben ſo ſehr, als es bey einer andern Erzeugungsart geſchieht, anhängen könnte. Die durch vier und zwanzig Stunden geſammlete Lauge, welches beyläufig 320 Maaſs ausmachte, bis auf zwey Maaſs abgedampft, gab nur 1 ½ Loth Eiſenvitriol, und enthielt viel freye Säure, die durch ihre zu ſtarke Verdünnung, die eiſernen Gefäſse nicht bis zur Sättigung auflöſen konnte. Der Niederſchlag enthielt — wie zu vermuthen war — keine Spur eines aufgelöſst geweſenen Queckſilbers. —

Die Unkoſten bey dieſer Brennungsart ſind ſehr gering, wenn man die Beyſchaffung der eiſernen Gefäſse doch nur in jenem Fall davon ausnimmt, da ein zu ſprödes Roheiſen das öftere Springen, folglich die öftere Beyſchaffung derſelben eine gröſsere Auslage verurſachen dürfte. Zwey Arbeiter ſind mehr als hinlänglich, die ganze Arbeit zu verſehen, und nur bey der Aushebung der Cylinder, und der neuen Beſchickung derſelben, eigentlich nothwendig; die übrige Zeit hindurch iſt nur einer mit Unterhaltung des Feuers, und Leitung des Waſſers beſchäftiget. Theilt man aber die Arbeit ſo ein, daſs jedesmal fünf oder ſechs Cylinder in abgeſonderten Oefen zu verſchiedenen Zeiten ausgebrannt werden, ſo können erſtere zwey Arbeiter, mit täglicher oder 12ſtündiger Abwechslung eben ſo gut 20 und mehr Cylinder verſehen, als fünfe; und zweytens kann die Brennung ununterbrochen fortgehen, ohne daſs man auf die Auskühlung der Gefäſse zu warten nöthig hat, und die Erzeugung kann nach Nothdurft ins Groſse betrieben werden. —

Der

Der Kohlenverbrandt beträgt bey 5 Cylindern 30 bis 40 Tonnen Kohlenmaaſses — eine Tonne enthält 1 Metzen ½ Wiener Maaſs an fichtenen Kohlen — an welchen ich aber noch etwas zu erſparen hoffe, da ich bey einer nochmaligen Umänderung dieſer Vorrichtung den Durchmeſſer der Cylinder um 11 Zoll geringer annehmen, folglich ſtatt fünf, vielmehr ſechs in dem nemlichen Raum anbringen, und den Feuerraum noch um etwas verringern werde. —

Schlieſslich kann ich den Wunſch nicht bergen, daſs ich — weit entfernt dieſem Queckſilberbrennproceſſe einen voreiligen Vorzug vor irgend einem andern beyzulegen, oder den Ruhm einer neuen Erfindung zu geben — durch hinlängliche Nachrichten mich im Stande ſehen möchte, eine richtige Vergleichung zwiſchen dieſem und andern, beſonders aber den zu Idria üblichen machen zu können. Nur dies iſt der entſcheidende Weg, welcher jeder Sache ihren Werth giebt, Aber es mangelt zu ſehr an ſolchen genauen Nachrichten, und reiſende Gelehrte würdigen ſelten all' die kleinen Umſtände, die eine Vergleichung erfodert, ihrer Aufzeichnung. Sollte ich aber je auf irgend eine Art in Stand geſetzt werden, darüber richtige Vergleichungen anzuſtellen, ſo werde ich das Reſultat davon nachzutragen die Ehre haben. Horzowitz den 23. November 1787.

IX.

IX.

Tyrolifcher

Silber - und Kupfer - Schmelzprozefs,

mitgetheilt

von

Ignatz von Born,

K. K. wirklichen Hofrath bey der Hofkammer in Münz - und
Bergwefen zu Wien.

Das meifte Silber, welches in den Tyrolifchen Bergwerken erobert, und bey dem K. K. Schmelzwerke zu Brixlegg
aus den Erzen ausgebracht wird, ift in einem grauen Kupfererze enthalten, welches bishero unter dem Namen *Kupferfahlerz* bekannt ift. Die Tyrolifchen Fahlerze müffen aber als
zwey Gattungen angefehen werden. Die erfte ift das eigentliche Kupferfahlerz — *Pyrites cupri grifeus* — des Cronftedts
§. 198. I. Es bricht in Schiefergebirgen am Röhrbüchel,
und mit gelben Kupfererzen oder Kupferkiefen — *Pyrites cupri* Cronft. §. 198. 2. — zu Kitzbüchel am Sinnwell.

Die zweyte Gattung der grauen filberhältigen Kupfererze ift ein aus Schwefel, Arfenik, Spiesglas, Queckfilber
und Eifen zufammengefetztes filberhältiges Kupfererz, mit-
hin eine von den bekannten Fahlkupfererzen ganz unterfchie-

E e   dene

dene Erzart, welche, theils wegen dem geringen Silberhalt,
der im Centner der reinften Erze felten über 18 Loth hinauf-
kümmt, theils wegen feiner Mifchung, auch nicht zu den Sil-
berfahlerzen gerechnet werden kann, folglich unter den Kupfererzen, da fie bis 25 Pfund diefes Metalls enthält, als eine
eigene Gattung angefehen werden muß. Nach mehr als 300
Jahren, feitdem diefe Erzart in Tyrol bearbeitet wird, ift
Herr Bergrath *Scopoli* der erfte gewefen, der fie — unter feinen mineralogifchen Vorlefungen — zergliederte. Ich weiß
aber nicht, warum derfelbe den merkurialifchen Beftandtheil
diefes Erzes nicht angefetzt hat.

Es ift bekannt, daß, um das Silber von den Kupfererzen, bey denen es fich befindet, herauszubringen, eine befondere Manipulation — das gewöhnliche *Seigern* — üblich fey, in welcher die einmal ausgebrachten filberhältigen
Schwarzkupfer mit Bley folchergeftalt befchicket werden,
daß die zu feigernde Frifchftücke den, diefen Arbeiten ange-
meffenften Silber - Bley - und Kupferhalt bekommen. Das
bey der gewöhnlichen Seigerung nöthige ängftliche Abwä-
gen der drey Metalle, um in jedes Frifchftück das vorge-
fchriebene Verhältniß genau hineinzubringen, wird bey der
Brixlegger Schmelzarbeit gänzlich erfparet, ohngeachtet
gleichwohl nur meiftens durch das Seigern der Silberhalt
aus den Kupfererzen ausgebracht wird, wie aus dem hier
folgenden Prozeffe zu erfehen ift.

§. 1. Wenn die Erzgefähle von einer ganzen *Reitung* —
Monat — zur Hütte geliefert find, fo werden fie zur Verfchmelzung genommen, und zur erften oder der *Roharbeit*
folchergeftalt befchicket, daß in Anbetracht der dabey befindlichen Berg- oder Steinarten, nicht nur ein guter Fluß
zuwege

zuwege gebracht, fondern auch durch fchwefelhältige Zufä-
tze, bey diefer crften Arbeit alles in den Erzen enthaltene
Kupfer und Silber aufgelöfet, und alfo in den *Rohftein* oder
Leab gebracht werde. Ich brauche den ohnehin bekannten
Umftand nicht anzuführen, dafs, wenn der Kohftein an Me-
tallen zu reich ausfällt, vieles Metall in die Schlacken gehe,
und wenn er hingegen zu arm gemacht wird, die nächften
Arbeiten unwirthfchaftlicherweife ausgedehnet werden.

Die filberhältigen grauen Kupferfahlerze, die man in
den Kalkgebirgen gewinnet, und die alfo vieles vom Kalkfteine, von der Erzfcheidung her, bey fich behalten, müffen, um diefe Steinart in einen Flufs zu bringen, mit einer
Thonart, und da fie auch zu wenig Schwefel führen, um eine für ihren Metallgehalt nöthige Menge *Stein* oder Leech
zu erhalten, mit andern fchwefelhältigen Zufätzen befchicket
werden. In der erften Abficht wird ein unweit der Schmelzhütte, hinter dem Kalkgebirge liegender dunkelgrauer fetter
Thonfchiefer — *Srbiftus pinguis Wallerii* Sp. 159. — zur Befchickung angewendet.

Um den Rohftein aber zu vermehren, werden theils filberhältige und kiefige Kitzbüchler Kupferfahlerze, von denen
ich im Eingange geredet habe, theils auch aus dergleichen
Fahlerzen, welche zu Kitzbüchol beym Scheiden befonders
ausgehalten, und zu Litzelfelden einer unweit S. Johann gelegenen Schmelzhütte ins Rohe gefchmolzen werden, abfallende Rohfteine zugefetzet.

Zum Anfange der Reitung wird das Erzgefähl bey der
Hütte betrachtet, und dann für die ganze Reitung die Be-
fchickung von dem Oberhüttenverwalter gemacht, und in
Scbicbten-Vormafsen eingetheilet.

Ich

Ich ſetze eine ſolche Beſchickung zur mehrern Einſicht hieher, bey welcher ich aber, um der Kürze willen,
nicht eine jede Grube, wie ſolches bey der Hütte geſchieht,
benennen, ſondern die Erze ſummariſch anſetzen werde.

Erzfchmelzbefcblckung.

	Naſſes Gewicht		Trock- nes Gewicht		Halt der Centner an				Ganzer Inhalt zuſammen					
	Cntn.	Pf.	Cntn.	Pf.	☿	Silber			Kupfer		Silber			
					Pfd.	Lt.	Qt.	Pf.	Cnt.	Pfd	Mrk.	Lt.	Qt.	Pf.
Verſchiedene ſilber- hältige Kupferſahl- erze aus Kalkge- birgen -	1836	37	1746	7	$7\frac{1}{4}$	3	-	$1\frac{1}{4}$	137	-	335	15	3	3
Kitzbüchler ſilberhäl- tiges Kupferkieserz	49	50	49	50	$20\frac{3}{8}$	2	-	-	10	15	6	3	-	-
Litzelfelder Rohſtein	53	74	53	74	$36\frac{1}{4}$	1	3	1	19	73	5	15	2	2
Zuſammen alſo	1939	61	1849	31					166	88	348	2	2	1

Anmerkung. Da ich die erſte und dritte Poſten ſummariſch angeſetzt,
und nach dem ganzen Metallinhalte die gemeine Probe für den
Centner berechnet habe, dabey aber ſich in der Diviſion der
Quotient mit dem Quoto nicht vollkommen genau aufgehoben
hat, ſo wird die Summe des ganzen Metallinhalts bey gedachten
2 Poſten, wenn ſie nach dem Centnergehalt, und dem Erge-
wichte berechnet wird, mit dem hier in den letzten Rubriken angeſetzten, nicht vollkommen übereinkommen.

Nachdem ſolchergeſtalt das zu verſchmelzende Erz bekannt, und daſſelbe, um hinlänglichen Rohſtein bey der
Roharbeit erhalten zu können, angeführtermaſsen mit Kitzbüchler Kupferkieserze, und Litzelfelder Rohſteine beſchi-
eket iſt, ſo wird die Summe des naſſen Gewichts, das hier
1939 Centner 61 Pfund beträgt, mit dem Gewichte einer
Schicht

Scbicht, oder Vormafs — welches zu Brixlegg allzeit mit 19 Centner 50 Pfund vorgelaufen wird — dividiret. Hey obiger Befchickung fallen folchergeftalt 99 Schichten, und 91 Pfund aus. Um die überbleibende 91 Pfd. nicht von allen in die Befchickung eingehenden Poften abziehen zu dürfen, fo wird zu der Anzahl der ausgefallenen Schichten das Zeichen *rl.* dazu gefetzt, welches fo viel als *reicblich*, oder nach der Tyrolifchen Mundart *rüdlicb* heifst, und anzeigt, dafs aus der gemachten Befchickung nicht ganze hundert, fondern nur 99 reichliche Schichten ausfallen und vorzulaufen feyen.

Ich mufs hier anmerken, dafs, wenn das von der Divifion übrig gebliebene, nahe zu dem Gewichte einer ganzen Schicht hinzukömmt, es für eine ganze Schicht mit angefehen, und dann zur Schichtenzahl das Zeichen *kl.* das ift, *kleber* oder fchwache Schichten hinzugefetzet werde. Wenn z. B. bey obiger Befchickung anftatt 91 Pfund, ein Reft von 1840 Pfd. über die 99 Schichten ausgefallen wäre, fo würde die ganze Erzverfchmelzung nicht in 99, fondern in 100 kl. Schichten eingetheilt worden feyn. Diefes Beyfatzes von *rl.* und *kl.* bedienet man fich auch bey Beftimmung der, auf eine jede Schicht von jeder Gattung der Befchickung vorzulaufenden Menge, um auf eine jede Schicht die angenommene 19. 50 Pfd. entweder *rl.* oder *kl.*, nach Umftänden der gefchehenen Eintheilung herauszubringen, und anmit das ganze Erzquantum in fo vielen Schichten, als anfangs ausgefallen find, aufzufchmelzen.

. Es wird demnach dem Erzwäger, welcher die Schichten vorzuwägen hat, folgendes zur Richtfchnur gegeben, welches fich auf obige Befchickung verftehet.

E e 3

Geben 99 rl. Schichten, und auf eine deren ist aufzufchlagen.

Pfnd.		Cntn.	Pfnd.
1814	- - verfchiedene filberhältige Kupferfahlerze aus Kalkgebirgen - - - - -	18	50 rl.
50	- - Kitzbüchler filberhältiges Kupferkieserz -	—	50
14	- - Litzelfelder Rohflein - - - -	—	50 rl.
1918	pro Schicht - -	19	50

Zur linken Seite werden die Poften angefetzt, fo wie
fie von der Divifion mit der Anzahl der Schichten, von jeder Gattung der Zufätze ausfallen, und zur rechten Seite
werden fie gemeldtermafsen mit *rl.* oder *kl.*, wonach fich der
Erzwäger beym Vorwägen zu richten hat, in das, auf eine
Schicht angenommene Gewicht von 19 Cntn. 50 Pfd. gebracht.
Auf eine jede dergleichen Schicht, werden bey 2 Centner von dem oben angeführten fetten Thonfchiefer, zur Er-
haltung eines reinen Fluffes vorgelaufen.
Ich halte nicht für nothwendig, das aus Kohlenftaube
und Leim verfertigte *Geftübe*, mit welchem die Schmelzöfen
zugemacht werden, zu befchreiben, weil dergleichen Geftübe
ohnehin überall bekannt find. Nur will ich hier anmerken,
dafs das *Erz-* oder *Rohfchmelzen* bey dem Brixlegger Hüttenwefen in Krumöfen, die meiften der übrigen Schmelzarbeiten
aber annoch in alten Augöfen verrichtet werden, welche letztere man ebenfalls in Krumöfen zu verändern den Antrag hat;
und dafs über allen Schmelzöfen doppelte, befonders nützliche
Flug- oder Staubgewölber angebracht find, in welchen die,
durch die Heftigkeit des Feuers in die Höhe getriebene me-
tallhältige Theile aufgefangen werden. Es fcheint mir auch
überflüffig zu feyn, die Art zu erzählen, wie die Schmelzer
ihre

ihre Schichten machen; wie von Zeit zu Zeit die Proben von
Schlacken, und allen übrigen Produkten zur Richtfchnur der
Schmelzarbeit genommen werden, und dergleichen. Denn
diefes find Sachen, die fich bey einem jeden wohl eingerichteten Hüttenwefen ohnehin verftehen. Von dem, mit der angeführten Befchickung verrichteten *Erz*- oder *Rohfchmelzen*,
werden drey Produkte erhalten. Der *Kobolt*, der reiche *Stein*,
und die *Rohfchblacken.*

Dasjenige, was man bey der Brixlegger Hütte den *Kobolt* nennt, ift ein Gemenge, deffen hauptfächlichfte Beftandtheile find: Silber, Kupfer, und vieles Spiesglas, oder eine
Art von filber- und kupferhältigen Spiesglaskönige, davon der
Centner 36 bis 38 Loth Silber, und 48 bis 50 Pfund Kupfer
hält. Nach feiner eigenthümlich gröfsten Schwere nimmt er
in dem Abftichtiegel den unterften Platz ein. Auf diefem ftehet der Robleech oder *reiche Stein*, welcher im Centner 12
bis 13 löthig an Silber, und bis 46 pfündig an Kupfer ausfällt.
Die *Rohfchblacken*, als die aus den Steinarten zufammengeflof-
fene Materie, halten höchftens 1 Denari Silber. Sie nehmen
nach ihrer geringften eigenthümlichen Schwere den oberften
Platz ein, und werden zum meiften Theil fchon aus dem Vor-
tiegel noch vor dem Abftechen nach und nach, fo wie fie
fich während des Schmelzens anhäufen, abgehoben.

Nachdem der, in den Stichtiegel abgeftochene, reiche
Stein und Kobolt, von den auf erftern fchwimmenden Schlacken gänzlich gereiniget ift, wird der reiche Stein nach und
nach plattenweis abgehoben, der am Boden des Tiegels befindliche König, oder der fogenannte Kobolt, nach feiner Er-
härtung herausgenommen, und in fauftgrofe Stücke zerfchlagen. Eine Schicht von 19 Centn. 50 Pfd., giebt bey 50 Pfd.
Kobolt, und bey 3 Centn. reichen Stein.

Der

Der bey dem erzählten Erzfchmelzen ausgebrachte reiche Stein, kümmt dann zu einer Art von Niederfchlagungsarbeit, die das *Verbleyen* genannt wird. Dies gefchieht zweymal, und heifst das *erfte Verbleyen* §. 2. und das *zweyte Verbleyen* §. 4.; der Kobolt kümmt theils zum erften Verbleyen, theils zum *Abtreiben* der Werkbleye §. 6.

§. 2. Das *erfte Verbleyen* wird verrichtet, da man den *reichen Stein* mit ungeröfteten, und geröfteten Bleyerzen, dann mit *Herd* und *Glette* — zwey Produkten, welche bey der weiter unten vorkommenden Treibarbeit §. 6. abfallen — verfetzet, auch zu dem Vormaße, oder der *reichen Schicht* 1 Cntn. Kobolt, dann *Kienftücke*, die bey der Seigerung der reichen *Seigerflücken* §. 3. abfallen, und *feiftes Hartwerk* — eine Art von filberhältigen Schwarzkupfer — von der *Abdörrarbeit* §. 7. zufchlägt.

Hier ift die Befchickung für die erfte Verbleyung.

Erfte Verbleyung.

Befchickung			Halt im Centn.			
Cent.	Pfund.		$	♄	Silber	
			Pfd.	Pfd.	Lt.	Qt.
12	—	Reicher Stein - - - - -	46	•	12	I
I	—	Kobolt - - - - - -	48	-	38	-
5	50	Glette - - - - - -	•	86	-	I
8	—	Herd - - - - -	•	70	I	•
5	25	Allerley ungeröftetes Bleyerz - - -	•	54½	-	3½
6	50	Geröftetes Schneeberger Erz und Schliech	-	31½	1	2

Hierzu kommen die Kienftücke von der nachfolgenden Soigerung der reichen Seigerftücke, und das feifte Hartwerk von dem *erften Abdörren* §. 7.

Mit

Mit diefer Befchickung zur *erften Verbleyung* bewirket
man durch die bleyifchen Zufchläge, daſs fich das in dem reichen Steine, und im Kobolt befindliche Silber, welches gegen
das Bley eine ftärkere Anneigung als gegen das Kupfer hat,
mit erftern gröſstentheils verbinde. Um aber auch das Silber,
welches nach den Verbleyarbeiten fich im Steine noch zurückhält, und erſt bey den folgenden Abdörrarbeiten §. 7. 8. und
9. in die *Hartwerker* concentriret wird, zu erhalten, erzeugt
man bey dieſer Arbeit *Frifch* - oder *Seigerftücke*, zu welchen
das in den *Hartwerkern*, und in den, von den reichen Seiger-
ftücken zurückbleibenden Kienltöcken befindliche Kupfer, das
Corpus, wenn man fo fagen darf, hergiebt. Ich will hiemit
fo viel fagen, daſs, wenn man nicht das in den Schwarzkup-
fern, oder *Hartwerken*, welche bey den Abdörrarbeiten erzeuget werden, noch befindliche Silber herausbringen müſste,
man bey dieſer *Verbleyarbeit* gleich Reichbleye erzeugen könnte, in welchem Falle man nur keine gefchwefelten Zufätze
gebrauchen dürfte.

Durch das beſtändige Zufchlagen der *feiften Hartwerke,*
und der *Kienftöcke,* würden fich die Seigerftücke nach und
nach vermehren, immer mehr Kupfer, weniger Bley, und
Silber halten, und endlich zum Seigern gänzlich untauglich
werden, wenn nicht bey der Verbleyarbeit, nebſt den übrigen bleygebenden Zufchlägen, auch unverröltete, folglich
noch ganz gefchwefelte Bleyerze zugeſetzt würden. Durch
den, bey dieſen befindlichen Schwefel, muſs alſo die Menge
des, in den feiſten *Hartwerkern* und *Kienftöcken* befindlichen
Kupfers vermindert werden, indem er es hier zum Theile zu
Lech oder *Stein* auflöſet, und zugleich das Bley, mit dem er
in einer entfernter Verwandtſchaft ſtehet, zu den Seigerftü-
cken gröſstentheils fallen läſst.

F f

Es

Es fliefst hieraus, dafs, wenn zur Verbleyarbeit zu viel
von gefchwefelten, oder unverröfteten Bleyerzen zugefchlagen
wird, die Seigerftücke zu wenig kupferhältig ausfallen, unter
dem Seigern zufammenfitzen, und unreines Werkbley abgeben; dafs aber im Gegentheil, wenn man zu wenig unverrö-
ftete Bleyerze zufchlägt, die Seigerftücke fich vermehren, zu
fehr kupferhältig werden, und die gute Seigerung verhindern
würden. Die Verbleyung ift alfo die Arbeit, bey welcher der
Hüttenverwalter alle feine Aufmerkfamkeit zufammen nehmen
mufs, um den beften Weg darinn zu wandeln.

Was bey diefer *erften Verbleyung* erhalten wird, find zwey
filber - bley - und kupferhältige oder reiche *Seigerftücke*, der
Lech, oder *einmal verbleyte Stein*, und *Verbleyfchlacken.*

Da der Schwefel der unverröfteten Bleyerze, bey diefem Schmelzen das Bley nicht gänzlich fallen läfst, und hiemit fich auch noch einiges Silber zurückhält, fo fällt der *einmal verbleyte Stein* noch, nebft dem beybehaltenen Bleye, bey
4 Loth und 2 Quent. an Silber, und bey 42 pfündig an Kupfer
aus. Die *Verbleyfchlacken* aber halten im Centner bey 2 Quent.
Silber, bis 3 Pfd. Bley, 2 Pfd. Kupfer, und werden bey der
unten §. 12. folgenden Arbeit wiederum gefchmolzen.

§. 3. Die bey der erften Verbleyarbeit §. 2. erhaltene
reiche Seigerftücke, werden auf *Seigerfcharten*, wie fie bey Sei-
gerhütten überhaupt gewöhnlich find, ordentlich und bekannt-
termafsen *gefeigert*, und bey diefer Arbeit *reiche Werkbleye*,
und die von der Seigerung zurückbleibende Maffen, oder *reiche Kienftöcke* erhalten. Die *reichen Werkbleye* halten dann im
Centner 11 bis 12 Loth Silber, und werden zum *Abtreiben* unten §. 6. gegeben. Die reichen Kienftöcke halten noch im
Centner 6 bis 7 Loth Silber, und nebft dem zurückbehaltenen
Bleye,

Bleve, 36 Pfund Kupfer. Diefe werden zur erften *Verbley-fchrbt*, wie ich fchon im vorhergehenden Abfchnitte gefagt habe, zurückgenommen.

§. 4 Der bey der erften Verbleyarbeit §. 2 abgefalle-ne, *einmal verbleyte Stein*, wird mit Hevfetzung von Herd, Glette, gerölteten Bleyerzen, und der, bey der folgenden Sei-gerung der *armen Seigerflücken* §. 5. abfallenden *Kienflöcke*, zur *zweyten Verbleyung* genommen.

Eine Befchickung zu diefer Vormafse oder zur *armen Schicht*, ift zum Beyfpiel folgende.

Zweyte Verbleyung oder arme Schicht.

Befchickung				Halt der Centner an	
Cents.	Pfund.			Bley	Silber
				Pfund. Loch.	Quent.
		Aller von der erften Verbleyung oder reichen Schicht abgefallene einmal ver-bleyte Stein.			
5	—	Glette	86	—	1
8	25	Herd	70	1	—
7	25	Geröftetes Bleyerz und Schliech - -	—	1	¼

Hiezu kommen die *Kienflöcke* von den armen Seiger-flücken.

Da bey diefer *zweyten Verbleyung* kein Hartwerk — oder Schwarzkupfer — wie bey der *erften Verbleyung* gefchieht, zu-gefetzet wird, folglich hier keine gröfsere Menge, vom Schwe-fel befreyten Kupfer in die Befchickung kömmt, als nöthig ift, um die armen *Seigerflücke* zu erzeugen, fo darf in die Vor-mafs auch kein unverröftetes Bleyerz zugefchlagen werden.

F f 2   Die

Die von der folgenden Seigerung §. 5. abfallende *arme Kienftöcke*, welche allemal auf diefe *arme Schicht*, wie bey der Befchickung angemerket ift, wieder zurückkommen, laufen durch diefe Verfchmelzung gleichfam nur beftändig folchergeftalt durch, dafs fie wechfelsweis das, bey der *zweyten Verbleyung* mit dem Bley fich präcipitirende Silber aufnehmen, und bey dem allemal darauf folgenden *Seigern* wieder hergeben.

Durch gegenwärtige *zweyte Verbleyung* werden erhalten: a *arme Seigerftücke*, der *zweymal verbleyte* oder *arme Stein*, und wiederum noch etwas hältige *Verbleyfchlacken* wie oben bey der reichen Schicht §. 2. zu denen fie auch geftürzet, und wie unten §. 12. folget, mit denenfelben, und andern Schlacken verfchmolzen werden.

Der *zweymal verbleyte Stein* hält im Centner noch 2 Loth 2 Qnt. Silber, 15 bis 17 Pfd. Bley, und 38 bis 40 Pfd. Kupfer.

§. 5. Die bey der *zweyten Verbleyarbeit* §. 4. abfallende *arme Seigerftücke* werden auf eben die Art, wie ich fchon §. 3. gemeldet habe, gefeigert, durch diefe Seigerung aber *arme Werkbleye* und *arme Kienftöcke* erzeuget.

Erftere halten im Centner bey 6 Loth, die *armen Kienftöcke* aber noch 4 bis 5 Loth Silber, und nebft einigen Bley, bey 30 Pfund Kupfer.

Die *armen Werkbleye* werden mit fammt den reichen zum Abtreiben unten §. 6. gegeben; die *armen Kienftöcke* hingegen zur zweyten Verbleyung, oder *armen Verbleyfchicht*, wie ich im vorhergehenden Abfchnitte gefagt habe, zurückgenommen.

§. 6. Die *reichen* und *armen* Werkbleye, wenn fie von den Seigerungen §. 3. und 5., nach fechs reichen §. 2., und 6 armen Schichten §. 4. beyfammen find, da fie miteinander gemeiniglich 144 bis 148 Centner betragen, werden auf den

Treib-

Treibherd gebracht, und mit zutragenden 3 bis 4 Centner *Kobolt* §. 1. — nachdem nämlich an diefem von den Zufchlägen bey der Verbleyarbeit §. 2. viel oder wenig erübriget wird, — gewöhnlichermaßen abgetrieben. Von einem dergleichen Treiben werden etliche und achtzig Mark *fein Silber*, bey etlich und liebenzig Centner *Glette*, und etlich und neunzig Centner Herd — eine von Bleyglafe, oder der Glette mit etwas wenigem Silber angefogene Herdafche — ausgebracht; und da der zugefetzte *Kobolt* an gefchwefelten, und antimonialifchen Kupfer fehr reich ift, fo wird dies auf dem Treibherde in Form eines *Leechs* in die Höhe getrieben, und dann mit hölzernen Krücken abgezogen, worauf erft das Bley zu verglafen anfängt, und in folcher Geftalt theils die Glette giebt, theils von dem Herde eingefogen wird. Das erftbemerkte Leech, da es auch noch etwas filberhältig ift, wird der erften Verbleyfchicht §. 2. zugefchlagen.

§. 7. Der bey der zweyten Verbleyung §. 4. erzeugte *arme Stein*, wird nun folgendermaßen dreymal *abgedörret*. Das erfte *Abdörren* gefchieht, indem man erftgedachten *armen Stein* mit 7 bis 8 Centner *Mittelhartwerke* — eine bey dem nachfolgenden *zweyten Abdörren* §. 8. erzeugte Art von etwas filber- und bleyhältigen Schwarzkupfer — durchfchmelzet. Die Vormafs bey diefer Arbeit wird der *dicke Haufen* genannt. Der in dem *armen Steine* befindliche Schwefel, da er zum Kupfer eine gröfsere Anneigung als zum Silber, und Bley hat, läfst bey diefer Schmelzarbeit die beyden letztern Metalle, die er im *armen Steine* aufgelöfet hielt, zum Theil fahren, und löfet dafür einen Theil von dem Kupfer auf, welches ihm durch die Beyfetzung des *Hartwerks* dargeboten wird.

Hie-

Hiedurch wird alfo ein aus Silber, Bley und Kupfer be-
ftehender König, den man *feifles Hartwerk* nennet, und der
fogenannte *einmal abgedörrte Stein* erhalten.

Da bey diefer Schmelzarbeit keine erdigen Zufätze gebraucht werden, fo folget natürlich daraus, daß auch keine
Schlacken davon abfallen.

Das *feifle Hartwerk* fällt 6 bis 7 löthig an Silber, und
nebft dem Bleyhalte 26 bis 28 pfündig an Kupfer aus. Der
einmal abgedörrte Stein aber hält bey 2 Loth Silber, und nebft
dem Bleye bis 50 Pfund Kupfer.

Das hier erzeugte *feifle Hartwerk* wird, wenn der Stein
aus dem Stichtiegel abgehoben ift, mit hölzernen Krücken
noch im flüffigen Zuftande heraus, und auseinander gezogen,
um es nach einigem Erhärten leichter in Stücke zerbrechen zu
können. Diefe Arbeit heifst das *Schleiffen.* Das *Hartwerk*
würde ohne diefes *Schleiffen* nicht anders als durch Zerfchro-
tung mit Meiffeln in kleine Stücke, wie fie zum weitern Ver-
fchmelzen nöthig find, auseinander gebracht werden können.

Ich habe fchon §. 2. gefagt, daß das, bey gegenwärtigem *Abdörren* erzeugte *feifte Hartwerk*, bey der *erften Verbleyung* mit in die Befchickung kömmt.

§. 8. Der bey dem erften Abdörren §. 7. ausgefallene,
einmal abgedörrte Stein, wird zum zweytenmale mit dem *dür-
ren Hartwerke* — einer bey dem nachfolgenden *dritten Abdörren*, oder der *Roftfchicht* §. 9. erzeugten, noch etwas filberhältigen Schwarzkupferart — durchgefchmolzen. Die Vormaß
wird der *dünne Haufen* genannt. Die chymifchen Gründe bey
diefem *zweyten Abdörren* find eben diejenigen, wie bey dem
erften Abdörren §. 7.

Bey

Bey diefem *zweyten Abdörren* wird erzeugt, das *Mittelhartwerk*, welches bey 4 Lothe, nebft dem Bleyhalt bis 70 Pfund Kupfer im Centner hält; und der *zweymal abgedörrte Stein* mit einem Gehalt an Silber von 1½ Loth bis 1 Loth 3 Quent., und an Kupfer fchon von 59 bis 61 Pfund. Das *mittlere Hartwerk* wird, wie §. 7. gefagt worden ift, zum *erften Abdörren* genommen.

§. 9. Der bey dem zweyten Abdörren §. 8. erzeugte *zweymal abgedörrte Stein*, wird nun in der *Roftbütte* mit einem Feuer geröftet, und folchergeftalt wird derfelbe mit etwas *Erz-* oder *Kupferfchlacken* durchgefchmolzen. Diefe Vormafs wird die *Roftfchicht* genannt.

Da durch das vorhergegangene geringe Röften, ein Theil vom Schwefel aus dem *zweymal abgedörrten Steine* fortgetrieben worden, fo mufs bey der nachfolgenden Schmelzung deffelben, nothwendigerweife ein Schwarzkupferkönig im Tiegel zu Boden fallen, welcher, da das Silber eine fehr ftarke Anneigung zu dem Kupfer hat, auch noch etwas von dem, in der übrigen Steinmaffe enthaltenen Silber in fich nimmt. Diefer König wird das *dürre Hartwerk* genannt, hält im Centner 3 Loth Silber, und bey 80 Pfund Kupfer. Es wird, wie ich §. 8. angeführet habe, zu dem *zweyten Abdörren* angewendet.

Das bey diefem *dritten Abdörren* ausfallende Lech heifst der *Kupferftein*, und hält nun nicht mehr als 1 Loth, oder höchftens 1 Loth 1 Quent. Silber; hingegen 70 bis 71 Pfund Kupfer. Die *Erz-* oder *Kupferfchlacken* werden bey der erft befchriebenen Verfchmelzung, um einen reinen Flufs zu erhalten, zugefetzet, der fonft, weil durch das Röften viele Eifenerde von dem Schwefel in dem geröfteten Steine losgemacht,

macht, und als eine ſtreng - flüſſige Materie verlaſſen worden
iſt, nicht wohl erfolgen würde.
Die hieraus erzeugten ſehr geringhältigen *Roſſſchlacken,*
werden bey der, unten §. 12. folgenden *Schlackenfchmelzung,*
nebſt andern Schlacken nochmals verſchmolzen.

§. 10. Der bey dem *dritten Abdörren*, oder mit der *Roſt-
ſchicht* §. 9. erzeugte *Kupferſtein* Nro 29., wird mit 4 oder 5
Feuern ordentlich, wie bey andern Hüttenwerkern üblich iſt,
geröſtet, und mit Zutragung flüſſiger Erzſchlacken auf Kupfer geſchmolzen, oder geküpfert.

§. 11. Nachdem auf eine *Gar* - oder *Kupfergrube* hin-
längliches Kupfer in dem Ofentiegel hineingeſchmolzen iſt,
wird es in dem, neben dem Kupferofen angebrachten Garherd — Kupfergrube — abgeſtochen, allda noch eine kurze
Zeit gargetrieben, dann das *Gar* - oder Roſetenkupfer, wie
bey andern Kupferwerken, in dünne Scheiben abgehoben,
die in friſchem Waſſer allemal abgekühlet, hernach getrocknet, und ſolchergeſtalt als Kaufmannsgut in die Kupferkam-
mer gebracht werden.

Ich muſs hier der Erſcheinung erwähnen, welche ſich
zeiget, wenn nach gargetriebnem Kupfer und eingeſtellten
Gebläſe, das Garkupfer von den darauf liegenden Kohlen gereiniget, und zum Abheben vorgerichtet wird. Das im Fluſs
befindliche Kupfer, ſobald ſeine reine Oberfläche durch das
Abräumen der Luft ausgeſetzet wird, fängt an einen ſehr feinen Kupferſtaub aufzuwerfen, und auf den Garherd herum-
zuſtreuen. Man ſagt dann: *das Kupfer ſtreuet.* Dies geſchieht
ſo lang, bis ſich die Oberfläche mit einer zarten Rinde durch
das Erkühlen überziehet.

Man

Man weifs, wie grofs die Abneigung des im Fluffe befindlichen Kupfers gegen das Waffer fey. Die Atmosphäre ift voller wäfferigen Dünfte. Dies Streuen des Kupfers ift alfo hieraus leicht zu erklären.

Die bey den *Küpfern* §. 10. abfallende Schlacken, werden auf dem nämlichen Ofen für fich allein wieder durchgefchmolzen, um noch etwas Hartwerk, oder Schwarzkupfer, welches fich bey diefer Arbeit fo fehr in die erften Schlacken angehängt hat, dafs fie, wie ich gemeldet, noch 3 bis 4 Pfd. Kupfer halten, heraus zu bekommen. Selten fällt auch ein wenig Leech davon ab. Das Hartwerk wird zu den Verbleyarbeiten, oder auch zum Abdörren zugefchlagen; das Leech aber mit dem Kupferftein verröftet.

§. 12. Um den geringen Silber- Bley- und Kupferhalt, den die *Schlacken* von der ganzen Schmelzmanipulation vom Verbleyen her noch in fich halten, fo viel möglich auch noch herauszubringen, wird ein eigenes *Schlackenfchmelzen* unternommen. Die Kupferfchlacken §. 10. werden zu diefem Ende nebft den *Verbley*- §. 2. und 4. und *Stein*- oder *Koftfchlacken* §. 9. miteinander durchgefchmolzen. Das Bley und Kupfer, fo in gedachten Schlacken ftecket, befindet fich theils in einem Verglafen, theils im gefchwefelten Zuftande, welches letztere daher rühret, dafs fich beym *Verbleyen* §. 2. und 4., wie auch beym *Koftfchmelzen* §. 9., und endlich beym *Küpfern* §. 10., einige wenige Leechtheile an die Schlacken angehänget haben.

Um nun diefe Metalle heraus zu bekommen, braucht es weiter nichts, als deren Glafe ein brennbares Wefen darzubieten, welches in den Kohlen ohnehin enthalten ift, und, um die Leechtheile herauszuziehen, die Schlacken in einen

G g   reinen

reinen lauteren Fluſs zu bringen. Beydes wird bey dieſem
Schmelzen erhalten.

Solchergeſtalt bekömmt man ein an Silber 5 bis 6 Loth
hältiges Bley — Schlackenbley — welches ſich am Boden des
Stichtiegels ſetzet, dann an Silber ebenfalls armes *Hartwerk*
oder Schwarzkupfer, und einen Leech oder *Schlackenſtein* heraus. Erſteres hält bey 6 Loth Silber, und wird auf den Treibherd §. 6. gegeben. Das Hartwerk hält bey 5 Loth Silber,
und nebſt Bley bey 30 Pfund Kupfer; dies wird mit der armen Bleyſchicht §. 4. oder mit der erſten Abdörrſchicht §. 7.
und der Stein, der auch bey 2 löthig an Silber, und 38 pfündig an Kupfer ausfällt, ebenfalls bey den Verbleyſchichten
wieder verarbeitet. Die beym Schlackenſchmelzen ausfallende Schlacken werden zweymal geſchmelzte, oder *Zwierſchlacken* genennet, und als unhältig auf die Halde geſtürzet.

Es ſcheinet bey dieſem Schlackenſchmelzen paradox zu
ſeyn, daſs das Ausbringen bey dieſer Verſchmelzung nebſt dem
Steine, und den Schlacken, in Schwarzkupfer und Bley beſtehe, da das Kupfer und Bley ſich doch ſehr gerne miteinander vermiſchen. Es läſst ſich aber dieſes ſehr leicht erklären.
Bey dem Kupfern §. 10., wird ausgeröſteter Kupferſtein ge
ſchmolzen, welcher ſein enthaltenes Eiſen — daſs die Erze
eiſenhältig ſind, habe ich zum Anfange dieſes Schmelzprozeſ
ſes geſagt — da es der ausgetriebene Schwefel in erdiger Natur verlaſſen hatte, nebſt einigen Kupfer in Schlacken übergᴇhen läſst, wie es auch zum Theile ſchon bey dem Roſtſchmelzen §. 9. geſchiehet.

Dieſe werden bey der Schlackenſchmelzung mit andern
Schlacken verſetzet und geſchmolzen. Hiedurch wird das in
den Schlacken verglaſte Eiſen, da es nunmehr mit dem Brennbaren

baren mehr durchdrungen wird, als dies bey dem vorigen
Haufwerkfchmelzen, oder auch beym erften nach dem Küpfern gefchehenen Schlackenfchmelzen gefchehen konnte, gro-
fsentheils zu Eifen reduciret. Nun ift bekannt, dafs fich Eifen und Bley auf keine Weife vereinigen laffen. Das Eifen
vereiniget fich alfo beym Schlackenfchmelzen mit dem ebenfalls reducirten Kupfer, und zwinget hiedurch das auch reducirte Blev, dafs dies fich vom Kupfer abfondere, und mit
etwas Silber vereiniget unten im Tiegel allein fimmle. Doch
fällt das Schwarzkupfer oder Hartwerk dennoch auch fo ver-
hältnifsmäfsig bleyifch aus, als es die Einmifchung des Eifens
zuläfst. Das bey diefem Schlackenfchmelzen ausfallende Hartwerk ift fo eifenhältig, dafs man es oft nicht einmal den Ver-
bleyfchichten zuzufetzen wagen darf, fondern es bis zum Rohfchmelzen zurückgeben mufs.

Der hier befchriebene Brixlegger Silber - und Kupfer-
fchmelzprozefs fcheinet etwas weitfchichtig zu feyn. Ich
zweifle aber dennoch, ob derfelbe fowohl in Anfehung der
Metallausbringung, als auch des Holz - und Kohlverbrauchs,
und der auf die ganze Manipulation laufenden Koften, einem
bey andern Hüttenwerkern für filberhältige Kupfererze gewöhnlichen Schmelz - und Seigerungsprozeffe nicht vorzuziehen fey. Um ihn gegen andere Prozeffe betrachten zu können, fetze ich fein Verhältnifs in Abficht auf gemeldte Umftände hieher.

Erftens wird das Silber bey diefem Prozeffe mit 5 pro
Cent Abgang, welcher fich meiftentheils im Kupfer und in
der Glette befindet, rein ausgebracht, welcher in der Rückficht, dafs an Silber fo arme Erze, wie aus den Befchickungen §. 1. 2. und 4. zu fehen, verfchmolzen werden, wohl
fehr gering ift.

G g 2

Zwey-

Zweytens fällt bey der Kupfererzeugung 5¼ pro Cent Zugang aus. Zugang ist wohl bey Kupferhütten überhaupt, welcher von den Vortheilen, die der Hütte beym Zuwägen der Erze und bey dem Probiren felbft zu Statten kommen, herrührt.

. *Drittens* kömmt der Bleyabgang beym Verbleyen §. 2. und 4 auf 9 bis 11, und beym Treiben §. 6. auf 9 bis 10 p. C.

Viertens beläufet fich auf das Ausbringen von 3940 Mark 10 Loth Silber, und 1977 Centn. 96 Pfd. Kupfer, der Kohlverbrauch auf 3624½ Fuder — ein Fuder ift die Erzeugung von einem Kubik-Klafter Holz — Dann

Fünftens auf 149 Klafter Roft- und Brennholz, und

Sechftens auf 1977 Stück Band- und Schürholz — dies find bey 4 Klafter lange, und in der Mitte bey 5 Zoll dicke Stämme Holz, welche in 2 Theile gefpalten, und zur Feuerung beym Treibherde gebraucht werden.

Siebentens hält das Brixlegger Rofettenkupfer nicht mehr als noch höchftens 1 Loth 3 Quentin Silber — Ein Gehalt, der in andern gefeigerten Kupfern von den gewöhnlich Seigerarbeitern wohl überall höher ausfällt.

. *Achtens* hält die Glette 1 Quent. im Silber, welche beyde letzte Poften auch den obgedachten Silberabgang beynahe ganz allein ausmachen.

Diefer Schmelzprozefs ift fchon vor zweyhundert Jahren in Tyrol üblich gewefen. Es ift wahrhaftig wunderbar, wie man zu einer Zeit, da es um die Theorie der metallurgifchen Chemie wohl fehr dunkel ausgefehen haben mag, mit diefem Prozeffe habe zu Stand kommen können. Es läfst fich aber daraus abnehmen, wie gute Beobachter die Alten gewefen feyn müffen, und wie glücklich fie durch Erfahrungen,

deren

deren Grundurfachen' fie nicht eingefehen haben, auf Ausführungen geleitet worden feyen. Sie haben weniger Theorie als wir befeffen, und doch oft gute Manipulationsprozeffe gebauet, die wir bis itzt nur theoretifch erkläret, höchftens hie und da verbeffert haben; die Alten hatten weniger Methode und waren Erfinder. Wir find reich an Syftemen, und dabey die Commentarien der Alten.

Ich glaube, dafs es nicht zweckwidrig feye, diefe genauere Befchreibung des in Tyrol bisher mit vielem Vortheil ausgeübten Kupfer- und Silberfchmelzprozeffes, in den Abhandlungen der Societät der Bergbaukunde, für die Nachkommenfchaft aufzubewahren, indem itzt auch diefe Schmelzart gänzlich aufgehoben, und dagegen die Anquickung der Schwarzkupfer, wegen der Vereinfachung der Arbeit, und den weit geringern Ausbringungskoften, zu Brixlegg in Tyrol unter der Leitung des dortigen gefchickten Oberhüttenmeifters *Eyberger* eingeführt worden ift.

Gg 3

X.

X.

Theorie der Amalgamation,

mitgetheilt

von

don Faustò d'Elbuyar,

Generaldirektorn des Königlich Spanifchen Tribunals des Bergwerkscorps
in Neufpanien. Aus dem Spanifchen.

Vorbericht.

Die erfte Einführung der Amalgamation in Europa, machte eine allgemeine Senfation. Gelehrte Kenner der Metallurgie fowohl, als blofse Liebhaber derfelben, eilten aus allen Ländern nach Ungarn, um Kenntnifs von diefer Methode zu erlangen, und alle Fürften welche Nutzen daraus zu ziehen hoffen konnten, fchickten voll Vertrauen gegen den berühmten Erfinder, Männer dahin ab, welche die Arbeit zu beurtheilen, und ihre Vortheile fich bekannt zu machen im Stande waren. Den Spaniern indeffen, fchien anfänglich die Amalgamation nichts neues. Aber in kurzem liefsen die Refultate der erften Verfuche, die Herr von *Born* mit feiner Methode anftellte, uns Vorzüge derfelben, vor der in Amerika gebräuchlichen ahnden, die in Anfehung der kürzern Dauer der Operationen, und der Queckfilbererfparung zu

beträcht-

beträchtlich waren, als daſs ſie unſere Neugier, und das Verlangen dieſe Methode näher kennen zu lernen, nicht hätten rege machen ſollen. Seine Majeſtät, immer aufmerkſam auf alles was ihren Unterthanen Nutzen bringen kann, befahlen mir alſo nach Ungarn zu gehen, dieſer Arbeit mich kundig zu machen, und zu ſehen, ob dieſelbe mit Vortheil in Amerika eingeführet, oder doch wenigſtens einige Verbeſſerung unſers Proceſſes daraus entlehnet werden könnte. Zufolge dieſes Befehls verfügte ich mich im Junius 1786. nach Glaſshütte bey Schemnitz, wo kurz vorher die Amalgamation im Groſsen eingerichtet worden war. Ich muſs geſtehen, daſs die Regelmäſsigkeit und Genauigkeit wozu dieſe eben erſt eingeführte Arbeit ſchon gediehen war, mich in Erſtaunen ſetzte. Der Ausfall der erſten Verſuche im Groſsen, entſprach ſchon völlig der Hoffnung, welche man ſich von den Vortheilen dieſer Methode, nach dem im Münzhauſe zu Wien, mehr im Kleinen angeſtellten Verſuche machen konnte. Durch den Scharfſinn und unermüdeten Eifer, womit man die Operationen vollkommner, einfacher und minder koſtbar zu machen ſuchte, ſind dieſe Vortheile hernach noch höher getrieben. Alle zu Glaſshütte verſammlete Metallurgen, waren einſtimmig der Meynung, daſs dieſe neue Methode in allem Betracht der Schmelzarbeit vorzuziehen ſey. (*)

Aber nicht ganz ſo einig war man über die chemiſche Theorie der Operationen. Die beyden Hauptpunkte worüber die

(*) Ich kann nicht umhin, bey dieſer Gelegenheit der groſsen Offenherzigkeit und Gefälligkeit zu erwähnen, womit der Herr von Born und Herr Bergrath von Ruprecht, dem die Aufſicht über die Amalgamation anvertrauet war, allen denen begegneten, die ſich Kenntniſs von dieſer Methode erwerben wollten. Auch ich habe die gröſsten Verpflichtungen gegen Sie, worüber ich Ihnen hier den lebhafteſten Dank bezeuge.

die Meynungen fich theilten, waren 1) der Zuftand worinn
das Gold, hauptfächlich aber das Silber in den Erzen, fowohl vor als nach der Röftung mit Kochfalz fich wohl befinden möchte; 2) die Art wie das Queckfilber während des
Anreibens, diefe beyden Metalle aus den geröfteten Erzen
auszieht. Einige glaubten, beyde Metalle wären unveränder-
lich, und immer in einem vollkommen regulinifchen Zuftande, fowohl in ihren Erzen, als auch nachdem man die verfchiedenen Operationen damit vorgenommen habe; dafs die
Röftung fie nur aus den Materien enthülle, in deren Innern
fie verborgen gelegen, und fie zur unmittelbaren Berührung
des Queckfilbers fähig mache; dafs alfo daffelbe weiter nichts
thue, als die in dem Haufwerk der Erze zerftreueten Theilchen diefer Metalle aufnehme, und fich unmittelbar damit
verbinde. Andere hingegen hielten dafür, dafs diefe Metalle eben folcher Veränderungen wie alle übrigen fähig wären,
alfo auch verkalkt werden könnten. Sie folgerten hieraus
1) dafs der in den Erzen mit Schwefel verbundene Theil
diefer Metalle, eben fowohl in einem mehr oder minder vollkommen kalkartigen Zuftande fich befinde, als es alle andere Metalle in ähnlicher Verbindung find. 2) Dafs bey der
Röftung der Erze mit Kochfalz, das Gold und Silber wenigftens zum Theil, in einen falzartigen Zuftand übergehe, und
vorzüglich von der Salzfäure aufgelöfet werde. 3) Dafs bey
dem Anreiben der geröfteten Schlieche, das Queckfilber
hauptfächlich diefes in der Säure aufgelöfeten Theils fich be-
mächtige, und die entftandenen Salze durch eine doppelte
Verwandtfchaft zerlege, wie bey allen Niederfchlägen in Säuren aufgelöfter Metalle durch andere Metalle gefchieht.

Da

Da auch ich diefer letztern Meynung war, fieng ich
an einige Verfuche zu machen um diefelbe mit neuen Thatfachen zu unterftützen. Damals gefchah es nur in der Abficht,
um bey unfern Erörterungen Beweife meiner Behauptungeñ
geben, und den mir gemachten Einwürfen begegnen zu können. Diefe erften Verfuche brachten mich auf neue Verfuche, und diefe führten wieder zu andern, die von meinem
erften Zweck noch weiter entfernt waren. So wurde ich
von einer Unterfuchung zur andern fortgeriffen, und kam in
kurzer Zeit unvermerkt zu einem Vorrath neuer Erfahrungen und Beobachtungen, wovon ich einen anderweiten Gebrauch machen zu müffen glaubte. Ich fafste nunmehr das
Vorhaben eine Abhandlung über die Amalgamation zu ent-
werfen, und die Grundfätze derfelben aus den gefammleten
Materialien zufammen zu tragen. Ich fand aber dafs diefe
noch nicht hinreichten, jenen die nöthige Gründlichkeit und
Ausführlichkeit zu geben, und mufste alfo die Ausführung
diefer Idee, bis auf eine Zeit ausfetzen, wo meine Gefchäfte
die Fortfetzung diefer Unterfuchungen mir erlauben würden.
Glücklicherweife fand ich diefe Gelegenheit bald. Da ich bey
meiner Zurückkehr aus Ungarn einige Monate zu Freyberg
mich aufhalten mufste, verwandte ich meine müffigen Stunden auf diefe Arbeit. Ich wurde in meiner Meynung noch
mehr dadurch beftätiget, und konnte nunmehr dem entworfenen Plane mehr Regelmäfsigkeit geben. Indeffen war ich
doch aber nicht im Stande meine Arbeiten fo weit zu treiben, als ich gewünfcht hätte. Es fehlten mir als einem Reifenden dazu die nöthige Ruhe, Bequemlichkeit und Werkzeuge, und ich war genöthiget, die Sachen deren ich zu
meinen Verfuchen bedurfte, felbft zu bereiten. (*)

H h Diefes

(*) Diefe mühfamen Arbeiten würden mir noch läftiger geworden feyn, wenn

Diefes ift alfo die Veranlaffung zu den Arbeiten, deren Refultate nebft den Betrachtungen worauf fie mich geführet haben, ich in diefer Schrift vorlegen will. Ungeachtet ihrer Unvollkommenheiten hoffe ich doch darinn die Theorie der Amalgamation hinlänglich entwickelt, und diefelbe auf fo richtige Grundfätze gebracht zu haben, dafs man fie als eine natürliche und wahre Erklärung der, bey der Amalgamation vorkommenden Erfcheinungen anfehen kann. Ich überlaffe es aufgeklärten Chemiften darüber zu entfcheiden. Ob ich nun gleich über die Operationen der Amalgamation in der Hauptfache noch immer eben die Gedanken hege, wie vorher ehe ich diefe Arbeiten unternahm; fo geftehe ich doch in einigen andern Stücken meine Meynung geändert zu haben, z. B. in Anfehung der Zerfetzung des Kochfalzes beym Röften; der Wirkung diefes Salzes auf die rohen Erze, und feiner Säure auf Gold und Silber in metallifcher Geftalt. Die Art wie das Queckfilber auf ungeröftete Silbererze wirkt, ift eine Erfcheinung, wovon ich vorher nicht den mindeften Begriff hatte, und worauf mich zuerft der glückliche Ausfall einiger Verfuche des Herrn von Ruprecht aufmerkfam machte.

Die Materialien zu diefer Abhandlung, und die Grundfätze, worauf meine Theorie fich gründet, find nicht lauter fchon bekannte Bemerkungen und Thatfachen, fondern zum Theil ganz neue Refultate meiner Verfuche. Und diefe mufste ich etwas umftändlich auseinanderfetzen, damit fich gründlich

beur-

nicht Herr von Ruprecht in Ungarn, und die Herren Gellert und Werner in Sachfen die Gefälligkeit gehabt hätten, mit der nöthigen Geräthfchaft, und mit einigen vollkommen reinen, von ihnen felbft bereiteten Auflöfungsmitteln mir auszuhelfen. Ohne diefe Ihre Güte, wofür ich mich äufferft verpflichtet erkenne, wäre ich ganz außer Stande gewefen, meine Unterfuchungen fo weit zu treiben.

beurtheilen liefse, ob die daraus für die Theorie der Amalgamation gezogene Folgerungen wahr und richtig find. Hätte ich nun alle jene einzelnen Unterfuchungen in eine einzige Abhandlung bringen wollen, fo würde die Aufmerkfamkeit des Lefers durch zu lange Digreffionen unterbrochen feyn. Ich entfchlofs mich alfo alle Artikel welche keinen unmittelbaren Bezug auf die Amalgamation haben, vorher befonders abzuhandeln, und die Anwendung der nun bewiefenen Grundfätze auf ihren Hauptgegenftand die Amalgamation, bis in die letzte Abhandlung zu verfparen.

Diefem Plane gemäfs, habe ich diefe Schrift in vier Abhandlungen getheilt. In der erften wird von dem Unterfchiede der Metalle in Anfehung ihrer Fähigkeit verkalkt zu werden gehandelt. Ich zeige darinn, dafs alle Metalle, Gold, Silber, und Platina nicht ausgefchloffen, fowohl auf dem trocknem als naffem Wege verkalkt werden können, dafs man zu diefem Ende nur das Verfahren zu ändern braucht, und dafs folglich die bisherige Eintheilung der Metalle, welche man hierauf gegründet hat, unrichtig, ja fogar lächerlich ift. Vielleicht habe ich hierüber nichts ganz neues gefagt, und diefe Abhandlung könnte alfo vielen überflüffig fcheinen. Allein es giebt fo viele, übrigens aufgeklärte Metallurgen, welche diefer alten Eintheilung noch anhängen, dafs es wohl der Mühe werth ift, ihnen diefen Irrthum zu benehmen, wäre es auch nur um den übrigen Inhalt diefes Werks brauchbar für fie zu machen.

Die zweyte Abhandlung betrifft die Wirkung der Vitriol, Salpeter- und vornemlich der Kochfalzfäure auf das Gold und Silber. Sie ift ganz das Refultat meiner Verfuche, und kundige Lefer mögen entfcheiden, ob die Auflöfuug diefer bey-

den

den Metalle in regulinifchen Zuftande durch die gemeine
Salzfäure, nicht durch völlig überzeugende Verfuche dargethan ift.

＊ Der Gegenftand der dritten Abhandlung ift der Beweis,
dafs alle Metalle überhaupt, wenn fie mit Schwefel verbunden find, fich in einem mehr oder minder vollkommen kalkartigen Zuftande befinden, und dafs diefe Subftanz das Silber,
und felbft das Gold in den Fällen vererzt, wo diefe Verbindung auf eben die Art, wie mit den übrigen Metallen vorhanden ift. Ich habe mich bemühet diefe Wahrheit, welche
Bergmann fchon geahndet hatte, in Anfehung der, ohne
Grund fogenannten unvollkommnen und der Halbmetalle, fowohl durch bereits bekannte Thatfachen als durch neue Verfuche zu beftätigen, und durch die Analogie mittelft fchon
bekannter Beobachtungen und neuer Unterfuchungen darzu-
thun, dafs diefer Grundfatz auch in Anfehung des Silbers
richtig fey, und dafs man ihn auch in Anfehung des Goldes
nicht weniger richtig finden würde, wenn diefes Metall nicht
fo fchwer zu calciniren, und nicht zu leicht zu reduciren wäre, als dafs feine Verbindung mit dem Schwefel ftatt finden
könnte. Ich bin dadurch veranlaffet als ein Grundgefetz feftzufetzen, dafs alle Metalle überhaupt nur in kalkartiger Geftalt, eine Verbindung mit dem Schwefel eingehen können.
Die Erklärung wie ein Metall durch das andere aus dergleichen Verbindungen niedergefchlagen wird, macht einen der
Hauptpunkte aus, worauf die Theorie der Amalgamation der
rohen Erze fich gründet.

Die vierte und letzte Abhandlung endlich, enthält die
chemifche Theorie der Amalgamation. Ich habe diefen Tra-
ctat in zwey Theile getheilt. Der erfte handelt von der
Amal-

Amalgamation der gerüfteten Erze, fo wie fie in Ungarn
eingeführt, und noch dafelbft in Gebrauch ift; der zweyte
von der Amalgamation ungeröfteter Erze, wie fie in Amerika gebräuchlich ift, oder vielmehr wie fie nach Verfuchen erfcheint, welche in Europa zur Nachahmung unferer Ameri-
kanifchen Arbeit angeftellt find. Der erfte Theil befteht aus
zwey Unterabtheilungen, welche die beyden Operationen der
Amalgamation, das Röften, und Anreiben zum Gegenftande
haben. In diefem Theile unterfuche ich diefe Arbeiten nach
den verfchiedenen dabey vorkommenden Umftänden, beftim-
me die Art und Weife wie die in den Gemengen befindlichen
Subftanzen In einander wirken, die Veränderungen welche fie
erleiden, und der Zuftand worinn fie am Ende diefer Operationen fich befinden, und gebe von allen diefen Erfcheinungen Urfachen an, die theils aus den in den vorhergehenden
Abhandlungen erft feftgeftellten, theils aus jenen von allen
Chemiften bereits anerkannten Grundfätzen hergeleitet werden. Im zweyten Theile, welcher von der Amalgamation
der Erze im rohen Zuftande handelt, habe ich mich nicht,
wie man vielleicht gewünfcht hätte, über das ganze Detail
der in Amerika gebräuchlichen Methode verbreiten können;
ich verfpare folches bis dahin dafs ich diefe Arbeit erft felbft
unterfucht habe, da ich alsdenn gründlicher darüber werde reden können, als ich jetzo nach den dunkeln und unvollftän-
digen, davon ins Publicum gekommenen Nachrichten zu thun
im Stande bin. Vor jetzo begnüge ich mich nur den Irrthum
bemerklich zu machen, worinn man bisher in ganz Europa
ftand, indem man diefen Procefs deswegen unvollkommen
fand, weil man es für unmöglich hielt, mittelft deffelben den
ganzen Silbergehalt aus den Erzen erhalten zu können. So-

wohl meine eignen Erfahrungen, als einige in Ungarn ange-
ftellte Verfuche haben mich belehrt, dafs es fehr möglich fey,
den Silbergehalt auf diefe Weife fo vollftändig zu erhalten,
als man nur wünfchen kann.

Ich glaube nun zwar in diefem Werke das hauptfächlichfte der Theorie der Amalgamation hinlänglich entwickelt
zu haben, aber doch war ich nicht entfchloffen eher damit
hervorzutreten, als bis ich noch verfchiedene andere Punkte
gleichfalls bearbeitet haben würde. Aber einige Freunde denen ich meine Ideen über diefe Materie mittheilte, vermoch-
ten mich dazu, die Bekanntmachung derfelben nicht länger
aufzufchieben, und auf der andern Seite fahe ich auch vor-
ber, dafs meine Gefchäfte zu den, zur gänzlichen Beendigung
diefer Arbeit noch nöthigen Unterfuchungen, mir noch nicht
fobald Zeit übrig laffen würden. Ich begnüge mich alfo diefe Schrift dem Publicum fo vollftändig zu übergeben, als mir
vorjetzo möglich gewefen ift, und hoffe, dafs fie Metallurgen welche fich mit der Amalgamation befchäftigen, dennoch
nicht ganz unnütz feyn werde. Uebrigens mufs ichs andern,
die mehr Mufse als ich haben, überlaffen, diefem Werke die
letzte Vollkommenheit zu geben.

Noch mufs ich mir die Nachficht der Lefer wegen der
Unordnung erbitten, welche man in einigen Theilen diefer
Schrift vielleicht bemerken wird. Sie ift unter den Zerftreu-
ungen einer Reife gefchrieben, ein Theil an einem, ein anderer an einem andern Orte, und immer in einer Eile die mir
nicht viel auf die Form zu denken erlaubte. Nachber aber
fehlte mir die Zeit die mindefte Aenderung zu machen.

Erfte

Erſte Abhandlung.

Betrachtungen über die Verſchiedenheit der Metalle.

Einleitung.

§. 1.

Wenn man einen Blick auf die Unordnung und Verwirrung wirft, welche in der Art die Naturproducte zu betrachten bisher geherrſcht hat; ſo möchte man ſich faſt berechtigt halten zu fragen, ob alle die mancherley Claſſificationen den Wiſſenſchaften nicht mehr Schaden als Vortheil gebracht haben? Es iſt nicht meine Abſicht dieſe Frage hier zu unterſuchen; ich will nur bemerklich machen, daſs die Kunſtwörter, welche man erfunden hat, die Eintheilungen dieſer Producte und die damit verknüpften Begriffe zu bezeichnen, dem Philoſophen bey ſeinen Unterſuchungen nicht allein zu nichts dienen, ſondern ihn ſogar hindern, die alltäglichſten Erſcheinungen und ihre Urſachen, in ihrem wahren Lichte zu ſehen. An ſolche Begriffe gewöhnt, findet er an den Gegenſtänden die Züge welche er ſelbſt ihnen geliehen hat, aber nicht die Geſtalt die ihnen die Natur gab.

Aus einer Menge von Beyſpielen welche ſich darbieten, will ich nur die zwey Wörter: *Erde* und *Salz* wählen, die ihr Anſehn mehr ihrem Alter als ihrem Sinn verdanken. Dieſe Wörter, welche urſprünglich ohne Zweifel eine feſtge-

ſetzte,

fetzte, beftimmte Bedeutung hatten, haben fie jetzt nicht
mehr, fobald man fie auf die Dinge anwenden will, für welche fie zu gehören fcheinen. Wenigftens haben fie keine andere Bedeutung, als die man ihnen willkührlich giebt. Die
Grenzen welche fie fonft abfonderten, find fo nahe zufammen
gerückt, dafs man fie kaum noch erkennen kann. Ich möchte faft fagen, dafs es unmöglich ift, diefe Grenzen anzugeben, denn fie exiftiren nicht.

Man darf fich alfo nicht wundern, wenn der eine eine
Subftanz unter die Salze zählt, welche der andere unter die
Erden rechnet. Jeder von ihnen beftimmt die Grenzen auf
feine Weife, und der eine mit fo wenig Recht wie der andere.

Man denke nun was für Folgerungen ein Beobachter
aus feinen Unterfuchungen ziehen wird, wenn er in der Natur Dinge zu fehen glaubt, die nirgend als in feiner Einbildung exiftiren; und man fchätze hiernach den Dienft, welche
diefe beyden Ausdrücke, worüber man fo viel geftritten hat,
der Chemie geleiftet haben. Der Ausdruck: *brennbare Subftanz*, ift nicht viel leichter von *Salz* zu unterfcheiden, und
die Metalle grenzen fehr nabe an die brennbaren Subftanzen,
oder vielmehr an alle drey.

Indeffen ift unläugbar, dafs die Claffificationen auch ihren Nutzen haben. Sie kommen dem Gedächtnifs zu Hülfe,
indem fie demfelben mit einem einzigen Zuge die gemeinfchaftlichen Eigenfchaften einer gewiffen Anzahl Körper, und
ihre unendlichen Mannigfaltigkeiten vorzeichnen. Vornemlich
dienen fie den Anfängern zu Erleichterung des Studiums.
Aber man kann nicht genug bemüht feyn, fie entbehren zu
können, wenigftens mufs man fobald als möglich fich wieder
davon losmachen. Man denke ja immer daran, dafs es keine

von

von der Hand der Natur aufgeführte, dauerhafte Gebäude
find. Sie kennt weder Spielarten noch Arten, noch vielwe-
niger Gefchlechter, Claffen und höhere Ordnungen, welche
fich noch mehr von den Individuen entfernen, die eigentlich
allein ihre wirklichen Producte find. (*)

Um mich auf meinen Gegenftand einzufchränken, will
ich nun unterfuchen, ob die bisherige Eintheilung der Metalle fich auf fo fehr hervorftechende Kennzeichen gründet, dafs
fie die Wichtigkeit verdient, welche man ihr dadurch beyge-
legt hat, dafs man den Unterfchied für wefentlich ausgegeben.

*Ueber die Eigenfchaften wodurch fich die Halbmetalle von
den Metallen unterfcheiden.*

§. 2.

Die Kennzeichen wodurch die Halbmetalle von den Metallen fich unterfcheiden follen, find: die *Flüchtigkeit* und der
Mangel der Dehnbarkeit. Wer nun aber mit ein wenig Aufmerkfamkeit metallurgifche Arbeiten beobachtet hat, wird gefehen

(*) Wenn irgend ein Zweig der Naturgefchichte, eine Claffification entbehren
kann, fo ift es ohne Zweifel die Mineralogie. Die Anzahl der dahin gehörigen Körper ift nicht fo beträchtlich, dafs fie das Gedächtnifs nicht
leicht faffen, und dafs fie nicht in ein fehr kurzes Verzeichnifs gebracht
werden könnte. In den höhern Abtheilungen mufs diefe Claffification fich
ohnehin auf chemifche Kennzeichen gründen, und hat alfo nicht einmal
den Nutzen den fie in den andern beyden Naturreichen leiftet, wo man
ftoffenweife, von den obern Ordnungen bis zu den niedrigften Arten hin-
abfteigt, wenn man eine Pflanze oder ein Thier beftimmen will. In der
Mineralogie hingegen ift man genöthigt den entgegengefetzten Weg zu
nehmen. Der einzige Nutzen welchen die Claffification der Mineralogie
leiftet, beftehet darin, dafs fie die Anordnung einer Sammlung erleichtert. Ein Vortheil den man auf taufend andere Arten erholten kann, ohne von der Natur unrichtige Begriffe zu geben, und ohne fich zu gewöh-
nen die Gegenftande in einem falfchen Lichte zu betrachten.

I i

fehen haben, dafs auch fogar Gold und Silber bey manchen
Operationen in Dunftgeftalt auffteigen, wo man es nicht füglich der Wirkung des Gebläfes oder andern Umftänden zu-
fchreiben kann. Trüge man aber auch Bedenken, diefe Wirkung ihrer Flüchtigkeit zuzufchreiben, fo kann man diefe Eigenfchaft an beyden Metallen doch nicht verkennen, wenn
man die Veränderungen in Erwägung zieht, welche fie im
Brennpunkt des Brennfpiegels erleiden. Die Akademiker zu
Paris haben fich durch eine fchöne Reihe von Verfuchen überzeugt, dafs die Hitze eines folchen Brennpunkts diefe beyden
Metalle eben fo leicht zum Verdunften bringt, als fie andere
Subftanzen von noch geringerer Feuerbeftändigkeit verflüchtigt. Die Platina felbft verflüchtigt fich vor dem Löthrohr,
wenn fie mit Lebensluft behandelt wird, wie Herr Ehrmann
gezeigt hat. (*) Wollte man behaupten, dafs der Unterfchied
der Hitze eines folchen Brennpunkts und unferer Schmelzöfen
zu grofs, und der Gebrauch der erftern fo felten fey, dafs
man mit der letzten bey Beftimmung der verfchiedenen Verhältnifs der Körper gegen das Feuer fich wohl begnügen könne; fo ift dagegen in Erwägung zu ziehen 1) dafs fchwanken-
de und willkührliche Beftimmungen ohne allen Werth find,
fobald es darauf ankömmt Kenntnifs von den Wirkungen der
Körper aufeinander zu erlangen, dafs man fie in allen ihren
Zuftänden betrachten, und dazu alle Mittel anwenden mufs, welche die Natur uns darbietet; 2) dafs es noch unentfchieden ift,
ob Gold und Silber einer fo ftarken Hitze, als die Hitze des
Brennpunkts ift, zu ihrer Verflüchtigung bedürfen: es ift fehr
wahrfcheinlich, dafs eine weit geringere dazu hinlänglich ift.
3) Dafs der Kobalt und Braunfteinkönig minder flüchtig find,

als

(*) Verfuch einer Schmelzkunft durch die Feuerluft pag. 1.

als Bley und Zinn welche doch unter die ganzen Metalle gerechnet werden; und dafs diese und einige andere Halbmetalle, noch weniger unter einander verschieden find als jene Metalle, und das Silber, Gold und Platina. Wollte man an folche Schattirungen fich halten, fo müfste man fo viel Eintheilungen machen als es verfchiedene Metalle giebt; man fichet leicht wie unnütz diefes feyn würde.

Was die Dehnbarkeit betrifft, fo findet diefelbe fich eben fowohl bey den Halbmetallen, als bey den ganzen Metallen. Der Unterfchied beftehet blos in *mehr* und *weniger.* Der Zink läfst fich zu fehr dünnen Blechen ausdehnen, und der Arfenik felbft weicht einem geringen Eindruck vornemlich des Meffers. Die Stuffenfolge ilt in diefem Betracht bey den fogenannten ganzen Metallen eben fo mannigfaltig, als bey den Halbmetallen. Diefe ganze Eintheilung ilt überhaupt fo unnütz, dafs es die Mühe nicht lohnt bey der Widerlegung derfelben fich zu verweilen.

Ueber die Eigenfchaften wodurch die vollkommnen Metalle von den unvollkommnen fich unterfcheiden.

§. 3.

Der Unterfchied welchen man unter den fogenannten vollkommnen und unvollkommnen Metallen bisher vorausgefetzt hat, fcheint von noch gröfserer Wichtigkeit feyn zu follen, als der vorige. Er liegt bey fehr vielen Künften zum Grunde, vornemlich bey der Bearbeitung der Gold- und Silbererze. Die Amalgamations-Methode, womit des Herrn von Horn tiefe Einficht und unermüdeter Eifer für die Wiffenfchaften Europa bereichert hat, macht es jetzt auf gewiffe Weife noch nöthiger als es vorhin war, diefen Punkt auf deutliche und beftimmte Begriffe zurück zu führen.

Der

Der Unterfchied welchen man zwifchen diefen beyden Ordnungen von Metallen vorausfetzt, beruhet darauf, dafs die unvollkommnen in einen kalkartigen Zuftand gebracht werden können, welches bey den vollkommnen nicht Statt finden foll. (*) Zuerft wollen wir die Verkalkung der Metalle auf dem trocknen Wege, und hernach die Erfcheinungen bey der Verkalkung auf dem naffen Wege betrachten. Die Verkalkung im Feuer durch Salpeter, ift nur eine Verbindung jener beyden.

Wenn man eine Portion Bley dem Feuer, und zugleich der Berührung der Luft ausfetzt; fo fchmelzt das Metall und gleich darauf bedeckt fich die Oberfläche mit einem erdartigen Häutchen, welches kein metallifches Anfehn mehr hat. Nimmt man diefes weg fo entftebt ein anderes ähnliches, und wenn auch diefes abgezogen wird, ein drittes. Führt man nun fort, diefe Häutchen von der Oberfläche wegzunehmen; fo kann man nachgerade die ganze Maffe in einen folchen erdartigen Zuftand bringen. Unterfucht man hierauf diefe Materie, fo findet man dafs das Metall durch diefe Operation nicht blos zertheilet ift, fondern dafs es eine beträchtliche Veränderung feiner ganzen Natur erlitten hat. Es hat nun weder die vorige Dehnbarkeit noch den metallifchen Glanz mehr, feine Farbe ift ganz verändert, es hat einen gröfsern Umfang aber eine geringere fpecififche Schwere erhalten. Wird es gewogen, fo findet man dafs es mehr wiegt als das dazu verbrauchte Metall, dem Feuer ausgefetzt, ift es weit fchwerflüffiger, und

die

(*) Bey diefer Eintheilung, fo wie bey allen andern wodurch man der Natur Grenzen vorfchreibet, findet man immer Wefen welche die Zwifchenräume ausfüllen, und womit man nirgends hin weifs. So gehet es mit dem Queckfilber unter den Metallen. Es ift fowohl den Halbmetallen als den vollkommnen und unvollkommnen Metallen verwandt. Auch ift ihm in den verfchiedenen Syftemen bald diefer bald jener Rang angewiefen.

die gefchmolzene Maſſe erhält weder das metalliſche Anſehn
noch die Farbe des Bleyes wieder, ſondern ſie iſt grünlich
gelb, und mehr oder minder durchſichtig. Nur durch den
Zuſatz von Kohlenſtaub, oder ſonſt etwas brennbaren bekömmt ſie ihre erſte Geſtalt wieder, wobey ſie aber den, in
der erſten Operation erhaltenen Zuwachs am Gewicht wieder
verliehrt. In Säuren löſet ſie ſich auf, aber ruhig und ohne
Aufbrauſen (*) und bey der Auflöſung entwickeln ſich keine
luftartige Flüſſigkeiten, wie bey der Behandlung des Bleyes
mit Säuren. Dieſe Materie verhält ſich auch ganz anders gegen dieſelben, als Bley in ſeinem metalliſchen Zuſtande. Mit
den Erden kann ſie zuſammengeſchmolzen werden, und bildet
alsdenn mehr oder minder durchſichtige gefärbte Gläſer, das
Bley hingegen läſst ſich auf keine Weiſe mit Erden verbinden,
ſo lange es ſich im metalliſchen Zuſtande befindet. (**) Dieſe
Subſtanz nun, welche durch ſo manche Eigenſchaften von
dem Bley ſich unterſcheidet, iſt weiter nichts als ein Kalk
dieſes Metalls.

Kupfer, Eiſen, Zinn und alle Halbmetalle laſſen ſich
durch ein ähnliches Verfahren in Kalke verwandeln, die aber
ſehr verſchiedene Eigenſchaften haben. Einige als der Wis-
muth, und das Zinn, bedürfen zu dieſer Veränderung einen
nur geringen, andere, z. B. das Kupfer, einen ſtärkern Grad
des Feuers. Nickel und Kobalt wenn ſie rein ſind, erfordern

ein

(*) Vorausgeſetzt daſs ſie bey der Verkalkung keine Luftſäure eingeſchluckt
hat, denn alsdenn wird ſie auch aufbrauſen, aber die luftförmige Flüſſigkeit welche ſich entwickelt, iſt von ganz anderer Art als diejenige welche
man bey der Auflöſung des Bleyes in eben denſelben Säuren erhält. Eben
das gilt von den übrigen Metallen und ihren Kalken.

(**) Auch die übrigen Metalle verbinden ſich mit keiner einzigen Erden, nicht
einmal mit metalliſchen Kalken, ſogar nicht mit ihren eigenen.

ein heftiges Feuer. Das Eifen verkalkt fich ehe es fließt: der Arfenik faft in eben der Zeit da er fchmelzt, die übrigen Metalle in längerer oder kürzerer Zeit nachdem fie in Fluß gekommen find. Vorzüglich ift der Brennpunkt des Brennfpiegels zu diefer Operation fehr gefchickt, aber der elektrifche Funken bringt diefelbe Wirkung noch fchneller hervor. Die dadurch entftandenen Kalke haben zwar alle die Kennzeichen welche wir vorhin an dem Bleykalk bemerkten, allein durch eine unendliche Menge befonderer Eigenfchaften, oder vielmehr Gradationen und Schattirungen jener Kennzeichen, unterfcheiden fie fich wieder von einander.

Man fiehet alfo daß die Verkalkung eine Veränderung ift, welcher alle diefe Metalle fähig find; nur durch die Umftände welche bey jedem Metall insbefondere hierzu erfodert werden, und durch die verfchiedenen Eigenfchaften der dadurch entftehenden Producte unterfcheiden fie fich. Sogar ift der Unterfchied des Verhaltens der Kalke von einem und demfelben Metall oft beträchtlich, je nachdem der angewandte Feuersgrad, die Menge des verkalkten Metalls, und der Antheil von brennbaren fo noch bey dem Kalk geblieben ift, verfchieden find. (*)

Die Verkalkung der Metalle auf dem naffen Wege, gefchieht mittelft der Luft, des Waffers, vornemlich aber der Säuren. Oft müffen mehrere diefer Urfachen zugleich wirken. Man weiß daß Kupfer, Eifen und überhaupt alle fogenannte unvollkommne Metalle, in der freyen Luft anlaufen, ihren Glanz verliehren, und endlich mit Roft bedeckt werden, welcher nichts anders, als ein metallifcher Kalk ift. Eben diefes

begeg-

(*) Ich nehme die Hypothefe vom brennbaren Wefen hier nur an um mich defto verftändlicher zu machen, da fie die bekanntefte ift.

begegnet ihnen wenn fie eine Zeitlang im Waſſer gelegen haben. Nur geht dieſe Veränderung nicht mit allen Metallen gleich geſchwinde vor ſich. Sehr bald und merklich zeigt ſich dieſe Wirkung beym Eiſen, etwas ſpäter bey dem Bley, und bey einigen erſt nach ziemlich langer Zeit. Es erfordert alſo auch dieſe Art der Verkalkung für jedes Metall beſondere Umſtände. Wenn man ein Metall in Säuren auflöſet; ſo erheben ſich von ſeiner Oberfläche Luftbläschen, deren Entwickelung eine Bewegung verurſacht, welche man Aufbrauſen nennt, die ſo lange fortdauret, bis alles Metall aufgelöſet, oder verkalkt iſt. So lange die Auflöſung dauret iſt die Flüſſigkeit trübe, aber bald nachher wird ſie klar. Thut man von einem andern Metalle das die Verbindung zerſetzen kann, ein Stück hinein, ſo ſchlägt ſich das aufgelöſte Metall auf die Oberfläche deſſelben nieder, und bekömmt eben das äuſſerliche Anſehen und die Eigenſchaften wieder, welche es vor der Auflöſung hatte. Geſchieht aber dieſe Zerlegung mittelſt eines Laugenſalzes, des Kalks, der Schwererde, der Bitterſalzerde, oder des Thons; ſo hat der Niederſchlag eine erdartige Geſtalt. Er hat weder die Farbe, noch den Glanz, noch die Dehnbarkeit des aufgelöſten Metalls, ſeine ſpecifiſche Schwere iſt kleiner, aber ſein Gewicht und ſeine ſpecifiſche Wärme gröſſer geworden. Mit den Säuren giebt er ganz andere Erſcheinungen als vorhin, und verbindet ſich mit keinen Metallen, nicht einmal mit dem, aus welchem er hervorgebracht iſt. Ohne Zuſatz geſchmolzen zeigt er keine metalliſche Eigenſchaften; ſondern bildet eine glasartige Maſſe; er ſchmelzt mit den Erdarten und verbindet ſich damit; und nimmt ſeine vorige Geſtalt wieder an; wenn man ihn im Feuer mit brennbaren Subſtanzen behandelt. Kurz er hat alle Eigenſchaften eines im Feuer verkalkten Metalls; und iſt folglich nichts anders als ein metalliſcher Kalk.

Dieſes

Diefes find nun zwar die allgemeinen Erfcheinungen, welche fich darbieten wenn die Metalle der Wirkung der Säuren ausgefetzt werden, aber unter fich find diefelben aufferdem noch fehr merklich verfchieden. Nicht alle löfen fich mit gleicher Leichtigkeit in jeder Säure auf; mit einigen geht diefe Verbindung fchnell, mit andern langfam vor fich; mit einigen geht fie auch in der Kälte von Statten, andere erfodern die Beyhülfe einer mehr oder minder ftarken Wärme. Einige löfen fich vollkommen auf, andere werden nur zu Kalk zerfreffen ohne fich aufzulöfen. Nicht alle Säuren bringen mit ihnen diefelbe elaftifche Flüffigkeit hervor, auch diefelbe Säure nicht mit jedem Metall. Wird das Metall aus diefen Auflöfungen durch ein ander Metall niedergefchlagen, fo erhält es dasjenige wieder, was es während der Auflöfung verlohren hatte, und erfcheint in feiner urfprünglichen Geftalt, durch was für ein Metall es auch niedergefchlagen feyn mag. (*) Aber die durch Laugenfalze und Erden bewirkten Niederfchläge, find wie vorhin gezeigt ift, von ganz anderer Befchaffenheit, und unterfcheiden fich nicht allein in Anfehung der verfchiedenen Metalle felbft, fondern auch in Anfehung der Auflöfung eben und deffelben Metalls nach der verfchiedenen Natur der niederfchlagenden Mittel, und dem verfchiedenen Grade der Dephlogiftication des Niederfchlags. Diefe Verkalkung durch die Säuren erfodert alfo eben fowohl für jedes Metall befondere Umftände, und die dadurch hervorgebrachten Kalke haben zwar manche Kennzeichen mit einander gemein, unterfcheiden fich aber zugleich von einander durch unzählige Gradationen, und oft durch ganz befondere Eigenfchaften. Diefe

Verfchie-

(*) Einige diefer Niederfchläge enthalten etwas erdunigen. Aber diefes rührt, wie Bergmann gezeigt hat, von der Beymifchung eines Theils des niederfchlagenden Metalls her, welcher in diefer Operation verkalkt ift.

Verſchiedenheiten folgen übrigens den allgemeinen Geſetzen
der Körperwelt: denn wenn zwey Subſtanzen nicht völlig einerley ſind, ſo können ſie auch gegen eine dritte unmöglich
ſich auf einerley Art verhalten.

Die Verkalkung aller dieſer Metalle durch die Behandlung im Feuer mit Salpeter, iſt zu bekannt als daſs ich mich
dabey verweilen ſollte. Sie hat auch zu wenig Beziehung
auf unſern Gegenſtand.

Nun wollen wir ſehen, in wieſern die ſogenannten vollkommnen Metalle von dieſen Geſetzen abweichen, um in Anſehung ihrer, einen Unterſchied ſeſtſetzen zu können. Mit dem
Queckſilber welches zwiſchen ihnen und den übrigen Metallen
mitten inne zu ſtehen ſcheint, wollen wir den Anfang machen.

§. 4

Das Queckſilber läſst ſich wegen ſeiner groſsen Flüchtigkeit, durch das Feuer nicht ſo leicht verkalken, als die vorhin erwähnten Metalle. Aber mit Hülfe eines Apparats welcher verhindert, daſs es nicht verdunſten kann, und der unter dem Namen der Boyliſchen Hülle bekannt iſt, kann man
es in einen kalkartigen Zuſtand verſetzen. Dieſe Operation
erfodert eine ziemlich ſtarke, mehrere Monate hindurch un-
terhaltene Hitze, um eine merkliche Menge dieſes Kalks hervorzubringen. Das rothe Pulver welches man bey dieſer Arbeit erhält, hat keinen metalliſchen Glanz, iſt nicht flüſſig,
und minder flüchtig als Queckſilber, und hat eine geringere
ſpecifiſche Schwere; es verbindet ſich mit den Erden, und
bildet Gläſer damit. Mit Salpeterſäure giebt es keine Salpe-
terluft. Mit einem Wort, ſeine Eigenſchaften ſind von den
Eigenſchaften des Queckſilbers ſehr verſchieden; es iſt ein
metalliſcher Kalk. Die Auflöſungen dieſes Metalls gewähren

K k

dieſel-

dieselben Erfcheinungen wie die der übrigen Metalle, und die‐
fe Erfcheinungen zeigen feine Dephlogiftication an. Man be‐
kömmt laufendes Queckfilber wieder, wenn man es durch an‐
dere Metalle niederfchlägt; aber die, mittelft des Alcali, oder
erdartiger Subftanzen erhaltenen Präcipitate, haben eben die
Eigenfchaften, als der, durch das Feuer bereitete Kalk diefes
Metalls, und find alfo nichts anders, als auf dem naffen We‐
ge entftandene metallifche Kalke.

Gold und Silber können eben fo wenig auf fo einfache
Weife verkalket werden, als die übrigen Metalle. Aber ohne
mich auf Ifaak Hollandus, Kunkels, und anderer Chemiften
Anfehen ftützen zu wollen, welche diefe beyden Metalle durch
ein bloſses Reverberirfeuer verkalt zu haben verfichern, glau‐
be ich aus den Verfuchen der Akademiker zu Paris mit dem
Brennfpiegel, und Herrn Ehrmanns mit der Lebensluft, wie
auch aus den Wirkungen des elektrifchen Funkens auf Gold‐
und Silberblättchen, folgern zu dürfen, daſs fie auf dem
trocknen Wege verkalket werden können. Das Gold giebt in
diefen verfchiedenen Proceffen einen purpurfarbigen Kalk, die
Farbe des Silberkalks aber ift noch nicht ganz genau beftimmt.
Bey den mit dem Brennfpiegel, und von Macquer in dem
Porcellanofen angeftellten Verfuchen, waren die verkalkten
Theile olivengrün. Auch Bergmanns Unterfuchungen beftä‐
tigen diefe Sache, denn er verkalkte nicht allein heyde Metal‐
le vor dem Löthrohr, fondern er verglafete fie auch mit Fluf‐
fen, und erhielt gefärbte Gläfer. Ich übergehe hier die Pla‐
tina, denn die bisher damit angeftellten Verfuche find nur mit
unreiner Platina gemacht. Es ift indeffen zu vermuthen, daſs
fie eben fo wenig eine Ausnahme machen wird, wenn fie
hinlänglich gereinigt ift, und daſs fie gleichfalls verkalket
werden

werden kann, nur wahrfcheinlicherweife mit noch mehr
Schwierigkeit als Gold und Silber. (*)
Die tägliche Erfahrung bey fehr vielen Künftlern zeigt,
dafs Gold und Silber vom Salpeter gar nicht angegriffen werde, da derfelbe doch fehr leicht alle übrigen Metalle durch
die Verpuffung verkalket. Aber die Platina wird nach den
Verfuchen des Herrn Morveau und des Grafen Sickingen durch
diefes Salz in einen kalkartigen Zuftand gefetzt. Diefes würde alfo einigen Unterfchied zwifchen der Platina und den fogenannten vollkommnen Metallen machen, da fie doch übrigens die Eigenfchaften, wodurch fie fich von den unvollkommnen Metallen unterfcheidet, im höchften Grade befitzt. Vor
unfern Augen fcheint diefes eine Unregelmäfsigkeit zu feyn.
Aber man findet fehr oft dergleichen fcheinbare Unregelmä-
fsigkeiten in der Natur, die doch eigentlich fehr ordentliche
Wirkungen, und nothwendige Folgen ihrer Gefetze find.
Diefe drey Metalle zeigen bey ihren Auflöfungen in
Säuren, eben die Erfcheinungen als die übrigen Metalle. Sie
unterfcheiden fich nur durch *mehr* und *weniger*. Die Präcipitate welche man aus diefen Auflöfungen mittelft anderer Metalle erhält, find gleichfalls vollkommen metallifch oder re-
gulinifch (**) und diejenigen welche durch Laugenfalze oder
Kk 2 erdar-

(*) Herr Morveau liefs einen Schlag aus der grofsen elektrifchen Batterie des
Herrn Charles zu Paris, durch ein zwey Zoll langes Platinablech geben,
wodurch daffelbe verkalkt, und in Rauch verwandelt wurde.
(**) Nichts kann die Dephlogiftication der fämmtlichen Metalle durch die Auflöfung in Säuren, und den kalkartigen Zuftand worinn fie dadurch verfetzt
werden, beffer beweifen, als die Erfcheinungen welche bey den Niederfchlägen derfelben durch andere Metalle fich ereignen. Bey diefen Operationen löft das niederfchlagende Metall in der Saure fich auf, und das auf-
gelöfte fällt unterdeffen nieder. Jenes mufs alfo, wie bey allen Auflöfungen

260   *Theorie der Amalgamation.*

erdartige Subſtanzen niedergeſchlagen ſind, beſitzen alle die allgemeinen Eigenſchaften der, auf dieſelbe Weiſe bereiteten Niederſchläge der übrigen Metalle, und ſind alſo wahre metalliſche Kalke. (*)
Man wird vielleicht hiergegen einwenden, daſs die erwähnten Niederſchläge aus dem Golde, dem Silber und der Platina, ohne Zuſatz von Brennbaren reducirt werden können, welches mit den Kalken der unvollkommnen Metalle nicht angeht, und daſs es folglich dennoch zweifelhaft bleibe, ob es wahre metalliſche Kalke ſind. Dieſes iſt das Hauptargument derer, die ſo beträchtliche Verſchiedenheiten unter den Metal-

gen der Metalle in Säuren, ſein Brennbares verlieren, und dieſes Brennbare würde ſich mit Säure, oder einem ihrer Beſtandtheile verbunden, in luftartiger Geſtalt entwickeln, wenn es ſich nicht lieber ruhig mit dem, in der Auflöſung befindlichen metalliſchen Kalk vereinigte, und denſelben reducirte. Aus dieſem Grunde geſchehen dieſe Operationen ohne Aufbrauſen, und die Niederſchläge erhalten ihre vorige metalliſche Geſtalt und Eigenſchaften wieder. Dieſem allgemeinen Geſetz ſind die vollkommnen Metalle wie alle übrigen unterworfen. Bey den Niederſchlägen ihrer Auflöſungen zeigen ſich eben dieſelben Erſcheinungen, man kann alſo auch keine andere als ähnliche Folgerungen daraus ziehen.

(*) Einige halten die, mittelſt der Laugenſalze und Erden bereiteten Niederſchläge dieſer drey Metalle, wie auch die Producte, welche man ihnen durch die Behandlung auf dem trocknen Wege erhält, nur für eine bloſse Zertheilung dieſer Metalle in die feinſten Theile, welche übrigens keine andere Beſchaffenheit haben als die gröſsern aus ihnen zuſammengeſetzten Maſſen. Aber entweder iſt die Chemie überhaupt nur eine ſchimäriſche Wiſſenſchaft, oder man muſs ſich an die Mittel halten welche ſie uns darbietet, die Verſchiedenheiten der Körper an dem verſchiedenen Verhalten derſelben gegen einander zu erkennen. Wollen wir nach dieſen Verhältniſſen urtheilen, ſo müſſen wir auch geſtehen, daſs da jene Producte ganz andere Eigenſchaften zeigen als die Metalle aus denen ſie entſtanden ſind, ſie auch weſentlich von ihnen unterſchieden ſeyn müſſen; und daſs man, da ſie in ihren Eigenſchaften mit den übrigen metalliſchen Kalken übereinkommen, ſie auch metalliſche Kalke nennen, und als ſolche betrachten muſs.

Metallen zu finden glauben. Aber es ist leicht zu zeigen daß
nur Vorurtheile, und nicht gründliche Unterfuchung der, bey
den Reductionen überhaupt vorkommenden Umftände, diefen
Grundfatz hervorgebracht haben. Denn erftlich ift es falfch,
dafs die Kalke diefer drey Metalle durch fich felbft reduciret
werden könnten, ohne den Zutritt einer Subftanz, die ihnen
das, bey der Verkalkung verlohrne Brennbare wiedergeben
kann, und dafs diefe Subftanz, fie fey was für eine man wolle, keinen Unterfchied hierinn machen könne. Es ift eine aus-
gemachte chemifche Wahrheit, dafs nicht jeder brennbarer
Stoff zur Reduction aller metallifchen Kalke gleich gefchickt
ift. Diefes kann auch nicht anders feyn, da die Grade ihrer
Verwandtfchaft mit dem brennbaren Wefen nicht einerley
find. Die blofse Berührung der brennbaren Luft ift fchon hinreichend, der Arfenikfäure auf dem naffen Wege die metallifche Geftalt wieder zu geben. Auch mit einigen andern metallifchen Kalken verhält es fich fo, aber nicht mit allen. Ein
wenig Phosphor einer Gold- Silber- oder Kupferauflöfung zu-
gefetzt, fchlägt diefe Metalle in regulinifcher Geftalt nieder,
aber bey keiner Auflöfung eines andern Metalls erfolgt diefe
Wirkung. Der Eifenvitriol fchlägt das Gold aus feinen Auflöfungen in metallifcher Geftalt nieder, aber das Gold ift das
einzige Metall wobey diefe Erfcheinung Statt findet. Die Bleykalke erfodern zu ihrer Wiederherftellung nicht fo fehr als die
übrigen Metalle eine Wahl des, ihnen beyzumifchenden brennbaren Stoffs. Die Gold- Silber- und Platinakalke reduciren
fich leicht mit diefen brennbaren Subftanzen, fie berauben fogar diejenigen des brennbaren, mit denen es fonft am ftärkften
verbunden ift. Die Materie der Wärme und des Lichts, in
denen die Gegenwart des brennbaren Wefens durch unendlich

K k 3 viel

viel Erfcheinungen dargethan ift, reduciren die Kalke diefer
Metalle auch leichter, als die der übrigen, aber das ilt auch
der ganze Unterfchied. Ich fage fie reduciren diefe Kalke
nur leichter, denn auch die übrigen metallifchen Kalke, werden mehr oder weniger vollkommen von ihnen reducirt. Die
Queckfilberkalke nehmen ohne andern Zufatz ihre metallifche
Geftalt wieder an, und einige Bleykalke thun daffelbe; der
Eifenkalk wenn man ihn dem Feuer ohne weitern Zufatz ausfetzt, wird vom Magnet angezogen, und nähert fich folglich
feinem metallifchen Zuftande; die Kalke mancher andern Metalle, wenn fie blos für fich mit gehörig ftarken Feuer behandelt werden, geben eben fowohl Lebensluft als die Queckfilberkalke, zum Zeichen dafs fie gleichfalls ihrem regulinifchen Zuftande näher kommen. Der fchwarze Braunfteinkalk
wird weifs, wenigftens zum Theil, bey diefer Behandlung. (*)
Vielleicht kömmt man durch Vervielfältigung der Verfuche
endlich noch dahin, dafs man alle Kalke auf diefe Weife vollkommen wiederherftellen kann. Es ift alfo auch hier kein anderer Unterfchied zu finden als von *mehr* und *weniger*, der
einzige den man an den Producten der Natur und ihren Arbeiten entdecken kann.

Befchluß.

Man fiehet nun aus dem was ich gefagt habe, dafs es
keinen andern Unterfchied unter den Metallen giebt als den,
welcher jedes nach feiner Art unterfcheidet, dafs man bey allen diefelben Eigenfchaften, aber nur in verfchiedenen Graden antrifft, dafs man alfo auch keine fcharf abgefchnittene
Einthei-

(*) Crell. Die neueften Entdeckungen in der Chemie, 1. Th. S. 165.

Eintheilungen derfelben machen kann, ohne fie zu entftellen, und unrichtige Begriffe von der Natur zu veranlaffen. Wäre es, um fo wichtige Unterfchiede unter den Körpern zu machen, hinlänglich, auf fo leichte Schattirungen Rückficht zu nehmen als diejenigen find, welche man bey den Metallen als unterfcheidende Eigenfchaften angenommen hat; fo wäre man befugt zu behaupten, dafs der Weingeift kein brennbarer Körper fey wie andere brennbare Körper, weil ihn der Brennfpiegel, und ein glühendes Eifen nicht anzünden kann; und fo würde man nicht fertig werden Unterfchiede und Eintheilungen zu machen, die doch keinen andern Nutzen haben würden als die Kenntnifs der natürlichen Körper zu verwirren.

Die Fortfetzung folgt.

XI.

XI.

Beyträge zu den Fortfchritten in der Amalgamation,

mitgetheilt

von

Friedrich Wilhelm Heinrich von Trebra,

KönigL Grofsbiit. Churfürfil. Braonfchw. Lüneb. Vice-Herghauptmann
am Harz.

Es lag mir dran, der Amalgamationsverfuche viele, und
vollftändig fo fie zu machen, wie im Grofsen, felbft die Arbeiten können geführt werden. Wollte ich diefe doppelte Abficht ficher und leicht erreichen, fo war nur der einzige Weg
dazu, dafs ich den ganzen Apparat, welcher zu den Arbeiten
im Grofsen nöthig ift, nach verjüngten Maasftabe im Kleinen
mir zu verfchaffen fuchte, und vorzüglich die Mafchine zum
Anreiben, denn Pochwerk, Rüftofen und Glücherd, find weniger beträchtlich, erfteres und letzterer find nicht einmal unter allen Umftänden nothwendig zu Verfuchen. Ich unternahm
es alfo diefe Mafchine anzulegen, fo bequem und gemäfs meinen Bedürfniffen, als der Raum, und die Gelegenheit welche
ich dazu hatte, nur immer zulaffen wollten. Hiervon habe Ich
guten Nutzen gehabt, und vielleicht könnte auch andern die

Anlage

Anlage einer folchen Mafchine im Kleinen, ein folches gangbares Modell, ebenfalls nützlich werden — wohl gar nothwendig, als ein nützlicher Zuwachs entweder im Laboratorio jedem Scheidekünftler, zu Fortfetzung der Amalgamationsverfuche blos zu wiffenfchaftlichen Zwecken; oder jedem der mit
Bergwerksfachen befchäftiget ift, und noch keine Amalgamirhütte fchon angelegt und gangbar hat, als beftes Mittel zur
Prüfung, oder Vorbereitung folcher Anlagen und Arbeiten im
Grofsen. So nützlich nun hierdurch fich felbft, oder bey den
Gefchäften die für andere ihm zur Beforgung anvertraut find,
jeder werden könnte, der für Hergbau oder Schmelzarbeiten,
oder damit verwandte Wiffenfchaften fich beftimmt hätte; fo
möchte doch auch manchem, bald der Aufwand zu folch einem Modell zu beträchtlich vorkommen, bald die Mühe die
Anlage zufammen zu ftimmen zu grofs fcheinen, und es möchte fo bey aller Ueberzeugung von Nützlichkeit die Ausführung
doch unterbleiben. Diefe oder ähnliche Hinderniffe wegzuräumen, ift vielleicht die Vorftellung meiner Mafchine in einer
Zeichnung, fammt kurzer Befchreibung derfelben, und der Verfahrungsart bey Verfuchen am dienlichften, ich gebe alfo erfteres in der Tafel IV. und letzteres im Verfolg diefer Blätter.

Das kleine, nur 2 Fufs 2 Zoll hohe Wafferrad *a*, ift
nur 6 Zoll weit im Lichten gefchaufelt; die Röhre *b*, welche
die Auffchlagwaffer zuführt (es find die Rührwaffer meines
Haufes) ift nur 2 Zoll weit im Durchmeffer gebohrt, und es
find nie fo viele Waffer vorhanden, dafs fie ganz voll gehen
könnte. Der fehr eingefchränkte Raum machte es nothwendig,
dem Kreuze *c*. die Arme von ungleicher Länge zu geben, und
hierdurch erlangte ich es doch noch, den Kammbaum *d*. beynahe auf die volle Länge eines Fufses, mit jedem Umgange

L l   des

des Rades einmal vor, und einmal rückwärts zu bewegen. Diefer Kammbaum hat, wie vorgeftellt ift, an der Seite forn Kämme, und in feinem Mittel auf 1½ Fuſs Länge auch an der obern Seite. Mit den Kämmen an der Seite forn, greift er in die, mit 6 Triebftecken verfehenen Trillinge *e.* und *f.* mit den Kämmen an der Seite oben, in einen eben folchen, doch horizontal liegenden Trilling, auf deſſen Welle das Tönnchen ⊙ angefteckt werden kann. Da der Kammbaum nach den Maaſsen der übrigen Theile proportionirt, nur ein kleines Stück Holz feyn durfte, das bey feiner geringen Schwere die fefte Lage für fich allein unmöglich halten konnte, die nöthig ift, um die ihm zukommende Laufbahn unverrückt und ohne wackeln zu halten; fo muſste er zwifchen Rollen gefetzt werden, die ihn in der angewiefenen Bahn erhalten konnten. In den Hängefäulen *g.* und *b.*, womit die Unterlage und die Decke des Kammbaums in die Balken des Mafchinenhaufes eingehängt find, und auch im Mittel des Raums zwifchen den beyden Trillingen *e.* und *f.*, fo wie neben den Hängefäulen *g.* und *b.* in befondern eifernen Gabeln, die an die Unterlage und die Decke des Kammbaums hinten befeftiget find, find diefer Rollen in allem fieben angebracht, die den Kammbaum an beyden Seiten in richtiger Lage erhalten. Eine ift noch forn, wo das Eifen ausm Kreuz in den Kammbaum greift, oben an der Decke des Kammbaums befeftigt, damit er beym Einwenden, wenn er vorwärts gefchoben wird, nicht zu weit in die Höhe geftofsen werde. Auf der Unterlage, in welche eine eiferne Schiene zur Bahn eingelaſſen ift, läuft der Kammbaum mit drey kleinen Walzen, die fo wie alle Rollen, zwifchen welche er hat eingefpannt werden müſſen, aus Meſſing gearbeitet find. In die eifernen Wellen der Trillinge *e.* und *f.*

kÖnnen

können die, ganz aus Holz beftehenden Rechen der Amalgamirgefäfse *i.* und *k.* eingehängt, und mittelft überzufchiebender
meffingenen Hülfen befeftiget werden. Das Geftelle *l.* des Gefäfses *i.*, ift zwar von Holz, doch find feine Füfse unten und
inwendig gegen das Kohlfeuer, mit Eifenblech befchlagen, es
gehen 4 eiferne Stäbe, von jedem Fufse einer, gegen das Mittel, auf welchen zur Sicherheit wenn etwan der Keffel durchgehen follte, eine eiferne Schaale fteht, in der das Amalgamir-
gefäfs mit feinem Boden auffitzt. Oben liegt an dem hölzernen Geftelle inwendig herum ein eiferner, 1½ Zoll breiter Ring,
an den die Handhaben *m. m.* angefchmiedet find, durch die,
vermittelft zweyer Keile, über dem Gefäfse das Spannholz *n.*
befeftiget werden kann, zwifchen welchen mittelft übergefchla-
genen Halseifens, die Spindel des Rechens umläuft, und fo in
perpendikularer Richtung erhalten wird. Dies Geftelle *l.* ift
auf folche Art eingerichtet, daß dreyerley Amalgamirgefäfse
eingefetzt werden können, ein gläfernes, mit welchem es hier
vorgeftellt ift, ein kupfernes, und ein töpfernes, je nachdem
man die Verfuche zu machen fich vornimmt. Soll mit erftren
und letztern gearbeitet werden, fo wird in die, über dem Kohlfeuer ftehende eiferne Schaale, Sand oder Afche gefchüttet.
Das Gefäfse *k.* von Eichenholze, ift für doppelten Gebrauch
eingerichtet, einmal um darinne kalt auf eben die Art zu verquicken, als es im Keffel warm gefchiehet, dann auch, wenn
diefes vollendet ift, das darinne verquickte, oder auch was
in dem andern Gefäfse *i.* warm verquickt worden ift auszuwa-
fchen. Die Zeichnung ftellt das Auswafchen darinn vor, wie
der unten offene Rechen zeigt, da der, welcher im Gefäfs *i.*
hängt, unten zu, alfo zum Verquicken vorgerichtet ift. In
der Einrichtung wie Tafel IV. vorgeftellt ift, wenn in dem
Gefäfse

Gefäfse *i.* warm angequickt, und zugleich im Gefäfse *k.* ausgewafchen werden foll, muſs letzteres, damit durch die kleine Röhre *o.* von dem Rade, zum Auswafchen reine Waſſer können zugeleitet werden, am Boden des Amalgamirhaufes ſtehen. Um diefes bequem gnug für die ganze Anlage erlangen zu können, iſt ein Loch durch den Tifch gefchnitten worauf das Gefüfs *i.* ſtehet, und iſt die Spille des Auswafchrechens, um diefen durch das in den Tiſch gefchnittene Loch in die Welle des Trillings bringen zu können, in zwey Stücken zerfchnitten, die unten bey *p.* in einander gehängt, und mit einer überzufchiebenden Hülfe zufammen gnüglich feſt gehalten werden können. Soll in dem Gefäfse *k.* kalt amalgamirt werden; fo wird es auch auf den Tifch, neben das Gefäfs *i.*, und gerad auf das, durch den Tifch gefchnittene Loch geſtellt. Mit einem genau einpaffenden Stückchen Holz, worein eine eiferne Pfanne eingelaffen iſt, wird diefes Loch im Tifche zugelegt, wenn ebenfalls kalt, in einem noch andern auf den Tifch geſtellten Gefäfse amalgamirt werden foll, das folgendergeſtalt eingerichtet iſt. Ein Fäfschen von der Gröfse und Form wie das Gefäfs *i.*, nur aus tannen Holze gemacht, mit drey leichten eifernen Reifen belegt, ſtehet zwifchen 4 eifernen Stäben feſt, die fich unten um den Boden des Fäfschens herum, in eine Spitze zufammenziehn, die in jener eifernen Pfanne läuft, welche in das oben erwähnte Stückchen Holz eingelaffen iſt, womit der Tifch wieder ergänzt werden kann. Am obern Theile des Fäfschens, endigt fich jeder der vier eifernen Stäbe, zwifchen welchen es ſteht, mit einer Handhabe, und durch diefe 4 Handhaben, werden zwey incinandergreifende Spannhölzer, mit vier Keilen befeſtiget, auf deffen einem im Mittel eine eiferne Spille aufgefchraubt iſt, mit welcher das Fäfschen

in

in die Welle des Trillings *f.* kann eingehängt werden. In dieser Einrichtung kann das Gefäß felbft, mit dem darinne enthaltenen Queckfilber und zu verquickenden Zeugen, durch die Mafchine eben fo umgedrehet werden, als fie in den Gefäfsen *i.* und *k.* durchftreichend durch das in denfelben befindliche Queckfilber und zu amalgamirende Zeug, die Rechens umdrehet. Da in diefem Gefäße kein Rechen gehet, das Queckfilber alfo, wenn das Gefäß inwendig durchaus eben bleiben follte, nicht gnug Bewegung bekommen würde, um die zu verquickenden Zeuge gnüglich zu durchgehen; fo find 4, unten aufm Boden des Gefäfses über einander greifende ⅛ Zoll dicke, 2 Zoll breite hölzerne Stäbe eingefetzt, die bis über die Spannhölzer herauf reichen, neben felbigen vorbey, über fie heraus gehen, und mit hölzernen Nägeln an diefe fo lange befeftiget bleiben, als das Anreiben dauert. An diefen kann das Queckfilber anfchlagen, fo in die Höhe fpringen, das zu verquickende Zeug durchgehen, und fo das darinne enthaltene Silber in fich nehmen. Der Mangel des Raums verhinderte es, auch noch von diefem Gefäße eine Zeichnung beyzubringen, deffen Einrichtung aber, nach der eben gegebenen Befchreibung, hinlänglich gnug zu erkennen feyn wird.

Alle Gefäße, welche für diefe Mafchine zufammen gerichtet find, haben fo viel Inhalt, dafs in jedem mit 20 Pfd. ⅛ und 10 Pfd. Erz könnte gearbeitet werden. Wollte man fie indeffen vollangefüllt, und fo viele ihrer zugleich gehen laffen, als auf einmal an die Mafchine angelegt werden können; fo würde diefes, und ginge auch die Röhre *b.* ganz voll mit Waffern, welches doch nie vorkömmt, mehr Kraft erfordern, als die Mafchine hervorzubringen vermag. Soll das Tönnchen ● gehen, das bey hier gezeichneter Höhe 9 Zoll lang ift; fo er-

fordert

fordert diefes allein die volle Kraft der Mafchine, und es kann
neben ihm weiter nichts mit angehängt werden, weswegen,
und da dies Gefäß, um der Unterhaltung des Feuers, oder andrer Urfachen willen, ganz und gar keine Auflicht erfordert, ich
es auch nur immer des Nachts gehen laffe. Sehr leicht würde
es aber feyn, bey etwas mehr Höhe des Rades, und bey mehr
Auffchlagwaffern auf felbiges, die Mafchine zu ungleich ftär-
kerer Kraft zu bringen, folglich auch in allen 3 hier anzubrin-
genden Gefäfsen zugleich, oder auch in mehrern und größern
Gefäfsen, fo viel mehr auch durchzuarbeiten. Man könnte fo
von dem blofsen Modelle, wie es hier vorliegt, lediglich zu
Verfuchen, oder doch nur zu fortlaufenden Arbeiten nach ver-
jüngtem Maasftabe beftimmt, ftuffenweis bis zu mehrern und
vielen, etwas weniges nur, oder viel größern Gefäfsen fortgehen, und für das Bedürfnifs nur einzelner, oder mehrerer
Gruben zufammen, von nur wenigen Centn. wöchentlich, bis
zu mehrern, in proportionirten Erweiterungen die Anlagen
für jedes Bedürfnifs abftimmen. Wer zu wirklicher Anwendung der Amalgamation Gelegenheit hat, oder gar genöthiget
ift, wird gewifs auch diefe Idee fchätzbar, und fo auch in diefem Betracht das Modell nützlich finden, von deffen Vorbilde
diefer Gedanke erweckt, und leicht bis zur That genährt werden kann. —
   Der Umgang der Arbeit, wie ihn die Mafchine in ihrer
Kleinheit mir zuläfst, ift gewöhnlich auf folgende Art geordnet. Wenn vom Morgen bis Abend, die 12 Stunden des Tages über im Gefäß I., worinne fich gewöhnlich 20 Pfd. Queckfilber, und 5 Pfd. zu amalgamirendes Zeug befindet, mit Kohlfeuer warm angequickt worden ift; fo wird Abends der Rechen
diefes Gefäfses ab, und dagegen das Tönnchen ☉ mit 5 Pfd.
                                                  Queck-

Queckfilber und 5 Pfd. zu amalgamirenden Zeuge angehängt:
Das Tönnchen geht nun die 12 Stunden der Nacht hindurch
um. Am Morgen drauf wird diefes Gefäfs abgenommen, was
vorigen Tages im Gefäfs *i.* angequickt worden ift, wird in das
Fafs *k.* gebracht, Queckfilber und amalgamirtes Zeug, alles
zufammen. Das Gefäfs *i.* wird drauf auf das neue gefüllt, und
es geht in ihm die warme Anquickung wieder fort bis an den
Abend, dann wird das Tönnchen angehängt, um die kalte
Amalgamation wieder anzuftellen, und fo kann der Zirkel der
Arbeiten immer fortlaufen. Zugleich wird auch neben der
Amalgamation mit Wärme, das Auswafchen desjenigen, was
Tages vorher im Gefäfs *i.* warm angequickt worden ift, und
ift dies vorüber, auch deffen was im Tönnchen ⊙ des Nachts
kalt angerieben wurde, auf folgende Art im Gefäfs *k.* angeftellt.
Zuerft wird zu dem, was fchon hinein gebracht worden ift,
durch die Röhre *o.* fo viel Waffer zugelaffen, dafs das Gefäfs
ohngefähr bis an das oberfte Ziehebänd heran voll wird, um
das Gemenge gehörig zu verdünnen, und nun geht der Rechen
eine halbe Stunde lang, ohne weitern Zuflufs von Waffer um.
Der gleich unterm zweyten Ziehebande befindliche Hahn,
bleibt während diefer erften halben Stunde zu, fobald diefe
aber vorbey ift, das Queckfilber bey gehöriger Verdünnung
vom amalgamirten Zeuge fich hat losmachen, im Laufe der
Bewegung aus zerftreuten kleinen Theilchen, zu gröfsern Kugeln nach der Berührung hat zufammenfliefsen, und nun mit
beträchtlicher Schwere im gnüglich verdünnten Gemenge hat
niederfinken können, zur gröfsern Quantität des unterftehen-
den Queckfilbers, wird diefer Hahn geöffnet, und wenn bis
zu ihn herunter das Gemenge bald abgefloffen ift, wird wieder
rein Waffer durch die Röhre *o.* zugelaffen. Nun bleibt der Hahn
fort

fort offen, reine Waſſer aus der Röhre o. laufen beſtändig zu, und fchlämmen fo, unter Mithilfe des umgehenden Rechens, durch den Hahn, und das vorgelegte Gerenne q., alles amalgamirte Zeug nach und nach in das vorgeſetzte Faſs r., worinne die Rückſtände fich fenken, und die Waſſer rein ablaufen. Dies geht fo lange fort, bis alle Rückſtände herausgefchlämmt find, und man am Boden des Gefäſses durch das oben ſtehende nun klare Waſſer, das unten ſtehende Queckſilber rein, und ſpiegelhell fehn kann. In einer Zeit von 3, höchſtens 4 Stunden, iſt, wenn nicht die angequickten Zeuge ſehr zähe, oder fchwer find, diefe Wäfche mehrentheils vorbey, und das Queckſilber wird fo rein, dafs nur wenig noch dran gefchehen darf, um es zum Durchpreſſen rein gnug zu haben, fo viel etwan, als fonſt gefchiehet das Amalgam rein zu wafchen. Das Auswafchen iſt auf diefe Art fehr leicht, und man iſt völlig ficher, dafs nichts vom Queckſilber verlohren geht, fo fern es nur nicht beym Anquicken zerfreſſen worden iſt, oder durch zu fchnellen Umgang des Rechens, und durch zu langes Anhalten mit dem Auswafchen, nicht mit Gewalt fortgetrieben wird, welches leicht gefchieht, wenn es fchon rein, alfo nicht mehr bedeckt iſt, fo dafs es, zumal wenn der Umgang der Mafchine fehr fchnell angeſtellt iſt, in ziemlich groſsen Tropfen in die Höhe gefchleudert, und durch die Waſſer mit fortgeführt werden kann. Ich habe oft bey meinen Verfuchen, durch achtfames Ueberarbeiten der Rückſtände aufm Scheidtroge, nach diefem vorbeſchriebenen Auswafchen, wenn es achtfam vollführt worden war, nicht eine Spur Queckſilber mehr darinne gefunden. Bey mehrern diefer Verfuche, hat der Queckſilberabgang von 20 Pfunden, die in der Arbeit waren, kaum das halbe Quintchen überſtiegen, und bey einigen
nigen

nigen ift gar keiner gewefen. Nur darinne muß Vorficht angewendet werden, daß, ehe man den Hahn öffnet, mit viel
Waffer verdünnt, fodann aber wieder weniger Waffer zugelaffen wird. Hatte ich nur 5 Pfd. zu amalgamirende Zeuge, die
nicht fonderlich zähe waren in der Arbeit; fo konnte ich alles
auf einmal zum Auswafchen nehmen, und es war hinlänglich,
wenn ich das Gefäß *k*. bis an das oberfte Zieheband nur einmal
voll Waffer ließ. Hatte ich hingegen 8 oder 10 Pfd. in der
Arbeit gehabt, und das Gemenge war fehr zähe, fo habe ich
es auf zweymal nach einander zum Auswafchen nehmen, oder
habe nach dem Ablaffen, den Hahn wieder zumachen, noch
einmal oder mehreremale rein Waffer zugeben, und das Ablaffen wiederholen müffen.

Durch diefes eben befchriebene, höchft bequeme Auswafchen, werden die Verfuche nicht allein fehr ficher gefetzt,
fondern auch ungemein erleichtert, und es kann in einem Vor-
mittage gar füglich das, Tags vorher im Gefäfs *i.* warm verquickte, und das im Tönnchen ⊙ die Nacht vorher kalt ange-
riebene Gemenge, jedes befonders ausgewafchen werden. In
diefer Einrichtung find alfo jedesmal in 24 Stunden zwey Verfuche, jeder von 5 Pfd. zu amalgamirender Zeuge, einer warm,
der andere kalt, gar füglich zu beendigen, fofern man fich
nur damit begnügen will, das Anreiben nicht länger als 12
Stunden dauren zu laffen. Auf folche Art käm wöchentlich,
gingen die Arbeiten ununterbrochen fort, wenigftens ein halber Centn. Erz durch, 25 Centn. alfo jährlich. Hielte der
Centner diefer angequickten Erze 4 Mrk. Silber; fo wären
wirklich, felbft mit einer Mafchine wie diefe, die nichts weiter ift, als gangbares Modell, 100 Mrk. Silber im Jahr auszubringen. Man nehme aber das Rad noch einmal fo hoch an,

M m   in

in den Schäufeln nur fo weit, als es jetzt ift, hierzu aber volle Auffchlagwaffer; fo würden ganz bequemlich zwey Tünnchen, nebft einem Auswafchbfaffe, erftere von fo viel Inhalte durch die Mafchine können umgetrieben werden, dafs jedes derfelben ¼ Centn. Erz, und ½ Centn. Queckfilber faffen könnte. In folcher Einrichtung, und da nur 12 Stunden erforderlich find das Anreiben zu vollenden, könnte jedesmal in 24 Stunden 1 Centn. Erz oder Hüttenprodukt durchgearbeitet werden. Mehr als zwey Leute höchftens, würden hierzu nicht nöthig feyn, und auch diefe würden nicht immer beym Anquicken zu arbeiten haben, fondern manches noch nebenher verrichten können. Blos der doppelten Höhe des Rades wegen könnte, und wären auch noch andere Theile der Mafchine zugleich mit in höheres Maafs zu fetzen, ein folches kleines Werk wohl nicht viel mehr Ausgabe machen, als mir diefes gangbare Modell gemacht hat, und das läuft noch nicht auf volle 100 Thlr. — Mit fo wenig Ausgabe, und fo wenig Menfchen, durch fo höchft einfache, leicht zu überfehende Arbeiten, und Vorrichtungen dazu, könnten gleichwohl wenigftens 300 Centn. Erz jährlich zu gute gemacht werden, wobey felbft dazu noch Zeit gnug vom Jahr übrig bliebe, mit den zwey in Arbeit ftehenden Leuten, würden auf einige Zeit nur zwey Gehülfen ihnen zugegeben, diefes Quantum von 300 Centn. Erz, auch noch zu röften, wohl auch zu pochen, wenn es Stufferz wär. Nun find aber nur wenige Gruben, die 300 Centn. Erz jährlich aufbringen, noch wenigere ihrer find, die viel mehr fördern, und die bey weiten gröfste Anzahl werden diejenigen ausmachen, die nicht einmal 300 Centn. jährlich gewinnen. Vorzüglich die Gruben von erfterer und letzterer Erzförderung alfo, zumal wenn fie bisher ihrer Kleinheit wegen

wegen gar noch weit hin nach den Hütten fahren mußten, werden in der Amalgamation, und in der Vorrichtung fo kleiner Mafchinen, unftreitig ihren fehr grofsen Vortheil finden. Sio werden vielleicht fchon um das Fuhrlohn, welches fie bisher von ihren Erzen nach den Hütten zahlen mufsten, die Silber bis zur Münze ausbringen können. Man kann einwenden, dafs nicht auf jeder Grube Gelegenheit feyn wird, die Auffchlage- waffer für eine folche Mafchine herbey zu fchaffen, und das könnte allerdings wohl feyn. Aber es giebt auch noch mehr Kräfte, die man zum Umtrieb einer Mafchine der Art würde anwenden können, die man zwar jetzt, zu fehr ans Grofse und Umftändliche gewöhnt, nicht achtet, nicht anwendet, die aber in den frühern Zeiten des Bergbaues, als man es noch mehr ftudirt zu haben fchien, fich zu helfen, wie man nach den Umftänden eben konnte, auch noch mit, und nicht ohne Vortheil benutzt wurden. *Agricola* in re *metallica Lib. VIII.* erwähnt der Treträder oder Laufräder, die auch bey Bergwerken mit gebraucht, und durch Menfchen bald, bald durch Pferde, Ochfen und Efel bewegt wurden. Er giebt Bild und Befchreibung von einer Erzmühle, gebraucht bey kalter Verquickung Gold haltender Erze, die mittelft eines Tretrades oder Laufrades, fogar durch Ziegenböcke betrieben ward. Sollte man nicht eben auch mit Vortheil jetzt wieder, die Kräfte folcher Thiere, vielleicht auch grofser Hunde, zum Umtrieb der Quickmafchinen gebrauchen können? Die fogenannte Befchickung mehrerer Erzarten untereinander, um ein befferes Ausbringen dadurch zu erlangen, wird auch keinen Vorwand mehr abgeben können, alle Erze, auch von fehr weit entlegenen Gruben, nach nur einer Hütte zufammen zu fahren. Bey der Amalgamation find dergleichen Befchickungen, wenn es nicht etwan noch mit kie-

figtcu

fagten Erzen wo deren. fich finden, feyn möchte, ganz und gar nicht nöthig, jede Grube kann da fchon in fich felbft alles haben, was ein gutes Ausbringen zu bewirken vermag.

Durch folche in ihr liegende, gewiß grofse Hülfe, wird die Amalgamation manche kleine Grube die bisher nicht aufkommen konnte, zu beffern Umftänden erheben; manch finkendes Bergwerk wieder empor bringen; und manch fchon liegen gebliebenes wieder zur Aufnahme befördern. Es wird fich alles diefes um fo viel leichter machen, wenn man fich durch die Erfahrung von allen Seiten her erft vollkommen überzeugt haben wird, daß die Amalgamation, bey allen jenen nur erft bemerkten Vortheilen die fie gewährt, auch noch die gefündefte Hüttenarbeit felbft dann noch ift, wenn blos mittelmäßige Vorficht angewendet wird. —

Etwas weniges nur, will ich von einigen der Verfuche noch fagen, die ich durch Hülfe diefer Mafchine bisher machte, und die ich abgekürzt, auf die am Schluffe angefügte Tabelle, nach einigen der Hauptrefultate verzeichnet habe. Ich bin bey allen diefen Verfuchen dem guten Rathe des *Barba* gefolgt, den ich in der franzöfifchen Ueberfetzung eben las, als ich zu Szkleno die erftern Amalgamationsverfuche mit Kupferftein vom Harze vornehmen ließ, die eben nicht glücklich ausfallen wollten. Die Silber wurden bey weiten nicht gnüglich ausgebracht, und am Queckfilber wurde doch ungeheuer viel verlohren, bis 2 Pfd. 20 Loth an 30 Pfd., die ich in der Arbeit hatte — und woher kömmt das, und wie vermeidet man folche Uebel? waren meine ängftlichen Fragen. *Barba* beantwortete fie mir, denn bey ihm fand ich über die Schädlichkeit, und doch zugleich auch über den grofsen Nu-

tzen

tzen des Vitriols bey der Amalgamation, folgende Stellen im
zweyten Buche. (*)

1.) Chap. V. pag. 143. *Les Couperoſes ſont les ennemis
mortels du Vif-argent, le mettent en déſordre, et le conſument,
principalement ſi on y mêle du Sel, qui rend leur pénétration plus
prompte et plus violente* — *pag.* 144. *elle eſt pourtant utile en
quelques occaſions, et ſert de Thériaque, pour ainſi dire, à certains
Minérais qui en ont beſoin.*

2.) Chap. XIII. pag. 170. — *Il faut laver la farine,
jusqu'à ce que le fer ne ſe colore plus. On garde toutes ces eaux
pour le bénéfice des Minérais qui en ont beſoin.* —

3.) Chap. XVIII. pag. 181. *Si le Vif-argent eſt tocado,
c'eſt-à-dire, ſ'il y a plus de reméde, de plomb, d'étain etc.* — *le
reméde le plus prompt et le plus efficace, eſt de jetter dans le ca-
ſon de la Couperoſe, ou ſon eau que nous avons dit de conſerver
au Chapitre XIII. de ce Livre* —

Hiernach richtete ich mich bey meinen fernern Verſuchen in Ungarn, und hatte keinen groſsen Queckſilberverluſt
mehr, und bekam alles Silber aus dem Kupferſteine heraus,
bis auf ¼ Loth; aus Erzen die bis zu 60 Pfd. Bley im Centn.
hielten, gleich beym erſten Verſuche bis auf ½ Loth. Ich fuhr
auf gleichem Wege fort, nun auch in meiner eignen kleinen
Quickhütte die Verſuche anzuſtellen, und bediente mich des
Zuſatzes von Kupferlaugen auch bey ſolchen Miſchungen von
Erzen, die ſehr arſenikaliſch waren. Die Erze zur *erſten Rei-
be* der Verſuche welche in der angefügten Tabelle aufgeführt
werden, ſchickte mir ein angeſehenes Mitglied der Societät
der Bergbaukunde zu, um an ihnen zu erprüfen, wie weit ſie

M m 3

durch

(*) Metallurgie, ou l'art de tirer et de purifier les métaux, traduite de l'Eſpa-
gnol d'Alphonſe Barba, à Paris 1751.

durch die Amalgamation vortheilhaft zu bearbeiten feyn möchten. Da mir die Erze ihren Heltandtheilen nach gänzlich unbekannt waren, und ich ihre Zerlegung vor der Amalgamation nicht vornehmen konnte; fo röſtete ich fie beym erſten Verfuche ganz ohne Zufatz. Heym Röſten zeigte fich eine gewaltige Menge Arfenik, der lange Zeit über ihnen dampfte. Das Ausbringen beym erſtenmale Anquicken war bey weiten nicht hinreichend. Ich glaubte die Zeit ihres Anreibens wäre zu kurz gewefen, und nahm die Rückſtände noch einmal in die nämlichen Gefäſse, erhielt aber keinen beſſern Ausfall. Nun röſtete ich fie mit Schwefelkiefen ausm Rammelsberge, die ganz ohne Silbergehalt waren, dies ſind die Verfuche 5. und 6, wobey wieder viel Arfenik wegdampfte, und ich erhielt beym nochmaligen Anquicken zwar wieder Amalgam, aber doch auch diesmal lange noch nicht gnug. Nun glühete ich die Amalgame von diefem erſten Verfuche aus, und bekam zu meiner groſsen Verwunderung nicht die poröfen Pinnen, die man aus den Amalgamen nach dem Ausglühen gewöhnlich bekümmt, fondern völlig zufammengefloſſene Silberkörner, wie man fie auf der Kapelle erhält. Noch mehr, als ich diefe zufammengefloſſenen Silber auf der Kapelle abtreiben ließ, verlohren fie noch ein fehr anfehnliches am Gewicht. — Sollte nicht auch hierinne ein Beweis liegen, daſs Arfenik unter gewiſſen Umſtänden fich wirklich mit Queckſilber amalgamiren, fogar im Ausglühen noch beym Silber bleiben könne? Erſteres fand Bergmann fchon. (*) — Daſs nur die ganz befonders eigne Hefchaffenheit der amalgamirten Erze diefes wahrfcheinliche Arfenikamalgam hatte hervorbringen können, fah ich daran deutlich, daſs andre Amalgame, die ich auf der entgegengefetzten Seite des

Tellers,

(*) Macquers chymifches Wörterbuch von Leonhardi, Iſter Theil, S. 242. Anm.

Tellers, im nemlichen Glühgefäfse mit jenen zusammengeflof-
fenen Pinnen zugleich ausgeglühet hatte, nicht zusammenge-
flolfen, fondern die gewöhnlichen fehr poröfen Pinnen geblieben waren, die auch beym Abtreiben auf der Capelle nach
dem Ausglühen den grofsen Verluft nicht erlitten, wie die aus
den Erzen von Kod. Und jene andern, zugleich mit ausge-
glüheten Amalgame, waren von unferm Andreasberger fogenannten Arfeniklilber, dem es auch an einem grofsen Theile
Arfenik nicht fehlt. In der Folge erfuhr ich, dafs bey chymi-
fcher Zerlegung diefes Erzes, in einem Quintchen davon, 35
Gran Arfenik fich gefunden hatten, bey nur 12 Gran Schwefel. Ich machte nun den zueyten *Verfuch* mit der nemlichen
Erzart, wovon ich jedoch nur den ärmern Theil noch übrig
hatte, und röftete jetzt mit Zufatz von Kohlengeftübbe. Es
ging fehr viel Arfenik beym Rölten weg, und ich bekam mehr
Amalgam, auch flofs diefes im Ausglühen nicht zufammen,
fondern gab die gewöhnlichen poröfen Pinnen. Ganz fo wie
ich es wünfchte, bekam ich jedoch auch bey diefem Verfuche
die Silber nicht heraus, die Rückltände waren noch viel zu
reich, doch ift nicht zu zweifeln dafs bey fortgefetzten Ver-
fucben, eine Behandlungsart auch für diefe Erze ausfündig zu
machen feyn würde, mittelft welcher man ihre enthaltenden
Silber alle, und mit Vortheil würde herausbringen können.

Wie feft der Arfenik am Silber klebe, und fo das Ausbringen delfelben durch Queckfilber hindere, beweifen die 1ᵗᵉ
und 2ᵗᵉ und 4ᵗᵉ Reihe der Verfuche der Tabelle zur Gnüge,
doch wird aber aus ihnen auch gewifs, dafs man mit Vitriol
diefes Hindernifs ziemlich wegpeizen, und fo das Silberaus-
bringen befördern könne, wie befonders 5. und 6. in der 2ᵗᵉⁿ
Reihe, auch 6. in der 4ᵗᵉⁿ angeben, wogegen allzuviel Vitriol,
wie

wie der 2te Verſuch der 3ten Reihe zeigt, dem Queckſilber
ſehr zertöhrlich werden kann. Daſs die Wärme zum Silber-
ausbringen auch mit beyhelfe, ſo wie zu Vermeidung des Ver-
luſts am Queckſilber, ſcheint mir unter andern auch der 7te
Verſuch der 4ten Reihe zu beweiſen, der überall die geſchick-
teſte Art des Anquickens mir zu ſeyn ſcheint, weil bey ihm
die Wärme benutzt werden kann, ohne zum Gebrauch kupfer-
ner Gefäſe genöthiget zu ſeyn. Wie wenig im Ganzen Queckſilber verlohren werden müſſe, wenn alles was zum Amalgamiren gehört, und beſonders auch das Auswaſchen, zweck-
mäſsig vorgenommen worden, erweiſen die Verſuche ſämmtlich, diejenigen ausgenommen, wobey es darauf angefangen
war, über die Zerſtöhrlichkeit des Queckſilbers Beweiſe zu
erlangen, wie z. B. der 2te Verſuch der 3ten Reihe enthält.
Bey ſo wenig Verluſt im Kleinen, als bey den übrigen meiſten Verſuchen an Queckſilber erlitten iſt, läſst ſich doch noch
der ſichere Schluſs für die Arbeiten im Groſsen dahin machen,
daſs dieſer Verluſt bey ihnen noch geringer ſeyn werde. Ueberhaupt hat die Amalgamation im Gegeneinanderhalten der
Verſuche im Kleinen, gegen die Arbeiten im Groſsen, auch
noch die Eigenheit, daſs man nach erſtern allemal gröſsere
Vortheile bey letztern erwarten könne, da die Beymiſchung
im Kleinen völlig dieſelbe iſt wie im Groſsen, hingegen der
Gelegenheiten zum Verluſt und zu Behinderung des guten
Ausfalls, bey den Verſuchen im Kleinen, eben ihrer Kleinheit
wegen, nothwendig mehrere ſeyn müſſen, wie z. B. ſind, das
Anhängen des Queckſilbers an die Gefäſe, das Zerſtreuen deſſelben beym Ausreinigen u. dergl. woran gewiſs bey 10 Centner ein proportionirlich ungleich kleinerer Verluſt ſich finden
muſs, als bey 10 Pfund. ——

Statt

Statt aller weitern Folgen aus diefen in der Tabelle an-
gefetzten Verfuchen, die fehr leicht jeder Lefer felbft wird
draus ziehen können, füge ich hier als einen zweyten Beytrag zu den Fortfchritten der Amalgamation noch an,

Die Erklärung der Buchftaben von Tafel V.

welche die Joachimsthaler Quickmafchine mit ftehenden Zylindern vorftellt, fo wie fie mir zugefchickt worden ift. Den
erften Gebrauch von diefen Zylindern nach Art der deutfchen
Butterfaffer, machte der Herr Bergrath *Gellert* zu Freyberg
mit Vortheil bey Verfuchen. Zu Joachimsthal folgte ihre Anwendung im Grofsen, und zum Umgange fortlaufender Arbeiten fehr bald nach. Auf Tafel V. nun, ift

a. Die Hauptwelle.
b. Das Waffenad 6 Ellen hoch.
c. Die Wellenzapfen.
d. Die innere Mauer der Radftube.
e. Die fechs fichtbaren Flafchen der zweyhübig gelochten Welle,
   welche
f. die Hebel auf einer Seite mit dem Druck, auf der andern Seite
   mit dem Hub, und mittelft diefen
g. die Zugftangen in Bewegung fetzen, und indem diefe herabge-
   zogen werden, und zugleich
h. die Scheiben vermittelft der drangefchlagenen, und mit
i. dem Nagel befeftigten
k. Ketten, eben auf die Seiten geneigt werden; fo gefchiehet mittelft der, auf der entgegengefetzten Seite herabhangenden, und an
l. die Scheibenftangen befeftigten
m. Kette, der Hub der

n. Schei-

(*) Nachricht von dem Anqulcken der Gold und Silberhaltigen Erze u. f. w.
   von Johann Jacob Ferber. 1787. S. 38. 39.

N n

o. Scheibe, welche vermöge ihrer eignen Schwere wieder herab-
sinkt, und durch wiederholtes Auf- und Abfinken, die Erze mit
dem Queckfilber vermengt.

e. Sind die Faffeln (oder ftehenden Zylinder) worinne der Einfatz
vermengt wird, deren jedes mit einer ganz im Boden einge-
laffenen

p. Pipe und Zapfen verfehen ift, bey deffen Aufziehen das Queckfilber fammt Rückftänden, und der beftändige Zufluß des ein-
zuleitenden reinen Waffers, in

q. die Rinnen, und mittelft diefer in

r. die Wafchbottige, ein und abgelaffen werden können.
In dem Wafchbottige wird

f. der Quirl beftändig gedrehet, die Bewegung gefchiehet durch

t. das Kammrad, das in

u. das Drillings oder Getriebrad eingreift, und mittelft diefem, eine
ftehende Welle mit dem oben angebrachten

v. Stirnrade treibt, hierdurch aber, in die, an den Quirlen befeftigten

x. Drillingsräder eingreifend, folche fammt den Quirln in Zirkel-
bewegung fetzt.

Die Fig. *a. b.* an der Seite und zwifchen dem Grund- und dem Durch-
fchnittsriffe, neben dem Maasftabe, ift die Scheibe *w* im Profil-
riffe, mittelft welcher in den Zylindern *o.*, Queckfilber und Erze
untereinander getrieben werden, vorgeftellt nach einem größern
Maasftabe. Sie ift von Eifen gegoffen, oder gefchmiedet, nachdem man es für gut findet.

IL AUS-

II.

AUSZUEGE.

I.

Von Tauriens natürlicher Lage, von der Natur und Beschaffenheit seines Bodens, seiner Waſſer, und allen den Gegenſtänden des Mineralreichs, die man daſelbſt antrifft.

Auszug aus dem gröfsern Werke, welches im Jahre 1786. die Akademie zu Petersburg bekannt gemacht hat.

Mitgetheilt

von

des Fürſten Dimitry Gallizzin Durchl.

im Haag.

Taurien liegt zwiſchen dem 50 und 55ᵗᵉⁿ Grade der Länge, dem 45 und 47ᵗᵉⁿ Grade der Breite. Es erſtreckt ſich gegen *Norden* bis an das Gouvernement von Catherinoslaw, gegen *Oſten* iſt es begränzt durch das Azowſche Meer und den Fluſs Cuban, gegen *Süden*, *Weſten* und *Nordweſten* durch das Schwarze Meer. Man unterſcheidet darinne 4 Partien: das *platte Land*, die *Gebirggegend*, die *Halbinſel Kertſch*, und die *Inſel Taman*.

N n 3   I.) *Vom*

1.) *Vom platten Lande.*

Dies beſtehet aus weiten Ebnen, welche ſich vom Unieper bis nach Perecop erſtrecken, und von da bis an die Fluſſe Salgnir, und dem weſtlichen Boulghanak. Man findet darinne mehrere *geſalzene Seen*, *Salzquellen*, *und verſteinerte Meerkörper*, welches zu beweiſen ſcheint, daß dieſer Theil vorhin durch das Meer bedeckt war. Sein Boden iſt *eine gelbe freye Thonerde*, gemengt in der Oberfläche mit *Fruchterde*, die allenthalben eine graugelblichte Farbe annimmt; und überflüſſigem *Salze*, beſonders in dem Bezirke von Perecop, und längs der Sivaſche, oder dem Palus Mäotis.

Zwiſchen Perecop und Koslow, und längs dem Schwarzen Meere, findet man unterm *Thone* einen löcherichten *Kalkſtein* in Lagen, gemengt mit *Muſchel Bruchſtücken* und *Grand*.

Die Fruchtbarkeit dieſes Bodens iſt nicht gleich, und hängt von ſeiner Vermengung mit *Fruchterde*, und ſeiner Feuchtigkeit ab. Der gute bringt Viehweiden hervor, und iſt zu verſchiedenen Arten der Cultur geſchickt, aber er iſt völlig entblößt von Holz, leicht indeſſen könnte dieſes durch Anpflanzung verſchafft werden, da man den glücklichen Erfolg an Gärten um Koslow, und der Spitze von Tarchan geſehen hat.

Das Waſſer der *Flüſſe* und *Bäche* iſt ſchlecht, weil ihr Boden leimicht iſt, und die Ebenheit deſſelben den Fall benimmt, ſie faſt ſtauet. Das der *Brunnen*, iſt oft ſalzig, zuweilen unſchmackhaft, und enthält mehr oder weniger *Salztheile*, aber die Brunnen um Koslow, geben ein ſehr gutes Waſſer.

Die *Salzſeen* ſind nahe am Meere, und der ſanft abhängende Boden, welcher ſie davon trennt, iſt nichts, als ein Zuſammenſatz von Muſchelbruchſtücken und *Meerſand*, woher man

man die Folge zieht, dafs fie vorhin feine Bufen ausmachten, und dafs fie noch jetzt unterirrdifche Verbindungen mit ihm unterhalten, denn ohngeachtet der ungeheuren Menge Salz, welche man jährlich daraus zieht, werden fie doch nicht davon erfchöpft, obgleich die Bäche, welche fich darein ergiefsen, nur fülses Waffer zuführen.

Sie find von fehr geringer Tiefe, der Boden ift bey einigen fandig, bey andern leimicht, und ihre fauft abhängenden Ufer bilden *Salzlachen.* Das Salz wird darinne durch die grofse Sommerhitze zu feften Schollen bereitet, und es ift weiter nichts, als die kleine Mühe nöthig, es mit hölzernen Schaufeln vom Boden oben wegzunehmen. Bey regnerichen Sommern erzeugt fich viel weniger.

2.) *Von der Gebirggegend.*

Die Gebirge fangen 20 Werfte (*) von Salghlr, gegen Carasfoubazare an, und beftehen aus dichtem Geftein, gemengt aus verfteinten *Mufcheln*, und groben *Grand.* Man unterfcheidet fie in 1) *Vor* - 2) *Mittelgebirge* und 3) *hohe Gebirge oder mittägliche Kette.* Einige fcheinen aus dem Abfatz der Waffer und des Meeres entftanden zu feyn, andere hingegen durch unterirrdifches *Feuer*, und noch andere zeigen noch deutliche Spuren von grofsen Veränderungen, welche fie von der

Heftig-

(*) Nach den, vom Goovernemrut feftgefetzzen Maafsen ift
  1.) eine Werfte 500 Sajenen.
  2.) eine Sajene hält 3 Archinen,
  3.) eine Archine hält 16 Verfchoks, oder 26 Zoll 6 7/10 Linien nach dem Parifer Fufs.
Eine Werfte enthält alfo 552 Toifen, 3 Fufs, 7 Zoll, 6 Linien Französifchen Maafsen, und 104 1/2 Werfte find gleich einem Grade des Meridians, wenn man 15 Meilen oder 57060 Toifen Französfchen Maafses, auf einen Grad rechnet.

Heftigkeit des unterirrdifchen *Feuers* erlitten haben. Im Ganzen erftrecken fie fich zwifchen *Oft* und *Weft*, ihre *Mitternächtliche* Seite hat ftärkern Abfall als die *Mittägliche*, und *Kalkftein* ilt ihre vornehmlte Felsart. Am Fufse beftehen fie gröfstentheils aus *Thonbänken*, untermengt fchieftrig. Die Thäler zwifchen den Hauptgebirgen, find gröfstentheils entblöfst, ihr Boden ift *Thm*, gelblicht oder grau, mit Gefchieben vermengt, und bedeckt durch ein dickes Lager Fruchterde. Die Gebirge der Centralreihe, find mit Holz bedeckt.

Die mittägliche Kette umfchliefst die Walferquellen, welche alle die nördlichen Thäler wäffern, und die mittägliche Seite des Schwarzen Meeres. Die fteilen Abhänge der Berge mit gewaltiger Schnelligkeit überrinnend, bilden fie oft wunderfchöne Cascaden, wovon die zu Akar-fou, 8 Werfte von Yalta die merkwürdigfte ift. Sie macht einen perpendikularen Fall von 150 Sajenen. Die Einwohner der benachbarten Gegend benutzen die Schnelligkeit diefer Ströme, um Mühlen anzulegen, oder daraus die Waffer bis mitten in ibre Wohnplätze und Pflanzungen zu leiten, denn fie find gut und gefund.

Die, längs diefer Waffer gelegenen Gegenden, find die beften für Ackerbau und Viehweiden, auch find fie am meiften bevölkert und beurbart. Felder und Gärten begleiten fie durchaus.

Die Berge der vordern Reihe liegen da wo fie anfangen, ohne Ordnung durcheinander, aber nahe bey Caraffoubazare, machen fie doch noch eine kleine Kette, deren eines Ende fich bis an die alte Krim, und das andere bis nach Baktfchiffarai erftreckt. An ihrem Fufse gen Süden, öffnen fich weite Ebnen. Die Berge zur Rechten diefer Plainen,

von

von Often gegen Weften, find fteil, und beftehen zum Theil aus einem fruchtbaren gelblichten, oft mit einem dichten *Kalk-ftein* gemengten Thon, der Bruchftücken verfteinter Mufcheln enthält; und zum Theil aus einer dichten, weiſsen, oder gelblichen *Kreite*, mit Kiefeln angefüllt. Am Fuſse find fie mit einem kreiteartigen *Mergel* bedeckt.

Die Kette zur linken diefer Plainen, fteigt fanfter an, und ihre mit Geftrüuche bedeckte Gipfel beftehen aus einem weichen, fehr leicht zu fchneidenden *körnigen Kalkſteine.* Unter den Verfteinerungen find die *Turpiten* die gewöhnlichften, die *Pektiniten* die feltenften. Man findet dafelbft auch um die Thonbünke, gelben und rüthlichen Eifenocher, auch Rüthel, und eine andere Art davon braun, und der Umbererde ähnlich.

Nahe bey Akmetfchet, wird die Verflächung der Gebirge merklicher, aber 15 Werfte davon gegen Baktfchiffarai, fangen fie an näher wieder zufammen zu rücken, fo ftark, daſs fie da, wo die Alma flieſst, beynahe fchon vereinigt find. Sie fetzen fo 5 Werfte fort, und trennen fich aufs neue bey Baktfchiffarai.

Der Berg von Biacla-coba ift voll Höhlen, welche die alten Einwohner diefer Gegend gegraben haben. Sie überfteigen kaum die Höhe eines Menfchen, und find felten eine Sajene lang und breit. Man findet dafelbft oft, kufenförmig ausgehöhlte Steine, welche durch eine, in der Decke der Höhle gearbeitete Oeffnung Waffer empfangen; und grofse länglich viereckte Gruben in den Seitenwänden und im Boden, mit Erde angefüllt, worinne ohne Zweifel die Leichname diefer Einwohner begraben worden find. Das Geftein diefer Höhlen, und des Berges felbft, enthält eine Menge grofser *Oftraciten*, *Gryphüen*, *Entrochiten* und *Vermiculiten* — Ein

Ifolirter Felfen von unmäfsiger Gröfse, und nirgends, auffer mit feiner Grundfläche am Herge anhangend, findet fich vor diefen Höhlen. Er ift faft durchaus ausgehöhlt, man kömmt dahin durch eine, in eine feiner Seiten gearbeitete Thür, und das Licht fällt durch ein kleines rundes Fenfter ein, das an einer andern Seite angebracht ift.

Die Ufer des Baches Bodriak, enthalten einen *grünen tbonigten bolusartigen Stein.* Die Lagen der Berge des Kraifes Baktfchiffarai, enthalten eine Menge kleiner Mufcheln, die von den vorher angeführten Arten verfchieden find.

Von Baktfchiffarai nach Manghoupe, gegen Südweft und Weften, bis nach Inkermann, dauren die Gebirge von der nemlichen Art fort. Man findet dafelbft ebenfalls Höhlen. Die merkwürdigften aber find in Tiapekirman, einem ifolirten, ganz mit Holz bedeckten Berge, bis gegen die Spitze, welche von Bäumen entblöfst, und auf 3 Seiten lothrecht abgehauen ift, worinn man zwey und drey Reihen Höhlen angelegt hat. Man findet dafelbft noch Menfchengebeine, aber man mufs darum nicht fchliefsen, als wären die Höhlen nur blos dazu angelegt, um zu Begräbniffen zu dienen, denn die fenfterförmigen Oeffnungen, und die verfchiedenen Cifternen zur Aufbewahrung des Waffers, fcheinen das Gegentheil zu beweifen. — Diefer Berg der viel höher ift als die in der Gegend um Alma, enthält bis an feinen Gipfel, verfchiedene Lagen von grofsen verfteinten Mufcheln.

Der Berg über dem Fluffe Catfcha, und zwey andere nahe bey Manghoupe, Tfcherkeffe - Kirman, und Eski - Kirman genannt, zeigen ebenfalls Höhlen, fo wie ein vierter, der höchfte von den Mittelgebirgen, und auf welchem man die Ruinen des alten Manghoupe erblickt. Die Seitenwände

einer

einer von diefen Höhlen gegen Morgen, von mehr als 7 Sajenen Länge, find mit fehr weifsem Mauerfalpeter bedeckt, welchen die Vermifchung der Ausdünftungen des Miftes mit der Kalkerde hervorbringt, denn die Einwohner treiben ihr Vieh hierein. Man trifft in diefem Gebirge *Entrochiten* und *Vermiculiten*, aber nicht die geringften Spuren von grofsen Mufcheln an.

Das Gebirge Inkermann enthält eine Menge Höhlen, die mit ganz befonderer Sorgfalt und Gefchicklichkeit gemacht find, fie find oft von 5 Etagen, mit zwifchenliegenden, zur Communication aus der einen in die andere angebrachten Treppen. Man fieht dafelbft noch in den Felfen gehauene Bänke, Tifche, und Altäre, von 3 Kirchen, welche dafelbft geftanden haben; und einen Brunnen, ganz auf dem Gipfel des Berges, welcher mehr denn 50 Sajenen hoch liegt.

Das nächfte, und Inkermann zur linken liegende Gebirge, enthält auffer den oben verzeichneten Verfteinerungen noch *Bularditen*, und grofse *Cochliten*; und zwifchen den Bruchftücken von feiner Felsart, *Schwefelkiefe* in *Kugeln* und *Nieren*, mit einer Kalkkrufte, und eine, dem Roft ähnliche Okererde umgeben. Sie find bald in ganze Lagen gefchichtet, bald ifolirt.

6 Werfte von Inkermann gegen Südoft, findet man *Seifenftein* oder *Walkertbon*, nahe beym Dorfe Beikirmann. Er wird aus Löchern gewonnen, die man in einen Hügel gräbt, wo das erfte Lager ein *kreitiger Mergel* ift, das zweyte mit *Walkertbon vermengter graulicher Mergel*, und das dritte der *Seifenftein* wovon die Rede ift. Er ift blättrich, dunkelgrau oder olivengrün, und voller glänzender Punkte wenn er aus feiner Geburtsftätte kömmt, überzieht fich aber mit einer weifsgelblichen Rinde, wenn er austrocknet.

In den Ufern des Alma, gegen feinen Ausfluſs, findet man einen grobkörnigen eiſenfchüſſigen Thon in Lagen, und *Puddingſteine* in groſsen Klöchen. Jenſeits der Ruinen des alten Cherſon, erzeugt ſich *Küchenſalz* an den Ufern von einigen kleinen Buſen. Die Mittägliche Küfte des Vorgebirges, wo das Klofter St. Georg ift, hat mehr als 100 Sajenen Höhe, und ift ganz aus dünnen Lagen von kleinen und grofsen zerbrochenen Muſcheln zuſammengeſetzt, aus dem Geſchlechte der *Ammniten*. Dieſe Lagen haben niederwärts die Dichtigkeit eines Steins, aber die Oberfläche dieſer Gebirge ift mit *rothen eifenfchüffigen Thon* bedeckt, der den Steinen woraus ſie beſtehen, eine rothe Farbe mittheilt. Man trifft hier auch Bergmehl an, und zwifchen den Felsritzen zerfallene *Schwefelkiefe*, wovon einige mit *Schwefelftaub* bedeckt find, und andere ſich als *Eiſenvitriol* beweiſen. Auch *Atramentftein* findet ſich daſelbſt, er ift roth, gelb und orange, zuweilen auch aus dieſen dreyen Farben und aus grün gemengt. Die Gebirge zwifchen dem Vorgebirge St. Georg und Balouclava, find aufgebaut aus Lagen eines dichten, und auf dem Bruche glänzenden Kalkſteins, und zeigen deutliche Spuren von grofsen Revolutionen, welche dieſe Partie erlitten hat, und man trifft hier in manchen Felſenklüften auf *cubifche Kryftallen*, und geblätterten halb durchfcheinenden *Spath*, auch grauen mit weifs gemengten *Kalkfchiefer*, aber auf keine *Verfteinerungen*. Die *Puddingſteine* enthalten dergleichen ſelbſt in den Felsſpitzen.

In Often ift die Fläche der Gebirge, da wo man Balouclava erbauet hat, mit *Puddingſteinen* überdeckt, über welchen ein grau und röthlich gefärbter eifenfchülliger *Spath*, und

und rothbrauner dichter, fchwerer, *fpithiger Eifenftein* fich findet. Was die Vulkanifchen Produkte anlangt, fo findet man am Fufs diefer Gebirge 1.) einen fchwärzlichen *Bimsftein*, 2.) grofse Stücke harten und dichten *Thon* mit *Schwefelkies*, und im Verwittern begriffene Cryftallen, 3.) vier Arten Lava, wovon eine fehr dicht, und voll fchwarzer *Schörlkryftalle* ift, eine andere graugrünlicht, porös, voller *Glaskörner*, und wie eingetaucht in weifs und grün *Glas.* Die dritte ift erdigt, braun, und enthält kleine fchwarze Schörlkryftallen. Die vierte ilt dunkelgrau oder fchwarz, durchftreut mit kleinen Höhlungen, die mit fchwarzen und weifsen verwitternden Kryftallen erfüllt find.

Der fehr enge Eingang in die Felfen der hohen Gebirge beym Fort Balouclava, macht wahrfcheinlich, dafs diefes die Wirkung eines Erdfalls in diefer Gegend fey.

Die Mittelgebirge fangen bey der alten Krim an, und erftrecken fich bis nahe an Balouclava. Sie beftehen an ihrem Fufse aus *Thonlagen* mit Schieferarten, und Puddingfteinen vermengt; und auf ihren Gipfeln aus einem harten, dichten *Kalkftein.* Man fieht dafelbft keine *Verfteinerung*, aber der ifolirte Berg Aghermitoch enthält ihrer viele auf feiner Höhe. Diefe find gröfstentheils *Pektiniten* und *Cochliten* in feften Lagen. Auf feinem Gipfel findet man einen tiefen *Abgrund*, welchen man bis hieher noch nicht hat meffen können. Die Tartarn nennen ihn Ingiftan-Koulu, und wagen aus Aberglauben nicht, fich ihm nur zu nahen.

Diefe Mittelgebirge überfteigen die Vorgebirge, weichen aber an Höhe der mittäglichen Kette. Einige von ihnen find Thon in der Oberfläche, bedeckt mit Holz, aber fie fchliefsen grofse Blöcke eines dichten Kalkfteins in fich, und an ihrem

Fufse

Fuße findet fich ein röthlicher eifenfchüffiger Thon, und eine weiße Töpfererde.

Bey dem Dorfe Amarathe haben die Berge wieder die
nemliche Befchaffenheit, als die der Vorgebirge, mit dem einzigen Unterfchiede, daß man keine Verfteinerungen mehr in
den Puddingfteinen findet, und daß man bis auf eine Tiefe
von 10 Sajenen, in der Oberfläche einen fchwarzen *Kreite-
fchiefer* antrifft (Ampelite) und unterhalb dünne, fchwärzlich-
te, durchfichtige *Selenitkryftallen.*

15 Werfte von der alten Krim, über dem Wege nach
Soudak, find die Gebirge mit einem feften *Kalkfteine* umgeben,
deffen geftürzte Lagen nun fenkrecht ftehen. Ihr Fuß ift gelber oder lichtgrauer *Thon*, auf welchen fich Meerfalz an den
Ufern der Bäche anfetzt. Zwifchen den Lagen des Kalkfteins
trifft man einen grauen dicken Tafelfchiefer an, der fich nicht
in Blätter fpaltet, aber das Waffer einfaugt.

30 Werfte von Caraffou-bazare gegen Südweft, fieht
man auf einem diefer Berge einen unermeßlichen *Abgrund*,
worinne das Eis fich das ganze Jahr hindurch erhält, eben fo
wie in einer tiefen Kluft zur linken des Abgrunds. Die benachbarten Gebirge von Salghir und ihre Thäler, zeigen durchaus einen braunen und röthlichen eifenfchüffigen *Thon*, indem
fie *Sumpfeifenftein* von verfchiedenen Geftalten, und Tropfftein
zwifchen den Felsklüften einfchliefsen.

Der Fuß der Gebirge um das Dorf Erciffale, hat einen
Ueberfluß von verfchiedenen Schiefer- und Thonarten; als
*grauen groben Schiefer; eine andere fefte Art, deren Blätter von
verfchiedenen Farben* und über eine halbe Arfchine dick find;
und noch eine dritte die mager und zerbrechlich ift; und alle
ftehen perpendikular.

Die

Die benachbarten Herge (oder die Hauptkette) fangen
bey Balouclava an, durchfetzen ununterbrochen einen Strich
von 30 Werften, und halten faft durchaus einerley Höhe. Bey
dem Dorfe Aloupka zieht fich ein Theil davon ab, welcher,
indem er fich vom Meere entfernt, fich bis nach Yalta ausdehnt, und alsdenn Ayadagh genennt wird. Diefe find durchgängig auffenherum fteil, beftehen aus dichten dunkelgrauen,
zur *Stinkfteinart* gehörigen *Kalkftein*. Sie endigen fich am Meere auf gleiche Art, in nicht gar hohen fteilen Ufern. Das von
den Höhen herabftürzende Schnee- und Regenwaffer, hat tiefe Einfchnitte ausgehöhlt. Indeffen beweifen die Klüfte, das
zerbröckelte Anfehen, und der fchreckliche Anblick der Gebirge um Simaouffe, dafs auch die Erdbeben zur Bildung der
meiften diefer tiefen Einfchnitte beygetragen haben, wo man
durchaus grofse Schieferlagen, zwifchen diefen *Tbonfcbiefer*
in Nieren, gröfstentheils rund, und mit gelben und röthlichen
Oker bedeckt, und *fchwarze Dacbfcbiefer* findet, die fich in
dünne Blätter fpalten laffen, nicht mit Säuren braufen, und
im Feuer wenig oder gar nicht zerfpringen. Eine Art fchwarzer Thonfchiefer, zerbrechlich wenn er ausgetrocknet ift, ift
am Fufse diefer Kette häufig, und das Seefalz erzeugt fich hier
an einigen Ufern der Bäche.

In dem Bezirke Yalta, ift die Seite nach dem Meere
aus *Tbonbänken* geformt, und weiter aus feften *Kalkfteinen*,
welchen eine eifenfchüffige Materie, oft eine röthliche Farbe
giebt. Von Yalta bis Aloufchtu, ift diefe grofse Kette faft
durchgehends, mit den nemlichen fteil abgefchnittenen Felfen
umgränzt, aber an ihrem Fufs ragen fehr hohe, ifolirte Berge
verfchiedener Art hervor, die zum Theil thonigt, zum Theil
fteinigt find, und unzählige Spuren von erlittenen fchreckli-
chen

chen Revolutionen an fich tragen. Auf einem diefer Berge,
findet man einen unermefslichen Abgrund, mit Steinen angefüllt, und mit tiefen Riffen und Klüften umgeben.

Bey Ourfove find grofse Blöche, von der nemlichen
Gebirgkette abgeriffener Steine, an ihrem Fufse über den
Grund umher geftreuet. Von da bis nach Kifiltache, zeigt
fich an der Oberfläche der Berge durchgängig ein *rother eifenfchüffiger Thon*, felbft der Subftanz des Felfen beygemifcht.
Das Vorgebirge bey dem Dorfe Parthenide, hat mehr als 100
Sajenen Höhe über der Oberfläche des Meeres. Der gröfste
Theil der Steine, welche man da findet, gehört zum Ge-
fchlecht der feften *Laven*. Sie find mit einer groben fchwarz
und gelblichen Rinde bedeckt, tiefer hinein find fie dunkel-
auch lichtgrau, geflecke durch fchwarze *Schörlkryftallen*, und
Glimmerblätter, welches fie dem Peperino der Italiener fehr
ähnlich macht. Der Berg ift wie bedeckt damit, und die
Blöche davon zeigen fich in einer perpendikularen Stellung
auf feinen Flächen, aber auf dem Gipfel, liegen fie in grofsen
viereckten Platten horizontal. An ihrem Fufse findet man
rothbraunen *Eifenfpath*, und *rothen Thon* in Menge.

Nahe am kleinen Lambat, ift ein andres Vorgebirge,
aus denfelben Geftein zufammengefetzt. Hier find die fteilen
Felfen von der grofsen Kette auf eine fonderbare Art zerklüftet, und unermefsliche abgeriffene Steine, find gegen das
Meer gerollt, felbft aus einer fehr grofsen Entfernung von
den Ufern. Das ganze Ufer ift damit bedeckt. Es find Blöche von rothen *Kalkftein*, deren durch Einfickerung einer
weifsen fpäthigen Subftanz ausgefüllte Spalten, ihnen ein ge-
flecktes Anfehen geben.

Man

Man findet die nemlichen *vulkanifchen Materien* auf einem hohen Berge nahe beym grofsen Lambat wieder, in grofsen fenkrecht geftellten Blöchen. Auch findet man eines
blättrichen Sandflein bey Parthenide. Zwifchen den Thonbänken find die felten, grauen und gelblichten *Thonlagen*, oft
mit *weifsen Quarzkryftallen* von grofser Reinheit bedeckt, und
zwifchen Yalta und Ourfove findet man fehr reinen *blättrichen Quarz* in grofsen Stücken.

Bey Alaufchta wird die grofse Kette unterbrochen, und
es fondern fich dafelbft zwey unerme'sliche Berge ab. Der
eine davon wird für den gröfsten in ganz Taurien gehalten.
Wegen feiner Aehnlichkeit mit einem Zelte, haben ihn die
Tartarn Tfchatir-dagh, oder Tfchactir-daghi genennt, welches fo viel fagen will als *Zeltberg*. Er bringt Alpenpflanzen
hervor. Sein Fufs beftehet aus *Thonbänken*, aber feine mittlere Region und feine Gipfel, find *flinkender Kulkflein*, grau,
fehr feft, und oft von perpendikularen Lagen. Man findet einiges Gebüfche gegen feinen Gipfel, wovon eines einen Abgrund verbirgt, worinn Eis und Schnee fich das ganze Jahr
durch erhalten, eben fo wie in einigen Spalten felbft auf feinem Gipfel, welches die grofse Höhe diefes Berges beweifst,
deffen Spalten übrigens nicht fehr tief find.

Der zweyte Berg weicht dem vorhergehenden nicht an
Höhe, er ift aus denfelben Heftandtheilen zufammengefetzt,
ausgenommen an feiner Seite gegen Abend, wo fein oberfter
Theil, mit ungeheuren Blöchen, perpendikular geftellter Pud-
dingfteine umkränzt ift. Sie find feltfam zerklüftet und zer-
ftückt, und fcheinen von weiten bald Thürme, bald Pyramiden und Säulen zu feyn. Sie find nicht von gleicher Dichtigkeit, es giebt darunter fehr leicht zerbrechliche, und fehr harte.

P p   Es

Es ift ein Gemenge von *Kalkſteinen*, *Quarz*, grofsen und kleinen *Kiefelſteinen*, alles durch eine thonige Materie zufan nengekuttet. Einige dieſer Blöche ſchlieſsen dunkelrothe harte Stücken *Thon* ein, die Eifen halten, und mit bleyfaibnen glänzenden Flecken bedeckt find.

Der fchwarze Kalkltein der Gebirge, welche von hier an gegen Norden liegen, ift von fo feften Geflüge, dafs man ilin für einen Kiefelltein halten follte. Er bekümmt feine Farbe ohne Zweifel von beygemifchten brennbaren Subftanzen.

In den Gegenden um Ourkuth, findet man *thonigen Fifenſtein*, und längs der Kufte, die Menge kleiner *Quarzkryſtalken*, fo rein und durchfichtig als die Orientalifchen.

Nahe bey Soudak, entfernt fich die grofse Kette auf 12 Werfte vom Meere, es ziehn fich die *Thonberge* ab gegen das Meer, welche ohne alle Ordnung ausgeftreuet, und durch tiefe Einfchnitte von einander getrennt find. Unter ihrem grauen oder gelblichten Thone, findet man groben grauen *Schiefer*, feften *Kalkſtein*, *Puddingſteine*, *thonigen Eifenſtein*, inwendig braun, auffen röthlicht, in dicken Lagen, oder in fchaaligen Klumpen; *Oker*, und *Selenitkryſtallen.*

Die Höhe worauf Soudak liegt, ift von conifcher Form, aus einem feften *Kalkſteine* zufammengefetzt, deffen Lagen fo dicht zufammengefügt find, dafs man die Spalten nicht bemerken kann. Er ift von einer gefättigten dunkelfchwarzen Farbe, welches fchon hinlänglich den Urfprung diefes Berges anzeigt. Die Materien, welche an feinem Fuße liegen, beweifen ihn vollends, es find *Laven* von den Arten, welche wir fchon angezeigt haben, fchwarze und graulichte *Bimsſteine* mit *Kalk* vermengt; grofse Stücke eines graulichten *thonigen* Gefteins voll Schörl und anderer im Verwittern begriffener Cryſtallen; eiſenſchüſſige *Schlacke*, vollkommen gleich denen aus unſern Schmelzhütten.

Längs der Küſte, zur Linken Soudak, findet man gelben *Kalkſpath* zwiſchen den Klüften der Berge, und *Mergelkugeln* mit ſchwarzen Spathtrümmern durchſetzt, welche man *ludus Helmontii* nennt.

15 Werſte von Caffa, endigt ſich gegen das Meer die Hauptkette durch hohe iſolirte Felsberge, gröſstentheils aus demſelben *Kalkſteine* beſtehend, als jene von Soudak. Am Ufer des Meeres, ſind ſie perpendikular abgeſchnitten, und beſtehen aus *Puddingſteine*. In den Klüften dieſer Berge, trifft man oft auf einen grünen, dem *Jaſpis* ähnelnden Stein, und eine andere Art davon iſt geadert und gefleckt. Man nennt ſie *Hornſtein*. Nahe bey dem Dorfe Otouſſe, ſo wie von da gegen Caffa, findet ſich weiſser reiner *Talk*, aber in kleinen, löcherichten und unebenen Stücken.

Die Gebirge welche ſich von dieſem äuſſerſten Ende der Hauptkette gegen Caffa erſtrecken, ſind zum gröſsten Theile *thonig*, und ihre nackten Felſen fangen an verſteinte Muſcheln zu zeigen, von welchen man bis dahin nicht die geringſte Spur in der ganzen Kette antrifft. Man bemerkt daſelbſt auch groſse Senken, und Einſtürze gegen das Meer hin. Der Berg an deſſen Fuſse Caffa liegt, beſtehet aus einem weiſslichten, oft mit gelben Oker vermengten *thonigen Mergel*, und das Geſtein, welches er enthält, iſt nichts anders als ein Gewebe von kleinen Muſcheln. Die ganze Stadt iſt davon gebauet. Das Ufer des Meeres, welches von Boulaclava an, bis hierher, durch nichts anders, als grauen Sand und Kieſelgeſchiebe bedeckt war, iſt hier gelblichter Grand.

3.) *Von*

3.) *Von der Halbinfel Kertfch.*

Diefe Halbinfel hat 20 bis 21 Werfte in der Länge, und
20 bis 50 in der Breite. Bey ihrem Eingange zeigen fich offene Ebnen, weiter hin find diefe mit Hügeln bedeckt, und
nahe bey Kertfch, felbft mit kleinen Bergen.

Die Ufer des Schwarzen, und des Azowfchen Meeres,
welche diefe Halbinfel umgeben, find fehr hoch, und fteil,
und beftehen gröfstentheils aus *Thon.*

Zwifchen den Hügeln findet man grofse und kleine gefalzene Seen, deren mehrefte nur durch fchmale, aus Meer-
fande und Mufcheln beftehende Erdzungen, von dem Meere
getrennt find.

Die Erdenge Arabat, macht einen abgefonderten Theil
von der Halbinfel aus, der Grund ihres faft eben liegenden
Bodens, ift *Sand* und Mufcheln, und man ftöfst auch da auf
einige *gefalzene Seen.*

Das Gebirge, welches 6 Werfte von Kertfch fich anfängt, ift *Kalkftein* voll verfteinerter Mufcheln, welche man
auch in den Thonlagern der Ufer des Schwarzen Meeres, und
der Meerenge von Yenikale antrifft. Die fteilen Abhänge beftehen einzig aus *Thonlagen,* vermengt mit *kuglichen Eifenerz,*
und Seemufcheln, wovon die mehreften mit *natirlichen Berlinerblau* angefüllt find. Hierunter liegt ein *weifser Thon,* ebenfalls mit Mufchelbruchftücken gemengt.

Bey Takelmiffe reiffen die Meereswellen eine Menge
lettichen Eifenftein von den in diefer Gegend fehr fteilen und
klippigen Geftade ab, und werfen fie ans Ufer, und diefes
Ufer beherberget felbft Arten Bruchftücken, mit *natürlichen
Berlinerblau* bedeckt, und an dem Fufse der fteilen Klippen
grüne Erde, welche vermuthlich aus der Vermengung der

gelben

gelben *Oker* mit dem natürlichen *Berlinerblau* entſtanden iſt. Zu Kamiſch-bouroune (oder dem Binſen-Vorgebirge) findet man oft ſchwarzen *eiſenſchüſſigen Sand*, und die untern Lager des Uferſandes haben eine grünliche Farbe, das natürliche Berlinerblau findet ſich daſelbſt am häufigſten, ſo wie die *Conglamerationen der verſteinerten Muſcheln*, durch Eiſenerz geſättiget. Die Muſcheln ſelbſt beſtehen größtentheils aus ſolchen Arten, als das Meer noch jetzt in unſern Tagen auswirft. Die Küſte des Azowſchen Meers, enthält einen Ueberfluſs von eiſenſchüſſiger Materie, aber wenig verſteinerte Muſcheln. Die Küſten der Meerenge von Yenikale, beſtehen aus einem weiſsen Thonmergel, der oft mit gelben Oker und Steinen vermengt iſt, welche nur blos aus kleinen Muſcheln zuſammengeſetzt ſind.

1 Werſte von Yenikale, bringen die Salzquellen aus dem Innern der Erde l'ergühl mit, der thonige Boden, welcher dieſe Quellen umgiebt, iſt durch und durch in der Oberfläche mit Bergöhl getränkt, es iſt ſchwarz wie Pech, und entzündet ſich leicht am Feuer.

5 Werſte davon gegen Nordweſt, iſt ein Salzſumpf auf dem Gipfel eines Berges, voll ſchwarzen ſulphuriſchen Schlammes. Er dunſtet einen faulen Eyergeruch aus, und die *Schwefelleber* ſetzt ſich an den Gewächſen dieſes Sumpfes an.

4) *Von der Inſel Taman.*

Sie iſt ohngefähr 60 Werſte lang, und ihre größte Breite iſt 40 Werſte, die kleinſte 20. Ihr Boden iſt *thonigt* und bergigt, aber ihre aus *Thonbänken* beſtehenden Erhöhungen, ſind nur bloſe Hügel. Doch die Inſel ſelbſt liegt ſehr hoch.

In ihrem mittäglichen Theile iſt der Grund *ſandig*, beſonders um Liman, wo ſich weitläuftige *Salinen*, und ein *Salzſee* befinden. Das Salz erzeugt ſich hier im Sommer.

Die

Die Infel ift den Nebeln fehr ausgefetzt, davon fie auch ihren Namen hat, denn Touman fagt fo viel als Nebel in der Türkifchen Sprache, und Herr Müller beweifet, daß die Türken die Infel Touman, nicht Taman nennen.

Auf 5 Werfte von der Stadt, findet man auf den Gipfeln der thonigen Hügel Löcher, die einen *gefalzenen Schlamm* auswerfen. Einige davon haben ihre Arbeit bereits geendiget, andere werfen annoch einen dunkelgrauen, mit Bergöhl vermengten Schlamm aus. Die Hügel find beynahe von runder Form, haben eine kleine runde Oeffnung, völlig im Mittel ihrer Spitze, woraus fich der Schlamm in Form einer Blafe erhebt, und auf alle Seiten fich ausbreitet. Der umliegende Boden ift durchaus unfruchtbar, und zuweilen mit *Glauberfalz* bedeckt, fo wie der ausgetrocknete Schlamm. Um die Löcher ift der Boden zerklüftet, zerriffen, und beweglich. Man fühlt eine gewiffe Wärme, in der Nähe um die, noch in Arbeit fich findenden Löcher, obgleich das ausgeworfene Zeug beym Berühren kalt fcheint, auch ift deffen weit mehr bey warmer als bey kalter Witterung.

Zwanzig Werfte von Taman geben die Salzquellen Bergöhl, in weit gröfserer Menge als felbft jene Löcher. Der Schlamm dringt auch da durch eine runde Oeffnung; aber fämmtliche Salzquellen find mit einem fchlammigen Salzwaffer angefüllt, auf welchem Bergöhl fchwimmt. Es macht zuweilen eine Lage von ohngefähr 1 Fufs hoch, und ift viel dicker und fchwärzer als das um Yenikale. Der Boden um die Quellen, ift gröfstentheils nichts weiter, als ein *merglichter*, graulichter und gelblichter, mit *Bergöhl* gefättigter Schiefer, der an der Luft fich in dünne Blätter fpaltet, und auf Alaun benutzt werden kann.

Man

Man fagt, dafs oben am mittäglichen Arm des Fluſſes Cuban, Quellen von reiner Naphta ſich fänden. Dieſes Bergöhl iſt ſo flüchtig, dafs man beym Oſtwinde, feine Ausflüſſe ſelbſt in der Mitte der Halbinſel von Taurien riechen kann. Man ſtöſst, jedoch felten, auf Bruchſtücke verſchiedener Muſcheln auf der Inſel, aber *Kalkſteine* giebt es hier gar nicht.

Vom Clima und der Befchaffenbeit der Luft.

Das Clima von Taurien iſt warm, die Menge der Bäume und Pflanzen, und befonders die zärdlichſten Früchte, die daſelbſt zu einer vollſtändigen Reife in freyer Luft gedeihen, beweiſen dieſes hinlänglich. Die Wärme dauert daſelbſt ⅔ des Jahres, und die Natur braucht nur 4 Monathe, und zu Zeiten noch weniger zu ihrer Erholung. Der Frühling fängt daſelbſt im Monath März an, und die Wärme der Luft nimmt von da an ſtuffenweiſe zu bis zur gröſsten Hitze, die oft von der Mitte Junii bis Ende Auguſts dauert. Sie wird jedoch ſtets gemäſsigt, durch die ſtarken und beſtändigen Winde, welche mit einer beſondern Regelmäſsigkeit von 10 Uhr des Morgens, bis 6 Uhr Abends wehen. Der häufige oft von heftigem Donner begleitete Regen, trägt auch dazu bey die Luft zu erfriſchen.

Die Monathe September und October, machen die angenehmſte Jahrszeit aus. Die Wärme der Luft iſt ſodann gemäſsigt, und das Wetter heiter, welches bis in die Mitte des Novembers ununterbrochen fortdauert. Im December giebt es unbeſtändige Fröſte und Schnee, aber das Eis dauert niemals über 2 oder 3 Tage, und es find warme und angenehme Tage ſelbſt im Januar nichts feltnes. Die Nord- und Nordoſtwinde, find die beſtändigſten, im Winter wehen ſie mit Heftigkeit, und bringen Schnee und Kälte. Im Herbſt und Frühling geben
ſie

fie ein neblichtes Wetter, und im Sommer erfrifchen und reini-
gen fie die Luft. Alle andere Winde find gemeiniglich unbeftän-
dig, und der Südweftwind hat ebenfalls einen unterfcheiden-
den Charakter. Er weht mit Heftigkeit, am öfterften im
Herbft, und man bemerkt fodann eine befondere Wärme in der
Luft, die von Trocknifs begleitet wird, wenn auch gleich der
Himmel zu der Zeit bedeckt ift. Diefes macht wahrfcheinlich,
dafs er mit den heifsen Stürmen in Perfien, und andern Gegenden Afiens von einerley Art ift. Ueberhaupt empfindet
man ftärkere Wärme, und lebhaftere Kälte in den Ebenen, als
in den Gebirgen, und der Regen ift im Sommer dort feltner.
Ein anderer Wind, von der Art der unbeftändigen, welcher
in der Provinz Balouclava und andern Plätzen der mittäglichen
Küfte bemerkt wird, verdient auch Aufmerkfamkeit. Nach Art
der Stöfse des Meeres, fängt er mit Heftigkeit an, legt fich
in kurzer Zeit, und bringt eine merkwürdige Wärme, fo wie
einen ftarken Geruch in die Luft, ob er gleich gemeiniglich
nicht ehe wehet, als nach Untergang der Sonne, und feine
Richtung nirgend anders, als vom Meere herkömmt. Was die
Befchaffenheit der Luft betrifft, fo ift fie wenn man die, welche um das Azowfche Meer fich befindet ausnimmt, allenthalben fehr gefund. Man kennet dort keine befondern Krankhei-
ten, die gewöhnlichen find, die Wechfel- und hitzige Fieber,
und die Ruhr, die gegen das Ende des Sommers fich zeigen,
und welchen felbft leicht vorzubeugen feyn würde, wenn man
fich vor Erkältungen hüten, und unreife Früchte vermeiden
wollte. Die Peft ift nie in Taurien entftanden, fie ift allemal
aus der Türkey herüber gebracht worden, und die fchreckliche Krankheit, welche in Aftracan nur die *Krimfche Krankheit*
genannt wird, ift nur dem Namen nach dafelbft bekannt, man
hört nicht einmal davon reden.

II. Des

II.

Des Hofraths von Leibnitz mislungene Verfuche an den Bergwerksmafchinen des Harzes. (*)

Aus Archivsnachrichten mitgetheilt

von

Friedrich Wilhelm Heinrich von Trebra,

Königl. Grofsbr. Churfürftl. Braunfchw. Lüneb. Vice-Berghauptmann am Harz.

Grofsen und vielfachen Nutzen bringt es, wenn man näher beleuchtet, *was* auch anerkannt grofse Genies liegen laffen mufsten; *welche* Hinderniffe denn eigentlich beym Ausführen, auch ihnen unüberfteiglich waren. Im gegenwärtigen Falle kommt noch dazu, dafs *Leibnitz*, doch mehr Theoretiker, eben darinne fein gröfstes Hindernifs fand, dafs er mit den Praktikern beym Bergbau und ihren Vorftehern, fchlechterdings

(*) Weit umftändlicher, und doch fehr unvollftändig, erzählt von diefen Leibnitzifchen Verfuchen auch Calvör, in feinen Nachrichten vom Mafchinenwefen des Harzes, im 1ften Theile S. 101. 2ten Theile S. 39.

Q q

dings zu keiner Harmonie kommen konnte. Wie nützlich es
dahero dem Bergbau fey, Theoretiker und Praktiker zu Freunden zu verbinden, wird auch diefes fchöne Beyfpiel lehren
können, wenn ich nur glücklich gnug bin, in der gedrun-
genen Kürze die mir nothwendig ist, allumfaffend gnug
und deutlich, die vorliegende Thatfache zu erzählen. Ich will
zuweilen Abfchriften der Originalftücke in folchen Stellen mit
einweben, wo die Charaktriftik der Sache und der Menfchen,
damit erläutert werden kann. Durch diefes Mittel gedenke
ich den Lefer auf einen Standpunkt zu bringen, wo er felbst
klar gnug die Gegenftände fehen kann. Das Ganze will ich getreu fo erzählen wie ich es fand, und wie ich glauben kann
dafs es gefchickt feyn werde, zu einem richtigen Urtheile
hinzuleiten, und Nutzen bey Theoretikern und Praktikern zu
Schaffen.

Die erfte und vornehmfte Abficht des grofsen *Leibnitz*
war, noch eine Kraft zum Gebrauch bey Bergwerksmafchinen
anzugeben, *die des Windes,* und deren Gebrauch zu lehren. Man
hatte am Harze Mangel an Auffchlagwaffern auf die bisher gewohnten Mafchinen, wufste auch keine Mittel und Gelegenheit
zu mehrern, dies leitete den unbefangenen Mann darauf, die
Luft mit zu Hülfe zu nehmen, die man doch allenthalben umfonft haben kann. Den Vorfchlag hierzu, beantwortete die
Bergwerksdirektion am Harze, in einem Schreiben vom 12ten
Merz 1678, mit der kurzen Beyfallsformel:
dafs man deffen grofsen Nutzen, falt in keinen Zweifel
· ziehen könne.

Leibnitz kam nun nach einem, von Herzog Johann Friedrich vorher unterm 9ten Auguft 1679., an den damaligen
Bergwerksdirektor am Harze erlaffenen Refcripte, worinn em-
pfoh-

pfohlen wurde, mit aller erfordernden Dienfamkeit an Hand
zu gehen, felbit an den Harz, die Oerter und Gelegenheit an-
zufehen, wo bey den Waffer nöthigen Gruben auf dem Haupt-
zuge, die Künfte angelegt werden könnten. Der Bergwerksdirektor ftellt darauf unterm 9ten Sept. deffelben Jahrs vor,
daß wohl das Bergamt darüber zu befragen feyn möchte, bittet um nähere Verhaltungsbefehle, und hängt mit an:
     — Habe aber befunden, daß gedachter Hofrath nicht
fo viel bekümmert war, um die Gelegenheit der Oerter auszufehen, und den wirklichen Bau vorzunehmen,
als daß er verlangte, ich möchte es beym Bergamte dahin bringen, daß mit ihme ein fchriftlicher Auffatz gemacht, und er fo viel mehr verfichert werden möchte,
ratione praemii, ehe er das Werk angriffe, und darunter
weiter ginge. —
     Befehl zu diefem fchriftlichen Auffatze oder Contracte,
ging an die Bergwerksdirektion am Harze, fchon unterm 12.
Sept. 1679. ein, worinne, weil jüngfthin es von den Gewerken zu Clausthal zu gnädigfter Difpofition verftellt worden,
dem Hofrathe *Leibnitz* gegen Werkftellung feiner avantageu-
fen Invention, ein Recompens von 1200 Rthlr. jährlich auf
Lebenszeit zur Ergötzlichkeit beftimmt, und die Bergwerks-
direktion angewiefen wird, diefem gemäfs mit *Leibnitz* fchriftlich einen Contract zu fchliefsen, diefen auch zur Confirma-
tion einzufchicken. In einem Refcripte von gleichem Tage,
an den Bergwerksdirektor befonders, wurde fehr angelegent-
lich die Sache zur Unterftützung empfohlen, wie folgt:
     — So tragen wir auch bey diefer Vorfallenheit, zu
euch das zuverläffige fichere Vertrauen, ihr werdet unfere bey diefem Werke führende Intention, nach aller

Müg-

Möglichkeit fecundiren, und dafs diefelbe erreicht werden möge, eurer Dexteritaet nach euch äuſſerſt bearbeiten, auch obbemeldeten unſern Hofrath, in ſolchem ſeinem wohlgemeynten Unternehmen, mit eurem Appui zu ſtatten zu kommen euch angelegen halten. — Die nachmals mit eigenhändiger Unterſchrift von Herzog Johann Friedrich, unterm 15ten Octob. 1679, zum wirklichen Contract confirmirte Punktation, ward mit *Leibnitz* am 2ᵗᵉⁿ Sept. 1679. im Bergamte entworfen. In dieſer

an einer Seite Leibnitz:

Da kein Mittel und Gelegenheit zu mehrern Tagewaſſern für die Bergwerke zum Clausthal iſt, ſo will ich demſelben für Waſſer nöthige Zeiten mit einer avantageuſen Invention zu Hülfe kommen, und *vermittelſt der Conjunction Windes und Waſſers*, die Gruben dergeſtalt zu Sumpfe halten, dafs eine notable Quantitaet der Erze *mehr* als ſonſten, mit anſehnlichen Vortheil des Bergwerks nach Abzug der Koſten, gefördert und herausgebracht werden ſoll. Ich bin erböthig zu dem Ende eine Windmühle, an einem ſchicklichen Orte auf meine Koſten anzulegen, und damit ein Jahr über eine Probe zu thun, woraus man wird abnehmen können, dafs dergleichen auch bey andern Gruben, ſie mögen ſeyn alt und tief, oder neu und untief, hoch oder niedrig reſpectu des Windes gelegen, zu großem Nutzen des Bergwerks werde zu appliciren ſeyn, dabey bedinge ich mir aus:

1.) dafs der Grube auf der die Probe gemacht werden ſoll, das nöthige Tagewaſſer zum Aufſchlag für ihre Künſte bleibe, wie ſie es bisher gehabt, und mir frey gelaſſen

gelaſſen werde, mit dieſen *Waſſern*, ohne jedoch andern Gruben Eintrag zu thun, *umzugeben wie es mir
gefällt, ſie zu hemmen, zu ſparen, oder auch wieder
zu gebrauchen*, dahero die Probegrube alſo beſchaffen
ſeyn muſs, daſs ſolches ohne Eintracht anderer Gruben geſchehen kann. Es ſoll aber auch denen Gruben,
die annoch gar keinen Waſſerfall haben, die alſo dieſes Beneficium nicht genieſsen können, ein conſidera-
bler Nutzen dadurch zu ſchaffen getrachtet werden.
2.) Daſs mir aller mögliche Vorſchub geleiſtet werde,
in Vorlegung nöthiger Riſſe; Communication der, in
dieſer Materie geführten Deliberationen; aller bedenk-
lichen Umſtände; Dubiorum; Beyſchaffung nöthiger
Materialien und Arbeitsleute; Beförderung auch derjenigen, die ich dazu gebrauchen werde; Beſtrafung
dererjenigen, ſo dem Werke directe oder indirecte
Schaden zu thun verſuchen werden.
3.) Dieſes alles gegen eine gewiſſe wirkliche Erkennt-
lichkeit.

an der andern Seite das Bergamt.

Ob nun wohl dieſes Werk von groſser Schwierigkeit,
und dabey viel Dubia befunden, auch dem Hofrath *Leibnitz* der Länge nach, laut des darüber gehaltenen Proto-
colli, ſo er auch zugleich unterſchrieben, vorgeſtellt worden, daſs der angegebene Effect ſchwerlich zu hoffen
wäre; ſo hat derſelbe jedoch, und ohngeachtet auch der
Dubiorum, welche Hof- und Bergrath Hartzing abſon-
derlich unterthänig übergeben, und die ihm auch vorgelegt worden, ſich erklärt, das Werk zu entrepreniren

und

und anzutreten. Dahero HochfürftI. Durchlaucht, nachdem vorhero der Gewerken Meynung vernommen, felbige auch zu derofelben gnädigſten Dispoſition die Sache verſtellet, in Gnaden refolvirt, daſs befagtem Hofrath zu folchem Ende 1200 Rthlr. zu feiner alljährlichen
Ergötzlichkeit Zeit feines Lebens, jedoch unter folgenden ausdrücklichen Bedingniſſen gereichet werden follen,
daſs

1.) der Hofrath *Leibnitz* folche Mafchine, auf die von
ihm promittirte Maaſse, bey der Zeche der *Dorothea
Landescron* erbauen, und klärlich damit darthun folle,
daſs man fich folcher Erfindung und vorgeſtellten
Vortheils, auch bey allen andern Gruben, die bereits
benöthigtes Waſſer haben, oder künftig damit verfehen werden, mit gutem Grunde wirklich gebrauchen
könne.

2.) Solche Mafchine Jahr und Tag auf feine eigne Koſten in ihrer Perfection, und unverrückter Würkung
erhalte. Am Schluſſe diefes Jahrs erſt foll er 1200
Rthlr. haben, und fernerfort alle Quartale 300 Rthlr.
auf Lebenszeit.

3.) Weil aber benannte Grube Dorothea Landescron,
für jetzo *nur 6 Sätze* hat, und man zugleich auch
erfahren möge, ob auch bey tiefern Gruben diefe
Windkunſt gehörigen Effect leiſte; fo foll denen Gewerken frey ſtehen, eine Nebenprobe auf einer tiefern Grube und deren Koſten anzuſtellen, welches
der Hofrath nicht allein verſtattet, fondern fich zugleich auch verbindlich macht, die Leute fo er zu
feinem Werke brauchen wird, auch dahin anzuweifen,

daſs

dafs fie gegen eine billige Ergötzlichkeit, die Aufficht auch über folche Nebenprobe führen.

Bald darauf ftarb der Herzog Johann Friedrich, doch
hinderte diefes im mindeften nicht die Anwendung der Leibnitzifchen Erfindung. Vom nachfolgenden Herzoge Ernft
Auguft, erhielt unterm 14 April 1680, der mit *Leibnitz* ge-
fchloffene Recefs, nur unter dem Namen eines Privilegii,
die volle Heftätigung, nur dahin, abgeändert, dafs zu der
Grube, auf welcher der Verfuch gemacht werden follte,
nun die *Catharina* benennt, und wegen der Koften beftimmt wurde, fie follten mit einem Drittel von fämmtlichen Clausthalifchen Gewerken, mit ein Drittel aus Herr-
fchaftlichen Caffen, und nur mit ein Drittel von Leibnitz
felbft getragen werden, wobey aber die Direktion des Baues Leibnitzen allein, ausdrücklich überlaffen blieb. Dafs dies,
auf Leibnitzens Anlangen um Befehl mit dem intentirten
Mühlenbau zu verfahren, und möglichen Vorfchub darzu zu
reichen, refolvirt, und denn nachgelaffen fey, *drey* Mühlen
— im Recefs war darüber auch nichts beftimmt — anzulegen, enthielt ein Refcript an die Bergwerks-Direktion zu
Clausthal, von gleichem Tage mit der Beftätigung des Privilegii.

Bis hierher hatte fich *Leibnitz* noch mit keinem Worte darüber erklärt, *wie* er eigentlich vermittelft der Conjunction Windes und Waffers, dem Bergwerke zu helfen
meyne, wie der Modus befchaffen feyn folle, die Art diefer Conjunction Windes und Waffers, und ihrer Anwendung.
Er hatte jedesmal, wenn man ihm Einwendungen machte,
Schwierigkeiten ihm vorlegte, auf jede Schwierigkeit nicht
eben befonders, fondern meift nur allgemein geantwortet:
Er

Er wiffe für alles Mittel. Die Einwendungen welche man ihm
machte, waren alle aus der Vorausfetzung genommen, er
werde gleich mit Windmühlen *felbft*, vielleicht durch eigne,
neben die der Wafferräder in die Schächte zu bauende Sätze,
oder felbft durch die, fchon in den Schächten ftehende Sätze der Wafferräder, unmittelbar aus den Gruben, auch den
tiefften, die Waffer heben laffen — oder er werde wohl gar
an die Mafchinerie der Wafferräder, Windmühlen mit anhängen, und fo gewiffermafsen, den Wafferrädern Windmühlen
vorfpannen — und das, ja wohl! hatte manche Schwierigkeiten, machte manche fehr gegründete Einwendungen nothwendig, die aber alle *Leibnitzen* nicht treffen konnten, denn
dem kam ein ganz anderer Gedanke über Anwendung des
Windes bey Bergwerksmafchinen. Diefer Gedanke war:
„die von den Kunfträdern abgefallenen Auffchlagewaffer,
„in einen unter denfelben liegenden Behälter, (recepta-
„culum nennt ihn *Leibnitz*) zu fammlen, und aus diefem
„durch Windmühlen in einen andern, oben liegenden
„Behälter in die Höhe wieder zurückheben zu laffen,
„woher fie auf die.Kunfträder genommen worden wa-
„ren. „
　　Ein Gedanke auf alle Weife werth, *Leibnitzen* anzuge-
hören. Hatte er ihn etwa von der Natur felbft entlehnt?
Die hebt ja auch ihre Auffchlagwaffer, wenn fie von den Rädern abgefallen find, aus den tiefften Weltmeeren ihren He-
hältern, durch Wind wieder in die Höhe nach ihren andern
Behältern auf' den höchften Bergen, und fchüttet fie fo durch
Wind auf die Wafferräder, die fie in allen ihren drey Reichen fo zahlreich treibt. Faft glaube ich dies, da *Leibnitz* in
einer feiner Vorftellungen felbft fagt:

　　　　　　　　　　　　　　　　　　　　　die

— „die Waſſerräder ſollen bey gehenden Winde nicht ſtill
„ſtehen, ſondern vielmehr *ſoll der Wind das Waſſer drauf*
„ſchütten, und ſie alſo im ſteten Umlaufe erhalten helfen.„
Auſſer dieſem einfachen, ſchönen Hauptgedanken, mochte ſich *Leilmitz* freylich wohl auch noch mechaniſcher Haupt-
vortheile bewuſst ſeyn, und dieſe vielleicht auch mit in An-
ſchlag bey ſeiner groſsen Unternehmung gebracht haben, denn
er ſagt ſelbſt in einigen ſeiner Vorſtellungen:
— „meine Invention an ſich ſelbſt, beſtehet in dem Modo
„ſo ich erfunden, ehe ich noch den Harz geſehen, die Kraft
„der Windflügel ſehr zu verſtärken, und doch des Windes
„Violenz ohne Menſchenhülfe zu brechen.„ —
Aber wenn ſich auch *hierauf mit Leibnitz* verliefs, ſelbſt
vielleicht dadurch in der Folge ſich hinreiſſen liefs, etwas
ganz anders auszuführen, und zuerſt anzuwenden, als eigentlich ſein Vorſatz anfangs war; ſo bleibt doch immer gewifs,
daſs jener angeführte Hauptgedanke, ſein nächſtes, und erſtes
groſses Hulfsmittel war dem Harzbergwerke zu helfen. Selbſt
der Inhalt des Contracts den er ſchlofs, beweiſst es in mehr
Stellen. Sogar ſein Eilen nach ſchriftlichen Aufſatz und Ver-
ſicherung ratione praemii beweiſst es, denn wenn es ſo ein
einfacher Hauptgedanke iſt, womit man einen groſsen Vortheil einem andern verſchaffen zu können, ſich ſo voll überzeugt fühlt, ſäumt man ſich gewifs nicht, den eignen daraus
zu nehmenden Vortheil, ſo geſchwind als man kann ſicher zu
ſetzen. Es iſt ſo einfach was man weiſs, wie leicht kann es
tranſpiriren! und doch von ſo groſsen Vortheilen, gewifs iſts
alſo, daſs in der Anwendung viel gewonnen werden mufs.
Dafs ſich *Leibnitz* ſelbſt, auf dieſen Gedanken etwas zu gute
that, beweiſst nachfolgende Stelle eines Briefes, mit dem er

R r dem

dem erften Bergwerksdirektor am Harze die Deduction ein-
reichte, worinn er diefen Gedanken nun umftändlich entwickelt vortrug:

*Voyez donc enfin ma deduction — Vous verrés par là, que
j'ai entendu la combinaifon du vent et de l'eau un peu autre-
ment qu'on n'a crû, et que j'ai eu raifon peut-être de ne me pas
allarmer des objeñions, et de dire dans l'écrit, que je donnai
un jour fur le champs a l'affemblée, que je croyois avoir un
moyen general et fur, pour les retrancher tout d'un coup. Mais
je ne voulois pas encore m'expliquer: cependant mes paroles fur
tout dans ma propofition on été formées exprés en forte qu'elles
fe puiffent appliquer à ce deffein — 26 Juin 1680.*

Für fo wichtig und gnugthuend, nahm indeffen der
Bergbau den Finfall bey weiten nicht auf. Bey dem hatte man
fich immer vorgeftellt, eine fo hohe Prämie als *Leibnitzen* gefetzt fey, verlange auch etwas Grofses in der Ausführung,
das wenigftens wohl in nichts geringern beftehen könnte, als
in der unmittelbaren Anwendung des Windes zu Grubenkünften.
Vergebens bewies *Leibnitz*, dafs es thöricht feyn würde, eine
herrliche Bequemlichkeit fo an der Hand fey, nicht zu gebrauchen; dafs er mit feinem nun angezeigten Modo, das ganze Regiment der Objectionen fchlage, die man ihm vorhin
gemacht habe; dafs wenn er den verfprochenen Effect praeftir-
te, am *Modo wie er diefes bewerkftellige*, nichts liegen könne, und lächerlich feyn würde, wenn man ihn eben deswegen
nicht annehmen wollte, weil er alle imaginirte Objectiones
widerlegte, und alfo anders wäre, als man fichs eingebildet
hätte. — „Mit den alten Grubenfätzen habe ich nichts zu
„thun, fagte er, bräche etwas daran ohne meine Schuld, fo
„würde mans mir zumeffen; neue Pumpen aber neben die
                                                    „alten

„alten in die Schächte zu fetzen, folches leidet nicht allein
„der Platz nicht allezeit, fondern auch ich habe das weder
„verfprochen noch vonnöthen — „ Das wurde aber alles fo
nicht aufgenommen, wie *Leibnitz* es haben wollte. Er bat
dann, dafs man doch Conferenzen anftellen, das Werk recht
überlegen möchte, vielleicht könnte man dadurch zufammen-
rücken, und er fchlug den Tag dazu vor. Diefe Bitte wurde
ihm nicht erfüllt, fondern es wurde, ohnerachtet einer, auch
noch von ihm fchriftlich eingereichten *kurzen Vorftellung des
Modi und Nutzens gegenwärtiger Probe*, die fehr gründlich
allen Zweifeln und Einwendungen begegnet, Bericht, ohne
letztere beyzulegen, dahin erftattet: dafs von allen fammt
und fonders, auch von den Gewerken, eine folche Invention
verftanden worden fey, die da, wenn Wind feyn würde operiren, und um das Waffer in den Teichen fodann zu fparen,
die Grubenwaffer immediatement heben follte, und niemand
das Zurückbringen der Waffer verlangt, oder dafür angenommen habe. Um dies daher nun entftandene Hindernifs aus dem
Wege zu räumen, ward in den letzten Tagen des Septembers
noch deffelben Jahrs, eine Commiffion nach dem Harze gefchickt, die aber nichts ausrichten konnte. *Leibnitz* wurde
felbft mit zu den Conferenzen gezogen, und demonftrirte da
fo deutlich und fchön, als nur immer ein Philofoph auf dem
Lehrftuhle, dafs fein Modus, die Auffchlagewaffer durch
Windmühlen wieder zurück zu bringen, felbft weit vortheilhafter wäre, als der andere, durch Windkünfte die Grundwaffer unmittelbar aus den Gruben zu heben je werden könne. Die Einwendung, dafs ad incognita die Contracte nicht
könnten extendirt werden, fuchte er damit zu entkräften,
dafs er behauptete, dies wäre blos ratione finis zu verftehen,

die

316   *v. Leibnitz Verfuche am Harze.*

die Media wären darinne zu exprimiren nicht nötbig, — alles half nicht, man wollte fich nur darauf einlaffen, ihm ein Aequivalent etwa von 2000 Rthlr. in allem, oder allenfalls 400 Rthlr. jährlich zu geben (das aber *Leibnitz* in der Folge fchimpflich für fich hielt) wenn er, was er verfprochen, nur durch feinen Modum der zurück zu bringenden Auffchlagwaffer leiftete, und man gab zuletzt noch feparat zum Protocoll: „Man hielte dafür, daß die Gewerken dem Herrn Hofrath „*Leibnitz* in praeftatione der 1200 Rthlr. gar zu hoch ver- „bunden wären, und denfelben folch Quantum unerträglich „fiele, es hätten fich diefelben zu gratuliren, daß er bey „feinem erftmaligen Vorfchlage nicht bliebe, man müfste „alfo die Gelegenheit fich a praeftatione eines fo harten „Recompenfes loszumachen, nicht von der Hand laffen.„

Leibnitz liefs fich endlich dazu verleiten, beyde Inventiones auf einmal zu verfuchen, aber feftgefetzt wurde bey der Commiffion nichts, fondern alles höchfter Entfchliefsung heimgegeben, und die erfolgte unterm 11ten October 1680. dahin, daß

„*Leibnitz* die in Vorfchlag gekommene *doppelte* Probe fol- „cher Windmühlenkünfte werkftellig machen, die *Haupt- „kunft*, aus der Grube unmittelbar die Grundwaffer zu he- „ben, auf der Grube *Catharina*, zum *Zurückführen der* „*Waffer* zwey Windmühlen *am Zeilbache* erbauen folle.„

So war durch das Abweichen vom erften Vorfchlage, der fo ungemein viel Nutzen in fich enthielt, fo leicht ausführbar war, der glückliche Ausgang fchon halb verlohren. Daß die fogenannte Hauptwindmühlenkunft auf der Catharina *zuerft* gebauet ward, die zwo andern Windmühlen, die den Nutzen des eigentlich *Leibnitzifchen* Modi beweifen follten, wahr-

wahrfcheinlich gar nicht einmal bis zum Dienft leiftenden Umgange kamen, machte vollends alles verlieren. Kaum ifts nun noch der Mühe werth, von diefen vergeblich verfuchten Windkünften weiter etwas zu lefen. — Schon der Bau ging fehr holpericht. Er nahm feinen Anfang in der übelften Jahrszeit, in den Herbft- und Wintermonaten, und von feinem Anfange an, bis alles völlig wieder liegen blieb, ftunden immer — der einzelne Theoretiker *Leibnitz,* mit feinen wenigen Arbeitern — und die Praktiker beym Bergbau alle, fammt ihren Vorftehern — mit Befchwerden gegen einander. *Leibnitz* verlangte Holz zum Bau, und man antwortete, es habe nie daran gefehlt — Er verlangte einen Gefchwornen, der die Verfertigung der Feldkunft bis zu'n Mühlen übernahm. Man fand bey eben eingetretener Vacanz des Oberbergmeifterdienftes nicht rathfam, einen dazu vom Zuge zu nehmen, hielt den Sohn eines Gefchwornen zur Aufficht hinlänglich, ließ aber doch auch nach, eines Gefchwornen fich mit zu bedienen, der eines Armfchadens wegen, noch nicht in die Grube kommen konnte — Durch Abgeordnete aus den Vorftehern des Berghaues wurde *Leibnitzen* hinterbracht: man habe erfahren, daß er die Goffen zur Kunft viel kleiner beftellt habe, als man fie hier gebrauche. *Leibnitz:* es wäre nicht feine Meynung, daß fie kleiner werden follten, er hätte daran keine Schuld, man möchte an die Eifenhütten fchicken und anders beftellen. Der Schluß darauf ift: „als „man aber fich nicht darum zu bekümmern hat, läfst man es „dabey, dafs ihm die Erinnerung gefchehen, und bleibt deswe- „gen die Verantwortung bey ihm dem Hofrath„ — Dem Windkunftfteiger ift verbothen feine neuen Sätze, um fie zu adjuftiren, an die Wafferkunft anzuhängen. *Leibnitzens* Befchwerde

darüber

darüber wird beantwortet: „daß es die Wafferkunft verhinde-
„re, man fände auch noch nicht nöthig, unter der Erde jetzo
„viel zu handthieren, indem über der Erde noch gnug zu ma-
„chen reltirte." —

Nun kömmts dazu, daß mit der Windkunft, die bey
der Grube Catharina immediate operiren foll, die erften Verfuche gemacht werden können, aber auch diefes wieder in
der übelften Jahrszeit, am Schluffe des Jahrs 1681, und Anfangs 1682. Da paffiren denn, wie nicht anders feyn kann,
manche Brüche, und alles ift Ungefüge. Die Thüren in den
Windmühlenflügeln werden herunter geworfen — zwey Flü-
gel zerbrachen abermals, und nun zum viertenmale. — Sechs
Sätze werden angehängt, fie giefsen ziemlich, und die Kunft
geht gut, aber als der fiebente angehängt werden foll, ift die
Welle zerborften. — Ein Sturmwind drehet das ganze Dach
um, zerfchmettert die liegende Welle, fammt allen Flügeln
— die Sätze giefsen nicht, müffen immer angefrifcht werden
— giefsen zu wenig. Die Kunftftangen der Windkunft find
im Schacht zu nahe an die der Wafferkunft herangebaut, davon berichten die Praktiker: „fie haben mit den Schlöffern zu-
„fammengeftofsen, *und daß die Windkunft weichen, und entzwey*
geben müffen." — Daß hierbey die Unachtfamkeit der Leute
das meifte veranlafst habe, ift wohl leicht zu vermuthen, auch
klagt *Leibnitz* darüber: Kleinigkeiten! fagt er, welche von
den Leuten herrühren, fo die Mafchine in acht nehmen follen, welche liederliche Gefellen, und unter keines Direction
feyn, und thun was fie wollen. Es würde nicht darauf refle-
ctirt werden, wenn nur die Theile der Mafchine fo in der
Erde feyn, von Leuten von Ordre in acht genommen würden. —

Wenn nun über den Umgang der Kunst Urtheile gefällt, Anzeigen gefchehen, Gutachten gegeben werden follen, da find eben fo wie beym Bau, beyde Partheyen gleich wieder gegeneinander, und nie ftimmen die Berichte der Leute bey der Windkunft, mit denen der Gegenparthey zufammen. *Leibnitz* felbft veranlafst denn eine Commiffion zur Unterfuch - und Entfcheidung, von Bedienten des Zellerfelder Communion Bergbaues, aber auch der Bericht diefer fällt dahin aus:

· *Leibnitz* begreife die hiefigen Bergwerke nicht, oder vermeyne, dafs alle und jede fpeculationes mathematicae dabey ad praxin zu bringen, wobey es aber fo fehr fehle, dafs aufrichtig und pflichtmäfsig verfichert werden könne, dafs weder die Immediat - noch Mediatkünfte, die promittirte Propofition werden praeftiren können, auch ganz unmöglich fey, ohne Gefahr die, zu den mittelbaren Künften vorgefchlagenen, und des Inventoris Deffein nach unentbehrliche Behälter anzulegen. —

Vorgefchlagen wird von diefer Commiffion, *Leibnitzen* die verfprochene jährige Probe antreten zu laffen. Und eben das war mehrmalen fchon von Clausthal auch vorgefchlagen worden, wird bey der Bergrechnung de Trinitatis 1681. bis 1683. beftimmt, und nach Befehl vom 29ten November 1683. foll *Leibnitzen* kein Geld mehr zur Unterhaltung der Künfte ausgezahlt werden. Vergeblich hatte er am Anfange des Jahrs verfucht; die Windkunft bey feiner Abreife nach Hannover unter die Direction des Viceoberbergmeifters und der Gefchwornen zu bringen, und man wagte es kaum am Schluffe des Jahrs, auf fein Verlangen die Kunft nur zu befichtigen, immer in der Meynung, er werde begebren, man folle das

Werk

Werk übernehmen, welches man durchaus nicht wollte, und wogegen man ausdrücklich protefirte. —— Wegen der Probe auf ein Jahr, wie man fie nach dem Contracte zu verlangen fich berechtiget glaubte, gabs auch Schwierigkeiten gnug. Nicht immer ging der Wind, und die Windkunft. Wenn fie eben ging, war niemand da der fie beobachten wollte, und wenn eben jemand kam fie zu beobachten, hörte der Wind auf, und fie ging nicht mehr. Wenigftens entfchuldigten fich hiermit die Vorfteher der Praktiker des Bergbaues, wenn der Theoretiker *Leibnitz* darüber klagte, dafs er niemanden haben könnte, der beobachten wollte.

Auch geftand die Gegenparthey der Windkunft nicht Kraft gnug zu. 14 Sätze von den 19, die fich aus dem Tiefften der Catharina bis auf den Stolln fänden, hätten zwar angefangen, aber kaum einer hätte Waffer gehoben. Vier Sätze hätte man endlich zum Heben, dadurch aber auch die Kunft zu langfamern Umgange gebracht, das Werk wäre fort zu fchwer worden und ftehen blieben, fo fagten die Praktiker. —— *Leibnitz* rückte ihnen vor, dafs fie felbft verlangt hätten, die von feiner Kunft ausgegoffenen Waffer follten gemeffen werden, nun da er ein Fafs habe dazu machen laffen, wollten fie wieder nicht gemeffen haben. ——

Bey feyerlichen Vernehmungen im Bergamte, fagt der Steiger bey der Windkunft aus, er habe 13 Sätze, von den eingebauten 14 (aus dem Tieffften bis auf die Wafferftrecke) von Dienftags Morgens 10 Uhr an, bis Mittewochs Abends 8 Uhr, im vollen Umgange gehabt, fie hätten alle gehoben, wenn ja einer einmal habe ausfetzen wollen, habe er nachgeholfen, habe ihn wieder in Gang gebracht, und fo habe er

auch

auch alles im vollen Hube verlaſſen, als er ausgefahren ſey. — So ſagt aber der Steiger nicht, der in dem nemlichen Schachte bey der Waſſerkunſt angeſtellt iſt; der will an die Windkunſt nur 11 und 12 Sätze angehängt geſehen haben, wovon aber nicht mehr gehoben, als 4. Beyde werden confrontirt, und jeder bleibt bey ſeiner Ausſage. Der Unterſteiger Hannß Müller von der Grube Sophia ſagt aus auf Befragen: Er habe den 25ſten Jan. 1684 geſehen, daſs alle 14 Sätze der Windkunſt gehoben, aber nicht in der Quantitaet Waſſer ausgegoſſen hätten, als die Waſſerkunſt; und auf Befragen, ob die Grube in zweyen Stunden zu Sumpf geworden? antwortet er: als er um 2 Uhr des Morgens ausgefahren, hätte er den Steiger bey der Windkunſt oben auf der Strecke gefunden, der ihn berichtet, die Grube ſey zu Sumpf. — „Alſo mit 14 Sätzen konnte die Windkunſt die Grube „zu Sumpf halten? Das iſt doch in der That nicht we- „nig!„ — Nach einem andern Berichte waren den 6ſten Februar 1684., 13 Sätze an der Windkunſt im Gange, der 14ſte war ſchon erſoffen, mit dieſen iſt Dienſtags von 12 Uhr an Mittags, bis 10 Uhr Abends, eine Queerhand hoch gewältiget worden. Es iſt aber hinzugeſetzt: Die Waſſerkunſt würde haben ein mehreres praeſtiren können. —

Indeſſen ging es doch allzu unordentlich und nachläſſig, mit dieſer Beobachtung des Umganges der neuen Kunſt; Leibnitz hatte alſo vorgeſtellt: Es wäre an dem, daſs nunmehro die nöthige Anſtalt gemacht werde, damit dieſes Werk den Nutzen ſo es haben könne, wirklich auch leiſte. Weil man ſich jedoch bisher gegen ihn ſehr reſervat gehalten, und nicht einmal, ſeines Anſuchens ohngeachtet, die nöthigen Erinnerungen (der Aſſiſtenz zu geſchweigen) thun wollen, ihm aber

S 8 ganz

ganz nicht zuzumuthen fey, dafs er mit überfchwenglichen
Koften, nur die edle Zeit hinbringe; fo wolle er bitten, die
fich findenden Difficultaeten, Erinnerungen, und Bedenken
alle, umftändlicbft vorbringen, und zugleich mit anzeigen zu
laffen, wie ihnen könne begegnet werden. Diefe Bitte wird
ihm erfüllt, durch Befehl vom 16. Febr. 1684, auch wird
bald darauf den 26. Febr. anbefohlen, dafs man der Windkunft und deren beftändigen Nutzbarkeit wegen, mit *Leibni-*
tzen nach der Ordnung gründlich, auch fried- und befchei-
dentlich, ohne einige bezeigende Partheylichkeit conferiren
folle. Diefes Conferiren gehet denn nun auch den 13. 14.
15. 27. 28ften May 1684 wirklich vor, und das wichtigfte
was draus folgt ift — dafs eine ganz anfehnliche Menge Bögen Papier mit Controverfen angefüllt werden, die nichts
entfcheiden. Der Anfang wird damit gemacht, die Diarien
der Deputirten des Bergamts, und der Bevollmächtigten des
Hofraths *Leibnitz* durchzugehen, und die darinne vorkommenden Varianten zu unterfuchen. Das Bergamt — feine Leute
wären beeydiget, und hiezu in fpecie deputirt. *Leibnitz* —
feine Leute wären von ihm auch legitimirt worden, und wären gleich die vom Bergamte beeydiget, fo könnten fie doch
auch in Sachen, darinne er mit dem Bergamte in Differenz
verfirte, nicht vor ganz und gar autorifirt paffiren. — Am
Schluffe aller diefer 13 Bögen Protocolle, wird dem Hofrath
Leibnitz der Vorwurf gemacht, er habe bey diefer Conferenz
und bey jedem Punkte derfelben, den letzten Satz praetendirt.
Leibnitz — er hätte dabey nichts zu erwähnen, als allein,
dafs er den letzten Satz nicht brauchen würde, als wenn es
zur Erläuterung eines und des andern diente. — Nun folgen
aber den Conferenzprotocollen auch 24 Bögen Dubia, Replic
und

Duplic, in Erklärungen, und Annotationen zu Erklärungen,
die alle nichts ausmachen. Nach all diefen Vorgängen, müffen aber auch noch die 5, von der Wafferftrecke bis zum
Stolln ftehenden Sätze für die Windkunft vorgerichtet werden, damit alle 19 Sätze aus'm Tieflten heraus an der Windkunft hängen, durch fie das Waffer aus'm Tieflten bis zum
Stolln gehoben werden kann. — Und auch mit diefen 19
Sätzen hat die Windkunft, mehrere Tage hinter einander, fo
wie der Wind gegangen ift, fertig werden können. — Nachdem auch diefes gefchehen war, hatte *Leibnitz* doch immer
darüber noch Klage, dafs man fich verfäume, den Umgang
der Kunft, und ihre Wirkung zu beobachten. Er wird endlich ungeduldig, und die Vorwürfe werden zuletzt giftig.
Die Praktiker fagen: „Man habe fchon längft für dienlich
„befunden, dafs der Inventor diefe *Windanfchläge* einftellen
„möchte, er wolle fich aber nicht rathen laffen.„ — Der
Theoretiker *Leibnitz*: „Ob eine folche Kraft, welche fo we-
„nige Koften und Weitläuftigkeiten erfordere, nicht bey
„Bergwerken mit grofsem Nutzen zu gebrauchen feyn müf-
„fe, wolle er jedermann, fo *nicht gar die Vernunft und das
„gemeine Befte hintan fetzen wolle*, urtheilen laffen.„ — Er
fcheint endlich nach einem französischen Briefe, die Sache
völlig aufzugeben:

— *Il eft conftant, que je finirai, avant le depart de S. A.
S. et que je ferai mon poffible pour fortir d'affuire, de quelque
façon que ce foit. C'eft pourquoi je vous fupplie, d' y contri-
buer a fin, que la Juftice et la raifon prevalent a la chicane.* —
Es ergehet dann Befehl unterm 4 April 1685.

Dafs dermalen, weil nach Bericht die Sache viele Subtili-
taeten und intricate Quaeftiones involvire, alles in ftatu

quo zu laſſen, und nichts mehr darauf zu verwenden
ſey. ———   :
    Der Hofrath *Leibnitz* ſucht darum im Jahr 1686. nach,
daſs die Rechnung völlig aufgeſtellt, und das ihm heraus gegeben werden möchte, was er etwan an ſeinem Eindrittel
der Koſten zu viel beygetragen habe; auch von den geſammten noch brauchbaren Stücken der erbaueten Windkünſte,
wenn ſie zu Gelde gemacht worden, das ihm zukommende
Eindrittel ebenfalls gezahlt werden möchte. In demſelben
Jahre unterm 23ᵗᵉⁿ Martii, ergeht der Befehl, daſs ihm alle
vorhandene Materialien der Windmühlenkünſte, (ihre ſämmtlichen Ueberreſte) ſtatt einer Ergötzlichkeit zu gute kommen ſollen, und er erhält überhaupt dafür 500 Thlr. jedoch
unter der ausdrücklichen Verwahrung, *daß er damit nun auch
ganz und gar abgefunden ſeyn ſolle.*

    Die Fortſetzung folgt.

III. BE-

III.

BEMERKUNGEN.

I.

Umgehender Bergbau, und wichtigſte Vorgänge dabey, ſoweit erſterer und letztere bekannt ſind.

Dieſer Verſuch einer Ueberſicht des geſammten Bergbaues unſeres Planeten, kann diesmal nur kurz, aus Bruchſtücken zuſammengeſetzt, nicht anders als noch mangelhaft ſeyn. Vielleicht geſtattet die Zukunft nach und nach etwas vollſtändigeres hierüber zu erhalten, als diesmal möglich war. Er mache alſo unter den einzelnen Bemerkungen in der Abſicht hier den Anfang, den ſämmtlichen Mitgliedern der Societaet ein noch unbebauetes Feld anzuweiſen, das ſie mit genauern Nachrichten aus den Gegenden die ſie bewohnen, oder kennen zu lernen Gelegenheiten haben, ſehr leicht zu groſsen Ausbeuten werden anbauen können. —

I.
Die Oeſterreichiſche Monarchie.

Ihr ausgebreiteter, mannichfaltiger, und ſehr glücklicher Bergbau, iſt unſtreitig der wichtigſte in der alten Welt, denn er bringt bis zu 120000 Mark allein Silber jährlich aus.

Die *Amalgamation allgemein einzuführen*, und ihre grofsen Vortheile beſtens zu benutzen, iſt jetzt erſte Beſchäftigung

gung in Ungarn, Siebenbürgen, Tyrol und Böhmen. Das
zu Glashütte ohnweit Schemnitz zuerſt erbauete Amalgamir-
werk gehet noch fort; zu Neuſohl iſt ein zweytes erbauet
worden; zu Joachimsthal in Böhmen das dritte; noch andere für das Amalgamiren der ſilberreichen Schwarzkupfer,
ſind zu Schmölnitz in Oberungarn, und zu Brixlegg in Tyrol in Umgang gekommen.

Der *Kaiſer Joſephi ſecundi Erbſtolln*, wird zu Schemnitz in dem glücklichen Niederungarn, das allein 60000 Mark
Silber zu jener groſsen Jahrslieferung der ganzen Monarchie
giebt, mit Nachdruck; der groſsen Unternehmung angemeſ-
ſenen Aufwande; und den beſten Ausſichten für die Zukunft
getrieben. Die Abſicht dieſes am 19ten Merz 1782, oberhalb
des Dorfes Wofsnitz, vom Graan-Fluſse gegen das Thal angelegten Stollns, gehet dahin: Die Hodritſcher, Kohutowaer,
und Schemnitzer Gebirge zu unterteufen. Die Länge oder
Strecke dieſes Stollns bis zum Königsegger Schachte, wird
6370 Klafter betragen. Damit ſoll der Kaiſer Francisci Erbſtolln um 70 Klafter, und der dermalige tiefſte, oder 8te Sar-
gotzi-Lauf, um 28 Klafter unterteuft werden. Nebſt der
Unterteufung der Werke, und Aufſchlieſsung der Gebirge,
wird er auch den Vortheil bringen, dafs dadurch alle Tagewaſſer lediglich zum Umtrieb der Pochwerke und Premsma-
ſchinen werden können verwendet werden. Der Ueberſchlag
der Koſten bis zur gänzlichen Ausführung, iſt auf 1085429
Gulden gemacht worden, und jährlich werden 30000 Gulden
darauf zu verwenden bewilliget. Mit Ende 1787 waren vom
Mundloche gegen den erſten Wetterſchacht 297 Klafter, im
Zubau gegen das Mundloch 408 Klafter, und gegen den 2ten
Schacht 287 Klafter ausgeſchlagen. Die reichſten Anbrüche
des

des Schemnitzer Bergbaues find jetzt im Maximiliani-Felde, wo man verfchiedene edle und mächtige Klüfte in dem Hangenden angefahren hat, und noch mehrere anzufahren hofft. Diefes einzige Feld, liefert alle 14 Tage 8 bis 900 Mark göldifchen Silbers.

2.
Oberfachfen.

Das Churfächfifche Erzgebirge fieht feinen Silberbergbau von Jahr zu Jahr im Ausbringen höher fteigen, und hiervon verdient wohl befonders bemerkt zu werden, daß derfelbe, da er im Jahre 1762 wenig über 14000 Mrk. ausbrachte, im Jahr 1772 fchon über 40000 Mrk., und im Jahr 1786 bis nahe an 50000 Mrk. Silber geftiegen ift. In dem dafigen dermaligen Gefchäftszirkel, find auffer dem lebhaften Forttriebe der tiefen Hauptftölln zu Freyberg und den übrigen Bergrevieren, zur Erweitrung des Bergbaues und der Unterfuchung neuer und noch unaufgefchloffener Gebirge, die wichtigften Vorgänge und Unternehmungen:

Der grofse und wohldurchdachte Plan, mehrere Auffchlage-waffer für die Künfte, Puch- und Treibwerke der Freyberger Revier, welche bey der zeither immer zugenommenen Gröfse und Erweitrung des Bergbaues; der anfehnlichen Tiefe mehrerer Gruben; und der erforderlichen mehrern-Förderniß merklich vermehret worden find, berzuzuführen. Zu diefem Ende wird in einer Entfernung von fünf Stunden gegen Süden, bey dem Dorfe Dörenthal, ein neuer Bergwerksteich zum Wafferbehälter erbauet, woraus vermittelft eines, an 7000 Lachter an den Gehängen der Gebirge weggeführten Kunftgrabens, die Waffer, welche noch während ihres Laufes verfchiedene beträchtliche Gebirgsbäche in fich nehmen, mit den

T t näher

näher gegen Freyberg gelegenen ältern Bergwerksteichen in Verbindung gebracht, und zu obgedachten Bedürfnissen den Gruben und Maschinen zugeleitet werden. Der Grabenbau ist bereits vollendet, und binnen Jahresfrist dürfte auch der Teichbau seine Endschaft erreichen, wornach die Freyberger Bergrevier auf eine lange Reihe von Jahren mit Wasser für ihren Bergbau versorgt seyn wird. Man hat indessen bey der Anlage dieses Grabens, für die Fortdauer des Bergbaues in einer, obschon noch weit entferntern Zukunft, die Rücksicht zugleich mit dahin genommen, dass durch die weitere Fortführung desselben, und durch den Betrieb zweyer dazu erforderlichen Röschen, noch mehrere vorliegende Bäche, und endlich auch sogar der Flöhstrom in selbigen eingeleitet, und um den Hauptplan zu vollenden, zu gleichen Zwecken vereinigt werden können.

Den *Transport der Erze von den Gruben bis in die Schmelzhütten zu erleichtern,* und so viel es das Locale verstattet von der weit wohlfeilern *Wasserfarth* Gebrauch zu machen, beschäftiget man sich dermalen in dem Freyberger Revier, mehrere Bergwerksgraben, ingleichen den dasigen Muldenstrom an welchen die Hütten gelegen sind, hierzu zu benutzen, und solchemnach erstere als Canäle vorzurichten, auf welchen in kleinen Fahrzeugen die eine Ladung von 60-80 Centner Erz einnehmen, der Transport bewürket werden kann. Weil aber obgedachte Graben in verschiedenen Höhen unter und übereinander, so wie auch mit dem Muldenstrom selbst liegen; so werden zu ihrer nöthigen Verbindung, und um einen ununterbrochenen Transport zu erlangen, an hierzu schicklichen Orten Schleusen und Hebemaschinen eingebauet, wodurch die Fahrzeuge wechselsweise in einen höher oder tiefer gelegenen

Canal

Canal gehoben, auch ein und aus gelaſſen, ingleichen über
die in den Muldenſtrom befindlichen Wehre gebracht werden
können.

Die *Amalgamation in Groſsen einzuführen*, *iſt obnweit Freyberg* bey der ſogenannten Halsbrückner Hütte, ein eigenes
Gebäude von 100 Ellen Länge und 26 Ellen Breite aufgeführ-
ret worden, in welchen alles, was zur Amalgamation gehört,
eingebauet wird, und bey deſſen Anlage der Bedacht genommen worden iſt, daſs vermittelſt des Amalgamirens in Fäſ-
ſern, jährlich 30 bis 60000 Centner Erz aufgearbeitet werden können. Der Bau wird mit ſo vieler Lebhaftigkeit betrieben, daſs man der hierbey ſo mancherley zu treffenden
Vorrichtungen ohngeachtet, in der Mitte des 1789ᵗᵉⁿ Jahres
hiemit zu Stande zu kommen gedenket, wornach ſogleich die
Arbeiten ihren Anfang nehmen werden.

Eisleben erhält jetzt durch die geübte Hand des Herrn
Maſchinendirektors Mende neue Kunſt- und Treibwerke, die
aufm Flötz ſelbſt hinein gerichtet werden.

In der Graffſchaft Henneberg, zu Ilmenau, wird das da-
ſige, vorhin ſo berühmte Kupferflötz, mit einem Haupt-
ſchachte wieder geſucht, und iſt neuerlichſt im 114ᵗᵉⁿ Lachter ſaiger Teufe, in ſeinen erſten Lagen ſchon wieder er-
ſunken worden.

3.
Niederſachſen.

Der Harz, deſſen Bergwerke nach ſichern Nachrichten
(*) über ein Jahrtauſend nun ſchon gangbar ſind, treibt
den tiefen Georgſtolln, der im Jahre 1777. angefangen
wurde, für ſeine ſehr anſehnlichen Teufen der Gruben unab-

Tt 2 läſſig

(*) Honemanns Alterthümer des Harzes §. 11. S. 9. u. 10.

mäſig fort. Auf der Grube Dorothea des obern Burgſtädter Zuges, der jetzt wichtigſten des Clausthaler Bergbaues, bringt dieſer Stolln 69⅓ Lachter ſaigere, 70⅔ Lachter flache Teuſe unter dem bisher tiefſten, den ſogenannten 13 Lachter Stolln ein. Bis zu dieſer Grube Tageſchacht, iſt der tieſe Georg-ſtolln, nach der ſür ihn gewählten Tour, vom Mundloche an in allem 4919½ Lachter zu treiben, löſst aber ehe er bis zu dieſer, auf dem höchſten Punkte der, um Clausthal bebaueten Gebirge liegenden Grube kömmt, den ganzen Roſenhoſer Zug, und den gröſsten Theil des Burgſtädter Zuges. Mit 14 Oertern ſind im letztern halben Jahre des Jahrs 1788. 104⅓ Lachter aufgefahren, und 2792⅔ Lachter ſind ſeit dem Jahre 1777. überall aufgefahren worden. Auf der Grube Dorothea iſt in allem 180½ Lachter ſaiger, 185⅓ Lachter nach der Fläche der Schächte vom Tage ſchon nieder gebauet, auf andern Gruben noch tieſer, und auf dem Roſenhoſer Zuge bis zu 256 Lachter Teuſe nach der Fläche genommen.

Beym Pochen der Erze, wird mit beweglichen Räder-werken ein Verſuch gemacht, die zweene Dratbböden haben, einen für viel gröbere, den andern für kleinere Stücken von Erz, das von den Stempeln nur wenig zerſchlagen, und durch zugegebene ſtarke Waſſer aus dem, an der einen kurzen Seite ganz offenen Pochtroge, ſogleich auf den beweglichen Räder geführt wird.

Mit einem neuen Schmelzoſen, der auſſer noch andern bis-her nicht gewöhnlichen Einrichtungen, in den Maaſen ſeines Inhalts an Gröſse alles übertrifft, was man bisher von Oeſen beym Bleyſchmelzen noch gehabt hat, ſind einige Verſuche bisher ſchon gemacht worden.

Bey

Bey den *Rammelsbergifchen* fehr fchwefelreichen Erzen, wird ein befonderer, conifch erbauter Röftofen verfucht, der bisher nur in Anglefey mit Vortheil im Gebrauch war.

Für die Kupfer, welche am Unterharze bisher gefaigert wurden, ilt die Anlage einer Amalgamirhütte im Werke.

4.
Das Mittägliche Deutfchland.

Die Silber, Bley, Kupfer, Queckfilber, Eifen und Stein-kohlen - Hergwerke diefer Gegenden, liegen, fo viele ihrer, und fo beträchtlich fie auch immer find, doch zu zerftreut auseinander, als dafs zu Hauptunternehmungen bey ihnen, die Gelegenheiten fich leicht darbieten follten.

5.
Die Preußifche Monarchie.

Erhebt mit Glück einen beträchtlichen Bleybergbau in Schlefien wieder, und fucht bey diefem fowol, als auch bey dem Kupferflützbergbau in dem ihr zuftehenden Antheile det Graffchaft Mansfeld, die *Feuermafchine* der Britten anzuwen-den, mit der auch fchon fehr glückliche Schritte gethan wor-den find.

6.
Die Schweiz, mit angreinzenden Savoyfchen Gebirgen.

Die Schweiz hat bisher nur fehr fchwach Steinkohlen-und Eifenbergbau getrieben, feit einigen Jahren werden aber auch zu Lauterbrunn Bleyerze bearbeitet, welche in einem Granitgebirge, worauf Kalkftein aufgefetzt' ift vorkommen. Man fängt auch an den fchönen Jungfernfchwefel zu Sublin nahe bey Bevieux zu bearbeiten, und in Handel zu bringen, und ebenfalls kehrt man Anftalten auch dazu vor, neue Ei-fenhütten im Canton Bern anzulegen.

Savoyen befitzt einige Gruben, wovon die zu Pefey in Tourantaife, auf der man filberhältigen Bleyglanz in einer, dem Topfftein ähnlichen Felsart gewinnt, eine der vornehmften ift. Seit einigen Jahren hat man auch angefangen nahe bey Servoz in haut Faucigny, verfchiedene Gruben zu betreiben. Der Windofen, deſſen man fich dafelbft zum Schmelzen bedient, ift der gröſsten Aufmerkfamkeit werth.

7.
Die Nordifchen Reiche.

Schweden ftrebt neben der Fortfetzung feines wohleingerichteten Kupfer- und Eifenbergbaues, auch feinen Silberbergbau zu erweitern.

Norwegen hat den tiefen Chriftiani Septimiftolln Im Jahre 1782. in dem jetzt bekannten edelften Felde, auf den fogenannten Fallbändern des Obergebirgs zu treiben angefangen. Ohnweit der Grube *Gabe Gottes*, bey der Kobberbergs-Elbe nimmt er feinen Anfang, und es werden mit ihm alle, jene Fallbänder überftreichende Gänge überfahren. Er wird mit *Feuerfetzen* betrieben. Seine ganze Länge beträgt 4330 Lachter, wovon am Schluſſe des Jahres 1788. bereits 695 Lachter aufgefahren find. In der Grube *Haus Sachfen* bringt er die gröſste, und zwar 195 Lachter Saigerteufe von der Hängebank gerechnet ein. Der Koften-Ueberfchlag ift auf 417240 Thlr. gemacht. Die Abficht mit ihm ift, hauptfächlich den Theil des Erzgebirges aufzufchlieſsen, welcher zwifchen den zwey Fluſſen, der Kobberbergs- und der Jondahls-Elbe liegt, alle darinne auf den Fallbändern überfetzende Gänge zu unterfuchen, und allen in diefem Gebirge liegenden Gruben, zu groſser Erfparniſs Waſſerlofung zu verfchaffen.

In

(*) Elbe bedeutet in der Norwegifchen Sprache einen Fluſs.

In den weit ausgebreiteten Ländern der *Ruſſiſchen Monarchie*, iſt der Bergbau ſo wichtig ſchon, und doch noch
gar nicht weit getrieben, denn die wenigen tiefſten Baue, erſtrecken ſich nicht weiter, als bis in 107 Lachter Teufe, und
nur der ehemalige Bau auf der Bäreninſel, iſt 28 Lachter unter die Oberfläche des Meeres fortgeſetzt. Bey einer ungeheuren Menge von Erzen, die ein geringes an Silber, deren
Silber aber einen deſto anſehnlichern Goldgehalt beſitzen,
wird ämſig dahin gearbeitet:

die *Poch- und Wäſcheinrichtungen zu verbeſſern*, beſonders
dieſes in dem Kolywanſchen Gebirge, und Fremde ſowohl
find hierzu aufgeſucht, als Eingebohrne in andere Länder geſchickt worden, um die daſelbſt ſchon mehr verfeinerten
Poch- und Waſcheinrichtungen zu ſtudiren, und dann zu
übertragen.

Auf Amalgamation der Erze iſt ebenfalls Bedacht genommen, und es find, um auch ſie zu ſtudiren, Reiſen nach Ungarn und Böhmen gemacht worden.

8.

Großbrittannien.

Der wichtige, gar noch nicht alte Kupferbergbau in
Angleſey, macht über 60000 Centn. Kupfer jährlich. Hier iſt
es, wo die ſehr groſse Menge der Kupfererze auf eine ganz
neue Art, in einem coniſch erbaueten Ofen, (einer wahren
Coloſſalretorte) geröſtet werden. Er iſt von gebrannten Steinen erbauet, mit eiſernen Schienen und Bändern belegt. Das
Poſtement dieſes Conus iſt 8 Fuſs, er ſelbſt 27 Fuſs hoch,
unten 14, oben 4 Fuſs im Lichten weit. Man erhält gut den
achten Theil des Gewichts der Erze an Schwefel, und 200
Centner Erze werden durch ihr eignes Brennbares wöchentlich

lich gut geröſtet. Auſſer dem wenigen Brennbaren von Steinkohlen oder Holz, welches zum erſten Anzünden der Erze in
dieſem Ofen nöthig iſt, braucht man nie etwas davon wieder, und die Röſtung geht Jahre lang, ſo lange der Ofen
halten will, ohne alles Holz oder Steinkohl fort.

9.
Frankreich.

Hat nun auch Gold auf Gängen in *Dauphiné* vor wenig
Jahren entdeckt, worauf es Unterſuchungen fortſetzt. Es
gründete vor kurzen eine Einrichtung, durch welche die Un-
terweiſung junger Leute in dem, was zum Bergbau gehört
beſorgt wird.

10.
Die Spaniſche Monarchie.

Hat neuerlichſt eine Zahl von einigen 20 jungen Bergleuten aus Sachſen, nebſt mehrern jungen Theoretikern auf
der Bergakademie zu Freyberg gezogen, nach ſeinen überrei-
chen Süd-Amerikaniſchen Beſitzungen geſchickt. Dorthin
giebt ſie ſehr geſchickte Männer zu Bergwerksdirektoren, von
denen die Beſitzer der Gruben — nicht *Befehle* annehmen
müſſen — Nein! *Rath* verlangen *können*, wenn ſie es für nützlich halten. Mit dieſer Einrichtung zeichnet ſich das glückliche Spanien eben ſo, wie mit dem übergroſsen Reichthume
ſeiner Gebirge, vor allen übrigen Ländern der Welt aus.

II.

Mineralogifche Bemerkungen

über die Gebirge bey einer Reife von Prag
nach Joachimsthal.

Von

Herrn Carl Anton Rößler,

K. K. Bergrath und Oberberginfpector in Böhmen.

I. Abtheilung.

*Ueber die Gebirge von Prag bis nach Foratfchen
hinter Kollefchowitz.*

§. I.

Das weftliche Gebirge bey Prag, befteht gröfstentheils aus Thonfchiefer, unter welchen hie und da etwas Hornfchiefer fich blicken läfst. So bald man aber zum Strahöffer Thore hinaus führt, entdeckt man den nemlichen Sandftein, aus welchen auch der fogenannte Laurentil-Berg befteht.

Diefer Sandftein, fetzt bis an Foratfchen über Kolle-fchowitz fort, nur ift zu bemerken, dafs unter dem weilsen Berge, ein unter dem Sandftein liegender Hornfchiefer entblöfst zu fehen fey, der feitwärts gegen und bey Stzedo-kluk kleine, über die Dammerde hervor ragende Kuppen bil-

U u   det.

det. Er befteht aus dünnen, kaum eine Linie dicken, dunkelgrauen Hornfteinblättern, die mit einer gelblichten, ebenfalls
zu Hornftein verhärteten Maffe verbunden find.

Von Hoftowitz über Gentfch, auf der fogenannten langen Meile, beym fchwarzen Röffel, und Tofchkanifchen
Wirthshaufe, ift das Gebirge mit lettniger Dammerde überzogen. Erft hinter letztern, wo man bergab gegen Dobray
fährt, entdeckt man wieder Sandftein. Eben in diefem Gebirge rechts, liegt die berühmte Buftiehrader Steinkohlen-
grube, woraus auf einem fehr mächtigen Flötze eine beträchtliche Menge Steinkohlen gewonnen, und theils im Orte felbft
verfchliffen, theils nach Prag verführt wird. Ein Theil
diefes Steinkohlen-Flötzes, ift feit mehreren Jahren, ohne
zu wiffen durch was für einen Zufall, in Brand gerathen,
und ob man fchon keine Mühe gefpart hat, diefem Brande
allen möglichen Luftzug abzufchneiden, fo konnte er doch
bisher nicht gelöfcht werden; und man mufs fich forgfältig
hüten, mit dem noch beftehenden Baue demfelben nahe zu
kommen, weil fonft der Brand auch in diefen eingreifen,
und den ganzen Aufflafs diefes an fich doch immer wichtigen
Baues nach fich ziehen würde.

Hinter Dobray, etwa eine Viertelftunde links an der
Strafse, ift der Sandfteinbruch welcher die Quaderftücke zu
dem Prager Brückenbau liefert. Deffen Beftandtheile find
theils Quarz, theils Feldfpathkörner, mit wenigen kaum
merklichen Bindungsmitteln, fo dafs man ihn für einen lockern kleinkörnigten Granit ohne Glimmer halten könnte.

Etwa eine Stunde hinter Dobray, an der Teuchtmühle
von Scherowitz, kümmt der, mit fandiger Dammerde bedeckte Sandftein, doch etwas grobkörniger und fefter zum Vorfchein

fchein; und links in dem Hügel an Scherowitz werden die
Mühlfteine gebrochen, die nach Prag zur Zubereitung, und
von da in alle Mühlen, in einer ziemlichen Strecke um Prag
herum verführet werden.

Hinter Scherowitz, gegen Tuchlowitz, Rennholz, und
Ruda, ift das Gebirge abermals mit lettniger Dammerde bedeckt, aber alle Gefchiebe und Baufteine, find Sandftein.

In dem gleich hinter Ruda anfangenden, und bey zwey
Stunden Wegs fortdaurenden Rakonitzer Walde, wird fobald
man die höhere Gegend erreicht, die Dammerde fandiger,
und gegen Lifchan findet man abermals hie und da Sandftein
ausbeiffend, auf deffen Hügeln links, ftatt des rückwärts im
Walde aus Tannen, Fichten und Büchen beftehenden Gehöl-
zes, die, einen trockenen Boden liebende Kiefern den Platz
einnehmen.

Ueber Lifchan hinaus gegen Krofcha (Chraftian), Herrndorf (Kniezowes) und Kollefchowitz, ift in der Ebene alles mit einem theils mehr, theils weniger fandigen, theils Orten auch zähen Letten bedeckt, auf deffen Oberfläche, fich
mehrere abgerundete, kleine und gröfsere Kiefel und Sand-
ftein-Gefchiebe zeigen. Vermuthlich dürfte alles diefes nur
eine Decke des darunter liegenden Sandfteins feyn, der in
der hier fortdaurenden Ebene, bis an das zwifchen Foratfchen und Jechnitz anfteigende Gebirge anhält, an deffen
Fufse der Sandftein nach und nach fein Bindungsmittel verliehrt, und am Ende aus lauter theils abgerundeten, theils
cryftallifirten Quarzkörnern zufammengebacken ift. Folgende Sandfteinarten, werden hier in der nemlichen Ordnung
angeführt, wie fie im Aufsteigen des fanften Gebirges gefammelt, und von ausbeiffenden Felsrücken abgefchlagen
worden.

a.)

a.) Sandftein, mit groben fcharfkantigen Quarzkörnern, weifsthonigten Bindungsmitteln.

b.) Sandftein, mit kleinen Quarzkörnern, und einem gelblichen thonigten Bindungsmittel.

c.) Sandftein, mit kleinen Quarzkörnern, und einem weißlich thonigten fehr dichten Bindungsmittel.

d.) Sandftein, eben diefer Art mit einer poröfen faft Schlackenartigen Oberfläche.

e.) Sandftein, mit dichten faft Hornftein ähnlichen Gewebe, und ganz kleinen Quarzkörnern, deffen Quarztheile mit dem thonigten Bindungsmittel fo innigft verbunden find, dafs der Stein faft einem Hornftein ähnlich fieht.

f.) Sandftein, von einem noch dichtern, und dem Hornftein noch ähnlichern Gewebe, worinn die Quarztheile, nur in kleinen fchimmernden Punkten zum Vorfchein kommen.

g.) Weißgrauer Sandftein, deffen theils cryftallifirt, theils abgerundet durchfchneidende Quarztheile, ohne irgend ein Bindungsmittel zufammenhängen.

§. II.

Aus allem was bisher gefagt worden, läßt fich wohl die Wirkung des Waffers auf diefes Gebirge nicht verkennen, das vermuthlich den, von den gleich in folgender Abtheilung zu befchreibenden Granitgebirgen abgefchwämmten Theilen, feinen Urfprung zu verdanken haben mag. Links von der Strafse, gegen den Fluß Beraun, beftehn die Gebirge größtentheils aus Thonfchiefer, der auf den Granit aufgefetzt feyn mag, ob aber der unter dem weifsen Berge, und bey Strzedokluk ausbeiffende Hornfchiefer ohnmittelbar auch auf den

Granit,

Granit, oder aber auf den Thonfchiefer auffitze, läfst fich
aus der Oberfläche allein nicht beftimmen, weil diefes Gebirge durch keinen Bergbau unterfucht, fondern nur höchftens,
durch einige, noch immer in der oberen Gefteinslage beftehende Steinbrüche verwundet ift.

In den fich ausbreitenden Ebenen bey Hoftowitz, Gentfch,
bis Tofchkanka, in dem fehr fanften, von der föhligen Lage wenig abweichenden Thale, bey Tuchlowitz und Ruda,
nicht minder in der weit ausgebreiteten Ebene, bey Chraftian,
Herrndorf, Kollefchowitz, bis Foratfchen, findet man zähen,
weniger mit Sandftein vermengten Letten; auf Anhöhen und
in Thälern, die einen ftärkern Abfall haben, mehr Sand.

Bekanntermafsen verwittert der Feldfpath eher als der
Quarz, und löfst fich dann in eine Thonerde auf, die fodann,
vom Waffer in einen zarten Schlamm aufgelöfst, nach ihrer
geringen fpecififchen Schwere die Oberlage ausmachen; und
nachdem fie von den Anhöhen, dann ftärker abfallenden Thälern, durch die Gewalt des Stromes abgefchwemmet worden, fich in jenen Ebenen und fanften Thälern lagern mufste,
wo die Gewalt des Wafferftromes nicht fo fehr auf fie wirken
konnte.

Selbft die oben befchriebene Sandfteinarten, fcheinen
es deutlich genug zu beweifen, dafs je näher der Sandftein
dem Granit kömmt, defto weniger Bindungsmittel man daran finde, zum Beweis, dafs, nachdem der in Thonerde auf-
gelöfste Feldfpath abgefchwemmet worden, die zurückgeblie-
bene Quarztheile, durch ihre eigene Anziehungskraft zufammengefügt, eine eigene Sandfteingattung ohne Bindungsmittel gebildet haben.

Uu 3 II. Ab-

II. Abtheilung.

*Von dem Vorgebirge bey Foratschen, bis an
die Gißbübler Anhöhe.*

§. III.

An dem eben erwähnten, an der Grenze des Rakonitzer und Saatzer, nun Ellbogner Kreifes, liegenden Gebirge, fteigt der Granit empor, an welchen der oben erwähnte, blos aus Quarztheilen ohne Bindungsmittel beftehende Sandftein fich anlehnt. Die Beftandtheile des Granits find: *a.*) blafsrother Feldfpath, und weifser Quarz von mittelmäfsigen Korn, ohne Glimmer. *b.*) Rother Feldfpath, und viel Quarz, ohne Glimmer.

Diefes Granitgebirge fteigt fehr fanft gegen Jechnitz auf, und bildet rechts und links an der Strafse, verfchiedene hervorragende Kuppen, die aus mehrern auf und über einander gefetzten Granitftücken beftehen.

Von Jechnitz fällt das Gebirge abermals fanft, und ift am Gehänge, fo wie im Thale, mit vieler lettnigen, mit abgerundeten Quarz - und Feldfpathgefchieben von verfchiedener Gröfse vermengter Dammerde bedeckt. Rechts wird das Gebirge, durch ein Thal, das von einem kleinen Bach durchftrömt wird, abgefchnitten, und an dem Abfchnitte, fo wie im Thale über dem Bächlein, zeigen fich die entblöfsten Granitwände, über welche, fo wie man über den Bach kömmt, die Strafse geht. Das ganze, rechts von der Strafse liegende Gebirge, worauf das Schlofs Petersburg liegt, beftebt aus Granit.

Gegen

Gegen Leska und Olberitz, ist das Gebirge abermals mit Thon, und lettniger Dammerde bedeckt, worunter man im Dorfe Leska eine Art von weifser Talkerde bemerkt. Links zeigt sich ohngefähr zwischen St. 6. u. 9. oder spathgangweifse im Mittag, ein über Platten, Tifs- und Rabenstein hinausstreichendes Gebirge, welches aber an der Strafse über Olberitz, durch ein gegen Leska und Przebenz abfallendes Thal unterbrochen wird. Rechts über diesem Thal, ragen zwey ziemlich hohe Kuppen hervor, die eben so wie das Jechnitzer Gebirge aus Granit bestehn, und einen abgerissenen Theil, des gleich erwähnten spathweifse im Mittag streichenden Gebirges, auszumachen scheinen. Ich hatte zwar nicht die Gelegenheit dieses Gebirge näher zu untersuchen, allein sollte man sich wohl sehr irren, wenn man aus gleich erwähnten Umständen den Schlufs fafste, dafs auch dieses Gebirge aus dem nemlichen Granit, wie die erwähnten Kuppen bestehe, besonders da einige fast ganz senkrechte Gesteinswände dieses Gebirges, so wie es die Granitwände zu seyn pflegen, dieser Meynung noch ein mehreres Gewicht zu geben scheinen. Diese öfters erwähnte Kuppen sind an dem Gebänge, fast gänzlich von Dammerde entblöfst, und der Granit bildet kahle Wände, die den Reisenden in Versuchung führen, sie in der Ferne, für Basaltsäulen anzusehn. Ihr Gestein ist ein grobkörnigter Granit mit rothen Feldspath, weifsen Quarz, und schwarzen Glimmer. Bald hinter diesen Kuppen liegt das Hirschen-Wirthshaus, bey welchen der Granit sich verliert, und in der Ebene gegen Libenz mit gemeiner, von da gegen Libkowitz aber, mit einer schwarzbraunen thonigten Erde bedeckt wird, die rechts über Libenz, in eine eisenschüssige rothe Erde zu übergehn scheint, gegen Libkowitz

kowitz aber, ſich der ſchwarzen Farbe immer mehr nähert. Auf ihrer Oberfläche hinter Libenz, findet man einige, vermuthlich von dem, rechts und links liegenden Gebirge herrührende Thonſchiefer, und verwitterte Gneiſse, näher aber gegen Libkowitz mehrere Baſaltgeſchiebe. Der Gneiſs iſt von einem ſehr feinen dünnſtreifigen Gewebe, und beſtebt aus ſtärkern Quarzſchnüren, halb verwitterten Glimmer, und theils wahren, theils zu Thon verwitterten Feldſpathe. Der Baſalt aber iſt ſchwarzgrau von dichten Gewebe, mit eingeſchloſſenen Schürlkörnern, die zum Theil zu einen gelben Eiſenocher verwittert ſind. Die zwiſchen den vorbeſchriebenen Granit-Anhöhen und Bergen liegende Thäler, führen nebſt der ſandigen Dammerde, verſchiedene Abänderungen, von ſehr dichten Sandſtein, der ſich von dem zuvor §. 1. beſchriebenen, darinn unterſcheidet, daſs die in demſelben enthaltene Quarzkörner, nicht ſo ſtark abgerundet ſind; zweytens, daſs man an verſchiedenen Stücken kein Bindungsmittel wahrnehmen kann; und drittens, daſs der in vorigen vorkommende Feldſpath, faſt gänzlich vermiſst wird, und in manchen Stücken in eine, das Bindungsmittel abgebende Thonerde, übergegangen zu ſeyn ſcheinet. Ich glaube nicht zu irren, wenn ich das bisher beſchriebene Granitgebirge, unter die urſprünglichen zähle. Nun aber führt der Weg von Libkowitz, wieder über aufgeſetzte Gebirge, die uns bald den Urſprung der zuvor erwähnten Baſaltgeſchiebe zeigen werden.

§. IV.

Von Libkowitz geht die Straſse bergauf, und iſt mit grauen, ſchwarzbraunen und ſchwarzen Baſalt von verſchiedenen Arten beſäet, der von einem, links, ohnweit der Straſse

liegen-

liegenden Bafaltberge, herabgerollt zu feyn fcheint. Die an
diefem Abhange gefammelte Bafaltftücke find folgende:

a.) Bafalt, theils fchwarzgrau, theils bräunlicht mit fchwarzen theils derben, theils in fechsfeitigen, länglichten Blättern cryftallifirten Schörl, und kleinen feinen weifsen
Körnern.

b.) Bafalt, fchwarzgrau, fehr dicht, Hornftein ähnlich ohne Schörl, und andere Beymifchung.

c.) Bafalt, fchwarzgrau, Hornftein ähnlich, von kleinfchup-
pichten Gewebe, mit fchwarzen fparfam eingeftreuten
Schörl.

d.) Bafalt, fchwarz, am Rande braun verwittert, mit vielen cryftallifirten fchwarzen Schörl, und häufigen weifsen
Kalkkörnern.

e.) Bafalt, fchwarz, dicht und fchwer, mit gröfseren häufig eingeftreuten ovalen weifsen, gegen das Centrum ftra-
lig cryftallifirten Kalkkörnern, die ihm faft das Anfehn
eines Mandelfteines geben, ohne Schörl.

f.) Bafalt, braun, dicht, fchwer, mit fchwarzen, theils
kleinen, theils gröfsern Schörln, und weifsen mergelartigen Flecken.

g.) Bafalt, fchwarz, fehr fchwer, mit häufigen vierfeitig
cryftallifirten, an beyden Ecken zugefpitzten Schörln,
nebft fehr kleinen eingeftreuten Kalkkörnern.

Dafs die, zwifchen Libenz und Libkowitz fehr häufig
liegenden Bafaltgefchiebe, eben von diefem Berg herab, und
dahin gefuhrt worden, braucht man wohl nicht erft zu erinnern. Und fo fcheint mir auch fehr wahrfcheinlich, dafs die
fchwarze lettnige bey Libkowitz, die braune bey Libenz, und
die rothe Erde über Libenz, ihr Dafeyn lediglich der Auflö-

fung

fung des Bafaltes zu verdanken habe, und ihre rothe und
braune, dann fchwarze Farbe, von der ftärkern oder fchwächern Auflöfung der im Bafalt befindlichen Eifentheile, her-
zuleiten feyn dürfte.

Ob diefer Bafaltberg, von dem die Bafaltgefchiebe herrühren, fein Dafeyn einem Vulkan, oder dem Niederfchlag
aus dem Waffer zu verdanken habe, kann einem Beobachter
nicht gleichgültig feyn. Es gibt zwar viele Mineralogen, die
faft alle Bafalte, befonders die fäulenförmigen, zu den Vulkanen rechnen wollen; allein ich glaube aus mehreren Beobachtungen der Natur überzeugt zu feyn, dafs man darinn
gewifs zu weit gehe, und dafs wenigftens nicht alle, vielleicht die wenigften von unfern Bafaltbergen, zu diefer Gattung gerechnet werden können.

Ich bin zwar weit entfernt, allen Bafaltbergen den vulkanifchen Urfprung abzufprechen, denn die vortreflichen Beobachtungen des Herrn Ferbers, der mit fo vielem Scharffinn
der Natur nachgeforfcht hat, überzeugen mich, dafs mehrere
Bafaltberge wirkliche Ausgeburten der Vulkane find; allein
hieraus folgt noch nicht, dafs alle dazu zu rechnen find,
felbft von jenen nicht alle, die aus fäulenförmig cryftallifirten Bafalt beftehn, weil diefe Cryftallifirung ganz wohl auf
dem naffen Wege fich erklären läfst, weswegen ich auch diefe, zu der naffen Entftehung zu rechnen, immer geneigter
wäre; es feye denn, dafs untrügliche Merkmale das Dafeyn
eines ausgebrannten Vulkans erweifen, die aber hier, wie aus
der Vergleichung der vorgegangenen, und nachfolgenden Beobachtungen erhellet, gar nicht zu finden find. Nun kehre
ich wieder zu dem Faden unferer Beobachtungen zurück.

Unter

Unter den oben befchriebenen Bafaltftücken, kommen auch einige Sandfteingefchiebe zum Vorfchein. Diefe find von feinem Gewebe, mit häufigen, thonartig weifsen Bindungsmitteln, und fehr kleinen Quarzkörnern. Gegen die Anhöhe wird der Bafalt dicht, und felbft die fchwarze thonigte Dammerde, fowohl bey Libkowitz, als auf dem Gebirge bey Mohra, bis in das Thal, wo die fogenannte Stahlmühle liegt, fcheinet nichts anders als aufgelöfster Hafalt zu feyn, von welchen auf der Oberfläche häufige Gefchiebe fich finden. Eben fo verhält fich die Gegend bey der Stahlmühle, bis an die Anhöhe. Im Thale, und am Gehänge ftellen fich runde Bafaltgefchiebe, an der Höhe aber, ein fchwarzfchieriger Bafalt, mit fchwarzen theils kleinern, theils gröfsern Schörln, dem Auge des Reifenden dar.

Nach zurückgelegter Anhöhe, an dem weltlichen Abhange des Gebirges, hebt fich der Bafalt ganz aus, und man entdeckt dafelbft einen ausbeiffenden glimmerichen Thonfchiefer, tiefer gegen das Thal aber, eine Art von Thonfchiefer, die dem Gneifs fehr nahe kömmt. Sie befteht aus häufigen fchwarzen gewundenen Glimmer, weifsen Quarz, und fehr feinen fchuppichten Feldfpath. Eben fo verhält fich das öftliche Gehänge des, zwifchen diefem Thale, und jenem des am Sternwirthshaufe gelegenen Gebirges, deffen Anhöhe abermals ganz der Bafalt, oder die aus deffen Auflöfung entftandene fchwarze Dammerde bedeckt, das weltliche Gehänge aber, unter dem Bafalt, ein glimmericher Thonfchiefer, und tiefer herab gegen das Sternwirthshaus, ein dichter Thonfchiefer einnimmt, der auf dem gleich oben befchriebenen Gneifs ähnlichen Thonfchiefer aufliegt. Erfterer ift dünnblätterich, und der Glimmer nimmt darinn fo Überhand, dafs er

X x 2   den

den Thon beynahe verdrängt, letzterer ift ein dichter, blau-
lichtgrauer reiner Thonfchiefer. Eine ganz kurze Strecke unter dem Sternwirthshaufe, fliefst ein Bach, von welchem das
Puchauer Gebirge anfteigt; diefes befteht, fo wie das gegen-
feitige unten am Fufse, aus dem Gneifs ähnlichen, dann aus
dem reinen Thonfchiefer, der an der Höhe gegen Puchau
abermals, theils vom Bafalt, theils von der, aus deffen Auflöfung entftandenen fchwarzen Erde bedeckt wird. Der Bafalt ift fchwarz und derb, mit vielen dünnftraligen fchwarzen
Schörl und weifsen Feldfpath.

Mebrere kurz vor Puchau einfchichtig ftehende kegelförmige, mit Gras bewachfene Hügel, doch fo in eine Linie
geftellt, dafs man nicht ohne Grund vermuthen kann, fie hätten ehevor einen zufammenhängenden ordentlichen Bergrücken gemacht, beftehn aus Bafalt, der hier fehr dicht, an
Farbe fchwarzgrau ift, und cryftallifirten Schörl enthält.

Bey der Puchauer Mühle beifst wieder ein Granit aus,
der an der Anhöhe abermals vom Bafalt, und der aus demfelben entftandenen fchwarzen Thonerde bedeckt wird; bis
endlich an deffen Stelle, eine gelbliche lettnige Dammerde
eintritt, in welcher der Sand um defto mehr überhand nimmt,
je mehr man fich der Gifshübler Anhöhe nähert, und eben
da ift es, wo der Granit wieder zum Vorfchein kömmt. In
Betracht der Gebirge mufs ich noch berühren, dafs folche
überhaupt nur als Aefte des, rechts in Abend St. 7. und 8.
ftreichenden, dann aber fich mehr gegen Mittag wendenden
Gebirgrückens, anzufehn find, die durch eben befchriebene,
gegen die Miefs, oder Beraun abfallende Thäler in mehrere
Gebirge abgetheilt werden.

§. V.

§. V.

Aus denen bisher befchriebenen Heobachtungen, glaube
ich nicht zu irren, wenn ich diefes mit 3 Querthälern durch-
fchnittene Gebirge unter jene, der naffen Entftehung rechne,
den Bafalt aber für den, in den ehemals vielleicht da geftandenen Waffer zart aufgelöfsten, folglich leichteften Schlamm
halte, der fo nach am fpäteften fich niedergefchlagen, den
reinen und glimmerichen Thonfchiefer bedeckt, und die Anhöhe eingenommen hat.

So fcheint mir auch fehr wahrfcheinlich zu feyn, dafs
die bey Puchau faft in einer Linie ftehende kegelförmige Hügel, einen Rücken oder Damm ausgemacht haben mögen, der
an jenen Orten, wo er aus einem, mit fremden Theilen mehr
gemifchten, folglich nicht fo zähen Schlamm beftand, durchbrochen, nur die aus einem einförmigen und zähem Schlamm
beftandene Hügel, hinterlaffen hat.

Die durch diefen Durchbruch vermehrte Schwere, des
in tiefern Gegenden ftehenden Waffers, konnte fodann, auf
die ihm im Wege ftehende Dämme ftärker wirken, und fich
auch in tiefern Gegenden, obwol fpäter, den Ablauf verfchaffen. Binnen diefer Zeit fammelte fich der zarte Schlamm
bey den noch ftehenden Waffern auf den Anhöhen und Gehängen, der in tiefern Gegenden, von der zunehmenden Gewalt des Wafferftromes weggefchwemmt, und fo der, unter
demfelben liegende glimmeriche, reine und gneifsähnliche
Thonfchiefer entblöfst werden konnte. In diefer ganzen Gegend findet man auffer den obenbefchriebenen Bafalten, nicht
die mindefte Spur einiger lavaartigen, afchenförmigen oder
anderer Vulkanifchen Produkte, und ich glaube dahero, hierinn einen Beweggrund zu finden, auch den, bey Libkowitz

befindlichen Bafaltberg, nicht unter die Vulkane, fondern unter jene der naffen Entftehung zählen zu können..

Die fäulenförmige Figur des Bafalts, ift mir kein zureichender Beweis eines Vulkanifchen Produkts, da uns die tägliche Erfahrung lehrt, dafs ein abgefetzter zäher Schlamm,
bey deffen Auftrocknung, Riffe von verfchiedenen Winkeln
bekömmt, die fodann gröfsere und kleinere Säulen, von mehr
und weniger Flächen bilden.

Es ift zwar möglich, dafs diefer vermeintliche Vulkan
fehr alt, und feine Ausflüffe durch erfolgte Revolutionen,
mit Granit, Thonfchiefer, und andern Gefteinen bedeckt
worden find. „Allein auf Vermuthungen, wozu fo wenig
„Gründe vorhanden, Schlüffe zu bauen, fcheint mir zu viel
„gewagt, und Ich halte es der Vernunft gemäfser, auf das
„was unfere Augen fehen, als auf eine, oft viel zu gefchäf-
„tige Einbildung, unfre Schlüffe zu gründen.„

Eben als ich diefs fchreibe, kömmt mir die vortrefliche
Abhandlung des Herrn Berghauptmanns v. *Veltheim*, „Et-
„was über die Bildung des Bafalts und die vormalige Befchaffen-
„heit des Gebirges in Deutfchland„ in die Hände, und ich mufs
bekennen, dafs die von diefem würdigen Manne hierüber ge-
äufserte Gedanken, und dafür angeführte Gründe, mich zur
Unterzeichnung feiner Meynung erftens ganz hingeriffen haben.   Allein bey nochmaliger Erwägung, der gleich angeführten Beobachtungen, glaubte ich doch einige Gründe,
auch für die naffe Entftehung, des hier befchriebenen Bafalts
gefunden zu haben.

Ich fage des *hier befchriebenen* Bafalts, denn ob er fchon
feinen Beftandtheilen, feiner innern Mifchung nach, wirklich
Bafalt ift; fo zweifle ich doch, dafs diefer Bafalt, (wenn ich

anders

anders die vom Herrn v. *Veltheim* pag. 16. Nro 1. 2. und 3.
befchriebene Eigenfchaften recht verftand) unter jene befonders cryftallifirte Bafalte zu zählen fey, von denen eigentlich
die ganze Schrift handelt; und dürfte fich meine Muthmafsung über die Entftehung des hier befchriebenen Bafalts, mit
der Hypothefe des Herrn v. *Veltheim* gar wohl vertragen.
Denn fein Bafalt, wenn ich recht daran bin, ift von einem
dichten Gewebe, einem fo beträchtlichen Eifengehalte, und
einer fo feften Confiftenz, daß fchon fein äußerliches Anfehn, welches jenem, eines wohlgefchmolzenen Roh- oder
Gufseifens ziemlich nahe kommt, feinen Eifenhalt verräth.
Kurz es ift ein, die Merkmale feiner erften Entftehung noch
an der Stirne tragender, ziemlich regulair cryftallifirter, und
feit feiner erften Entftehung noch unveränderter Bafalt.

Jener von dem ich rede, hat gegen diefem ein viel zu
erdiges Anfehn, ift entweder nicht cryftallifirt, oder wenn
er doch eine fäulenförmige Figur hat, fo ift diefe ziemlich
unförmig, von fehr ungleichen Seiten eingefchloffen, und
man kann die Cryftallifirung daran, fich nicht wohl anders
als mit Hülfe der Einbildungskraft vorftellen.

Sollte man wohl die Wahrheit zu weit verfehlen, wenn
man diefe Art Bafalt für einen, durch Verwitterungen aufgelöfsten Bafalt oder Lava hielte, die vom Waffer aufgeweicht,
bey einer darauf erfolgten Ueberfchwemmung, theils in fchwächern, theils in mächtigern Lagen, auf der Oberfläche abge-
fetzt, in den Thälern durch die Gewalt der Fluth wieder
abgefpühlt, auf den Anhöhen aber bey erfolgender Austrock-
nung mittelft verfchiedener Riffe, jene von fchwächern Lagen, in unförmliche Stücke, zu einer fogenannten Putzenwacke, jene von mächtigerer Lage aber, zu einer Art von
unförmigen Säulen gebildet worden? ―

III. Ab-

III. Abtheilung.

Von der Gißbübler Anhöhe bis nach Karlsbad.

§. VI.

Oben schon §. IV. erwähnte ich der Gifshubler Anhöhe, wo der Granit wieder zum Vorschein kömmt. Dieser ist theils fein, größtentheils aber grobkörnigt, mit schwarzen, auch zum Theil weißen Glimmer, und weißen, theils schon aufgelößten, theils in die Auflösung übergehenden Feldspath, der, wo er noch unverwittert ist, theils Cubos, theils Parallelepipeda von ¼, 1 auch bis 3 Zoll grofs bildet.

Vor dieser Anhöhe fand man einen Sandstein, von sehr feinem Gewebe, mit weifsthonigten Bindungsmitteln, und sehr kleinen Quarzkörnern. Die daselbst gesammelte Granitarten sind folgende:

a.) Granit, mit schwarzen, kleinschuppichten Glimmer, weifsen Quarz, und weifsen kleinblätterich, auch groben cubisch, und in vierseitigen Säulen cryftallisirten Feldspath.

b.) Granit, mit größtentheils verwitterten Feldspath, kleinkörnigen weifsen, theils körnig, theils cryftallisirten Quarz, und grobblätterich sparsam eingestreuten weifsen Glimmer.

c.) Granit, mit verwitterten weifsen Feldspath, ganz kleinen Quarzkörnern, und sparsam eingestreuten, kleinschuppichen weifsen Glimmer.

d.) Granit, mit rothen Feldspath, weifser Thonerde, kleinen Quarzkörnern, und weifsen kleinschuppichten Glimmer.

Theils Orten vermißt man in diesem Granit den Glimmer ganz, dagegen zeigt sich darinn weiter gegen Engelhaus
ein

ein fäulenförmig cryftallifirter Schörl, mit filberweißen Glimmer. Vorzüglich zeichnet fich bey Engelhaus eine hohe, von
Süden in Norden fich erftreckende Kuppe aus, worauf das
alte Schloß fteht. Diefe befteht aus einem wahren Porphyrit, oder Porphyrfchiefer, (*) deffen Beftandtheile find, ein
dunkel olivengrüner (gefchliffen wird er faft fchwarz) dichter und fefter Horn, weißer Feldfpath, graue Quarzkörner,
auch ein cryftallifirter Schörl, eine Gefteinart die jener, aus
welcher die eine von den Biliner Kuppen befteht, fehr nahe
kommt. Etwa eine Viertelftunde weiter rechts an der Strafse,
erhebt fich ein anderer kegelförmiger Hügel, der aus Bafalt,
oder der fogenannten Putzenwacke befteht, und mit oft er-
wähnter fchwarzen Thonerde bedeckt ift. Das übrige Gebirge, an- und um die Engelhaufer Porphyrfchiefer-Kuppe, befteht ganz aus Granit, fo daß die Kuppe fo zu fagen im Granite fitzt.

§. VII.

Ob nun diefe Kuppe, ein erlofchner Vulkan fey, ge-
traue ich mir nicht zu entfcheiden. Ihre äußerliche Geftalt
macht es zwar fehr wahrfcheinlich, da folche über den
Horizont des um fie gelegenen Granits, von allen Seiten
frey, bey die 15. und wohl mehrere Lachter hoch, faft
fenkrecht fich erhebt. Allein, in der ganzen Gegend, bey
zwey Meilen Wegs herum, findet man nicht eine Spur von
einem Lava ähnlichen, oder fonft einem andern Vulkanifchen
Producte. Wollte man auch annehmen, dafs es einer der älteften Vulkane fey, und feine Ausbrüche, durch nachgefolgte
Ueberfchwemmungen mit andern Gefteinsfchichten bedeckt,
tief begraben wären, fo fteht auch dem wieder im Wege,
dafs

(*) Dies nach **Werners** Sprachgebrauche, nach **Voigt** wahrer **Hornfchiefer**.

Y y

daſs von der Gifshübler Anhöhe, bis an die Töpel und Eger, auf Anhöhen, ſo wie in tiefſten Thälern (die obenerwähnte Haſalthügel, und einige Sandſteingeſchlebe ausgenommen) nichts als Granit zu ſehen ſey, und hier alſo auch die Spuren einer Ueberſchwemmung ermangeln. Ich will der Natur die Kraft auch in ſpätern Zeiten Granit zu erzeugen, nicht abſprechen, denn eine Bemerkung, die ich im Thale, in welchen die Schlackewalder Waſſer nach Ellbogen flieſsen, gemacht habe, ſcheint ſie unwiderleglich zu beweiſen. „Kurz vor „der Vitriolöhlhütte, wenn man von Ellbogen nach Schlacke- „wald geht, ſteht links am Wege eine ſchmutzig gelbe Gebirgs- „wand, von grobkörnigen Granit, mit ſchwarzen Glimmer, „und weiſsen, in vierſeitigen Säulen cryſtalliſirten Feldſpath, „von 1-2 Zoll und mehrerer Länge, ¼ auch 1 Zoll breit. In „dieſen fand ich ein wahres, von allen Seiten abgerundetes „Geſchiebe, von einem ſehr feinkörnigen Granit, mit weiſsen „Quarz, dergleichen fein eingeſprengten Feldſpath, und „ſchwärzlichen, doch wendfärbig cryſtalliſirten Glimmer; auch „im Bach liegen dergleichen Granitſtücke die ſolche Geſchie- „be einſchlieſsen.„ Allein wenn dieſer, die Kuppe umgebende Granit, ein jüngerer, und auf den ältern aufgeſetzt wäre, ſo ſollte man doch in den, gegen die Töpel und Eger ſehr tiefen Abhängen, wo nicht Spuren vulkaniſcher Ausbrüche, doch Merkmale einer Ueberſchwemmung, woraus das Alter des jüngern Granits zu erweiſen wäre, wahrnehmen können, aber auch dieſe habe ich auf den, gegen den Karlsbaderberg abführenden Wege, ſo wie oberhalb Karlsbad, an der Töpel und Eger nicht bemerkt. Ob unterhalb Karlsbad einige Merkmale davon zu finden ſind, darüber kann ich nichts beſtimmtes ſagen, weil ich dieſes Gebirgs-

gehän-

gehänge weiter nicht als bis Drobitz zu unterfuchen. Gelegenheit hatte.

Oberhalb Ellbogen, bey Altfattel, find zwar die, im Geftein eingefchloffenen Bäume mit Aeften und Tannzapfen, untrügliche Beweife einer gewaltfamen Ueberfchwemmung, allein diefe finden fich nur in den niedern Gegenden, und es ift mir wahrfcheinlich, dafs diefe Ueberfchwemmung weit fpäter, und zu einer Zeit erfolgt feyn mag, da diefes hohe Granitgebirge fchon vorlängft da gewefen ift. Ein kleines Stück gelblicht rothen, fehr poröfen leichten Gefteines, mit weifsen ganz undurchfichtigen Punkten, hätte mich bald verführt es für Bimmsftein anzufehn. Allein bey genauerer Unterfuchung fand fichs: dafs es nichts denn ein Stück von einem wohl ausgebrannten, der Witterung viele Jahre ausgefetzten Ziegel fey. Und die in dem alten Schlofsgemäuer, noch heutigen Tages fich vorfindende Ziegel, die dem vermeintlichen Bimmsftein, fowohl in Rückficht der Beftandtheile, als des Gewebes und der Leichtigkeit ganz gleich find, überzeugten mich vollftändig, dafs das Refultat meiner Unterfuchung richtig fey. Bey Karlsbad, in den tiefern Gegenden, ift der Granit von einem fehr feinen Gewebe, und fo dicht, dafs er fo zu fagen ein Mittelding zwifchen Granit und Porphyrit zu feyn fcheint.

Manche Granite kommen mit den Porphyriten fo nahe überein, dafs man Mühe hat zu beftimmen, ob fie zu diefer oder jener Gefteinart gehören, und dann dürfte es vielleicht nicht fo ungereimt feyn zu denken, dafs diefe Kuppe nur eine hervorragende Spitze des gleich erwähnten, in tiefern Gegenden befindlichen feinkörnigen, doch veränderten Granits fey, deffen tiefere Rücken mit, von umliegenden Granitber-

nitber-

nitbergen abgeschwemmten grobkörnigen, und noch heut zu
Tage ziemlich lockern Granit bedeckt worden wären. Die
Antreibung eines Stollens an diese Kuppe, würde uns freylich wohl die beste Auflösung eines, in der Naturgeschichte
so wichtigen Problems liefern; allein bey den, zu dieser Unternehmung ermangelnden bergmännischen Gründen, und in
den Finanzkammern eingeführten, allzu cameralischen, nur
auf den reinen Ertrag abzweckenden Calculationen, wird wohl
dessen Ausführung nur ein frommer Wunsch verbleiben. Ich
erkenne zu sehr die vielen Schwierigkeiten, die sich einem
physicalischen Mineralogen bey Beobachtung der geheimen
Naturoperationen darstellen, und will dahero diese Gedanken blos denjenigen Mineralogen zur Beurtheilung vorgelegt haben, die durch unternommene weite Reisen in mehreren Ländern, die Natur zu beobachten Gelegenheit hatten,
und sich dadurch ausgebreitete Kenntnisse in der Gebirgsleh-
re erworben haben, deren Zurechtweisung und nähere Be-
lehrung, mir immer willkommen seyn wird, und mit wärm-
sten Dank angenommen werden soll.

§. VIII.

Das übrige Gebirge bis an Karlsbad, besteht aus Granit, doch findet man auf der Oberfläche in jener Gegend,
wo man ins Thal vor dem Bergwirthshaus fährt, beträchtliche Geschiebe von weissgrau, und gelblicht dichten, dem
Hornstein sehr nahe kommenden Sandstein. Der Granit an
dem Bergwirthshaus gegen Karlsbad, unterscheidet sich darinn, dass er auf der Anhöhe mehr verwittert, und von sehr
lockern Gewebe ist, in der Tiefe aber feinkörnigter wird.
Bey und um Karlsbad, besteht das ganze Gebirge aus Granit, welches gegen Mittag über Petschau, bis an die Stadt
Töpel,

Töpel, gegen Abend bis auf Roggendorf und Königswarth, und gegen Mitternacht bis an das Joachimsthaler Gebirg, bey und oberhalb Lichtenstadt sich erstreckt. Obschon hie und da in den Vertiefungen, der Granit mit andern Gesteinarten bedeckt ist, dessen Rücken an andern Orten wieder hervorragen.

IV. Abtheilung.
Von Karlsbad bis Joachimsthal.
§. IX.

, Von Karlsbad geht der Weg bis Drobitz im Thal, und man hat rechts das Karlsbader Granitgebirge, links die Eger. An dem Abhange dieser Gebirge, sieht man Geschiebe von dem nemlichen Sandsteine wie jener, von dem schon oben zwischen Engelhaus und Bergwirthshaus Erwähnung geschehen ist. Er ist von einem sehr feinen fast hornsteinartigen Gewebe, mit kieselartigen Bindungsmitteln, und sehr feinen glänzenden Quarzkörnern. Sollte es nicht eine blosse Abänderung des feinkörnigten Granits seyn, dessen kieselartige Theile, nachdem der in Thon aufgelöste Feldspath, und ohnehin sparsam eingestreute Glimmer abgeschwemmt worden, sich mit den Quarzkörnern näher verbinden, und solche Massen bilden könnte? Von Drobitz geht der Weg über die Eger nach Wertitz, wo der Granit wieder die, an dem westlichen Ufer der Eger liegenden Gebirge bildet, und bis Dalwitz fortsetzt, bey Hohendorf aber, unter einem Sandstein, von durchsichtigen Quarzkörnern, mit kieselartigen Bindungsmitteln verborgen ist. Hinter Hohendorf, gegen Lessa, auch hinter den letztern Ort, findet man eine Menge von einer Art Lava auf den Feldern zerstreut. Die

Felder

Felder find ziemlich eben, links ift ein fanftes Thal, das man kurz vorher bey Dalwitz paffirt, rechts aber find ganz fanft auffteigende Hügel, fo daß man hier nicht wohl einen ausgebrannten Vulkan vermuthen kann, und daher auf den Gedanken verleitet wird, daß diefe Art Lava, von einem ausgebrannten Steinkohlenflötze ihren Urfprung habe. Sie befteht aus einem hartgebrannten Thon, mit glafigen Bruch, ift von verfchiedenen Farben. Herr *Pelithner v. Lichtenfels,* ehemaliger Bergrath und Profeffor der Bergwiffenfchaften in Böhmen, nunmehrig würklicher Hofrath, bey den Münz- und Bergwefens-Departement, nannte diefen Thon in feinen mineralogifchen Tabellen, Porcellanites, fonft wird er insgemein Tögeljafpis, auch Porcellainjafpis genannt.

　　Die da gefammelte Stücke find folgende:

a) Brauner, lavaartig gebrannter Thon, mit verfchiedenen eingefchloffenen Bruchftücken.

b) Schwarzbrauner dito.

c). Schlackenartig gebrannter poröfer Thon.

d) Schwarzer, fchlackenartig gebrannter, weniger poröfer Thon.

e) Hlafsgelber Porcellainjafpis.

f) Blauer, mit gelbgebrannten Thon eingehüllter Porcellainjafpis, mit mattem Bruch.

g) Gelber Porcellainjafpis, mit körnigtglänzendem Bruch.

h) Grünlichgelber Porcellainjafpis, mit mufchlich dichten glänzenden Bruch.

i) Grünlichgelber Porcellainjafpis, mit fchwarzgrauen Adern wellenförmig durchwebt.

k) Blaulichter Porcellainjafpis, mit mattem Bruch.

l) Blaulichter Porcellainjafpis, mit glänzendem Bruch.

　　　　　　　　　　　　　m.) Blau-

m) Blaulichter, mit rothen durchwebter Jafpis mit mattem Bruch.

n) Schwarzblaulichter Porcellainjafpis, mit wenig glänzendem Bruch.

o) Schwarzer Porcellainjafpis, mit glänzendem kleinmufchlichten Bruch.

p) Schwarzer Porcellainjafpis, mit mattem Bruch.

„Bey Kaaden, befonders aber bey Bilin, wo mehrere „Steinkohlenflötze ausgebrannt, und itzt noch wirklich ei„nes im Brande ift, finden fich faft alle diefe Gattungen in „weifsgrauen, und rothen zähen Thon eingehüllt.„

§. X.

Ueber Lefla bey Grofsengrün und Schlackenwerthe, findet man nichts denn Bafalt, theils noch mit granatförmigen Ecken und Flächen, gröfstentheils aber, nach Art der Bafalte, in runden Gefchieben, fo verwittert, dafs er nach verwitterten Feldfpath, und ausgefallenen Schörl, dann Granatkörnern, ein völlig poröfes, und beynahe fchlackenartiges Anfehn hat.

Seine Beftandtheile find eifenhaltiger Thon, mit fchwarzen Schörln, und gelblich und grünlichen Granatkörnern, welche letztere aber in ganzen Stücken fehr felten, defto leichter aber zu entdecken find, wenn man ein Stück von diefem Bafalt ftöfst und fchlemmt. Diefer Bafalt verwittert mit der Zeit zu einem grauen Sande, der dem Vulkanifchen Sande fo fehr gleich kömmt, dafs man ihn von diefem nicht leicht zu unterfcheiden vermag.

Das ganze Erdreich von Grofsengrün bis Schlackenwerthe, fammt den Hügeln, befteht aus diefem Sande, der wegen des eifenhaltig thonigen Beftandtheils, bey einer
feuchten

360   *Ueber die Gebirge von Prag nach Joachimsthal.*

feuchten oder naſſen Witterung, ſeine zähe thonigte Art
äuſſert, ordentlich aufzuquellen ſcheint, und den Reiſenden
viel Unbequemlichkeit macht.

In dieſem Sande, oder vielmehr ſandigen Thone, findet
man viele Stücke von dem obbeſagten Baſalt, oder Wacke, deren Oberfläche bey der Verwitterung in rundlichen
Schalen ſich ablöſst, die bald hernach in dergleichen Sand
zerfallen, den Reſt der Wackenſtücke aber ganz, oder halb-
rund hinterlaſſen. Die Verwitterung der Stücke geht ſolchergeſtalt immer fort, bis ganze Stücke in einen ſolchen Sand,
oder vielmehr ſandartigen Thon aufgelöſst werden. Aus dieſen wird die Entſtehung dieſes thonigen Sandes ganz begreif-
lich, und jeder der eine längere Zeit in dieſer Gegend ſich
aufhält, kann ſich augenſcheinlich davon überzeugen. Nun
entſteht aber eine andre Frage: nemlich ob dieſe Baſalte von
einem Vulkan als Ausbrüche hergeſchleudert? oder aber von
den umliegenden vielen Baſalthügeln herabgerollt ſeyn? Und
auch da ſcheint uns der Umſtand, daſs dieſe Baſalt - oder
Wackengeſchiebe, nur in den tiefem Gegenden zwiſchen den
Baſalthügeln zu finden ſind, ein zureichender Beweggrund
zur Behauptung der letztern Meynung zu ſeyn.

§. XI.

Hinter Schlackenwerthe in der Ebene bis Oberbrand, ſo
wie in dem bey Oberbrand ſchon angehenden Thale, kommen ſchon Geſchiebe von Joachimsthaler Gebirgsarten vor,
die in Thonſchiefer, Geſtellſteine, Baſalt, Hornſtein, und
Porphyrit beſtehn.

Und nun bleibt mir nur noch übrig etwas von dem
Joachimsthaler Gebirge, deſſen Eintheilung, und beſondern
Gebirgsſtrichen zu erwähnen.

Die Fortſetzung folgt.

III.

Auszug aus dem Tagebuche über eine Reise von
Hannover, bis in die Gegenden des Oberrheins,
und der Pfälzischen Queckfilberbergwerke.

1 7 8 7.

Von Herrn O. F. Lafius,

Königl. Grofsbrittann. Ingenieur - Lieutenant.

_____

Meine Reife ging von Hannover aus gegen Süden, und
da die mineralogifche Geographie auf derfelben mein Haupt-
augenmerk war, fo fuchte ich während ihrem Laufe alle die
Bruchftücke zu fammlen, die dahin gehörten. Ich fage Bruchftücke, denn nur die kann man auf einer folchen Reife fammlen, zu erften Anleitungen, oder auch wobl Belegen für diejenigen, die in der Folge einmal etwas vollftändigeres über
die Naturgefchichte der Erde fchreiben wollen.

Zuerft mufs ich von der orographifchen Lage der Stadt
Hannover etwas erwähnen. Sie liegt nach barometrifchen
Meffungen 243 parifer Fufs, über der Fläche der Oftfee,
gerade auf der Grenze der Heid- und Torfmoorgegenden,
wo diefe fich von den Kalkflötzgebirgen abfchneiden. Eine Linie, die ich von Hannover ab gegen Often ziehen könnte, ift mir auf 10 Meilen lang, als die Scheidungslinie der

Z z   gegen

gegen Süden liegenden kalkartigen Flötzgebirge, und der
gegen Norden liegenden fandigten und moorigten Gegenden
bekannt. Eine gegen Weften gezogene Linie diefer Art,
kenne ich auf 6 Meilen als eine folche Scheidungslinie. Gegen Norden diefer Linie, beftehet alles bis zur Nordfee
aus Sandhügeln, die nur felten auch Thon und Leimen mit
führen. Die Thäler, die oft auf viele Meilen hin grofse Ebnen bilden, haben gemeiniglich Torfmoore, deren fich von
Hannover ab, im ganzen nördlichen Theile des Churfürftenthums bis zur Elbe, in grofser Menge finden. Hin und wieder befinden fich in diefen Gegenden grofse, ungeheure
Granitblöche, die zuweilen auf die bewundernswürdigfte Art,
wie von Menfchenhänden auf einander gelegt find. Kalkflötze find eine grofse Seltenheit in diefen Gegenden, und
es ift mir nur Lüneburg als der einzige Ort bekannt, wo
dergleichen (gröfstentheils Gyps) zu finden find.

Von Hannover fudwärts der angegebenen Linie, erftrecken fich die Kalkflötze defto häufiger auf eine beträchtliche Weite, fie führen eine ungeheure Menge verfteinter
Conchylien, die, näher nach dem hohen Gebirge zu, faft
aus lauter Entrochiten beftehen. Die Enkriniten oder Lillienfteine, werden in diefer Gegend ebenfalls, wiewohl felten
gefunden. Einzelne Granitblöche finden fich ebenfalls, aber
auch felten, in den Kalkflötzgebirgen. Auffer den Harzgebirgen findet fich um Hannover, wenigftens auf 30 Meilen in die
Runde, kein Granitgebirge, und mit dem dort befindlichen
Granite, haben bemeldete Gefchiebe, in Anfehung ihrer Mifchung, Korn und Farbe, nicht die geringfte Aehnlichkeit.

Vier Meilen fudwärts von Hannover, fängt fich die
eigentliche gebirgigte Gegend erft an. Bis hieher gehöret
alles

alles noch unter die Claſſe der ebenen Gegenden, oder des
ſtächen Landes, wo eine fette und fruchtbare Dammerde,
die Kalkflötze oft ſehr hoch bedeckt. Moore finden ſich
hier gar nicht, und der Torf iſt von Hannover ab gegen
Süden zu (die Brockengegenden ausgenommen) eine gänzlich unbekannte Sache. Ich habe ihn auf der ganzen Reiſe
nirgends gefunden.

Die gebirgigte Gegend, ſchneidet ſich gegen das flache
Land ziemlich ſcharf ab, und zwar in der Richtung der 8
und 9ten Stunde des bergmänniſchen Compaſſes. Ich bin ſehr
geneigt anzunehmen, daſs die hier vorkommenden Sandſtein-
gebirge weit älter ſind als die, auf den Fuſs derſelben auf-
geſetzten kalk- und mergelartigen Gebirge, denn an dem ausgehenden der Kalkflötze, findet man in dieſen Gebirgen an einigen Orten ſehr bauwürdige Steinkohlen, die auf dem Sand-
ſteingebirge unmittelbar aufliegen, auch wohl mehrere Flötze davon übereinander.

Als eine Merkwürdigkeit muſs ich hier anführen, daſs
man in dieſer Kalkflötzgebirgkette ein, beynahe ſaiger nieder-
ſetzendes Trumm Bleyglanz, von 2 bis 3 Zoll Mächtigkeit
entdeckt hat. Es wird zum Verſuch bearbeitet, und der Erfolg
muſs zeigen, ob es bauwürdig ſeyn wird. Für die Mineralogie wäre zu wünſchen, daſs es wenigſtens vors erſte mögte
bearbeitet werden. Neugierig bin ich, wie ſich das Erztrumm
verhalten wird, wenn es die Sandſteinſchichten erreicht, die
nach höchſter Wahrſcheinlichkeit die Baſis dieſer Kalkflötze
ſind. Vielleicht wird es ſich auf der Sandſteinſchicht abſchnei-
den. Daſs der Sandſtein die Baſis der Kalkflötze ſey, zeigt
ſich an vielen Orten, befonders in den Gegenden des Harzgebirgs. Das einfache Thon- oder Ganggebirge des Harzes,

Z z 2   wird

wird in einiger Entfernung ringsum von Sandsteinbergen und
Sandsteinlagern umgeben, die mit den oben erwähneten Ge-
birgketten im Zusammenhange stehen, und dahin abfallen.
Hier zeigen sich unter dem Sandsteine wieder andere
Gebirgarten zu Tage ausfetzend, als zunächst unter dem
Sandsteine, Kalk; dann Gyps; hierauf wieder ein mergelarti-
ger Kalkstein, und nach verschiedenen Abänderungen desselben
das Kupferschieferflötz, das bald mehr bald weniger bauwürdig ist. Unter diesem das todte Liegende auf dem Fuße des
harzischen Thon- oder Ganggebirgs, welches sich als der Kern,
aus der Schale der, den Harz rings umgebenden Flötzgebirge erhebt. Das Ausgehende der letzten Flötzschicht, so auf
dem harzischen Grundgebirge aufliegt, ist nach barometri-
schen Messungen 705 parifer Fuß über der Fläche der Ostsee.
Ein mehreres wird man in meinen Beobachtungen über
die Gebirgarten des Harzes finden, die ich mit der petrographischen Charte der Harzgebirge zugleich ausgeben werde.
Vorerst hier, gebe ich in der Tab. VI. die, von der Ostsee
A. bis zum Brocken aufgetragenen verschiedenen Höhen diefer Gebirge, die auch meiner petrographischen Charte beygefügt sind.
Sechs Meilen von Hannover südwärts, findet sich beym
Dorfe Dölligsen ein Eisensteinsflötz unter den Kalkschichten,
auf dem Sandsteingebirge des Kilbs aufliegend.
Nahe bey dem Dorfe findet sich eine Lage blauen Let-
tens, worinn Eisensteinsnieren liegen, von Fausts Größe bis
zu Kopfs Dicke, und zuweilen noch größer; in ihrem Inwen-
digen haben sie reines erhärtetes Erdpech. Zwischen diesen
Nieren liegen in dem blauen Letten, kalkartig versteinerte Seemufcheln in Menge, größtentheils von dem Geschlechte der
Pectiniten und Terebratuln.

Die

Die Reife gehet hier immer über die kalk - und mergelartigen Flötzgebirge, und nur rechts und links fieht man die
hohen Sandfteingebirge hervorragen. Die Hube, fonft ein
ziemlich höher Berg, der 600 Fuß über den Horizont von
Eimbeck liegt, ift kalk - und mergelartig. —
Jenfeits Eimbeck wird man an beyden Seiten von dem
Sandfteingebirge wieder begleitet; in der Ferne zeiget fich
gegen Abend der Sollingerwald, faft gänzlich Sandftein, worinn ein tafelartiger bricht, mit dem man in diefen Gegenden
die Gebäude decket, er ift braunroth von Farbe, und glimm-
rig auf den Ablöfungen der Flötzfchichten. Ebenfalls auch
die braunrothe Farbe, hat der Sandftein in der Gebirgskette
gegen Morgen, bey der man näher vorbeykömmt. Der ro-
the Stein, ein Sandfteinbruch, zeiget fehr deutlich die auf ihn
aufgefetzten Kalkfchichten.
Mitten zwifchen diefen Sandfteingebirgen finden fich 2
fehr einträgliche Salzwerke, zu Salzderhelden und Sülbeck,
die nach aller Wahrfcheinlichkeit eine Gemeinfchaft im Innern
der Erde miteinander haben. —
Noch ehe man Northeim erreicht, verliehrt fich der
Sandftein völlig unter dem Kalk, der hier mit mancherley
Petrefakten angefüllet ift. Eine halbe Stunde dieffeits Göttingen, bey Weende, findet fich unter der Dammerde viel Ofteo-
colla und kalkartiger Sand, beydes viele calcinirte Littoral-
mufcheln bey fich führend, und nahe bey, eine ftarke Quelle, fo alles hineingelegte kalkartig incruftirt. Noch im Dorfe nimmt der fefte Kalkftein wieder feinen Anfang, der vorzüglich am Heinberge bey Göttingen fchöne Ammonshörner
führet, auch Enkriniten.

Göttin-

Göttingen liegt fchon wie Tab. VI. zeigt, 527 parifer
Fufs über der Meeresfläche, alfo ift man hier fchon 284 Fufs
höher als zu Hannover, und fo fteiget die Gegend nach Sü-
den zu, immer ftärker an. — Durch das kalkartige Flötzgebirge find in der Gegend
von Dransfeld Vulkane ausgebrochen, und hier fand ich die
erften Bafaltberge auf diefer Reife. Ich befahe den Drans-
berg, fand an feinem Fufse Gefchiebe von fehr eifenhaltigen
Sandftein. Der Bafalt ift hier fehr unregelmäfsig zerriffen,
ich fand hier gar keine regelmäfsigen Bafaltfäulen. Einzelne
Stücke find, wenn man entweder ein gut Theil Einbildungskraft zu Hülfe nimmt, oder gerad Hafaltfäulen finden will,
etwas fäulenähnlich. Aber dergleichen Stücke zu finden, wird
auch in jedem einfachen Thongebirge nicht fchwer halten,
und daher gerathe ich fehr in Verfuchung, mir manche Nachricht von Porphyrfäulen, und anderer, nach Art der Bafalte
gebildeten Gebirgarten zu erklären. Indeffen glaube ich doch
im Ganzen des, auf dem Dransberge angelegten Steinbruches,
eine gewiffe Neigung zur regelmäfsigen Bildung des Hafalts
bemerkt zu haben, aber wie gefagt — ein gut Theil Einbildungskraft mufs man mit zu Hülfe nehmen — Der Bafalt
ift fehr feft, und hat nur kleine Parthien, von der fogenannten grünen Fritte, oder dem Hamiltonifchen Chryfolith in
fich. Spuren von andern Lavenarten finden fich hier gar
nicht, aber diefe find fämmt dem Gebirge welches diefer
Vulkan durchbrochen, nach des Ritters Hamilton Theorie,
durch Revolutionen und Wafferfluthen, von deren ehemaligen Dafeyn das Flötzgebirge zeugt, vielleicht weggeführt,
und wahrfcheinlich mögen alfo auch hier die zutretenden Gewäffer, das ruhige Erkalten der Bafaltmaffe, und die Bildung
derfelben

derfelben zu regelmäfsigen Säulen geftöhret haben. Ich glaube diefes bey allen den erlofchenen Vulkanen bemerkt zu haben, welche in *Flötzgebirgigen* Gegenden liegen; denn fchöne Säulen find im Flötzgebirge an den Bafalten, fo weit mir deren bekannt worden find, entweder gar nicht, oder doch nur äufferft felten anzutreffen. —

Das Kalkgebirge dauret von Dransfeld ab fort, bis in die Gegend von Vollmershaufen, wo fich das Sandfteingebirge wieder anfängt.

Man findet bald braunrothen, bald weifsen Sandftein, der aber, wenn er lange an der Luft gelegen, porös und löcherig wird. Diefes rührt von einzelnen; zu fehr mit Thon gemifchten Flecken her, die man auf dem frifchen Bruche kaum bemerken kann. Die Sandfteingebirge umgeben München von allen Seiten. Längs der Fulda fteiget das Sandfteingebirge fehr ftark an, und erftrecket fich bis nahe vor Caffel. Oben auf der Höhe diefes Sandfteingebirges, am fogenannten Hünerfelde, finden fich Lagen von bituminöfen Holze unter der Dammerde, auch ftehet dafelbft Bafalt, unter den nemlichen Umftänden wie am Dransberge.

Noch felbft in Caffel, erheben fich jenfeits der Fulda die kalkartigen Flötzgebirge wieder, und ziehen fich ganz an den Fufs des Habichtswaldes hinan, der eine zufammenhängende Kette von erlofchenen Vulkanen ift. Der fogenannte Carlsberg, mit zu diefem Habichtswalde gehörig, liefert eine grofse Verfchiedenheit an mancherley Bafalt und Lavenarten. Man kann folche hier vorkommende Arten ziemlich vollftändig an den Felfenftücken überfehen, wovon die Cascaden und das Octogon erbauet find. Sehr verfchiedene fremdartige Einmifchungen findet man in diefen Laven, als: Sandftein;

ftein; Gneifs; und Granitbrocken; — auch die grüne Fritte, oder den fogenannten Hamiltonifchen Chryfolit findet man in Menge, auch wohl in Stücken von Kopfs Größe.

. Viele Verfteinerungen finden fich am Fufse diefes Carlsberges; mehr aber noch calcinirte Mufcheln, die man zwifchen den vulkanifchen Afchen, und verwitterten Laven häufig antrifft. Rafpe hat in feiner Befchreibung des Habichtswaldes, durch Vergleichung mit benachbarten, und in ziemlicher Entfernung gelegenen Bergen, das Niveau geglaubt beftimmen zu können, in welchem die, die Flötzgebirge bedeckenden Waffer geftanden haben müffen. Allein ich habe noch in einer weit gröfsern Höhe, vom Waffer aufgefchwemmete Flötzgebirge angetroffen, als von ihm angenommen ift. Ich war nemlich neugierig auf die gröfste Höhe zwifchen Jesberg und Holzdorf (den beyden Poftftationen) oder genauer, zwifchen Gilferberg und Lifcht, wo die, dem Rhein und der Wefer zufallenden Gewäffer fich fcheiden, und fand zu meiner gröfsten Verwunderung noch wahres Kalkflötz. Diefe Gegend ilt weit höher, als die höchften Vulkanifchen Kuppen des Habichtswaldes find. Ein Beweis alfo, dafs die Waffer hier weit höher geftanden haben als Rafpe annimmt. Aber eben diefes beftärket mich auch in der Meynung, dafs es allein das Waffer fey, welches bey den Vulkanen des Habichtswaldes fo wohl, als auch bey denen an felbigen ifolirt herumliegenden Bafaltbergen, eine fo grofse Revolution verurfacht hat.

Allenthalben findet man am Habichtswalde, befonders im Druffelthale, Spuren einer Revolution, die nur mächtige Wellen, in denen durch vulkanifche Explofionen aufgehäuften Hergen können angerichtet haben. Woher fonft die

grofse

große Zerrüttung in dem Gebirge? Woher fonft die oftmalige fanfte Abrundung der Gebirgskuppen? auf welchen fich die Lavafchichten oftmals nach ihrer fpecififchen Schwere geleget zu haben fcheinen. Ich habe felbft Handfteine gefunden, die ein folches Auffchwemmen gar deutlich beweifen. Die leichte, poröfe, lockere Lava, wie auch einige vulkanifche Afchen, finden fich größtentheils auf den höchften Punkten; wie denn oben am Octogon nichts anders als leichte, lockere, und poröfe Lava gefunden wird; und nur inwendig der felte Bafalt, den man mit einem zur Cascade führenden Stolln durchbrochen hat.

Es fragt fich ferner, wie man die Steinkohlenflötze oben auf den Vulkanen anders fich wird möglich denken können, als durch Waffer, welches die hier vorhandenen Moore und ihre Vegetabilien überfchlemmt, und mit Trafs bedecket hat? Die Steinkohlen haben fehr oft ein holzartiges Anfehen, fie find mit ihrer Decke von Trafs, bald mehr, bald weniger bedeckt, und finden fich beynahe unter den nemlichen Umftänden, wie die andern Steinkohlenflötze am ausgehenden der Flötzgebirge. Wie könnte es auch feyn, daß man dort, wenigftens mit Zuverläffigkeit, gar keine Spur eines Craters findet, und was anderes als Waffer, follte auch dergleichen Vertiefungen fo ziemlich wieder geebenet und ausgefüllet haben?

Höchft wahrfcheinlich hat das Waffer die, in der Nachbarfchaft des Habichtswaldes, in den Ebnen hin und wieder zerftreuet liegenden ifolirten Bafaltberge, als den Scharfenftein, den Maderftein, die Gudensburg, die Felsburg, die Altenburg, und andere, von allen den leichten und poröfen Lavaarten, wie auch von den auf ihnen liegenden Gebirgen

A a 2   entblößt,

entblöfst, fo dafs jetzo kaum eine Spur davon anzutreffen ift, und nur der blofse fefte Hafalt ift ftehen geblieben; den ich alfo nach Hamilton, den Kern des Vulkans nennen würde. — Säulenförmigen Bafalt habe ich am Habichtswalde nicht anders gefunden, als wenn ich einen ziemlichen Theil Einbildungskraft zu Hülfe nahm, dann konnte ich allenfalls, und befonders an letztbenannten ifolirten Hafaltbergen etwas fäulenförmiges bemerken. Etwas mehr näherte fich diefer Bafalt dem fäulenförmigen, als der am Dransberge; aber doch verfchwindet der Begriff diefer Form ziemlich, fo bald man Felfen von wirklich fchönen, und regelmäfsigen Hafalt-fäulen gefehen hat.

Als ich auf der höchften Höhe, zwifchen Gilferberg und Lifcht, welche die Scheidung zwifchen denen dem Rhein und der Wefer zufliefsenden Gewäffern macht, noch kein Grundgebirge antraf, verfchwand, als es wieder bergunter ging, meine Hoffnung ganz, vors erfte etwas anders, als Flötzgebirge auf diefer Reife zu fehen.

Hafalte fand ich verfchiedentlich, unter denen auch einige (wenigftens für Deutfchland) merkwürdige Arten vorkamen. Es war ein fefter Hafalt wie der gewöhnliche, aber voll einzelner kleiner hohler Blafenlöcher, die inwendig mit kleinen Quarzkriftallen bekleidet waren. In einigen fand fich etwas achatartiges, in andern fehr kleine Spuren von Zeolith, auch wohl Kalkfpath. Am auffallendften waren mir in diefem Hafalte, die kleinen Brocken des fogenannten fchwarzen Isländifchen Achates, oder eigentlicher, des fchwarzen Lavaglafes. Noch ehe ich Holzdorf, die Poftftation erreichete, fand ich unter denen zum Chauffeebau angefahrenen Steinen verfchiedene in die Claffe der Grundgebirge gehörende

hörende Felsarten, die aus vier Stunden davon gelegenen Bergen hierher angefahren waren.

Ich fand hier zu meiner grössten Verwunderung die sogenannte harzische Grauwacke in verschiedenen Abänderungen, und zwar namentlich unter denen, die ich in meinen Cabinetten von harzischen Gebirgarten, mit Nro 13. und 14. bezeichnet habe. Auch fand ich hier noch eine weisse Gebirgart, die man gewöhnlich weisse Wacke nennt, und die Raspe irrig für halb vom Feuer der Vulkane verglaste Sandsteine hält. Ich werde weiter unten, wenn vom Taunus die Rede ist, mehr davon sagen. Nun stieg meine Hoffnung nach Grundgebirgen von neuem, ich hoffte bald dergleichen auf meinem Wege anzutreffen, und ehe ich noch Marburg erreichete, traf ich auch wirklich einfaches auf dem Kopfe stehendes Thongebirge an. Unter den Pflastersteinen von Marburg sah ich die harzische Grauwacke wieder. — Von nun an ging die Reise immer weiter durch Gegenden fort, deren Felsarten zu den Grundgebirgen gehören. Ich glaubte, mich also nun in Gegenden zu befinden, die in jenen Zeiten, worinn Nord- und Ostsee sich bis Marburg erstreckten, von jenen Ueberschwemmungen so die Flötzgebirge aufgetragen haben, waren unbedeckt geblieben, und war nun auf nichts neugieriger, als ob ich auch diese Gebirge würde von Vulkanen durchbrochen finden. In der Gegend von Giessen hatte ich denn auch wirklich das Vergnügen einige erloschene Vulkane zu finden. Der Wettenberg, die Gleiburg, und die Fetzburg, liegen nicht weit von Giessen gegen Abend hin. Ersterer hat ganz augenscheinlich die Grauwacke durchbrochen, allein der Berg war zu wenig aufgeschlossen, als dass ich über die Beschaffenheit des Basalts etwas hätte

 bemer-

bemerken können; deutlicher habe ich ihn auf der Fetzburg beobachtet. An der Abendseite des Berges, siehet man den Basalt in langen Säulen deutlich am Tage stehen, und in einigen Gewölbern des alten Schlosses sahe ich sie noch deutlicher. Die Säulen sind verschiedentlich, aber doch grösstentheils gegen Abend gelehnt. Ob man nun gleich die prismatische Gestalt sehr deutlich sehen kann, so sind sie doch nichts weniger als so schön, wie ich sie an einem andern Orte beschreiben werde, sie sehen vielmehr solchen Paralellepipeden ähnlich, wie sie ganz roh in den Sandsteinbrüchen gebrochen zu werden pflegen. Indessen war es mir doch sehr lieb zu sehen, dass es mit dem Basalte in diesen Gegenden eine ganz andere Beschaffenheit habe, als mit dem, den ich in den Flötzgebirgen beobachtet hatte. An der Mittagsseite des Berges, traf ich viele Lavaschlacken als Geschiebe an, denen man es noch deutlich ansehen konnte, dass sie durch Feuer flüssig gewesen waren. Ausser einigen kleinen glasartigen Punkten, habe ich im Basalte keine Einmischungen gefunden.

Zwischen Giessen und Butsbach, hat man vor einigen Jahren ein merkwürdiges grünes Lavaglas gefunden, welches in Klipsteins Mineral. Briefwechsel vom Herrn Ingen. Capitain Müller beschrieben ist. Nahe bey Butsbach fängt sich, nach der Wetterau zu, das Gebirge merklich an zu erheben, und schliesset sich an den sogenannten Taunus Mons an. In diesem, grösstentheils aus Thonschiefer bestehenden Gebirge, ist ehemals an verschiedenen Orten Bergbau getrieben worden. — Nahe vor Friedberg liegt am Fuse desselben das wichtige Salzwerk Nauheim; und gegenüber, jenseits des Wetterflusses, der Schwalheimer Sauerbrunnen, in einer ziemlich ebenen Gegend, wo man, wegen allgemeiner Bedeckung

mit

mit Dammerde, vom Gebirge nichts fehen, fo auch nichts
fagen kann.

Von Schwalheim reifste ich über Butsbach zurück auf
Wetzlar, auf welchem Wege man am Fufse des erwähnten,
nach dem Taunus fich hinauf ziehenden Schiefergebirges her-
ausfährt. In diefem Gebirge findet fich in der Gegend um
Wetzlar viel Marmor, der überhaupt den Strich am Lahne-
flulſe hinunter fich oft zeigt, vorzüglich in der Gegend um
Braunfels. Hier befinden fich Eifenfteinsgruben in, und nabe am Marmor. Je näher nach Weilburg zu, defto enger
ziehet fich das Thal der Lahne zufammen, fö dafs diefe Stadt
ganz zwifchen Bergen eingefchloffen liegt. Hier in Weilburg
hatte ich zum erftenmale das Vergnügen, fchöne und regel-
mäfsige Bafaltfäulen zu fehen. Allenthalben fieht man hier,
als Abweifer an den Chaufſeen, an den Gaffen, als Steinpflafter in der Stadt, anftatt der Cordonfteine auf den Mauren,
und auch in folche vermauret, die regelmäfsigften Cryftalli-
fationen der Bafaltfäulen, welche das Auge auf mancherley
Art vergnügen. Ich war neugierig den Berg zu fehen, wo
fie gewonnen wurden. Er ift nicht weit von der Stadt, nahe
an einem Fürftl. Vorwerke, das Wehrholz genannt. Der
herrlichfte Anblick, den ich je genoffen habe! die fchönften
und regelmäfsigften Säulen, von 4. 5. 6. 7. und 8 Seiten,
ftanden hier an, fie find faft durchgehends von gleicher Dicke, und zwar von 8 bis 10 Zoll im Durchmeffer. Ihre Länge konnte man nicht beurtheilen, weil fie fämmtlich zwifchen tiefer ftehenden Bafaltfäulen feft fteckten. Nach Auf-
fage der Steinbrecher, find es aufferordentlich feltene Fälle,
dafs die Säulen eine natürliche Queerablöfung haben, fie gehen in eine noch unbekannte Tiefe nieder, und müffen fämmtlich

lich abgebrochen werden. Das längfte Stück von denen dort
losgebrochenen Säulen, war 7½ Fufs lang, und hatte auf heyden Enden frifchen Bruch. Die Neigung der Säulen machte
mit dem Horizonte einen Winkel von 60 bis 70 Graden gegen Nordoft. Auffer kleinen Hornblende-Cryftallen, und denen im Bafalte fo gewöhnlichen glasartigen Punkten, habe -
ich keine Einmifchungen darinn bemerken können. Die'er
Vulkan hatte alfo auch das einfache Grundgebirge durchbrochen, denn gleich unterhalb des Bafalts, fängt fich das Thonfchiefergebirge wieder an, und fällt von da über 400 Fufs
tief, fteil in die Lahne hinab. — Ich ftieg höher den Berg
hinauf, und fand allenthalben die Enden der Bafaltfäulen zu
Tage ausftehen. Von der Spitze des Berges gehet man nur
etwas weniges bergunter, fo erhebt fich ein noch höherer
Berg, welcher auf feiner höchften Spitze das Herrmannsköpfchen genennet wird, und dafelbft ebenfalls vulkanifch ift.
Die zwifchen inne liegende Gebirgart, ift wegen Bedeckung
mit Dammerde und Holzwerk nicht zu beftimmen.

Ehe ich aber die Höhe völlig erreichte, hatte ich einen
ganz unerwarteten Anblick. Dies war eine grofse Grandgru-
be, über 200 Fufs im Durchmeffer, und etwa 20 Fufs tief,
in welcher man Grand zur Bedeckung der Chauffee grub. Der
Grand beftand aus lauter ganz weifsen abgerundeten Quarzgefchieben, etwan von der Gröfse eines Taubeneyes; fie waren
wie ausgefiebt, ohne alle weitere erdigte Matrix; ihre Lage
fchien ftratificiret zu feyn, völlig flötzartig, wie vom Waffer
aufgefchwemmet. Ich werde in der Folge Gelegenheit haben,
über dergleichen Quarzgefchiebe ein mehreres zu fagen. —
Ich war nun nahe an der Höhe des Herrmannsköpfchens.
Hier ift wieder alles Lava, aber nirgends regelmäfsig geform-
ter

ter Bafalt, fondern gleich unter der Dammerde zeigen fich unregelmäfsige Blöche, theils einer vulkanifchen Breccia, theils eines zwar fehr feften, aber doch poröfen Bafalts, deffen Höhlungen mit Quarz, Kalkfpath, auch oftmals Zeolith ausgefüllet find. In den Höhlungen des Bafalts fand ich fehr einzeln, eine blafsgrüne fpeckfteinartige Erde, und an einem dort gefundenen Handfteine fcheint es mir, als ob der Zeolith in diefe Subftanz verändert und übergegangen fey. Zeolith ift in unfern deutfchen Laven etwas feltenes, fonft müfsten mehrere Beobachtungen darüber ein mehreres befagen. —

Ich kam wieder zu dem Gebirge um Weilburg zurück. Solches ift hier wegen der vielen frey ftehenden Felfenwände fehr deutlich zu beobachten.

Sehr verfchiedene Gebirgarten finden fich hiefelbft, fämmtlich fo zu fagen auf dem Kopfe ftehend.

Im Streichen und Fallen fand ich eine auffallende Aehnlichkeit mit denen in den Harzgebirgen, da das Streichen deffelben eben wie dort gemeiniglich zwifchen die 3te und 6te Stunde des bergmännifchen Compaffes fällt. Auch das Fallen des Gebirges ift völlig fo wie am Harze, dafs nemlich das Ausgehende allezeit gegen Norden geht, die Felsart alfo gegen Mittag ihr Fallen hält. Auch in den Gebirgarten felbft fand ich eine fehr grofse Aehnlichkeit mit einigen am Harze vorkommenden. Dies waren aufser den Marmor- und Thonfchieferarten, namentlich das unter Nro 64. in meinem Cabinette der harzifchen Gebirgarten befindliche Geftein, welches aus Feldfpath und Hornblende beftehet, die durch ein ferpentinartiges Cement verbunden find.

Ferner, das unter Nro 101. unter den harzifchen Gebirgarten befindliche Geftein, fo ein pfirfigblüthfarbener blättericher,

tericher, mit Thonfchiefer gemifchter eifenfchüfliger Kalkftein ift. Ferner, der unter Nro 48. befindliche rothe
Thon, mit rothen Kalkbrocken; wie fich folcher auch bey
Rengsdorf in der Oberlaufitz findet. (*) Auch der unter
Nro. 49. aufgeführte grünliche Thonfchiefer, mit kleinen,
kaum merkbaren Kalkfpathflecken. Alle diefe Gebirgarten
ziehen fich längs der Lahne bis Vilmer hinunter, wo der
Marmor anfängt die Hauptgebirgart zu werden, die freylich
oft durch Thonfchiefer unterbrochen wird.

Zwifchen Runkel und Limburg, fand ich auf ziemlichen
Anhöhen wieder folche fchon befchriebene weifse Quarzgefchiebe, die aber durch Eifen zu einer feften Breccia verbunden waren. Gar keinen Bafalt fand ich nahe an der Lahne,
aber in einiger Entfernung von felbiger, nach Norden zu,
defto häufiger. Die Strafse von Weilburg nach Limburg, ift
ganz damit gepflaftert.

Das Dorf Obertiefenbach in der Graffchaft Runkel, ift
faft gänzlich von Bafalt aufgebaut; fo wie auch das Dorf
Heckholtenfen. — Zu Limburg ftehet die Stiftskirche auf
einem, über den Ufer der Lahne fenkrecht auffhehenden Felfen von Thonfchiefergeftein, auch findet fich Marmor dafelbft. Die Gefteinlager des Felfens haben in einem Winkel
von 45 Graden das Ausgehende gegen Mitternacht, und es
fällt folches von der Seite der Lahne recht fchön in die Augen. Nabe bey Limburg ift ein Bafalthügel, der Steffenbeutel
genannt, der fich durch feine kegelförmige Geftalt fchon von
ferne als ein Bafaltberg anmeldet. An der Nordfeite, lauter
übereinander aufgethürmte ungeheure Bafaltklumpen, in denen man aber doch eine Neigung zur fäulenförmigen Bildung,
oder

(*) Laske Reifen pag. 207.

oder ein fäulenförmiges Gewebe bemerkt, fo dafs es fcheint, die Säulen wären alle ausgebildet gewefen, und im Feuer zufammengefchweifst. Ein folches Anfehen hat es auch an der Mittagsfeite, wo der Bafaltfelfen blos ftehet. Die Säulen neigen fich etwas weniges gegen Mittag. Nahe vor Dietz zeigt fich links der Chauffee, fchwarzer Marmor, auf dem auch rechts von felbiger, das Schlofs Oranienftein ftehet; und fo ziehet fich der Marmor noch weiter unterhalb Dietz an der Lahne hinunter. Ueberhaupt fcheint mir, in der ganzen Gegend zwifchen hier, und Weilburg, und Dietz, der Marmor eine mächtige Gebirgsfchicht zwifchen den thonartigen Schiefergebirgen auszumachen. —

Zu Dietz, allenthalben Thonfchiefergebirge, in welchen ich an einer Stelle (eigentlich bey alten Dietz) eine Klippe 'von Eifenfpath fand. Das Thonfchiefergebirge mufs aber hier auch von Vulkanen durchbrochen feyn, wie ich folches aus der Menge des, auf der Chauffee zerfchlagenen Bafaltes; aus den ganz von Bafalt verfertigten Steinpflafter der Stadt Dietz; aus den vielen, zu Thürfchwellen, zu Radftolsern, zu Eckfteinen, und in die alten Stadtmauren vermaureten fchönen polyädrifchen Bafaltfäulen fchliefsen mufste.

Von Dietz reifste ich erft über das fchwarze Marmorgebirge, dann über Thonfchiefergebirge nach Fachingen, fo wegen des dortigen Sauerbrunnens bekannt ift. Diefer lieget mit der Wafferfläche des Lahnfluffes beynahe in Waage, fo dafs er bey geringer Auffchwellung der Lahne, vom Strome bedeckt wird. Die Quelle, die in einer Minute nur. etwan 100 Cubikzoll Waffer giebt, fcheint aus den füdwärts liegenden Schiefergebirgen herzukommen, in welchen

B b b   einige

einige Eifenfteinsgruben, eine Viertelftunde davon, bey Birlebach liegen. Der gewöhnlichfte Eifenftein ift von der Art
eines, fehr ftark mit Eifen durchdrungenen Thonfchiefers,
und liefert ein vortrefliches und fehr gefchmeidiges Eifen. —
Demohngeachtet hat das Waffer nur einen äufserft geringen
Eifengehalt. — Nicht weit von Fachingen, liegen in der
Graffchaft Holzapfel einige fehr wichtige Bley- und Silberbergwerke, die in des Herrn Kammerrath Klipftein mineralogifchen Briefwechfel hinlänglich befchrieben find. —
    Ich kehrte wieder über Dietz nach Limburg zurück,
und richtete meine Reife auf Niederfelters.
    Noch über eine Stunde vorher, ehe ich diefes erreich-
te, fand ich bey Oberbrechten wieder einen Bafaltberg, den
fogenannten Hahnenkippel, wo alfo wieder das einfache
Thon- oder Ganggebirge von diefem Vulkane durchbrochen war. Die vornehmfte Gebirgart ift eine Art Hornfchiefer, von deffen Lage man aber nichts fagen kann, weil
das Gebirge hier gar nicht aufgefchloffen ift.
    Nur die Lage des Bafalts ift hier deutlich zu fehen.
Er ift einigermafsen fäulenförmig, von 12 bis 15 Zoll
Dicke die Säulen. Eine Menge höchft verwitterter Laven
liegt umher, füllet ganze Weitungen zwifchen den Bafaltfäulen, und machet die obere Decke derfelben unter der Dammerde aus. Unten am Berge findet fich in grofsen unförmigen Bafaltblöchen ein ftraliger Zeolith, der an einigen Orten fehr den Anfchein hat, als ob er ein abfoluter Beftandtheil des Bafalts wäre: fo fehr ift er zuweilen in den Bafalt
mit verwebt. Die in Höhlungen befindlichen Zeolithnefter haben fich aber gewifs fpäter darinn erzeugt. An einigen Stellen fand ich den Zeolith in eine weifse Thonerde verwittert,
                                                        die

die ſtark an der Zunge klebt. In dem feſten ſchwarzen ſäulenförmigen Hafalte, fand ich nicht die geringſte Spur von
Zeolith. Der unförmige, mit Zeolith vermiſchte, ſcheint
leichter in die Verwitterung überzugehen, als der dichte ſäu-
lenförmige. Er löſt ſich bey der Witterung ſchaalenweiſe
von den unförmigen Blöchen ab, und davon habe ich einige ſchöne Schaalen mit deutlichem Zeolith aufzuweiſen. —
Bis Niederfelters immer Schiefergebirge, wo ſich, wie-
wol ſelten, ſchmale Schichten, von zuweilen ſehr eiſenfchüſſigen Kalkſtein, zwiſchen dem Thonſchiefer befinden.

Um Selters allenthalben Thonſchiefergebirge, die hier
aber an verſchiedenen Orten, mit kleinen Nieren von Kalkſpath in Linſengröße angefüllt ſind, ſo wie das Geſtein,
was ich in meinen Harzcabinetten unter Nro. 51. gebe.
Wenn es lange an der Witterung gelegen har, und der Kalkſpath von der Luft ausgefreſſen worden iſt, bekömmt es mit
einer poröſen Lava eine ſehr verführeriſche Aehnlichkeit.
Das Gebirge um Selters ſtreicht faſt durchgehends zwiſchen den Stunden 3 und 6, und iſt ſehr häufig mit Quarzgängen durchſchnitten, die zuweilen ſchöne Bergcryſtalle liefern, allein Bergbau wird gar nicht darauf getrieben, weil
man zu ſehr fürchtet, der ſehr einträglichen berühmten
Sauerwaſſerquelle dadurch einigen Schaden zuzufügen. Viele
Gänge ſetzen auch nicht ſonderlich in die Tiefe, und ich habe ſelbſt nahe bey dem Eiſenhammer bey Oberſelters einen,
ein halb Lachter mächtigen Quarzgang geſehen, der in einem Steinbruche anſtehet, ſich zwiſchen dem Schiefer aus-
keilt, und gänzlich verliehrt.

Von dergleichen kleinen Quarztrümmern, rühret denn
wahrſcheinlich die ungeheure Menge von Quarzgeſchieben

her, die man in der Wetterau allenthalben findet. In der Gegend des Städtchens Lamberg, fand ich nahe an der Chauffee ganze Bänke von diefen Quarzgefchieben. Die ftratificirten Lagen diefer horizontal liegenden Schichten und Bänke, gerade· wie die zu Weilburg am Herrmannsköpfchen, zeigten mir deutlich, daß fie vom Waffer aufgefchwemmt, und alfo weit fpäter in diefe Lagen gekommen feyn mufsten, als man die Entftehung des Schiefergebirges (auf deffen Fuß fie' aufgefetzet find) rechnen kann, von welchen, oder eigentlicher, von deffen fie durchkreuzenden Quarztrümmern, fie durch das Waffer losgeriffen feyn müffen. Die Dammerde in diefen Gegenden, die den Schiefer oft in mächtigen Lagen bedeckt, ift nichts anders als Thonfchiefer, der durch Zeit und Waffer in Dammerde aufgelöfst und verwandelt ift.

Ich habe bey Oberbrechten, in einem tiefen Ravin, einige fehr deutliche und unleugbare Beweife, der Uebergänge des Schiefers in Dammerde gefehen. War aber der Schiefer in Dammerde übergegangen, fo konnte es leicht kommen, daß die Quarzgefchiebe, oder Ueberbleibfel der Gangtrümmer, die den in Dammerde verwandelten Thonfchiefer durchfetzten, an verfchiedenen Orten zufammen, und in Bänke aufgefchwemmt wurden. Diefes mufste in mir die Muthmafsung veranlaffen, daß die Ueberfchwemmungen der Nord- und Oftfee, die jene zuerft befchriebene Flötzgebirge bildeten, diefe Gegenden, wo alles ausgemachtes Grundgebirge ift, zwar nicht bedecket haben: daß aber entweder zu den Zeiten, oder auch vielleicht bey einer andern weit ältern grofsen Revolution der Erde, wovon unten ein mehreres folgt, hier grofse Wafferfluthen müffen gewefen feyn. —

Der

Der berühmte Sauerbrunnen zu Selters, ift fchon, feiner Heftandtheile nach, vom Ritter Bergmann und mehreren befchrieben, und daher weifs man, dafs die grofse Menge von fixer Luft, ein Hauptbeftandtheil des Waffers ift. Ich fchied aus 16 Cubikzollen Waffer, 19 Cubikzoll fixe Luft. Die Luft fteiget unaufhörlich in Blafen durch das Waffer im Brunnen herauf, und 16 Cubikzoll diefer Luft, hatten nur ⅜ Cubikzoll gemeine, 15⅝ waren fixe Luft. Man hat viel darüber gedacht den Ort ausfindig zu machen, woher die Quelle ihren Zuflufs haben möge, allein es läfst fich wenig beftimmtes davon fagen. Ich habe geglaubt folgendergeftalt darüber urtheilen zu müffen. Ohnftreitig kömmt die Quelle aus dem weftwärts fanft anfteigenden Thonfchieferberge, allein da das Streichen der Schieferlagen nach einigen, zwar nicht ganz nahe dabey gelegenen, blosftehenden Felfen zu urtheilen, in die 6ᵗᵉ Stunde fällt, fo kann ich mir nicht leicht vorftellen, dafs das Waffer durch das Queergeftein dem Brunnen zufliefsen werde, und doch hat es völlig das Anfehen, wie ich folches bey einer vorgenommenen Reinigung, und völligen Ausleerung des Brunnens glaube beobachtet zu haben. Ich bin daher geneigt zu glauben, dafs die Quelle aus einem benachbarten Gange, der auf den Brunnen zuftreicht, ihren Urfprung habe, und dafs das Waffer in diefem Gange, mit den bey fich führenden edlen Theilen angefchwängert werde. Es möchte dies auch wohl bey mehreren in diefen Gegenden vorhandenen Gefundbrunnen der Fall feyn.

Man hat bey Einfaffung der Quelle, folche auf 12½ parifer Fufs tief aufgegraben, und die hölzerne Einfaffung des Brunnenfchachtes aufserordentlich dicht und feft gemacht, fo dafs folcher im Stande ift, eine Wafferfäule von 12½ parifer

Fufs

Fuſs Höhe, und 34 pariſer Zoll ☐ zu halten, ohne daſs etwas davon verlohren gehet. Bewundernswürdig iſt es, wie die Ergiebigkeit der Quelle immer mehr abnimmt, jemehr der Druck der Waſſerſäule durch ſeine Höhe zunimmt. Als die Waſſerſäule

4 Fuſs hoch war, gab die Quelle in 1 Min. 2522 Cubikz. Waſſer,
bey 12½ Fuſs - - - I - 251 - -
welches alſo die Menge des jetzt ausflieſsenden Waſſers in einer Minute iſt. — Aber, möchte ich hier fragen: wo bleibt die Menge des Waſſers, was ausflieſst, wenn die Waſſerſäule nicht ſo ſtark drückt? —

Merkwürdig iſts ebenfalls, daſs nahe an der Sauerwaſſerquelle, auch eine ſüſse Quelle ſich befindet, die aber ſorgfältig abgeſondert iſt, damit ſie das edle Sauerwaſſer nicht verunreinige.

Von Selters aus beſahe ich auch das Bergwerk zu Weyher, 1¼ Stunde davon in der Grafſchaft Runkel. Es wird daſelbſt hauptſächlich Bleyglanz und Fahlerz, ſelten grüner Bleyſpath, und Bleyglanz mit gediegenem Schwefel gewonnen. Die Gebirgart iſt abwechſelnd Thonſchiefer, und mit linſenförmigen Kalkſpath eingeſprengtes thonigtes Geſtein, ſo daſs zuweilen die Gänge im Hangenden das eine, und im Liegenden das andere Geſtein haben. Es war mir angenehm zu ſehen, daſs auch dergleichen Erze im letztern Geſteine vorkommen, da ich ſonſt an anderen Orten kein anderes Mineral als Eiſen darinn gefunden habe. Das Streichen der Gebirgſchichten beobachtet gröſstentheils die 6te Stunde, und hat eben ſo wie das Harzgebirge, ſein Ausgehendes gegen Mitternacht, welches auch der Fall bey den Gängen iſt. Die Gänge, deren Gangart gröſstentheils Quarz

iſt,

iſt, ſtreichen am ſüdlichen Abhange eines ſanft anſteigenden
Berges, mit einem ſanften fruchtbaren Thale ziemlich para-
leIL Zwey Gänge, wovon der eine zwiſchen den Stunden 7
und 8, und der andere 8 und 9 ſtreicht, geben den Haupt-
bau, ihr Ertrag iſt aber nur mittelmäſsig. Man macht ſich
grofse Hoffnung auf eine vorzügliche Edelheit der Gänge an
dem Orte, wo ſie zuſammen treffen, allein, da der Winkel,
in welchen ſie ſich zuſammen ſchaaren, ſo ſehr ſpitzig iſt, ſo
treffen ſie nicht ehe zuſammen als da, wo der Berg die
gröfste Höhe erreicht hat. Hier haben die Alten die herr-
lichſten Stufferze gleich unter dem Raſen gefunden, die aber
nur in eine höchſt unbeträchtliche Teufe niedergeſetzet haben.
Aus den vielen ganz unregelmäſsig zerſtreut liegenden Pingen
urtheile ich, dafs der Gang hier ſich ganz zerſplittert habe.
Man findet auch bey Schürfen ſo man hier aufgeworfen, faſt
keine Spur einer Gangart.

Eine ähnliche Bewandnifs hat es auch mit dem Bergwerke zur Langenhecke, im Chur-Trierſchen, ſo nur eine
Stunde von Weyher liegt. Die Gruben ſind gänzlich aufläſ-
ſig geworden.

Auch hier haben ſich auf der Höhe, wo ſich Gänge
hätten ſchaaren müſſen, die ſchönſten Stufferze gleich unter
dem Raſen gefunden, ohne dafs man weiter in gröfserer Teufe auch nur eine Spur vom Gange hätte finden können. Die
Gebirgart iſt Schiefer, Trapp, und Serpentinfels mit Quarzkörnern gemiſchet. Nur allein auf Eiſenſtein wird noch unterhalb Langehecke gearbeitet, und auf der daſelbſt befindlichen Eiſenhütte wird er verblaſen. Der Eiſenſtein bricht nicht
gangweiſe, ſondern er iſt eben ſo, wie der von Birlebach,
nichts anderes als ein ſehr ſtark mit Eiſen durchdrungener

Thon-

Thonfchiefer, der aber ein vorzüglich gutes Eifen giebt. Er wird in offenen Pingen gewonnen. Ich fab eine folche und fand, daß der Eifenftein nur da anftebe, wo die Lagen des Schiefers ein verändertes Fallen angenommen haben. Auf diefer Grube ftürzet fich ein Theil des Schiefergebirges gegen Südoft, und der andere gegen Nordoft, in einen Winkel von 20 Graden, mit der Horizontallinie. Eine andere Grube, nahe dabey, hat einen ordentlichen Schacht, 7 Lachter tief, der Eifenftein ift kalkartig, und vorzüglich leichtflüffig, er giebt 33 p. C. Eifen.

Eine vorzügliche Merkwürdigkeit zur Langenhecke, ift der Dachfchieferbruch, auf deffen Befichtigung ich von dem erften Augenblicke an neugierig ward, da ich die erfte Schiefertafel davon fah. Die Tafeln find abwechfelnd grau, und blaulichfchwarz fein geftreift. Ich war hauptfächlich auf die Lage der Streifen im Gebirge neugierig, und dies muß jeder werden, der nur eine einzelne Tafel davon aufmerkfam betrachtet. Hält man die Streifen für Lagen, die fich aus dem Waffer, worinn die Thonerde aufgelöft war niedergefchlagen haben: fo müffen fich diefe Streifen im Gebirge, nothwendig der horizontallinie nähern. Wie wird man fichs aber erklären können, daß die Blätter des Schiefers, beynahe im rechten Winkel die Streifen durchfchneiden? Höchft wunderbar ift es allerdings, daß fich der Schiefer nicht nach der Richtung diefer Streifen, und alfo nicht nach der nehmlichen Lage wieder abblättert, nach der er aufgefetzet zu feyn fcheint. Als ich zu den Gruben kam, worinn diefer Schiefer gebrochen wird, fand ich es auch wirklich fo. Die Streifen näherten fich der Horizontallinie, und die Spaltungen des Schiefers, näherten fich der Verticallinie. Natürliche

liche Ablofungen des Gefteins finden fich abwechfelnd mit
den Streifen, auch mit den Spaltungslinien des Schiefers
paralell, letztere wurden auch noch durch andere natürliche
Ablofungen des Gefteins, in eben dem Winkel durchfchnitten,
in welchen die Spaltungen des Schiefers die Streifen durchfetzten. Dadurch wurden oft große Paralellepipeda gebildet, deren Seitenflächen Rhomben waren.

Es ift bisher über die geftützete Lage der Ganggebirgs-
fchichten noch äußerft wenig, und noch gar nichts befriedi-
gendes gefagt; es ift auch hier der Ort nicht, mit Hypo-
thefen auszukramen. Aber, doch glaube ich einen Gedanken,
oder vielmehr eine Frage äußern zu dürfen, die hieher zu gehören fcheint. Sollten nicht natürliche Schwere und Attraction bey Verbindung der thonartigen, aus dem Waffer
niedergefchlagenen Theile, das ihrige dazu beygetragen haben, daß fich die Theile nach der Richtungslinie ihrer
Schwere ftärker anziehen mufsten, als nach den Seiten zu?
Dadurch wäre alfo jetzt die Trennung des Ganzen in Theile
nach denen Seiten zu, wo Attraction und Schwere weniger zu ihrer feften Verbindung beytragen konnten, am leichteften möglich gewefen. So, wie in den Schiefergruben bey
Langenhecke, fand ich den nemlichen Fall am Volkmanns-
keller ohnweit Blankenburg im Harze, und dabey bin ich
zuerft auf diefen Gedanken gekommen. —

Auf dem Wege, von Langenhecke nach Selters, fand
ich, ohnweit dem Dorte Münfter, in der Graffchaft Runkel,
einen ganz kreteweißen Thonfchiefer zu Tage ausftehen,
der auf den Klüften nur etwas weniges eifenfchüffig war.
Bey Elgershaufen, im Naffau-Weilburgifchen fand ich ihn
eben fo. —

Von Selters aus, hatte ich nun noch den Eifenhammer
zu befehen, auf welchen das zu Langenhecke gefallene Koheifen verfrifcht wird. Man bringt fehr große Luppen ins
Frifchfeuer, aus welchen fie, vermittelft fehr bequemer Hebezeuge wieder ausgehoben, und unter den Hammer gebracht
werden. Eine ftehende Welle mit einem langen Arme ftehet im Mittelpunkte, zwifchen Hammer und Feuer, fo daß
das Ende des Arms beyde erreicht. Diefer Arm trägt die
Luppe aus dem Feuer, durch eine fehr leichte Drehung der
Welle die mit der Hand gefchieht, unter den Hammer.
Es hat mir aufferordentlich gefallen, daß man hier, fo wie
überhaupt am ganzen Rhein und den angrenzenden Gegenden, die Luppen ganz unter dem Hammer ausarbeitet, bis
fie die gewöhnliche Stärke der eifernen Stäbe erhalten. Hat
der Stab feine gewöhnliche Länge, fo wird' er von der Luppe abgehauen, und diefes wird fo oft, als fie noch Stäbe
geben kann, wiederholt. Das Eifen wird dadurch vortreflich
ausgearbeitet, und diefes trägt ganz aufferordentlich viel zu
der vorzüglichen Güte deffelben bey.

Zu Selters hat man eine fehr finnreiche Erfindung, die
eifernen Stäbe durch Mafchinen in kleinere zu zerfchneiden
eingeführt, um fie für Nagelfchmiede, Drathzieher, und andere kleine Eifenarbeiter brauchbarer zu machen. Die großen Stäbe werden nemlich in einem befondern Ofen, der mit
Steinkohlen angefeuert wird, geglüht, durch Walzen gezogen, und fo durch ftählerne Scheiben, von 1 Fuß im Durchmeffer, in kleinere Stäbe zerfchnitten. Die Scheiben find auf
einer eifernen Welle fo befeftigt, daß zwifchen jeder Scheibe ein Zwifchenraum bleibt, der gerade die Dicke der Scheibe beträgt. Eine andere, eben fo vorgerichtete Welle mit

ftähler-

ftählernen Scheiben, faßt mit ihren Scheiben in die Zwifchenräume der erfteren, und die Scheiben der erfteren Welle faffen in die Zwifchenräume der letzteren, beyde werden durch
Wafferräder nach entgegengefetzten Richtungen bewegt, und
fo werden die großen eifernen Stäbe, wenn fie durch die
Walzen die Dicke der ftählernen Scheiben erhalten haben,
von diefen Scheiben in vierkantige Stäbe zerfchnitten. Je
nachdem man die Stäbe ftark oder fchwach haben will, werden dünnere oder dickere Scheiben auf die Wellen gefetzt,
und die Walzen enger oder weiter zufammen gefchraubt.
Diefe Vorrichtung hat fehr viele Vortheile, und es wird viel
Arbeitslohn dadurch erfpart. Allein fie hat auch wieder ihr
Uebles, denn die Kleinfchmiede klagen fehr darüber, daß ihnen wegen der fcharfen Kanten der Stäbe, zu viel Eifen im
Feuer verbrenne. Von diefen Stäben werden auf dem Ham-
merwerke felbft, Tonnenbänder, Eymerbänder und dergleichen verfertigt, wenn fie geglüht, und durch die zu diefem
Behuf enger zufammen gefchraubten Walzen gezogen werden.

Von Selters reifte ich über Lamberg, immer höher nach
dem Gebirge zu. Bis Efch war ich noch immer über das
bräunlich graue Thonfchiefergebirge gekommen, aber als fich
von da ab, das Gebirge fehr merklich zu der großen Bergkette, die der Taunus Mons, oder die Höhe genennet wird,
erhob, änderte fich auch die Gebirgart, der Schiefer wurde
von ganz anderer Art, wurde fefter, ließ fich fo leicht nicht
fpalten, und näherte fich dem Trapp immer mehr und mehr.
Das Streichen der Gebirgsfchichten war noch immer Stunde
4 5. Auf einiger Höhe ward das Gebirge wieder ziemlich
flach, fiel fanft nach Süden ab, und erhob fich eben fo fanft
gegen Glashütte zu, von wo ab es fich aber fehr fteil zu dem

Reifen-

Reifenberge, und hernach zum allerhöchften Gebirgskopfe, dem Feldberge erhebt.

Zu Glashütte ändert fich die Gebirgart. Man findet hier die fogenannte *weiße Wacke*, welche ich fchon in der Gegend Holzdorf erwähnt habe. Diefe Gebirgart ift weiß von Farbe, nicht körnig genug, um unter die Sandlteine, und nicht glasartig genug, um unter die Quarze geradezu zu gehören. Sie ift fo hart, daß fie mit dem Stahle Feuer fchlägt, und rauh im Bruche, von etwas glasartigen Anfehen. Ich habe verfchiedene Modificationen davon gefunden, wo fich Thon mit dem Geftein, mehr oder weniger, vermifcht hatte. Wo erfterer Fall war, war das Gewebe etwas fchiefrig, näherte fich oft fehr dem fchiefrigen Bruche; dahingegen bey dem reinen, mehr quarzartigen Gemenge, die Bruchftücke unbeftimmt eckig waren. An verfchiedenen Orten fand ich Stücke von mittlerer Größe, die natürliche Ablofungen hatten, und Paralellepipeda mit Rhombenflächen bildeten. Das Streichen der Gebirgslagen habe ich nirgends bemerken können. Eine Menge von 'ungeheuren, größtentheils unbeftimmt.eckigten Blöcken, lag allenthalben umher, die alle zu den mehr quarzartigen Geftein gehörten. Ich wäre fehr geneigt diefe Gebirgart, unreinen Quarzfelfen zu nennen. Ihr fpecififches Gewicht ift (wenn man das Regenwaffer = 1. annimmt) = 2, 650., trifft alfo fehr nahe mit dem fpecififchen Gewichte des Quarzes zufammen. Da wo das Geftein mehr in das fchiefrige fällt, ift die fpecififche Schwere etwas geringer, nemlich: 2, 548. Diefe Steinart macht die höchften Gebirgsköpfe im Taunus aus. Ich überlaffe nun einem jeden es zu beurtheilen, in wie fern Rafpe diefes Geftein einen, durchs Feuer der Vulkane verglaften Sandftein

nennen

nennen könne. Das Anfehen hat diefes Geftein völlig davon, — aber hier ift keine Spur von Vulkanen. —
Nahe vor Königftein, fo am füdlichen Fufse diefer Gebirgskette liegt, ift diefes Geftein von verfchiedenen grauen
Schieferarten bedeckt, die zuweilen nahe an Hornfchiefer
grenzen, zuweilen aber auch bald grauer, bald röthlicher
Glimmerfchiefer find. Von Königftein ab, wird das Gebirge fanfter; alles ift fruchtbares Ackerfeld, und die Gebirgart ftark mit Dammerde bedeckt, dafs man nirgends beurtheilen kann, wo das Grundgebirge aufhört, und das Flötzgebirge fich aufgelegt hat. Flötzgebirge erwartete ich hier
im Thale des Rheins und Mayns, und fand fie in der Gegend von Frankfurth auch wirklich. Gleich hinter Sachfen-
haufen erhebt fich das kalkartige Flötzgebirge, worinn fich
viele Petrefacte finden. Auch calcinirte unverfteinerte Mufcheln fand ich bey der Ziegeley. Gegen Norden ift bey
der Friedberger Warte alles Kalkflötz. —
Die gröfste mineralogifche Merkwürdigkeit um Frankfurth, find die dortigen erlofchenen Vulkane, die von mehreren hinlänglich befchrieben find, ich werde mich alfo nur
bey dem Allgemeinen aufhalten, und nur über das Ganze
etwas fagen.
Eine fonderbare Erfcheinung ift es allerdings, hier in
diefen ebenen Gegenden Laven anzutreffen, ohne im geringften auch nur einen Hügel zu finden. Die Umftände aber,
dafs hier Kalkflötze vorhanden find, laffen mich muthmafsen,
dafs diefe ebenen Gegenden fämmtlich vom Waffer find bedeckt gewefen. Das Waffer hat die Bafalthügel zum Theil
zerftöhrt; die Laven im Thale herum zerftreut, und diefe
fowohl als die Bafalthügel, mit dem Sande und der Damm-

erde

erde bedeckt, aus denen fie hin und wieder noch hervor-
blicken. Die fchwarze Steinkaute beftehet faft ganz aus losliegenden Lavaftücken, nur in der Tiefe findet fich feftere
Geftein. Am Affenftein ift alles losliegende Lava, zwifchen
denen die bekannten Pechfteine, (S. Voigts Miner. Befchreibung des Hochftifts Fulda etc. Seite 185.) ebenfalls unregelmäfsig zerftreut liegen. Bey Bockenheim zeigt fich feftes
Geftein, nur fehr wenig mit dergleichen losliegenden Lavaftücken bedeckt.

Bey niedrigen Waffer fiehet man, dafs das Bette des
Mayns feftes Geftein fey. Bey Wilhelmsbad ohnweit Ha-
nau, ift das fefte Geftein ebenfalls, mit unregelmäfsig durcheinander liegenden Lavaftücken ftark bedeckt. Man nennet
das fefte Geftein Bafalt, allein es ilt von dem fonft gewöhnlichen Bafalte unterfchieden. Es ilt ehe einem grauen, etwas
glimmerichten Sandfteine nicht unähnlich, fandigt im Bruche, aber fehr hart, fein fpecififches Gewicht ift = 2, 561.,
dahingegen das fpecififche Gewicht des Weilburger fäulenförmigen Bafalts = 3, 028. ift. Die dem Gefteine zuweilen eingemifchten Brocken von fremden Gefteinarten,
und hauptfächlich die ihn zuweilen eingemifchten Brocken einer poröfen Lava, laffen indeffen doch einen vulkanifchen
Urfprung einigermafsen vermuthen, ob ich gleich eher geneigt wäre, es aus der Claffe der Bafalte zu verdrängen, als
dahin aufzunehmen.

Von Frankfurth ab nordwärts, findet fich 1¼ Stunde
von da, am Wege nach Efchersheim, ein fchwarzer Bafalt,
deffen häufige Blafenlöcher mit Kalkfpath ausgefüllt find.
Der Kalkfpath ift ftralicht, fo dafs man ihn, ehe man ihn
mit Säuren unterfucht, ganz gewifs für Zeolith halten würde. —

de. — Von Frankfurth aus ſüdwärts, reiſet man über Sach-
ſenhauſen das Flötzgebirge hinan, und kömmt bald in eine
völlig ebene Sandgegend, die bis Darmſtadt fortdauret. In
Darmſtadt traf ich bey dem Herrn Kriegsrath Merk, einen
ſehr wichtigen Beytrag zur Naturgeſchichte der daſigen ebenen Flötzgegenden des Rheinſtromes an. Es waren Elephan-
ten, und andere große Thierknochen, die in der Gegend von
Worms, am Ufer des Rheins gefunden waren, und welche
der Rhein durch Abbrüche von ſeinen Ufern, entblößt. —
Nahe bey Darmſtadt erhebt ſich die Bergkette, an deren
Fuſse die ſogenannte Bergſtraße ſich hinzieht. Dieſe Bergkette beſteht größtentheils aus Granit, obgleich die Vorgebirge derſelben von anderer, und mancherley Art ſind. So
beſtehen einige, Darmſtadt benachbarte Berge, größtentheils
aus einer Art Mandelſtein, wo einem thonigten Geſteine
von unbeſtimmt eckigen Bruchſtücken, Kalkſpathnieren von
weißer, röthlicher, auch wohl brauner Farbe, etwan von
der Größe der Erbſen, und kleiner Bohnen, einzeln einge-
miſcht ſind. Zuweilen geſellt ſich auch etwas Speckſtein zum
Kalk, dieſer macht aber mannichmal auch ganze Nieren aus.
Bey Seeheim und Jugenheim, zog ich mich näher an
das Granitgebirge. Wenn man von Jugenheim ab ins Gebirge hinein gehet, findet man den Granit auf mancherley Art
verändert, ſo daß ich ihn nicht gern unter den urſprünglichen Granit rechnen mögte. Eine Menge Geſchiebe, die ich
nach Hrn. Haidingers Preisſchrift über die ſyſtematiſche Eintheilung der Gebirgarten, Wien 1787., Grünſtein nennen würde, ſcheinen mir mit dem Granit ſehr nahe verwandt zu ſeyn,
und ich wäre daher wohl ſehr geneigt, dieſen Grünſtein für
einen veränderten Granit zu halten.

Noch

Noch ehe man im Gebirge Balkhaufen erreicht, trifft man fchon wahren und unveränderten Granit an. Auf der Höhe des Felsberges, findet man fehr grofse Granitblöcke blos liegend auf dem Granitgebirge. Die Römer haben hier eine Säule, 34 Schuh lang, und 4 Schuh im Durchmeffer, fehr fchön ausgehauen. Sie liegt noch in dem Lager, wo fie gearbeitet ift. Quarz und Feldfpath unterfcheiden fich wegen ihrer gemeinfchaftlich weifsen Farbe in dem Granit diefer Säule nur fehr wenig, der Glimmer ift ganz fchwarz.

Die Fortfetzung folgt.

Erklärung der Buchfaben der, zu vorftehendem Auszuge gehörigen Tab. VI.

A. Die Oftfee, und der in ihrer Oberfläche gezogene Horizont.
B. Laffehn, ein Ort in Pommern auf dem tiefften Punkte der Oftfee.
C. Hannover.
D. Wernigerode, die Stadt.
E. Wernigerode, das Schlofs.
F. Ilfenburg, ein Flecken wobey eine Eifenhütte im Umgange ift.
G. Goslar, die bekannte freye Reichsftadt.
H. Seefen, ein Ort am mitternächtlichen Fufse der Harzgebirge.
I. Gittelde, ein Flecken in der Abendfeite, ihm in der Nachbarfchaft liegt eine Communion Eifenhütte.
K. Göttingen.
L. Ofterode, eine Stadt nahe am Fufse des Harzgebirgs an der Abendfeite.
M. Lasfelde
N. Windhaufen } Oerter am Fufse des Harzes gegen Ab. und Mittern.
O. Grund, eine der Bergftädte des Communion Oberharzes.

P. Das

P. Das dritte ⎱
Q. Das zweyte ⎬ Lichtloch nach den tiefen Georgſtolln, zum Hannö-
R. Das erſte ⎰ verifch einſeitigen Harze gehörig.

QR. Die Frankenſchaarner Hütte, dem Hannöv. einſeit. Harze zuſtändig.
S. Clausthal, die erſte Bergſtadt des Hannöverifch einſeitigen Harzes.
T. Zellerfeld, die erſte Bergſtadt des Communion-Harzes.
V. Der Kahleberg, nahe bey Zellerfeld, auf deſſen Gipfel ſich noch Conchilienlager befinden.
W. Der Bruchberg.
X. Der Brocken oder Blocksberg.
a. Die Heinrichshöhe, gleich unterm großen Brocken. Auf ihr ſtehet ein Wirthshaus.
b. Der Wormberg.
c. Die Achtermannshöhe.
d. Die Oderbrücke, ein Wirthshaus an der, übern Harz gehenden Hauptſtraße.
e. Andreasberg, die zwote Bergſtadt des Hannöverifch einſeit. Harzes.
f. Hohegeis, ⎱ Dörfer im Harze, an der Seite gegen Mittag.
g. Braunlahe, ⎰
h. Elbingerode, auch an der mittäglichen Seite des Harzes.
i. Der Kaulberg, ⎱ bey Ilefeld.
k. Der Herzberg, ⎰
l. Ilefeld.
m. Nordhaufen, die bekannte freye Reichsſtadt.
n. Zorge, eine Eifenhütte.

Alles an der Seite des Harzes gegen Mittag.

α. Der Schacht der Grube Thurm Rofenhof, auf dem Rofenhofer Zuge allernächſt Clausthal. Er hat die größte jetzt noch in Clausthal bebauete Tiefe.
β. Der Frankenfchaarner Stolln.
γ. Der dreyzehn Lachter Stolln.
δ. Der tiefe Georgſtolln.

Rammelsberg, der berühmte Berg, mit dem berühmten Bergwerke, nahe bey der freyen Reichsſtadt Goslar, auf welchem in hohen Punkten ſich noch Conchilienlager finden.

D d d IV. Aus-

IV.

Auszüge aus Briefen.

I.

Zante November 15. 1787.

Die Zeit erlaubt mir jetzt nicht, mineralogifche Bemerkungen über Griechenland mitzutheilen. Die Geologie diefes Landes, bietet viel neues dem Naturforfcher dar, und die Entblöfsung der Gebirgslagen, befonders auf den Küften der Infeln im Archipelagus, giebt ihm gute Gelegenheit das Innere diefer Gebirge zu unterfuchen. Das Land ift fehr gebirgicht, fowohl klein Afien als Rumelien, Morea und die Infeln.

Diefe Gebirge find faft alle urfprünglich, und auffer den in Deutfchland bekannten, liefern fie noch einige andere ganz neue Gebirgsarten. Alle die alten Bergwerke in Attica, Macedonien, Thracien, Thafo, Siphno, und Cypern, find eingeftellt und vergeffen. Doch fahe ich noch einige faft vertilgte Züge davon neben dem Gebirge Laurium in Attica, zu Siderocapfe in Macedonien, und zu Solea in Cypern. Auf jedem Orte fand ich ungeheure Schlackenhaufen, und

zu

zu Siderocapſe ein ſehr beträchtliches Silberbergwerk in Umtrieb, wo 150 Griechen arbeiteten. Dieſes in der Europäiſchen Türkey einzige Silberbergwerk, unterſuchte ich ſo gut als die kurze Zeit, und unbequeme Umſtände mir erlaubten. Die Beſchreibung davon werde ich Ihnen als meinen erſten Heytrag zu den Annalen der Societät mit der erſten ſichern Gelegenheit überſenden. Dieſe Beſchreibung ſtellt die Kindheit der Bergwerkskunde dar. Sie werden lachen über ihre Arbeit auf dem Geſteine, (mit Pulver ſprengen ſie nie) ihre verworrne Schächte und Stollen; die einfältige Aufbereitung; und das Schmelzen der Erze. Doch noch dummer war die Verfahrungsart auf einem Silberbergwerke zu Ninfie unweit Smyrna, das vor 14 Jahren eingeſtellt worden iſt. Dort fand ich einen Berg, caninchenweiſe ausgehöhlt und ausgekratzt.

Kein Fleck im ganzen Morgenlande verdient mehr die Aufmerkſamkeit der Geologen, als die Inſel Santorin, und die daneben liegenden kleinern, in neuerer Zeit entſprungenen Inſeln. Ich fand die Geologie davon ungemein intereſſant, blieb 8 Tage dort, machte Zeichnungen, Sammlungen der Geſteinarten, und jetzo entwerfe ich eine Beſchreibung davon.

I. Hawkins.

2. Die

2.

Die erklärende Nachricht zu diefem Bafaltfelfen der Titel-Vignette, kann defto kürzer feyn, da er felbft fo fprechend dafteht, daß fich ein jeder ohne Anleitung, nach feiner Lieb-lings-Theorie aus demfelben Refultate abſtrahiren kann. Ob-ne vorgefafste Meynung, fuchte ich überhaupt nicht Data, um fie meinem, oder irgend einem Syfteme anzupaffen, fon-dern fah ruhig die Gegenftände die fich mir darftellten, und beobachtete foviel als Localumftände zuliefsen.

Mit den Befchwerlichkeiten einer Reife in die Hochlän-der und weftlichen Infeln Schottlands unbekannt, hatte ich nicht alle nöthige Vorkehrungen gemacht, die doch auch durch unangenehme Witterung, und andere widrige Umftän-de wären vereitelt worden. Selbft die Gefahr, in die ich mich bisweilen unerwartet verfetzt fah, indem ich einem mir neuen merkwürdigen Gegenftande zueilte, liefs mich mehr für meine Sicherheit forgen, als genaue Unterfuchungen und Be-obachtungen anftellen. Nur auf einem überaus gefahrvollen Wege, konnte ich auch diefer Bafaltwand, in der Pacht Sia-ba oder Sheba, auf der füdweftlichen Küfte der Infel Mull, näher kommen. Mein Führer nannte fie Inimore. Diefes Gallifche Wort bedeutet einen fteilen, hohen Abhang, wo-durch fich diefe Stelle von dem ganzen fteilen Ufer diefer Gegend auszeichnet. Der Felfen hat ohngefähr 130 Fuß Höhe, befteht aus einer unzählbaren Menge kleiner Säulen in mehreren Abfätzen, die nahe an einander ftehen, gewöhn-lich 5 Seiten, und ohngefähr 6 bis 8 Zoll Durchmeffer haben,

zwifchen

zwiſchen denen ſich Lagen von unförmlichen Baſalt befinden. An keiner andern Stelle ſah ich dieſe Lagen von ſäulenförmigen, und unförmlichen Baſalt, ſo oft abwechſeln. Ueber dieſer ſteilen Baſaltmaſſe, iſt eine kleine grafigte Ebne, die von den Trümmern der Säulenwand die ſie begränzet, gebildet worden iſt, und von der ſich wieder eine Anhöhe erhebt. Dieſe Reihen von Säulen, deren Oberfläche zugleich die Oberfläche der Inſel an dieſer Stelle bildet, haben ohngefähr eine Höhe von 40 Fuſs, und einen Durchmeſſer von 2 Fuſs. Da ich dieſe merkwürdige Küſte nicht in einiger Entfernung von der Seeſeite ſehen konnte, muſste ich den Baſaltfelſen von einer andern, nabe ſtehenden hohen Stelle zeichnen, und ſo war es nicht möglich, die eben erwähnte Reihe von grofsen Säulen, wollte ich der Natur getreu bleiben, auch noch mit auf das Papier zu bringen. Die unten am Felſen ſtehende Figur, kann allenfalls nur einen Maasſtab für die Höhe des ganzen Felſen geben, aber nicht für die Säulen. Sie zeigt wenigſtens, daſs man zu der Stelle wo ſie ſteht, kommen kann.

Merkwürdig iſt der Umſtand, daſs gewöhnlich an den Stellen, wo mehrere Baſaltſäulenlagen übereinander liegen, die von kleinerem Durchmeſſer und Höhe, allemal unten, die gröſsern oben ſtehen. Das Korn des, in Säulen gebildeten Baſalts, iſt allemal feiner, und der Zuſammenhang feſter, als das Korn des unförmlichen Baſalts, der hier ſehr dicht, und ſo wie in andern Baſaltgegenden dieſer Inſel und auf Staffa, die Mutter der Zeolithe und Chalcedone iſt.

Wenn in den Nachrichten von Staffa von Lavalagen geſprochen wird, ſo iſt von dieſem unförmlichen Baſalte die Rede, der da, wo von der Verwitterung ſein Zuſammenhang

getrennt

getrennt ift, das Anfehen einer erhärteten Tufa hat. In einigen Gegenden fieht er einer Breccia, oder einem Peperl-
no gleich, nirgends aber fahe ich das geringfte von einer
wahren Schmelzung, oder einer fchlackenartigen Lava.
Warum der kiefelartige Zeolith in den Bafalten des feften Landes von Schottland, wie bey Edinburg und Dumbarton fo häufig, und hier auf diefer Infel, fo wie auf Staffa,
gar nicht angetroffen wird? — kann ich nicht enträthfeln.
Der kiefelartige Zeolith von gelbgrüner Farbe von Dunglafs
bey Dumbarton in Schottland, ift mit dem Prehnit vom
Vorgebirge der guten Hoffnung, mit dem er eine gleich hohe Politur annimmt wenn er gefchliffen wird, ein und daffelbe Foffil den Beftandtheilen nach. Ich fah diefe letztere
Steinart zuerft in Hamburg, und hernach bey dem Herrn
Leibmedicus Brückmann in Braunfchweig. Kryftallifation
und Gefüge liefsen mir gleich diefe Verwandtfchaft vermuthen.
Ich hatte Gelegenheit einen kleinen Verfuch mit Säuren, und
vor dem Löthrohre zu machen, und fand meine Muthmafsung beftätigt, die nun durch die vollkommen vollführte
chemifche Unterfuchung-des Herrn Profeffors Klaproth zu
Berlin, ganz auffer Zweifel gefetzt ift. Er findet fich auch
kryftallifirt, in vierfeitigen, neben einander geftellten Prismen,
mit zwey fchmalen und zwey breiten Seiten, an letztern
wie ein Meifel zugefchärft an der Spitze, und die daher
entftehende Schneide rechtwinklicht mit den Seitenflächen
wieder verbrochen, und liegt fo an den Seiten des Bafalts,
oder füllt deffen Spalten aus. An den Salisbury Craigs bey
Edinburgh, verwittert der Bafalt mit halbkuglichten weifsen
Zeolith auf der Oberfläche. Andern kiefelartigen, in fechsfei-
tig abgeftumpfte Säulen kryftallifirten Zeolith mit conxexer

Ober-

Oberfläche, ein wenig Isabell abschiefsend, und auf veränderten Granit, fand ich auf dem Bleygange bey Strontian, im Granitgebirge, das an mehrern Stellen von Basaltgängen durchschnitten wird. — Eine der Felsarten nahe bey Portsoy in Aberdeen Shire in Schottland, die nur aus Quarz und Feldspath besteht, ersterer in dünnen aber ungleichen, glasigen, durchscheinenden Blättern, letzterer in dickern, von jenen eingeschlossenen, auch blättrichen Figuren, und blafsfleischroth, ins Gelbe abschiefsend, erhält, wenn sie angeschliffen wird, in einer sehr schönen Politur auf der geschliffenen Fläche, völlig das abentheuerliche Ansehen von Syrischer Schrift. In den Grampians, welche Schottland durchkreuzen, macht ein sehr glimmricher, ziemlich dünnblättricher Schiefer, der mit Scheidewasser braufst, alfo Kalk ist, aber ebenfalls auch mit dem Stahle heftig Feuer giebt, weit fortsetzende Lagen, von einem, oder nur wenige Fufse Dicke, im Gneus aus. Diese Grampians bestehen übrigens abwechselnd aus Gneus, diesem erwähnten Kalkschiefer, aus Glimmerschiefer, Thonschiefer, Porphyr und Granit. Noch gehören zu den Merkwürdigkeiten der Schottischen Gebirge auch die, mit Luftsäure verbundene Schwerspatherde, und die, den Kreuzkrystallen des Harzes, sowohl ihrer Figur, als ihrem Verhalten nach ähnlichen Krystallen, nur dafs sie nicht wie jene beständig sich kreuzen, sondern gewöhnlich einzeln stehen, und ungleich gröfser sind. Diese beyden Fossile finden sich mit jenem Zeolith in sechsfeitigen abgestumpften Säulen mit convexer Oberfläche, und mit verschiedenen Arten des Kalkspathes, in dem Bleygange des Granitgebirges zu Strontian. — Nahe an der Oberfläche der Erde, in Kalkspath, und mit Bleyglanz, findet sich zu Castletown

town in Derbyshire, ein dunkel, fchwarzbraunes elaftifches
Erdharz, vollkommen dem elaftifchen Harze zu Cajenne
aus'm vegetabilifchen Reiche, in Farbe und Elafticität gleich.
— Ich erwähne noch jener zwey befonders harten und fchweren Steinarten, die ich Ew. zeigte.

Die eine Art, deren Vaterland Bengalen ift, hat man
fchon feit einigen Jahren in England unter dem Namen Ada-
mantine-fpar, oder Diamantfpath gekannt. Von den Lan-
deseinwohnern wird diefes Foffil Corundum genannt. Der
Abbé Hany hat im Journal de Phyfique deffen Kryftallifation
befchrieben, er irrt fich aber, wenn er glaubt, dafs der Abfchnitt an der fechsfeitigen, an beyden Enden abgeftumpften
Säule, immer zugegen, und die, diefem Foffil eigne Kry-
ftallfigur fey. Diefer Abfchnitt ift blos zufällig, und rührt
von dem Gefüge der Theile her, die eine fchiefe Richtung
haben, in der fich auch die Ecke des Kryftalls leicht abtrennt,
und den Abfchnitt bildet. Die Gebirgsart, in der fich diefes Foffil findet, ift ein Granit, wie ich an vielen Stücken
gefehen habe, Herr Sage hat alfo wahrfcheinlich nur die Gebirgsart, und nicht den Diamantfpath felbft gefehen, den er
für einen, aus Quarz, Feldfpath und fchwarzen Schörl beftehenden Granit hält. — Die zweyte Art des Diamant-
fpaths kommt aus China, und ift erft feit kurzer Zeit nach
Europa gebracht worden. Sie wird in China, fo wie das
Corundum in Bengalen, nachdem es zu einem Pulver gemacht worden, zum Schneiden und Schleifen der harten Steine angewendet. Diefe Art ift dunkel von Farbe, fehr hart
und fchwer. Die Kryftalle fcheinen aus fechsfeitigen Blättern
zu beftehen, die gegen das eine Ende immer kleiner werden.
Ich befitze einen Kryftall, der einen Zoll Höhe hat, der

Durch-

Durchmeſſer des gröſsern Endes iſt ½ Zoll, des andern kleinem ¼ Zoll. Alle Stücke, die ich geſehen, haben dieſe Figur, ich weiſs alſo nicht beſtimmt, ob die Enden immer ab-
geſtumpft ſind, oder ob der Kryſtall noch eine Endſpitze
hat. Die anſitzende Gebirgsart iſt gleichfalls ein Granit, aus
röthlichem Feldſpath, Quarz, Glimmer und Schörl. Herr
Profeſſor Klapproth hat dieſes merkwürdige Foſſil unterſucht,
er fand die ſpecifiſche Schwere 3710 = 1000. und nach einer
mühſamen Analyſe das nachfolgende Verhältniſs der Beſtandtheile — den 5ten Theil des ganzen Gewichts des Steins, das
zur Unterſuchung angewendet wurde, und 300 Gran betrug,
eingeſprengtes magnetiſches Eiſen, das man eigentlich nicht
als einen Beſtandtheil anſehen kann. Eigentliche Beſtandtheile 154 Gran Alaunerde, und 77 Gran einer Erde, die
mit keiner der bekannten 5 Erdarten gleiche Eigenſchaften
hat, und folglich als eine neue Erdart anzuſehen iſt. Der
ganze Verluſt beträgt alſo nur 9 Gran.

Dr. Groſchke.

E e e
3. Ich

3.

Ich habe auf dem Bergwerke zu Allemont mehrere Stuffen
eines kleinblättrichten Kalkſpathes gefunden, der faſt körnigt
zu ſeyn ſcheint, belegt und durchdrungen von gewachſenen
Silber in Blättern, in kleinen unförmlichen Maſſen, und in
Fäden. Es iſt begleitet von weichen Silberglaserz, und von
kleinen zerreiblichen Octaedren eben dieſes Erzes. Dieſe
Stuffen ſind allenthalben überdeckt mit einer weiſsen Subſtanz
in Pulver, woran die Oberfläche nach und nach die Farbe
geändert hat, und violett worden iſt. Wenn man die violette Lage abnimmt, zeigt ſich die Subſtanz aufs neue mit
ihrem Weiß, will man ſie aber in dieſem Zuſtande erhalten,
ſo muſs man ſie für der Sonne verwahren, und an einen
Ort verſchlieſsen, wohin das Licht nicht dringen kann, auſſer-
dem wird ſie ſich, und das in wenig Zeit, abermals wieder
violett färben. Ich habe dieſe Erfahrung in Gegenwart der
Herren von Bournon, von Dolomieu, und anderer Natur-
forſcher gemacht. Der Verſuch, welchen ich mit dieſer Materie vorgenommen habe, hat mir bewieſen, daſs ſie ein natürlicher Silberniederſchlag vom Seeſalzſauer ſey. Die violette Lage hat an gewiſſen Stellen eine ſolche Conſiſtenz erhalten, daſs ſie den Eindruck einer Nadel erleiden kann ohne zu brechen, wie das Wachs, oder das gewöhnliche Sil-
berhornerz. Auf mehrern Stücken ſicht man dieſes letztere
Erz ſehr oberflächlich, und ſo zu ſagen nur wie aufgehaucht.
    Noch eine andere ſehr ſonderbare Stuffe habe ich in
mein Cabinet, aus dem nemlichen Bergwerke zu Allemont,
                                                    ohnge-

ohngefähr vor 11 oder 12 Jahren erhalten. Sie bestehet in einer grauen kalkichten Gangart, mit Spath von der nemlichen Natur, mit gewachsenen Silber durchdrungen, das man beym Zerbrechen der Gangart als weifse Punkte wahrnimmt. Auf einer Ecke dieses Stücks, sitzt eine Maffe Silber, ohngefähr einen Zoll lang, und 6 oder 8 Linien breit. Diese Stuffe ist während verschiedenen Jahren in einem Schranke aufgehoben gewesen, der in einem eingegangenen Camine angelegt, ein wenig feucht ist. Nach Verlauf einiger Zeit fahe ich diesen Klumpen gewachsen Silber, mit einem weifsen salinischen Beschlage bedeckt, der, nachdem er durch Reiben, und Wafchen mit Brunnenwaffer weggenommen worden war, fich in wenig Zeit wieder erzeugt hatte. In diesem Zustande ist die Stuffe mit andern Mineralien in mein Cabinet gelegt worden, wo sie sich annoch befindet, und jetzt mit einer Lage braunen Hornerzes bedeckt ist. Dieses unter meinen Augen entstandene Phänomen, kümmt mir nicht leicht zu erklären vor, denn wo hat die Säure herkommen können, die das Silber angegriffen hat, und was ist es, das Seefalzsauer hergegeben hat, das Silberfalz zu zerlegen, und die Stelle der auflösenden Säure einzunehmen? Und warum haben die andern in der Nachbarschaft befindlichen Stuffen gewachsenen Silbers, nicht gleiche Veränderung erlitten? Es wird wohl leicht feyn Vermuthungen aufzubringen, aber Vermuthungen find nicht immer gnugthuend, und find nie Beweise. — Sollte das gewachsene Silber in den Gebirgen zu Chalanches, in manchen Stuffen mit fremden Subftanzen verbunden feyn, welche durch die Säuren, und durch das in der Athmosphäre ausgebreitete, oder aus dem Liegenden der Gänge auf feuchten Stellen losgewickelte

Gaz, fein' Zertrennen erleichterten? Beftärkt in der Idee, diefes Silber möge zuweilen mit fremden Materien verbunden feyn, werde ich durch die Bemerkung, welche ich bey dem Bergwerke zu Allemont zu machen Gelegenheit gehabt habe, dafs das gewachfene Silber, in dem niedrigen Gehalte von 8 Deniers 18 Gran fich findet, mir Beweis, es fey wirklich mit irgend einer andern Subftanz verbunden, genaueft ohne Alteration feiner äufsern Kennzeichen vereinigt. Das, welches ich bey meinen Verfuchen gebrauchte, hatte das nemliche weiße glänzende Anfehen, es mochte 11 Deniers 16 Gran, oder 8 Denier 18 Gran halten.

Schreiber.

Infpecteur des Mines de France.

Ver-

4.

Mexico den 26. September 1788.

Vergnügt, und alle glücklich und gefund, find wir nun in Mexico angekommen, wo ich es gleich zu einer meiner erften Befchäftigungen mache, Jhnen theuerfter Freund! die verfprochene Nachricht von unferer Reife mitzutheilen.

Den 24 Junii gingen wir alle am Bord der VENVS, einer Königl. Fregatte von 36 Kanonen, da wir aber fo widrige Winde hatten, fo konnten die Anker nicht gelichtet werden, deswegen gingen wir wieder ans Land, brachten noch 24 Stunden fehr angenehm in dem fchönen Cadix zu, und alfo erft eigentlich den 26. am Bord, und den 27. wurden endlich die Anker gelichtet. Da wir noch immer widrige Winde hatten, fo verlohren wir jenen Tag Cadix nicht aus den Augen. Auf unferer Fregatte befanden fich, mit dem Commendanten 8 Seeofficiers, 48 gemeine Soldaten, 34 Paffagiers, dann Matrofen, Galeerenfclaven, und noch anderes Gefindel, in allem 420 Menfchen. Wir hatten auch auf unferer Fregatte 30 Stück Ochfen, 40 Stück Schaafe, fehr viel Federvieh, und noch andere Vivres auf 5 Monate, nebft 3000 Centner Queckfilber, Gewehre für 2 Regimenter, und einige Kaufmannsgüter. — Den 29. Junii bekamen wir guten Wind, der bis den 2. Julii anhielt, an welchem Tage wir Abends um 5 Uhr die Canarifchen Infeln, und zwar Teneriffa von der Nordfeite erblickten. Wegen vielen Nebel und der einbrechenden Nacht, konnten wir den Pico de Teneriffa nicht fehen, doch bemerkten wir Gebirge, welche mit Schnee bedeckt zu feyn fchienen. Während der Nacht paffirten wir diefe Infeln, und nun erwifchten uns die Paffatwinde, fo dafs wir den 18. fchon bey den Antillen waren. Von der Infel St. Martin, deren Gebirge wir deutlich fehen konnten, wurde nordwärts gefteuert. Den 22. früh fahen wir die Infel Puerto Ricco, und fuhren jenen ganzen Tag einen Kanonenfchufs weit, mit dem beften

Eee 3

Winde

Winde an ihrer nördlichen Küfte vorbey. Diefe Infel fchien uns äuflerft angenehm und fruchtbar zu feyn. In der Nacht paffirten wir zwifchen diefer Infel und St. Domingo, und den 23. fahen wir auch die zwey kleinen Infeln, Mono und Mona. Nachts hatten wir das entfetzlichfte und ftärkfte Gewitter, das ich in meinem Leben gefehen habe, wir befürchteten alle Augenblicke in den Abgrund hinunter gefchlagen zu werden. Den 29. erblickten wir die Gebirge der Infel Cuba, und den 30. paffirten wir mit fehr gutem Winde an dem Cap Crux, eben diefer Infel vorbey. Den 1. Aug. hatten wir bey der Infel Lagmann, welche uns füdlich blieb, ftarken Wind, Regen und Gewitter, auf welche eine ganze Windftille erfolgte.

His hierher hatten wir weder zu kalt noch zu warm, weil der Himmel immer trübe war, aber nun mufsten wir fchon unerträgliche Hitze ausftehen. Den 3. fahen wir die Infel Pinos. Den 4. bis 6. hatten wir Windftille, grofse Hitze, Regen, und wie gewöhnlich Gewitter. Den 6. liefen wir in den Mexicanifchen Meerbufen ein, und kamen fogleich in die fogenannte Sonda, wo alle Stunde fondirt wird. Wenn man 20 bis 30 Faden tief Waffer findet, fo ift das Schiff auf dem rechten Wege, und man darf fich weder rechts noch links wenden, weil man fonft auf Klippen ftofsen würde. Es wurde mit der Sondirung bis den 10. fortgefahren; an diefem Tage in der Nacht um 1 Uhr, wurde plötzlich Lermen, man fände falfchen Grund, und man glaube fchon in der Klippe der Triangulo zu feyn; es wurde aber gleich das Schiff gewendet, und da nun alles zu fcheitern glaubte, fo wurde das letzte Mittel ergriffen, und der grofse Anker geworfen, welcher zum Vergnügen der ganzen Schiffsgefellfchaft, den Augenblick haftete. Den 11. früh wurde ein Kannot mit der gehörigen Mannfchaft ausgefchickt, um die ganze Gegend zu unterfuchen, und es fand fich, dafs wir auf dem beften Wege waren. Den 12. verliefsen wir die Sonda, und den 13. Abends wollten wir fchon in den Hafen von Vera Crux einlaufen, allein es war fchon zu fpät, und wir mufsten deswegen

gen ankern. Den 14 in der Früh, wurde aber der Anker gelichtet, und mit einem Kanonenſchuſſe das Zeichen gegeben, daſs der Bootsmann von Vera Crux herauskommen, und uns in den Hafen einführen ſolle, wo wir auch Nachmittags um 3 Uhr glücklich eingelaufen ſind. Wir begrüſsten die Feſtung mit 9 Kanonenſchüſſen, welche uns mit 5 antwortete.

Wir hatten eine der glücklichſten und kürzeſten Reiſen gemacht, wenige Kranke, und keinen Todten, welches alle diejenigen in Verwunderung ſetzte, die dieſe Reiſe ſchon gemacht haben. Ich war nur zwey Tage ſeekrank; auch unſer Herr Generaldirektor (d'Elhuyar) mit ſeiner liebenswürdigen Gemahlinn, waren während der ganzen Reiſe friſch und geſund.

In Vera Crux, einem kleinen Orte, der mitten in Sandhügeln liegt, hielten wir uns 8 Tage auf, und reiſsten von da zu Pferde nach dem Orte unſerer Beſtimmung; da aber hier die Hitze äuſſerſt ſtark war, ſo konnten wir nur Nachts reiſen, und kamen den dritten Tag ſchon in Jalapa, einer ziemlich ſchönen und groſsen Stadt an. Hier iſt man ſchon zwiſchen groſsen Gebirgen, und der Berg Oriſabal liegt etwas weſtlich von der Stadt. Dieſer iſt ſo hoch, daſs er immer mit Schnee bedeckt iſt, und daſs man ihn von der See aus 30 Meilen weit, und vorzüglich von Vera Crux, deutlich wahrnehmen kann. So viel man aus den nahe liegenden Gebirgen ſehen kann, ſo beſtehen ſie aus einer baſaltartigen Maſſe, die ſtarke Veränderungen von Vulkanen erlitten hat, denn dieſe Gebirgsart hat glasartige Augen oder Aushöhlungen. Von Jalapa reiſsten wir über den kleinen Flecken Perote, welcher ſchon ſehr hoch liegt, wo wir Porphyr, Bimsſtein, und das eben beſchriebene Geſtein fanden. Weiter gegen Abend fanden wir Kalkgebirge. Man findet in dieſer ganzen Gegend die deutlichſten Spuren von einer ehemals hier vorgegangenen entſetzlichen Revolution. Von Perote kamen wir nach Puebla, einer ſehr groſsen und ziemlich ſchönen Stadt, welche einen Gouverneur, und einen Biſchoff hat. Schon ehe wir hierher kamen, erblickten wir in dem Gebirgszuge zwey
groſse

grofse Berge, welche mit Schnee bedéckt find, und die man
hier los Vulcanos de Mexico nennt; in Mexico aber nennt
man fie los Vulcanos de Puebla, weil fie gerade in der Mitte
von Mexico und Puebla liegen. Auf diefer Reife kamen wir
immer von einem Keffel in den andern, welche felten grofse
Ebenen bilden. Selbft Mexico liegt in einem folchen Keffel,
der rings herum von Gebirgen eingefchloffen ift.

Unfere Ankunft in Mexico, wo wir am 4. Sept. eintra-
fen, machte äufferft vieles Auffehen. Noch nie waren fo viele Deutfche hier, als gegenwärtig. Mexico ilt eine fehr grofse
und weitläuftige Stadt, ihre Lage und Gaffen find fehr fchön
und gerade, allein man findet wenig fchöne Gebäude. Ich habe hier fchon viele fchöne Erze gefammelt, worunter äufferft
reiche find. Seyn Sie verfichert, befter Freund! dafs ich Jhnen von Foffilien fchicken werde was ich nur kann, allein mit
der Bitte, dafs Sie dem Herrn Hofrath von Born davon mit-
theilen.

Künftige Woche werde ich mit dem Herrn Generaldirektor nach Guanaxuato, wo die reichften Bergwerke find, reifen, ich vermuthe dafs diefer Ort mit dem darzu gehörigen
Bezirk, mein künftiger Standort feyn wird. Grüfsen Sie alle
meine Freunde, und feyn Sie verfichert, dafs ich ftets feyn
werde u. f. w.

Verzeichnifs jetzt beftehender Mitglieder der Societät der Bergbaukunde.

1. P r e u ſ e n.

Director.

1.) Das Herrn Minifters von Heynitz Excellenz, zu Berlin.

a.) Ordentliche Mitglieder.

2.) Der Herr Oberbergrath Joh. Jac. Ferber, zu Berlin.
3.) Der Herr Geheime-Finanzrath Gerhardt, zu Berlin.
4.) Der Herr Geheime Ober - Berg - und Baurath Moennich, zu Berlin.

b.) Aufferordentliche Mitglieder.

1.) Der Herr Apotheker Klapproth, zu Berlin.
2.) Der Herr Apotheker Meyer, zu Stettin.
3.) Der Herr Dr. und Profeffor Grofkhke, zu Mietau.

2. O e ſ t e r r e i c h.

Director.

1.) Der Herr Hofrath von Born, zu Wien.

a.) Ordentliche Mitglieder.

2.) Der Herr Bergrath von Ruprecht, zu Schemnitz in Ungarn.
3.) Der Herr Abbé Poda, zu Wien.
4.) Herr Carl Haidinger, Bergrath und Profeffor zu Schemnitz in Ungarn.

Ee e 3   5.) Der

5.) Der Herr Salzwerksdirector von Mentz, zu Halle in Tyrol.

6.) Der Herr Bergrath Rößler, zu Prag.

7.) Der Herr Graf von Wrbna, K. K. Hofrath bey der Hofkammer in Münz- und Bergwesen zu Wien.

8.) Der Herr Pochwerksbereuter Hereld, zu Kremnitz.

9.) Der Herr Gubernialrath und Oberdirector der Bergwerke und Salinen zu Salatna in Siebenbürgen von Müller.

10.) Der Herr Gubernialrath Ployer, zu Inofpragg in Tyrol.

11.) Der Herr Bergrath von Seletzky, zu Nagybanya in Oberungara.

12.) Der Herr Mähling, Hüttengegenhändler und Amalgamationsdirector zu Joachimsthal.

13.) Der Herr Gubernialrath von Leithner, zu Herrmannstadt in Siebenbürgen.

14.) Der Herr Rosenbaum, Director der Horschowitzer Eisenwerke in Böhmen.

15.) Der Herr Evberger, Directoriatsrath und Oberhüttenverwalter zu Brixlegg in Tyrol.

16.) Der Chevalier Napion de Concionas, Capitaine d'Artillerie au service de S. M. le Roi de Sardaigne, Professeur de Chimie metallurgique au laboratoire de l'Arsenal, et membre de l'Academie royale des Sciences à Turin.

17.) Monsieur d'Azimonti, Capitaine au service du Roi de Sardaigne.

18.) Herr Heipel, Gewerke zu Pehau in Steyermark.

b.) Außerordentliche Mitglieder.

1.) Herr Abbé Wulfen, zu Klagenforth in Kärnthen.

2.) Der Herr Hofrath von Fichtel, zu Wien.

3.) Der Herr Launay, K. K. Hofsecretair zu Brüssel.

4.) Der Herr von Kleist, zu Reichenhall in Baiern.

5.) Der Herr Abbé Stütz, Adjunct am K. K. Naturalienkabinet zu Wien.

c.) Ehrenmitglieder.

1.) Des Herrn Geheimenraths Grafens von Stampfer Excellenz, zu Wien.

2.) Des Herrn Vice-Präsidentens Grafen von Enzenberg Excell., zu Klagenforth.

3.) Der Freyherr von Zois, zu Laibach in Krain.

3.) Sach-

3. S a c h f e n.

Director.

1.) Der Herr Bergrath von Charpentier, zu Freyberg.

a.) Ordentliche Mitglieder.

2.) Der Herr Berghauptmann von Heynitz, zu Freyberg.
3.) Der Herr Bergrath Gellert, zu Freyberg.
4.) Der Herr Maschinen-Director Merde, zu Freyberg.
5.) Der Herr Oberbergmeister Schmidt, zu Freyberg.
6.) Der Herr Bergmeister Bever, zu Schneeberg.
7.) Der Herr Kobaldinspector Beyer, zu Schneeberg.
8.) Der Herr Professor Lempe, zu Freyberg.
9.) Der Herr Bergmeister Tölpe, zu Annaberg.

b.) Aufferordentliche Mitglieder.

1.) Der Herr von Gersdorf, in der Lausitz.
2.) Der Herr von Meyer, in der Lausitz.
3.) Der Herr Professor Leonardi, zu Wittenberg.
4.) Der Herr Wille, zu Schmalkalden.

c.) Ehrenmitglieder.

1.) Des Herrn Conferenzministers Grafens von Einsiedel Excell., zu Dresden.

4 A m H a r z.

Director.

1.) Der Herr Vice-Berghauptmann von Trebra, zu Zellerfeld.

a.) Ordentliche Mitglieder.

2.) Der Herr Kammerrath und Berghauptmann Baron von Brockenburg, zu Rudolstadt.
3.) Der Herr Kammerrath Klippstein, zu Darmstadt.
4.) Der Herr Oberbergmeister Stelzner, zu Clausthal.
5.) Der Herr Factor von Uslar, auf der Meßingshütte zur Oker.

6.) Der

6.) Der Herr Bergfecretair Voigt, zu Weimar.

7., Der Herr Münzmeißer Knorr, zu Hamburg.

8.) Der Herr Bergrath Ries, zur Friedrichshütte im Heffen-Caffelfchen.

9.) Der Herr Bergcommiffair Stockicht, zu Beanbach.

10.) Der Herr Cammerrath Kleinfchmidt, zu Ofenbach.

11.) Der Herr Oberbergamts-Secretair Wiedenmann, in Stuttgard.

12.) Herr Louis Lentin, zu Goslar.

b.) Aufferordentliche Mitglieder.

1.) Der Herr Domherr Franz von Beroldingen, zu Hildesheim.

2.) Der Herr Hofrath Gmelin, zu Göttingen.

3.) Der Herr Hofrath Lichtenberg, zu Göttingen.

4.) Der Herr Bergrath Krell, zu Helmßädt.

5.) Der Herr Kriegsrath Merk, zu Darmßadt.

6.) Der Herr Hofrath Voigt, zu Weimar.

7.) Der Herr Apotheker Wiegleb, zu Langenfalze.

8.) Der Herr Leibmedicus Brückmann, zu Braunfchweig.

9.) Der Herr Bergfchreiber Volkmar, zu Goslar.

10.) Der Herr Apotheker Ilfemann, zu Clausthal.

11.) Der Herr Apotheker Andreae, zu Hannover.

12.) Der Herr Ingenieur-Hauptmann Müller, zu Hannover.

13.) Der Herr Ingenieur-Lieutenant Lafius, zu Hameln.

14.) Der Herr Geheimerrath und Profeffor Forfter, zu Mainz.

15.) Der Herr Hofmeifter Knoch, am Carolino zu Braunfchweig.

16.) Der Herr Apotheker Weftrumb, zu Hameln.

c.) Ehrenmitglieder.

1.) Der Herr Geheimerrath von Göthe, zu Weimar.

2.) Der Herr Geheimerrath von Heck, zu Frankforth am Mayn.

3.) Der Herr Kammerpräfident und Domherr Jofeph von Beroldingen, zu Speier.

4.) Der Herr Kammerpräfident von Spiegel.

5.) In

5. In der Schweiz.

Director.

1.) Der Herr Dr. und Profeſſor Struve, zu Lauſanne.

a.) Ordentliche Mitglieder.

1.) Der Herr Hüttendirector Exchaquet, zu Servoz in Faucigny.

b.) Auſſerordentliche Mitglieder.

1.) Der Herr Profeſſor von Sauſſure, zu Geuf.
2.) Der Herr Dr. und Profeſſor Huepfner, zu Bern.
3.) Der Herr Prediger Wyttenbach, zu Bern.

c.) Ehrenmitglieder.

1.) Des Fürſten Dimitry Gallizzin Durchl., im Haag.

6. In Schweden.

Director.

1.) Des Herrn Reichsraths und Präſidenten des Bergwerks-Collegiums Grafens von Bjelke Excellenz, zu Stockholm. (Sind eingeladen, haben es aber abgelehnt.)

a.) Ordentliche Mitglieder.

2.) Der Herr Director Gyllenhal, zu Advidsberg.
3.) Der Herr Bergrath und Ritter des Waſaordens Rinnman, zu Eskilstuna.
4.) Der Herr Bergrath Baron von Hermelin, zu Stockholm.
5.) Der Herr Aſſeſſor Gahn, zu Fahlun.
6.) Der Herr Markſcheider Polhelmer, zu Fahlun.
7.) Der Herr Aſſeſſor Stockenſtroem, zu Stockholm.
8.) Der Herr Aſſeſſor Qviſt, zu Stockholm.

b.) Auſſerordentliche Mitglieder.

1.) Der Herr Profeſſor Weigel, zu Greifswalde.
2.) Der Herr Profeſſor Retzius, zu Lond.

Fff

7. In

7. In Dännemark.

Director.

1.) Der Herr Professor Brünnich, zu Coppenhagen.

a.) *Ordentliche Mitglieder.*

1.) Der Herr Berghauptmann P. Ascanius, zu Coppenhagen.

b.) *Ausserordentliche Mitglieder.*

1.) Der Herr Cantzley-Secretair David Eberhard Bradt, bey dem Bergwerks-Directorii-Department zu Coppenhagen.

c.) *Ehrenmitglieder.*

1.) Des Herrn Geheimenraths und Directors im Generalpostamte Theodorus Holmskiold Excellenz, zu Coppenhagen.

8. In Italien.

Director.

1.) Der Herr Arduini, öffentlicher Aufseher des Ackerbaues im Venetia-nischen.

a.) *Ordentliche Mitglieder.*

1.) Der Marquis Robilante, zu Turin.

b.) *Ausserordentliche Mitglieder.*

1.) Der Herr Abbé Fortis, zu Neapel.
2.) Der Herr Doctor Vairo, zu Neapel.
3.) Der Herr Abbé Pini, zu Mailand.

c.) *Ehrenmitglieder.*

1.) Der Ritter Hamilton, ausserordentlicher englischer Gesandter zu Neapel.

9. In Frankreich.

Director.

1.) Der Herr Baron von Dietrich, zu Paris, Commissaire du Roi a la visite des Mines etc.

a.) Or-

a.) *Ordentliche Mitglieder.*

2.) Mr. de Laumont a Paris, Infpecteur général des mines de France.
3.) Mr. de la Chabeauffiére, Ingenieur des mines de Balgorry, Sous Infpecteur honoraire des mines de France.
4.) Mr. Brochmann, Profeffeur de l'Ecole des mines, Directeur des mines de Pontisouen, Infpecteur honoraire des mines de France.
5.) Mr. Hafenfratz, Sous Infpecteur des mines de France.
6.) Mr. Schreiber, Infpecteur honoraire des mines de France a Allemont.

b.) *Aufferordentliche Mitglieder.*

1.) Der Herr Präfident von Virly, zu Dijon.
2.) Der Herr Profeffor de Morveau, zu Dijon.

c.) *Ehrenmitglieder.*

1.) Mr. le Duc de la Rochefoucauld.
2.) Mr. de Malesherbes, Miniftre d'Etat.

10. In England.

Director.

1.) Herr John Hawkins, zu London.

a.) *Aufferordentliche Mitglieder.*

1.) Herr Samuel Vaughan der jüngere, vorjetzt in Philadelphia, in Nordamerica.
2.) Herr Peter Woulff, vorjetzt in Paris.
3.) Herr Rafpe, in Cornwallis.
4.) Richard Kirwan Esq. in Dublin.
5.) Herr Withering, in Birmingham.
6.) Herr Tenant, Chemift in Yorkshire.
7.) Herr Dr. Hume, zu Edinburg in Schottland.
8.) Herr Bolton, zu Birmingham.
9.) Herr Watts, zu Birmingham.

Fff 2

c.) Eh-

c.) Ehrenmitglieder.

1.) Herr Carl Greville, zu London.

11. In Norwegen.

Director.

1.) Der Herr Aſſeſſor Olaus Henkel, zu Kongsberg.

a.) Ordentliche Mitglieder.

2.) Der Herr Etatsrath und Berghauptmann Hiorth, zu Kongsberg.
3.) Der Herr Juſtitzrath und Berghauptmann Helzen, zu Drontheim.
4.) Der Herr Oberbergamts-Aſſeſſor Hofſgaard, zu Kongsberg.
5.) Der Herr Hüttenſchreiber Henkel, zu Kongsberg.

b.) Auſſerordentliche Mitglieder.

1.) Der Herr Juſtizrath Eſſendorp, zu Kongsberg.
2.) Der Herr Profeſſor und Bergmedikus Thosdenſen, zu Kongsberg.
3.) Der Herr Lector Chymiae Tychſen, zu Kongsberg.

12. In Spanien.

Director.

1.) Herr Director Angulo, zu Madrit.

a.) Ordentliche Mitglieder.

2.) Herr Iſchierdo, Director des Königl Naturalien-Cabinets zu Madrit.

b.) Auſſerordentliche Mitglieder.

1.) Herr von Prouſt, Lehrer der Chemie zu Segovia.
2.) Herr Chabaneau, Profeſſor der Chemie zu Vergara.

c.) Ehrenmitglieder.

1.) Des Herrn Staatsminiſters, Grafens von Florida blanca Excell. zu Madrit.
2.) Des Herrn Staatsſecretairs, Marquis Senora Excell., zu Madrit.

13. In

13. In Santa Fé di Bogoda.
Director.
1.) Herr d'Elhuyar der ältere, Director der Bergwerke zu Santa Fé di Bogoda.

a.) Ordentliche Mitglieder.
1.) Herr Diaz, vice Director der Bergwerke zu Santa Fé di Bogoda.

14. In Mexico.
a.) Ordentliche Mitglieder.
1.) Don Fausto d'Elhuyar, General-Director des Königl. Spanischen Tribunals des Bergwerkscorps in Neuspanien.

15. In Rußland.
Director.
1.) Herr Collegienrath Pallas, zu Petersburg.

a.) Ordentliche Mitglieder.
2.) Herr Illmann, Assessor, und Professor der Chemie beym Bergcorps zu Petersburg.

b.) Ausserordentliche Mitglieder.
1.) Herr Hofrath Laxmann, in Sibirien.
2.) Der Herr Oberbergmeister Renovanz, Inspector und Lehrer der Bergwerkswissenschaft bey der Kaiserlichen Bergschule zu St. Petersburg.

c.) Ehrenmitglieder.
1.) Der Herr Generalmajor von Soimenoff, Chef der Kolywanschen Kaiserlichen Bergwerke, zu Petersburg.

Rech-

Rechnung bey der

über Einnahme

vom May 1787 an, bis

	Rthlr.	Gr.	Pf.
Die Beyträge, welche bis zu oben gefetzter Zeit von den Mitgliedern eingegangen find, betragen - - - - - -	366	16	—

Nota.

Es kann jetzt, da von den weit entlegenen Mitgliedern, oder von denen, welchen nur kaum erft das Einladungsfchreiben zugefchickt worden ift, auf die Einladung noch gar nicht hat geantwortet, noch weniger alfo auch der Beytrag hat eingefchickt werden können, diefe Einnahme unmöglich mit dem Verzeichniffe der Mitglieder übereintreffen. In der Folge wird man bemüht feyn, diefes Uebereintreffen möglich zu machen.

	Rthlr.	Gr.	Pf.
Vorgefchoffen bey der Rechnung - -	35	18	4
Summa - -	402	10	4

Da für Bücher, Modell, und andere Vorräthe der Societät, nur erft fehr wenig eingegangen ift; fo wird die Benennung diefes, oder ein Verzeichnifs davon, bis zu den folgenden Binden der Bergbaukunde ausgefetzt.

Societät der Bergbaukunde

und Ausgabe

zum 9ten März 1789.

	Rthlr.	Gr.	Pf.
I. *An Briefporto*, und zwar			
1.) Für eingegangene Briefe und Packete -	15	3	4
2.) Für abgegangene Briefe bis zu oben gesetzter Zeit	5	—	—
II. *Auf den Druck der Schriften der Societät*			
1.) Für Papier, Druck etc. des Einladungsschreibens	8	22	—
2.) Für Copialien von verschiedenen Aufsätzen	1	14	—
3.) Für Papier, Druck, Kupferstiche, alles abschläglich, auf den I. Band der Bergbaukunde	371	19	—
Summa - -	402	10	4

Errata.

Seite	Zeile	Ließ	statt
31	2	das	der
51	4	Kovatfch	Kovalfch
94	24	es	er
102	7	in	zu
102	14	Argenon	Argenon
102	14	Donzy	Doujy
103	24	an dem Fluffe la Prée in Berry	auf der Wiefe in Berry
104	17	der felbft noch	von dem er noch
106	15	Goyes	Goges
151	9	Anlangen	Anlagen
167	25	Saatfeld	Saalfeld
207	4	e. d. e.	z. d. e.
245	13	den	der
271	17	untenftehenden	unterftehenden
311	7	nun	nur
320	16	angehangen	angefangen

www.ingramcontent.com/pod-product-compliance
Lightning Source LLC
Chambersburg PA
CBHW021346210326
41599CB00011B/775